材料物理基础

魏 忠 杨盛超 谷天天 主 编
李洪玲 吕 银 王金玉 副主编

哈尔滨工业大学出版社

内 容 简 介

本书是应工科专业物理基础理论教学的要求,整理当前国内高校普遍使用的相关专业教材,并结合作者多年的教学实践编写而成。本书阐述了材料热力学性能、材料缺陷、金属材料性能、材料的力学性能、材料的电性能、材料介电性能、铁电体物理性能、材料磁性能;探究了非晶态物理、高分子材料性能以及材料物理基础实验。

本书可供材料科学及相关的工科专业学生学习使用,也可供相关教学和科研人员参考。

图书在版编目(CIP)数据

材料物理基础/魏忠,杨盛超,谷天天主编. —哈
尔滨:哈尔滨工业大学出版社,2022.6
ISBN 978 - 7 - 5767 - 0176 - 0

Ⅰ.①材…　Ⅱ.①魏…②杨…③谷…　Ⅲ.①材料科
学-物理学　Ⅳ.①TB303

中国版本图书馆 CIP 数据核字(2022)第 110223 号

策划编辑　张凤涛
责任编辑　李青晏
封面设计　周　凡
出版发行　哈尔滨工业大学出版社
社　　址　哈尔滨市南岗区复华四道街 10 号　邮编 150006
传　　真　0451 - 86414749
网　　址　http://hitpress.hit.edu.cn
印　　刷　哈尔滨圣铂印刷有限公司
开　　本　787 mm×1 092 mm　1/16　印张 19.5　字数 474 千字
版　　次　2022 年 6 月第 1 版　2023 年 1 月第 1 次印刷
书　　号　ISBN 978 - 7 - 5767 - 0176 - 0
定　　价　88.00 元

前　言

对于材料专业的学生来讲,化学方面的基础知识学习得较多,包括有机化学、无机化学、分析化学和物理化学等,但物理方面的基础知识却较少涉及,只有普通物理课程,而物理本身所包含的基础知识比化学更多,例如光、电、磁、热、力、辐照等。因此,给材料专业的学生补充更多的物理知识,尤其是材料物理方面的基础知识就显得很有必要。而当前材料物理教材的诸多版本多数偏重理论推导,要求学生对物理学分支的知识掌握太多,这不能完全适应现行本科生教育的需求,对研究生来说相对更适合一些。个别相对合适的材料物理教材一方面因为有些内容太深无法讲透,而有些内容又太浅,对本科生来说,作为参考书使用较为适合;另一方面,大多材料专业都开设了材料物理性能课程,此课程包含的材料物理的基本概念又都比较缺乏。编写这本《材料物理基础》教材的目的是:一方面给材料专业本科生增加一些有关材料物理的基础知识;另一方面将材料物理性能方面的内容合并到一起,减少学生的课程数目。

本书共十一章,第一章阐述了材料热力学性能,第二章探究了材料缺陷,第三章论述了金属材料性能,第四章阐述了材料的力学性能,第五章论述了材料的电性能,第六章探究了材料介电性能,第七章阐述了铁电体物理性能,第八章探究了材料磁性能,第九章论述了非晶态物理,第十章阐述了高分子材料性能,第十一章诠释了材料物理基础实验。

本书编写分工:第一主编魏忠(石河子大学)负责第七章、第八章、第十章内容编写;第二主编杨盛超(石河子大学)负责第一章、第二章、第四章内容编写;第三主编谷天天(石河子大学)负责第五章、第六章内容编写;第一副主编李洪玲(石河子大学)负责第九章内容编写;第二副主编吕银(石河子大学)负责第十一章内容编写;第三副主编王金玉(石河子大学)负责第三章内容编写。

在本书的编写过程中,注意突出了以下几方面的特色。

(1)以实际应用案例讲解材料物理的一些基本概念和物理效应,使学生便于理解、掌握和记忆。

(2)以实验的方法讲解各种材料的性能。

(3)加入现代新材料的内容,介绍其应用与发展前沿。

(4)内容丰富、实用,充分满足少学时教学的要求。

本书在编写过程中参考了大量国内外有关教材、科技著作和学术论文,在此特向有关作者表示深切的谢意。

由于编者水平有限,疏漏和不足之处在所难免,欢迎同行和读者指正。

编　者

2022 年 1 月

目　　录

第一章 材料热力学性能

热力学性能是材料的重要物理性能之一,材料的热力学性能主要包括热容、热膨胀、热传导、热辐射、热电势、热稳定性等。由于材料在所处环境和使用过程中都会受到热影响或者产生热效应,当所处环境需要材料具有特殊的热力学性能(如热隔绝性能、高的导热性能等)时,研究材料的热力学性能就显得尤为重要。材料的热力学性能在工程技术中占有重要的地位,如航天航空工程必须选用具有特殊热力学性能的材料以达到抵抗高热、低温的目的;热交换器材料必须选用具有合适导热系数的材料等。此外,材料的组织结构在发生变化时通常会伴随一定的热效应,因此,对热力学性能的分析已经成为材料科学研究中重要的手段之一,在通过确定临界点来判断材料的相变特征时有着十分重要的意义。

第一节 热力学性能的物理基础

一、热力学第一定律

热力学第一定律是一条实验定律,其把能量定义为物质的一种属性,表述为外界对系统传递热量的一部分使系统的内能增加,另一部分用于系统对外做功。表达式为

$$Q = \Delta E + A \tag{1.1}$$

式中,Q 为外界对系统传递的热量,Q 为正时表示从外界吸收热量,为负时表示向外界放出热量;ΔE 为系统内能的变化;A 为系统对外界做功,A 为正时表示系统对外界做功,为负时表示外界对系统做功。微分形式为

$$dQ = dE + dA \tag{1.2}$$

热力学第一定律表明,系统不从外界获取能量($Q = 0$)而不断地对外做功($A > 0$)是不可能的,也就是第一类永动机不能制成。

热力学第一定律指出能实现的热力学过程必然遵守能量守恒和能量转换定律,只说明了热、功转化的数量关系,而不能解决过程进行的方向及限度问题,解决这些问题需要利用热力学第二定律。

二、热力学第二定律

热力学第二定律是能够反映过程进行方向的规律,反映了热总是从高温传向低温这个经验事实。这一定律有以下两种等价的表述。

开尔文表述:不可能制成一种循环动作的热机,只从一个热源吸取热量,使它完全变为功,而使其他物体不发生任何变化。

克劳修斯表述:热量不可能自动从低温物体传到高温物体。

热力学第二定律说明第二类永动机($\eta = 100\%$ 的单热源热机)不可能实现。

玻尔兹曼对热力学第二定律的叙述为:自然界里的一切过程都是向着状态概率增长的方向进行的,这就是热力学第二定律的统计意义。在实际应用中,热力学第二定律常用熵(S)来表述,熵是表示系统无序度的一个量度。玻尔兹曼熵公式为

$$S = k\ln \omega \tag{1.3}$$

式中,S 为系统的熵,是系统的单值函数;k 为玻尔兹曼常数;ω 为系统宏观态的热力学概率。

热力学第二定律用熵(S)表述,也就是熵增加原理:在孤立系统中进行的自发过程总是沿着熵不减小的方向进行的,它是不可逆的。平衡态对应于熵最大的状态,即熵增加原理。ΔS 是整个系统的熵的变化,$\Delta S > 0$ 代表熵增加,也就是系统自由度增加,如在反应中生成气体或气体的物质的量增加。熵增加可用下式表示:

$$\Delta S \geqslant 0 \tag{1.4}$$

三、系统的自由能

一个系统的内能为 U 时,系统的吉布斯(Gibbs)自由能为

$$G = U + pV - TS \tag{1.5}$$

式中,p 为压力;V 为体积;T 为热力学温度。

由于焓 $H = U + pV$,因此

$$G = H - TS \tag{1.6}$$

吉布斯自由能 G 的微分形式为

$$dG = -SdT + Vdp + \mu dn \tag{1.7}$$

式中,μ 为化学势;n 为组分含量。

吉布斯自由能的物理含义是在等温等压过程中,除体积变化所做的功外,从系统所能获得的最大功。换句话说,在等温等压过程中,除体积变化所做的功外,系统对外界所做的功只能等于或小于吉布斯自由能的减小,即在等温等压过程前后,吉布斯自由能不可能增加。如果发生的是不可逆过程,反应总是朝着吉布斯自由能减小的方向进行。

吉布斯自由能是一个广延量,单位摩尔物质的吉布斯自由能就是化学势 μ。对于可逆过程有

$$dG = Vdp - SdT \tag{1.8}$$

温度一定时,焓对体积的偏微分为

$$\left(\frac{\partial H}{\partial V}\right)_T = T\left(\frac{\partial S}{\partial V}\right)_T + V\left(\frac{\partial p}{\partial V}\right)_T \tag{1.9}$$

根据麦克斯韦方程 $\left(\frac{\partial S}{\partial V}\right)_T = \left(\frac{\partial p}{\partial V}\right)_T$,由于 $\left(\frac{\partial p}{\partial V}\right)_T$ 恒大于 0,温度增加使压力增大,因此

$$\left(\frac{\partial S}{\partial V}\right)_T > 0 \tag{1.10}$$

式(1.10)说明,当温度一定时,熵(S)随体积的增大而相应增加。

根据上述结果,当温度相同时,对于同一种金属,原子排列疏松的结构的熵将大于原子排列密集的结构的熵。而对于凝聚态,式(1.9)中的 $\left(\frac{\partial p}{\partial V}\right)_T$ 非常小,近似为零。

根据式(1.9)和麦克斯韦方程可以得到

$$\left(\frac{\partial H}{\partial V}\right)_T \approx T\left(\frac{\partial p}{\partial T}\right)_V > 0 \tag{1.11}$$

式(1.11)说明,当温度一定时,焓(H)随着体积的增大而增加。当温度相同时,对于同一种金属,原子排列疏松的结构的焓将大于原子排列密集的结构的焓。

在低温时,式(1.6)中 TS 项的贡献很小,所以吉布斯自由能在低温下主要取决于 H,原子排列疏松的结构的自由能大于原子密排结构的自由能。相反,在高温时,式(1.6)中 TS 的贡献趋于很大,此时系统的吉布斯自由能主要取决于 TS,由于原子排列疏松的结构的熵大于原子密排结构的熵,因此,在高温下,原子排列疏松的结构的自由能小,相对原子密排结构而言属于稳定相。

四、热性能的物理本质

热性能的物理本质是晶格热振动。材料一般是由晶体和非晶体组成的。晶体点阵中的质点(原子、离子)总是围绕着平衡位置做微小振动,称为晶格热振动。晶格热振动是三维的,根据空间力系可以将其分解成 3 个方向的线性振动。设质点的质量为 m,在某一瞬间该质点在 x 方向的位移为 x_n,则相邻两质点的位移为 x_{n-1}、x_{n+1}。根据牛顿第二定律,该质点振动方程为

$$m\frac{d^2 x_n}{dt^2} = \beta(x_{n+1} + x_{n-1} - 2x_n) \tag{1.12}$$

式中,m 为质点质量;x_n 为质点在 x 方向上的位移;β 为微观弹性模量。

式(1.12)为简谐振动方程,其振动频率随 β 的增大而提高。对于每个质点,β 不同,即每个质点在热振动时都有一定的频率。如果某材料内有 N 个质点,那么就会有 N 个频率的振动组合在一起。温度高时动能加大,所以振幅和频率均加大。各质点热运动时动能的总和就是该物体的热量,即

$$\sum_{i=1}^N (\text{动能})_i = \text{热量} \tag{1.13}$$

由于质点间有着很强的相互作用力,因此,一个质点的振动会带动邻近质点的振动。因相邻质点间的振动存在着一定的相位差,所以晶格振动就以弹性波(格波)的形式在整个材料内传播,包括振动频率低的声频支和振动频率高的光频支。

如果振动着的质点中包含频率很低的格波,质点彼此之间的相位差不大,则格波类似于弹性体中的应变波,称为"声频支振动"。格波中频率很高的振动波,质点彼此之间的相位差很大,邻近质点的运动几乎相反时,频率往往在红外光区,称为"光频支振动"。

实验测得弹性波在固体中的传播速率为 $v = 3 \times 10^3$ m/s,晶格的晶格常数 a 约为 10^{-10} m 数量级,而声频振动的最小周期为 $2a$,故它的最大振动频率为

$$\gamma_{max} = \frac{v}{2a} = \frac{3 \times 10^3 \text{ m/s}}{2 \times 10^{-10} \text{ m}} = 1.5 \times 10^{13} \text{ Hz} \tag{1.14}$$

在图 1.1 所示的晶胞中,包含了两种不同的原子,各有独立的振动频率,即使它们的频率都与晶胞振动频率相同,由于两种原子的质量不同,振幅也会不同,所以两原子间会有相对运动。声频支可以看成相邻原子具有相同的振动方向,如图 1.1(a)所示;光频支可以看成相邻原子振动方向相反,形成一个范围很小、频率很高的振动,如图 1.1(b)

所示。

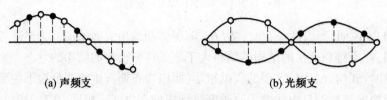

(a) 声频支　　　　　　　　　　　　(b) 光频支

图 1.1　一维双原子点阵中的格波

如果是离子型晶体,就为正、负离子间的相对振动,当异号离子间有反向位移时,便构成了一个偶极子,在振动过程中,此偶极子的偶极矩是周期性变化的。根据电学、动力学理论,它会发射电磁波,其强度取决于振幅的大小。在室温下,所发射的这种电磁波是微弱的,如果从外界辐射入相应频率的红外光,则立即被晶体强烈吸收,从而激发总体振动。该现象表明离子晶体具有很强的红外光吸收特性,这就是该支格波被称为光频支的原因。

第二节　　材料的热容

一、热容的定义

当物体处于与自身温度不同的环境中时,物体将放出或吸收热量,物体的温度也将随之变化。材料的这种热性能需要用热容来进行描述。热容是表述分子热运动的能量随温度而变化的一个重要的物理量。它是指物体温度升高 1 K 所需要增加的能量。不同温度下,物体的热容不一定相同,所以在温度 T 时物体的热容定义为

$$C = \left(\frac{\partial Q}{\partial T}\right)_T \quad (\text{J/K}) \tag{1.15}$$

显然,物体的质量不同热容就不同,温度不同热容也不同。1 g 物质的热容称为"比热容",单位是 J/(g·K);1 mol 物质的热容称为"摩尔热容",单位是 J/(mol·K)。另外,工程上所用的平均热容是指物质从温度 T_1 到 T_2 所吸收热量的平均值,即

$$C_{均} = \frac{Q}{T_2 - T_1} \tag{1.16}$$

平均热容是一种比较粗略的计算方法,$T_2 - T_1$ 范围越大,精度越差。实际上,物体的热容还与它的热过程有关。假如加热过程是在恒压条件下进行的,所测到的热容称为比定压热容(c_p)。加热过程保持体积不变所测得的热容称为比定容热容(c_V)。由于在恒压加热过程中除物体温度升高外,还要对外界做功,所以温度每提高 1 K 需要吸收更多的热量,即 $c_p > c_V$。

比定压热容:

$$c_p = \left(\frac{\partial Q}{\partial T}\right)_p = \left(\frac{\partial H}{\partial T}\right)_p \tag{1.17}$$

式中,Q 为热量;H 为热焓。

比定容热容:

$$c_V = \left(\frac{\partial Q}{\partial T}\right)_V = \left(\frac{\partial E}{\partial T}\right)_V \tag{1.18}$$

式中,E 为内能。根据热力学第二定律还可以导出

$$c_p - c_V = \frac{\alpha_V^2 V_0 T}{\beta} \tag{1.19}$$

式中,α_V 为体膨胀系数,$\alpha = \frac{dV}{VdT}$;V_0 为摩尔容积;β 为压缩系数,$\beta = \frac{-dV}{Vdp}$。

二、热容的经验定律和经典理论

(一) 杜隆 – 珀替定律

19 世纪,杜隆 – 珀替将气体分子的热容理论直接应用于固体,从而提出了杜隆 – 珀替定律(元素的热容定律):恒压下元素的原子热容为 $C_{p,m} = 25$ J/(mol·K)。实际上,大部分元素的原子热容都接近该值,特别是在高温时符合得更好。但轻元素的原子热容需改用表 1.1 中的值。

表 1.1　部分轻元素的原子热容　　　　　　J/(mol·K)

元素	H	B	C	O	F	Si	P	S	Cl
$C_{p,m}$	9.6	11.3	7.5	16.7	20.9	15.9	22.5	22.5	20.4

(二) 柯普定律

柯普定律指出:化合物分子热容等于构成该化合物各元素原子的热容之和,即

$$C = \sum n_i C_i \tag{1.20}$$

式中,n_i 为化合物中元素 i 的原子数;C_i 为元素 i 的摩尔热容。

根据晶格振动理论,在固体中可以用谐振子代表每个原子在一个自由度的振动,按照经典理论,能量按自由度均分,每一振动自由度的平均动能和平均位能都为 $(1/2)kT$,一个原子有 3 个振动自由度,平均动能和位能的总和就等于 $3kT$。1 mol 固体中有 N 个原子,总能量就为

$$E = 3NkT = 3RT \tag{1.21}$$

式中,N 为阿伏伽德罗常量(Avogadro constant),6.023×10^{23} mol;k 为玻尔兹曼常数,$R/N(1.381 \times 10^{-23}$ J/K);R 为气体常数,8.314 J/(mol·K);T 为热力学温度,K。

按热容定义

$$C_{V,m} = \left(\frac{\partial E}{\partial T}\right)_V = 3Nk = 3R \approx 25 \text{ J/(mol·K)} \tag{1.22}$$

由式(1.22)可知,热容是与温度 T 无关的常数,这就是杜隆 – 珀替定律。

对于双原子的固态化合物,1 mol 中的原子数为 $2N$,故摩尔热容为

$$C_{V,m} = 2 \times 25 \text{ J/(mol·K)} \tag{1.23}$$

对于三原子的固态化合物,其摩尔热容为

$$C_{V,m} = 3 \times 25 \text{ J/(mol·K)} \tag{1.24}$$

这两个定律在实际应用中有重要价值,根据杜隆 – 珀替定律可以从比热容推算出未知物质的原子量;而根据柯普定律可得到原子热容即摩尔热容,并进一步推算出化合物的原子热。

杜隆 – 珀替定律在高温时与实验结果很吻合。但在低温时，$C_{V,m}$ 的实验值并不是一个恒量，它随温度降低而减小，在接近绝对零度时，热容值按 T^3 的规律趋于零。低温下热容减小的现象无法用经典理论很好地进行解释，需要用量子理论来解释。

（三）热容的量子理论

普朗克在研究黑体辐射时，提出振子能量的量子化理论。他认为，在某一物体内，即使温度 T 相同，但在不同质点上所表现的热振动（简谐振动）的频率 ν 也不尽相同。在物体内，质点在热振动时所具有的动能也是有大有小的。即使是同一质点，其能量也是有时大有时小。但无论如何，它们的能量都是量子化的，都以 $h\nu$ 为最小单位，$h\nu$ 称为量子能阶，通过实验测得普朗克常数 h 的平均值为 6.626×10^{-34} J·s，所以各个质点的能量只能是 $0, h\nu, 2h\nu, \cdots, nh\nu, n = 0, 1, 2, \cdots$，称为量子数。

如果上述频率 ν 改为以圆频率 ω 计，则有

$$h\nu = h\frac{\omega}{2\pi} = \hbar\omega \tag{1.25}$$

$$E = nh\nu = nh\frac{\omega}{2\pi} = n\hbar\omega \tag{1.26}$$

式中，h 为普朗克常数，$h = 6.626 \times 10^{-34}$ J·s；$\hbar$ 为约化普朗克常数，$\hbar = \dfrac{h}{2\pi} = 1.055 \times 10^{-34}$ J·s；ω 为圆频率。

根据麦克斯韦 – 玻尔兹曼分配定律可推导出，在温度为 T 时，一个振子的平均能量为

$$\bar{E} = \frac{\displaystyle\sum_{n=0}^{\infty} n\hbar\omega e^{-\frac{n\hbar\omega}{kT}}}{\displaystyle\sum_{n=0}^{\infty} e^{-\frac{n\hbar\omega}{kT}}} \tag{1.27}$$

将式（1.27）中多项式展开各取前几项，化简得

$$\bar{E} = \frac{\hbar\omega}{e^{\frac{\hbar\omega}{kT}} - 1} \tag{1.28}$$

当 T 很大，即在高温时，$kT \geqslant \hbar\omega$，所以

$$\bar{E} = \frac{\hbar\omega}{1 + \dfrac{\hbar\omega}{kT} - 1} = kT \tag{1.29}$$

即每个振子单向振动的总能量与经典理论一致。由于 1 mol 固体中有 N 个原子，每个原子的热振动自由度都是 3，所以 1 mol 固体的振动可看作 $3N$ 个振子的合成运动，则 1 mol 固体的平均能量为

$$\bar{E} = \sum_{i=1}^{3N} \bar{E}_{\omega_i} = \sum_{i=1}^{3N} \frac{\hbar\omega_i}{e^{\frac{\hbar\omega_i}{kT}} - 1} \tag{1.30}$$

固体的摩尔热容为

$$C_{V,m} = \left(\frac{\partial E}{\partial T}\right)_V = \sum_{i=1}^{3N} k\left(\frac{\hbar\omega_i}{kT}\right)^2 \frac{e^{\frac{\hbar\omega_i}{kT}}}{\left(e^{\frac{\hbar\omega_i}{kT}} - 1\right)^2} \tag{1.31}$$

式（1.31）就是按照量子理论求得的热容表达式，但要计算 $C_{V,m}$ 必须知道谐振子的频

谱,这非常困难,实际上是采用简化的爱因斯坦模型和德拜模型。

1. 爱因斯坦量子热容模型

爱因斯坦提出的假设是:每个原子都是一个独立的振子,原子之间彼此无关,并且都以相同的角频率 ω 振动。则式(1.30) 和式(1.31) 可变为

$$\bar{E} = 3N \frac{\hbar\omega}{e^{\frac{\hbar\omega}{kT}} - 1} \tag{1.32}$$

$$C_{V,m} = \left(\frac{\partial \bar{E}}{\partial T}\right)_V = 3Nk \left(\frac{\hbar\omega}{kT}\right)^2 \frac{e^{\frac{\hbar\omega_i}{kT}}}{\left(e^{\frac{\hbar\omega_i}{kT}} - 1\right)^2} = 3nkf_e\left(\frac{\hbar\omega}{kT}\right) \tag{1.33}$$

式中 $f_e\left(\dfrac{\hbar\omega}{kT}\right)$ 为爱因斯坦比热容函数;令 $\dfrac{\hbar\omega}{k} = \Theta_E$ (称为爱因斯坦温度),实验曲线与爱因斯坦曲线的对比关系如下。

(1) 当温度很高时,$T \geqslant \Theta_E$,则

$$e^{\frac{\hbar\omega}{kT}} = e^{\frac{\Theta_E}{T}} = 1 + \frac{\Theta_E}{T} + \frac{1}{2!}\left(\frac{\Theta_E}{T}\right)^2 + \frac{1}{3!}\left(\frac{\Theta_E}{T}\right)^3 + \cdots \approx 1 + \frac{\Theta_E}{T} \tag{1.34}$$

则

$$C_{V,m} = 3Nk \left(\frac{\Theta_E}{T}\right)^2 \frac{e^{\frac{\Theta_E}{T}}}{\left(\frac{\Theta_E}{T}\right)^2} \approx 3Nk = 3R \tag{1.35}$$

即在高温时,爱因斯坦的简化模型与杜隆 – 珀替公式相一致。

(2) 在低温时,即

$$T \leqslant \Theta_E, \quad e^{\frac{\Theta_E}{T}} \geqslant 1, \quad C_{V,m} = 3Nk\left(\frac{\Theta_E}{T}\right)^2 e^{-\frac{\Theta_E}{T}} \tag{1.36}$$

式(1.36) 表明,$C_{V,m}$ 随 T 变化的趋势和实验结果相符,但是比实验更快地趋近于零。

(3) 当 $T \to 0$ K 时,$C_{V,m}$ 也趋近于零,和实验结果相符。

因此,可以看出,之所以出现在低温情况下与实验结果有偏差的现象,是由于爱因斯坦模型存在不足之处,就是将每个原子的振动看成是独立的,并且认为以相同的频率振动。但是实际上,固体中的原子与原子之间是有联系的,原子的振动并不是彼此独立的,振动频率也有差异,尤其在低温下更为明显。正是这种假设引起了理论计算和实验结果的偏差。

2. 德拜比热容模型

德拜考虑了晶体中原子的相互作用,把晶体近似为连续介质。由于晶格对热容的主要贡献是弹性波的振动,也就是波长较长的声频支在低温下的振动占主导地位,声频波的波长远大于晶体的晶格常数,可以把晶体近似看成连续介质。所以声频支的振动也可以近似地看作连续的,具有从 $0 \sim \omega_{max}$ 的谱带。高于 ω_{max} 不在声频支而在光频支范围内,对热容贡献很小,可以忽略不计。ω_{max} 由分子密度及声速决定。由以上假设导出了热容的表达式:

$$C_{V,m} = 3Nkf_D\left(\frac{\Theta_D}{T}\right) \tag{1.37}$$

式中，Θ_D 为德拜特征温度，$\Theta_D = \dfrac{\hbar\omega_{max}}{k} = 0.76 \times 10^{-11}\omega_{max}$；$f_D\left(\dfrac{\Theta_D}{T}\right)$ 为德拜比热容函数，

$$f_D\left(\frac{\Theta_D}{T}\right) = 3\left(\frac{T}{\Theta_D}\right)^3 \int_0^{\frac{\Theta_D}{T}} \frac{e^x x^4}{(e^x - 1)^2}dx\left(x = \frac{\hbar\omega}{kT}\right).$$

由式(1.37)可以得出如下结论。

(1) 当温度较高时，即 $T \geqslant \Theta_D$ 时，计算得 $C_{V,m} = 3Nk = 3R$，即杜隆 – 珀替定律。

(2) 当温度很低时，即 $T \leqslant \Theta_D$，计算得

$$C_{V,m} = \frac{12\pi^4 Nk}{5}\left(\frac{T}{\Theta_D}\right)^3$$

这表明当 $T \to 0$ 时，$C_{V,m}$ 与 T^3 成正比并趋于 0，这就是德拜 T^3 定律，它与实验结果比较吻合，温度越低，近似越好。

随着科技的不断发展和进步，人们发现德拜理论在低温下还不能完全符合事实。比如德拜模型不能解释超导现象，显然，这是因为晶体不是一个连续体。但是在一般场合下，德拜模型已经足够精确了。

以上所说的有关热容的量子理论，对于原子晶体和一部分较简单的离子晶体，如 Al、Ag、C、KCl、Al_2O_3，在较宽的温度范围内都与实验结果一致，但这并不完全符合其他化合物，因为较复杂的分子结构往往会有各种高频振动耦合，而多晶、多相无机材料就更复杂了。

三、材料的热容

根据德拜比热容理论，在高于德拜温度 Θ_D 时，$C_{V,m} = 25\ J/(mol \cdot K)$；低于 Θ_D 时，$C_{V,m}$ 与 T^3 成正比。不同材料的 Θ_D 也不同，例如，石墨的 $\Theta_D = 1\ 973\ K$，BeO 的 $\Theta_D = 1\ 173\ K$，Al_2O_3 的 $\Theta_D = 923\ K$。它取决于化学键的强度，材料的弹性模量、熔点等。

图 1.2 所示为几种无机材料的热容 – 温度曲线。这些材料的 Θ_D 为熔点(热力学温度)的 0.2 ~ 0.5 倍。对于绝大多数氧化物、碳化物，热容都是从低温时的一个低的数值增加到 1 273 K 左右的近似于 25 $J/(mol \cdot K)$ 的数值。温度进一步增加，热容基本上没有变化。图中几条曲线不仅形状相似，而且数值也很接近，这就说明了这个问题。

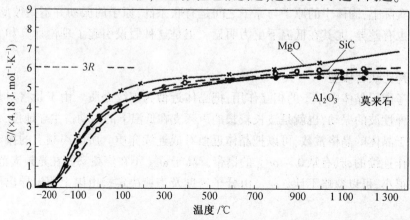

图 1.2　不同温度下某些陶瓷材料的热容

无机材料的热容与材料结构的关系不大。CaO 和 SiO_2 质量比为 1∶1 的混合物与 $CaSiO_3$ 的热容 - 温度曲线基本重合。相变时,由于热量的不连续变化,因此热容出现了突变。其他所有晶体在多晶转化、铁电转变、有序 - 无序转变等情况下都会发生类似的现象。虽然固体材料的摩尔热容不是结构敏感的,但是单位体积的热容却与气孔率有关。多孔材料因为质量轻,所以热容小,因此,提高轻质隔热砖的温度所需要的热量远低于致密的耐火砖,周期性加热的窑炉尽可能选用多孔的硅藻土砖、泡沫刚玉等,以达到节能的目的。

固体材料热容 $C_{p,m}$ 与温度 T 的关系可由实验精确测定,也可由经验式(1.38)计算:

$$C_{p,m} = a + bT + cT^{-2} + L \tag{1.38}$$

式中,$C_{p,m}$ 的单位为 4.18 J/(mol·K)。表 1.2 列出了部分无机材料的 a、b、c 系数及其温度适用范围。

表 1.2 某些无机材料的热容 - 温度关系经验方程式系数

名称	a	$b \times 10^3$	$c \times 10^{-5}$	温度范围 /K
氮化铝	5.47	7.8	—	298 ~ 900
刚玉($\alpha - Al_2O_3$)	27.43	3.06	- 8.47	298 ~ 1 800
莫来石	87.55	14.96	- 26.68	298 ~ 1 100
碳化硼	22.99	5.40	10.72	298 ~ 1 373
碳化硼($\alpha - BN$)	1.82	3.62	—	273 ~ 1 173
硅灰石($CaSiO_3$)	26.64	3.60	- 6.52	298 ~ 1 450
钾长石	63.83	12.90	- 17.05	298 ~ 1 400
氧化镁	10.18	1.74	- 1.48	298 ~ 2 100
碳化硅	8.93	3.09	- 3.07	298 ~ 1 700
α - 石英	11.20	8.20	- 2.70	298 ~ 848
β - 石英	14.41	1.94	—	298 ~ 2 000
石英玻璃	13.38	3.68	- 3.45	298 ~ 2 000
碳化钛	11.83	0.80	- 3.58	298 ~ 1 800
金红石(TiO_2)	17.97	0.28	- 4.35	298 ~ 1 800

实验证明,在较高温度下(573 K 以上)固体的摩尔热容大约等于构成该化合物的各元素原子热容的总和,即

$$C = \sum n_i C_i \tag{1.39}$$

式中,n_i 为化合物中元素 i 的原子数;C_i 为化合物中元素 i 的摩尔热容。

式(1.39)对于计算大多数氧化物和硅酸盐化合物在 573 K 以上的热容有较好的结果。同样,对于多相复合材料也有如下的计算式:

$$C = \sum g_i c_i \tag{1.40}$$

式中,g_i 为材料中第 i 种组成的质量分数;c_i 为材料中第 i 种组成的比热容。

周期加热的窑炉用多孔的硅藻土砖、泡沫刚玉等,因为质量轻可减少热量损耗,加快升温速率。实验炉用隔热材料,如用质量小的钼银片、碳毡等,可使质量降低,吸热少,便于炉体升降温,同时也降低热量损失。

(一) 金属的热容

金属受热后点阵振动加剧以及体积膨胀对外做功引起热容的变化。除此以外,金属和其他固体材料相比,由于具有大量自由电子,自由电子对金属的热容也有贡献。

金属的热容由两部分组成,分别是点阵振动引起的热容 C_V^L 和电子热容 C_V^e,可表示为

$$C_{V,m} = C_V^L + C_V^e = aT^3 + \gamma T \tag{1.41}$$

式中,α 和 γ 为热容系数,可由低温热容实验测定。

一般情况下,常温时点阵振动贡献的热容远大于电子热容,只有在温度极低或极高时,电子热容才不能被忽略。对于过渡族金属,由于 s 层、d 层、f 层电子都会参与振动,对热容做出贡献,也就是说过渡族金属的电子热容贡献较大,因此,过渡族金属的热容远大于简单金属。如镍在低于 5 K 时热容基本来源于电子热容,近似为 $C_{V,m} = 0.007\,3T$ J/(mol · K)。

此外,金属的德拜温度也反映了原子间结合力的强弱。一般来说,德拜温度越高,原子间结合力越强,金属的熔点也就越高。

(二) 合金的热容

金属热容的规律也适用于合金和多相合金。合金在形成的过程中伴随着新相及组织的形成,因此必须考虑合金相的热容以及合金相的形成热。合金的热容决定组成相的性质。虽然在形成合金相时总能量有可能增加,但在高温下,合金中每个原子的热振动能几乎与该原子在纯金属中同一温度的热振动能一样。因此合金的摩尔热容 C_m 可以由组元的摩尔热容按比例相加而得,即

$$C_m = X_1C_1 + X_2C_2 + X_3C_3 + \cdots + X_nC_n \tag{1.42}$$

式中,$X_1,X_2,\cdots,X_n$ 分别为组元所占的原子数分数;$C_1,C_2,\cdots,C_n$ 分别为各组元的摩尔热容。式(1.42)称为柯普定律。

如前所述,柯普定律具有普遍适用性,不仅适用于金属化合物、金属以及非金属化合物,也适用于中间相和固溶体以及它们所组成的多相合金,但不适用于铁磁合金。柯普定律对不同合金、组织状态的适用性表明,热处理对于合金在高温下的热容没有明显的影响。

(三) 组织转变对热容的影响

金属及合金发生相变时,会产生附加的热效应,并因此使热容(及热焓)发生异常变化。按照变化特征主要可分为一级相变、二级相变、亚稳态组织转变等情况。

1. 一级相变

一级相变是指在一定温度下发生的转变,特点是在转变点具有处于平衡的两个相,而在两相之间存在分界面。如纯金属的熔化和凝固、合金的共晶与包晶转变、固态合金中的共析转变以及固态金属与合金中发生的同素异构转变等。此外,固态的多型性转变也属于一级相变。

压力恒定时,加热金属所需热量随温度的变化而变化。当温度较低时,所需热量随温度升高而缓慢增加,之后逐渐加快。当温度到达熔点 T_m 时,上升趋势呈现陡直现象,此时

熔化金属需要大量的熔化热 qs。液态金属与固态金属相比,液态曲线斜率比固态的大,说明液态金属的热容比固态金属的热容大。

2. 二级相变

二级相变是金属与合金中存在的另一种类型的转变,特点是转变过程是在一个温度区间逐步完成的,转变过程中只有一个相。这类相变的温度范围越窄,热容的峰越高。随着温度的升高,热焓 H 逐渐增大,当快到临界点 T_c 时,热焓显著增大并导致热容的增长陡然加快并达到最大。磁性转变以及体心立方点阵有序 – 无序转变都属于这一类转变。

一级相变伴随相变潜热的发生,若为恒温转变,在相变时伴随有焓的突变,同时热容趋于无穷大;二级相变则没有相变潜热,但热容有突变。

(四) 热容的测量

热容(或热焓) 的测量是研究材料相变过程的重要手段。分析热容(或热焓) 与温度的关系,测量热和温度能够确定临界点,并建立合金状态图,能够获得材料中相变过程的规律。热容(或热焓) 的测量方法很多,如量热计法、撒克司法、斯密特法以及热分析测定法等。前几种方法由于无法保证材料在热容测量中严格的绝热要求,因此在实际操作时比较困难,而热分析测定法避免了这个缺点,因此得到了广泛的应用。在这里介绍这种广泛应用的相变测试方法。

热分析测定法的目的是探测相变过程的热效应并测出热效应的大小和发生的温度。热分析测定法主要分为普通热分析法、差热分析法、差示扫描量热法、微分热分析法、热重分析法以及热机械分析法等。

① 普通热分析法。普通热分析法是连续测定样品在加热或冷却过程中温度和时间的关系曲线,也称为热分析曲线。样品常采用带中心孔的圆棒样品,热电偶热端放置于样品的中心孔内,与样品焊接在一起,通过记录加热及冷却过程中的温度及时间,就可以得到温度 – 时间热分析曲线。这种方法适用于研究热效应较大的物态转变问题,如测定材料结晶、熔化的温度或温区。但是对于金属、合金等材料,其相变中伴随的热效应小,如 Fe 的 $\gamma \rightarrow \alpha$ 转变过程的热效应只有 3.6×10^3 J/kg,普通热分析法的灵敏度就不能满足测量的要求,此时就需要利用灵敏度、准确度更高的差热分析法进行测量。

② 差热分析法和差示扫描量热法。差热分析法(Differential Thermal Analysis,DTA) 是指在程序升(降) 温过程中,由于样品的吸、放热效应,测量在样品和参比物之间形成的温度差,这种热效应是由样品在特定温度相转变或发生反应产生的。DTA 仪器由炉子、样品支持器(包括试样和参比容器、温度敏感元件与支架等)、微伏放大器、温差检知器、炉温程序控制器、记录器以及炉子和样品支持器的气氛控制设备组成。

虽然 DTA 技术有方便、快速、样品用量少、适用范围广等优点,但 DTA 也有重复性差、分辨率不够高等缺点。DTA 测量的温差 ΔT 除了与样品热量变化有关外,还与体系的热阻有关,但是热阻本身并不是一个确定的值,而是与导热系数以及热辐射有关的量,因此热阻会依实验条件(如温度范围、坩埚材质、样品性质等) 而改变。为了改善这种情况,20世纪 60 年代初发展了一种新的热分析方法 —— 差示扫描量热法(Differential Scanning Calorimetry,DSC)。DSC 技术除增加了控温回路外,还增加了一个功率补偿回路,这样保证了在整个实验过程中样品与参比物的温度始终保持一致,即 $\Delta T \rightarrow 0$,这样不会受到热阻的影响,具有很好的定量性。

在 DSC 的平均温度控制回路中,样品、参比物支持器的铂电极温度计分别输出一个与其温度成正比的信号。两者信号经与程序温度给定信号相比较,经过放大来调节平均功率的大小以消除上述的比较偏差,以达到按程序等速升(降)温。此时,将程序温度控制器的信号作为横轴记录温度值。同样,将铂电极温度计的信号输入差示温度放大器,其差经放大后,调节样品、参比物支持器的补偿功率大小,并将补偿功率输入到相应的加热器上,消除输入的偏差信号,使两者温度始终保持相等。将与样品和参比物补偿功率之差成正比的差示温度放大器的信号进行记录,就得到了热流速率 dQ/dt。

DSC 曲线下的面积即为转变的热效应。DSC 既可测定相变温度又可进行相变潜热的分析,需要样品用量极少(可以是几毫克),因此广泛用于各种无机材料的研究中。需要注意的是,DTA 与 DSC 曲线虽然形状相似,但其物理意义是不同的。DTA 曲线的纵坐标表示温度差,而 DSC 曲线的纵坐标表示热流率;DTA 曲线的吸热峰为下凹形状,而 DSC 曲线的吸热峰为上凸形状;此外,DSC 中的仪器常数与 DTA 中的仪器常数性质不同,它不是温度的函数而是定值。DTA 与 DSC 最大的区别是,DTA 只能用于定性或半定量研究,而 DSC 可用于定量研究。

从原则上讲,物质的所有转变和反应都应有热效应,因此也就能采用这种方法检测这些热效应,但是有时因为灵敏度等种种原因的限制,不一定都能观测到。表 1.3 列出了一些 DTA 和 DSC 的应用实例。

表 1.3　DTA 和 DSC 应用实例

研究对象	可观测性质
聚合物	相图
配位化合物	脱水反应
金属及非金属氧化物	聚合热
煤	升华热
木材	溶解反应
金属和合金	纯度测定
非晶态物质	玻璃化转变测定
陶瓷	对比研究
半导体	易燃性评价
天然产物	固 - 气反应

③ 微分热分析法。微分热分析法可用于测定焊接、淬火、轧制等连续、快速冷却条件下金属材料的相变点。微分热分析方主要用于测定样品温度随时间的变化速率 dT/dt。一般把热电偶直接焊接在样品上,将热电势场放大后输入微分器就可以得到 dT/dt。微分信号可以十分灵敏地探测变温过程中的相变过程,快速膨胀仪已经开发出膨胀与温度兼具的微分功能,使分析的灵敏度大大提高。

第三节　材料的热膨胀

热膨胀是指物质在加热或冷却时发生的热胀冷缩现象。不同的物质的热膨胀特性是不同的。同一种材料也可能因晶体结构的不同或发生相变等因素而具有不同的热膨胀特性。分析热膨胀现象是材料研究中常用的方法,可以用来研究与固态相关的各种问题。

一、热膨胀系数

物体的体积或长度随温度升高而增大或伸长的现象称为热膨胀。假设物体原来的长度为 l_0,温度升高 ΔT 后长度的增加量为 Δl,实验得出

$$\frac{\Delta l}{l_0} = \alpha_l \Delta T \tag{1.43}$$

式中,α_l 为线膨胀系数,即温度升高 1 K 时,物体的相对伸长量。则物体在温度 T 时的长度 l_T 为 $l_T = l_0 + \Delta l = l_0(1 + \alpha_l \Delta T)$。无机材料的 $\alpha_l \approx 10^{-5} \sim 10^{-6}$ K^{-1},α_l 通常随 T 升高而增大。

同理,物体体积随温度的升高可表示为

$$V_T = V_0(1 + \alpha_V \Delta T) \tag{1.44}$$

式中,α_V 为体膨胀系数,相当于温度升高 1 K 时物体体积相对增长量。

如果物体是立方体,有

$$V_T = l_T^3 = l_0^3 (1 + \alpha_l \Delta T)^3 = V_0 (1 + \alpha_l \Delta T)^3 \tag{1.45}$$

由于 α_l 值很小,可忽略 α_l^2 以上的高次项,则

$$V_T = V_0(1 + 3\alpha_l \Delta T) \tag{1.46}$$

比较以上两式,就有以下近似关系:

$$\alpha_V \approx 3\alpha_l \tag{1.47}$$

对于各向异性的晶体,各晶轴方向的线膨胀系数不同,假设分别为 α_a、α_b、α_c,则

$$V_T = l_{aT} l_{bT} l_{cT} = l_{a_0} l_{b_0} l_{c_0} (1 + \alpha_a \Delta T)(1 + \alpha_b \Delta T)(1 + \alpha_c \Delta T) \tag{1.48}$$

同样忽略 α 二次方以上的各项,则有

$$V_T = V_0 [1 + (\alpha_a + \alpha_b + \alpha_c) \Delta T] \tag{1.49}$$

所以

$$\alpha_V = \alpha_a + \alpha_b + \alpha_c \tag{1.50}$$

应该指出,由于热膨胀系数实际上并不是一个恒定的值,而是随温度变化的,所以上述的 α 值都是指定温度范围内的平均值,与平均热容一样,应用时要注意适用的温度范围。一般热膨胀系数的精确表达式为

$$\alpha_l = \frac{\partial l}{l \partial T} \tag{1.51}$$

$$\alpha_V = \frac{\partial V}{V \partial T} \tag{1.52}$$

一般耐火材料的线膨胀系数,常指在 20 ~ 1 000 ℃ 范围内的 α_l 平均值。热膨胀系数在无机材料中是一个重要的性能参数,例如,在玻璃陶瓷与金属之间的封接工艺上,由于

电真空的要求,需要在低温和高温下两种材料的 α_l 值接近,所以高温钠蒸气灯所用的 Al_2O_3 灯管的 $\alpha_l = 8 \times 10^{-6}K^{-1}$,选用的封接导电金属铌的 $\alpha_l = 7.8 \times 10^{-6}K^{-1}$,两者接近。

在多晶、多相无机材料以及复合材料中,由各相及各方向的 α_l 不同引起的热应力问题已成为选材、用材的突出矛盾。例如石墨垂直于 c 轴方向的 $\alpha_l = 1.0 \times 10^{-6}K^{-1}$,平行于 c 轴方向的 $\alpha_l = 27 \times 10^{-6}K^{-1}$,所以石墨在常温下极易因热应力较大而强度不高,但在高温时内应力消除,强度反而升高。

材料的热膨胀系数大小与热稳定性有关。一般 α_l 越小,材料热稳定性越好。例如 Si_3N_4 的 $\alpha_l = 2.7 \times 10^{-6}K^{-1}$,在陶瓷材料中是偏低的,因此热稳定性较好。

二、热膨胀的物理本质

固体材料的热膨胀本质,归结为点阵结构中的质点间平均距离随温度的升高而增大。

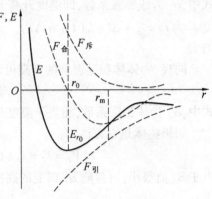

对于简谐振动,升高温度只能增大振幅,并不会改变平衡位置。质点间的平均距离不会因温度的升高而改变,热量变化不能改变晶体的大小和形状,也就不会有热膨胀。这样的结论显然是不正确的。其主要原因是,在晶格振动中相邻质点间的作用力实际上是非线性的。所谓线性振动是指质点间的作用力与距离成正比,即微观弹性模量 β 为常数;而非线性振动是指作用力并不简单地与位移成正比。热振动不是左右对称的线性振动而是非线性振动。有一对相邻的原子,其中左边的一个原子固定不动,右边的另一个原子振动,两个原子之间同时受到两种力的作用,一个是库仑吸引力,另一

图 1.3　相互作用力 F 及势能 E 与原子间
　　　　距 r 的关系曲线

个是库仑斥力以及泡利不相容原理引起的斥力,分别是 $F_{引}$、$F_{斥}$,两种力与原子间距的关系如图 1.3 所示。

r_0 为两个原子的平衡间距,在此处 $F_{引} = F_{斥}$,因此合力 $F_{合} = 0$。当原子间距小于平衡间距时,引力大于斥力,因此两个原子相互吸引,合力的变化比较缓慢。但原子间距大于平衡间距时,引力小于斥力,因此两个原子相互排斥,合力变化比较陡峭。与合力的变化相对应,两个原子相互作用的势能呈现不对称曲线变化。可以看出,当原子振动通过平衡位置时只有动能,偏离平衡位置时,势能增加而动能减小。曲线上每一个最大势能都会对应两个距离(最远与最近),如 E_{r_3} 对应的距离分别是最近距离 ρ 和最远距离 ρ'。最大势能间对应的 $\rho' - \rho$ 中心就是原子振动中心的位置。很明显,当温度上升、势能增加时,势能曲线的不对称会导致振动中心右移,即原子间距增大,产生热膨胀。

在双原子模型中,如左原子视为不动,则右原子所具有的点阵能 $V(r_0)$ 为最小值,如有伸长量 δ 时,点阵能变为 $V(r_0 + \delta) = V(r)$。将此通式展开得

$$V(r) = V(r_0 + \delta) = V(r_0) + \left(\frac{\partial V}{\partial r}\right)_{r_0} \delta + \frac{1}{2!}\left(\frac{\partial^2 V}{\partial r^2}\right)_{r_0} \delta^2 + \frac{1}{3!}\left(\frac{\partial^3 V}{\partial r^3}\right)_{r_0} \delta^3 + \cdots$$

$$(1.53)$$

式中,第一项为常数;第二项为零,则

$$V(r) = V(r_0) + \frac{1}{2}\beta\delta^2 - \frac{1}{3}\beta'\delta^3 + \cdots \tag{1.54}$$

式中

$$\beta = \left(\frac{\partial^2 V}{\partial r^2}\right)_{r_0}, \quad \beta' = -\frac{1}{2}\left(\frac{\partial^3 V}{\partial r^3}\right)_{r_0}$$

如果只考虑式(1.54)的前两项,则

$$V(r) = V(r_0) + \frac{1}{2}\beta\delta^2 \tag{1.55}$$

即点阵能曲线是抛物线。原子间的引力为

$$F = -\left(\frac{\partial V}{\partial r}\right) = -\beta\delta \tag{1.56}$$

式中,β 为微观弹性系数,为线性简谐振动,平衡位置仍在 r_0 处,式(1.56)只适用于热容 $C_{V,m}$ 的分析。

但对于热膨胀问题,如果只考虑前两项,就会得出所有固体物质均无热膨胀,因此必须再考虑第三项。此时点阵能曲线为三次抛物线,即固体的热振动是非线性振动。用玻尔兹曼统计法,可算出平均位移为

$$\bar{\delta} = \frac{\beta'kT}{\beta^2} \tag{1.57}$$

由此得热膨胀系数

$$\alpha = \frac{\mathrm{d}\bar{\delta}}{r_0\mathrm{d}T} = \frac{1}{r_0} \cdot \frac{\beta'k}{\beta^2} \tag{1.58}$$

式中,r_0、β、β' 均为常数;α 也为常数。但若再多考虑 δ^4、δ^5、$\cdots$ 时,则可得到 $\alpha - T$ 的变化规律。

以上讨论的是导致热膨胀的主要原因。此外,晶体中各种热缺陷的形成将造成局部点阵的畸变和膨胀。这虽然是次要因素,但随着温度的升高,缺陷浓度呈指数增加,所以在高温时,这方面的影响对某些晶体也将变得十分重要。

三、热膨胀与性能的关系

(一)热膨胀与结合能、熔点的关系

由于固体材料的热膨胀与晶体点阵中质点位能性质有关,所以质点的位能性质是由质点间的结合力特性决定的。质点间结合力越强,热膨胀系数越小,见表1.4,这与元素周期表的相关性质一致。

表1.4　单质材料的相关性质与周期表中的一致性

单质材料	$(r_0)_{\min}/(\times 10^{-10}\mathrm{m})$	结合能 $/(\times 10^3\mathrm{J}\cdot\mathrm{mol}^{-1})$	熔点 $/\mathrm{℃}$	$\alpha_l/(\times 10^{-6}\ \mathrm{℃}^{-1})$
金刚石	1.54	712.3	3 500	2.5
硅	2.35	364.5	1 415	3.5
锡	5.3	301.7	232	5.3

（二）热膨胀与温度、热容的关系

在晶体中质点热振动的点阵能曲线（图 1.4）中，有一条由振动中心移动形成的平衡曲线，即当温度升高时，两质点的平衡距离由 r_0 增至 r_1、r_2、r_3。图 1.4 中纵坐标 $E(r)$ 也可用温度代替，如图 1.5 所示。

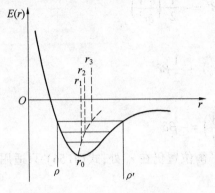

图 1.4　振动中心移动示意图　　　图 1.5　平衡位置随温度的变化

在 AB 曲线上任意一点的一阶倒数 $\dfrac{\mathrm{d}r}{\mathrm{d}T} = \tan\theta$，与热膨胀系数 α_l 物理意义相同，即

$$\alpha_l = \frac{\mathrm{d}l}{l\mathrm{d}T} = \frac{\delta}{r_0\mathrm{d}T} = \frac{1}{r_0}\frac{\mathrm{d}r}{\mathrm{d}T}\tan\theta$$

如图 1.5 所示，温度 T 越低，$\tan\theta$ 越小，则 α_l 越小；反之，温度 T 越高，α_l 越大。热膨胀是固体材料受热以后因晶格振动加剧而引起的容积膨胀，而晶格振动的激化就是热运动能量的增大。升高单位温度时能量的增量也就是热容的定义，所以，热膨胀系数显然与热容密切相关并有着相似的规律。图 1.6 所示为 Al_2O_3 的线膨胀系数和比热容与温度的关系。可以看出，这两条曲线近似平行，变化趋势相同。其他的物质也有类似的规律：在 0 K 时，α_l 与 c 都趋于零，在高温时，由于有显著的热缺陷等，因此 α_l 仍连续地增加。

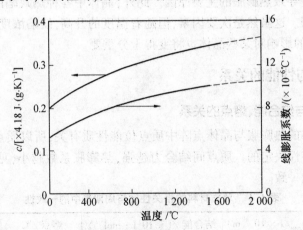

图 1.6　Al_2O_3 的比热容与线膨胀系数在 0 ~ 2 000 ℃ 的变化

热膨胀还与物质的结构有关，对于组成相同的物质，由于结构不同，热膨胀系数也不同，通常结构紧密的晶体比非晶体的热膨胀系数要大，温度变化引起的晶型变化也会引起体积的变化。

四、热膨胀系数测定

无机材料的热膨胀系数主要指陶瓷和玻璃的热膨胀系数,在这里主要介绍玻璃的热膨胀系数的测定方法。

人类在 18 世纪就可以测定固体的热膨胀。当时的测定装置很原始,水平放置约 15 cm 长的试样,在下面点燃几支蜡烛加热,通过齿轮机构放大来确定试样长度的变化。

从 19 世纪到现在,人们创造了许多测定方法。20 世纪 60 年代出现了激光法,还出现了采用计算机控制或记录处理测定数据的测量仪器。测定无机非金属材料热膨胀系数常用的方法有千分表法、热机械法(光学法、电磁感应法)、示差法等。它们的共同特点是试样在加热炉中受热膨胀,通过顶杆将膨胀传递到检测系统,不同之处在于检测系统不同。

千分表法是用千分表直接测量试样的伸长量。

光学热机械法是通过顶杆的伸长量来推动光学系统内的反射镜转动,经光学放大系统而使光点在荧屏上移动来测定试样的伸长量。

电磁感应热机械法是将顶杆的移动通过天平传递到差动变压器,变换成电信号,经放大转换,从而测量出试样的伸长量。根据试样的伸长量就可计算出线膨胀系数。

在所有测试方法中,示差法(或称"石英膨胀计法")具有最广泛的实用意义。国内外示差法测试仪器很多,有工厂的定型产品,也有自制的石英膨胀计。

示差法的测定原理:石英膨胀计是采用热稳定性良好的材料石英玻璃(棒和管)制成的。在较高的温度下,其线膨胀系数随温度改变的性质很小,当温度升高时,石英玻璃与其中的待测试样和石英玻璃棒都会发生膨胀,但是待测试样的膨胀比石英玻璃管上同样长度部分的膨胀要大。因而与待测试样相接触的石英玻璃棒发生移动,这个移动是石英玻璃棒、石英玻璃管和待测试样三者同时伸长和部分抵消后在千分表上所显示的 Δl 值,它包括试样与石英玻璃管和石英玻璃棒的热膨胀之差值。测定出这个系统的伸长差值及加热前后温度的差值,并根据已知石英玻璃的热膨胀系数,便可计算出待测试样的热膨胀系数。

本实验就是根据玻璃的热膨胀系数(一般为 $(60 \sim 100) \times 10^{-7} \, ℃^{-1}$)和石英的热膨胀系数(一般为 $5.8 \times 10^{-7} \, ℃^{-1}$)有不同程度的膨胀差来进行测定的。

因为 $\alpha_{玻璃} > \alpha_{石英}$,所以

$$\Delta L_1 > \Delta L_2 \tag{1.59}$$

千分表的指示为

$$\Delta L = \Delta L_1 - \Delta L_2 \tag{1.60}$$

玻璃的净伸长为

$$\Delta L = \Delta L_1 + \Delta L_2$$

按定义,玻璃的热膨胀系数可推导出

$$\alpha = \frac{1}{L} \times \frac{\Delta L_1}{\Delta T} = \frac{1}{L} \times \frac{\Delta L + \Delta L_2}{T_2 - T_1} = \frac{1}{L} \times \frac{\Delta L}{T_2 - T_1} + \frac{1}{L} \times \frac{\Delta L_2}{T_2 - T_1} = \frac{1}{L} \times \frac{\Delta L}{T_2 - T_1} + \alpha_{石英} \tag{1.61}$$

式中,T_1 为开始测定时的温度;T_2 一般定为 300 ℃(需要时也可定为其他温度);ΔL 为试样的伸长值,即对应于温度 T_2 与 T_1 时千分表读数之差值,mm;L 为试样的原始长度,mm。

从式(1.61)可以看出,对于材料的热膨胀系数小于石英的热膨胀系数的测定,如金属、无机非金属、有机材料等,都可用这种膨胀计。

必须指出,由于热膨胀系数实际上并不是一个恒定的值,而是随温度变化的,所以上述热膨胀系数都具有在一定温度范围 Δt 内的平均值的概念,因此使用时要注意它适用的温度范围。书写材料的平均线膨胀系数时应标明温度范围,如

$$\alpha_l(0 \sim 300\ ℃) = 5.7 \times 10^{-7}\ K^{-1} \tag{1.62}$$

$$\alpha_l(0 \sim 1\ 000\ ℃) = 5.8 \times 10^{-7}\ K^{-1} \tag{1.63}$$

这样就可以在直角坐标系中以温度为横坐标,伸长量为纵坐标作出热膨胀曲线,以确定试样的线膨胀系数,对于玻璃材料还可以得出玻璃化转变温度 T_g 和黏流温度 T_f。

石英膨胀计装置主要包括管式电炉、特制石英玻璃管、石英玻璃棒、千分表、热电偶、电位差计、电流调压器等。实验器材主要包括待测玻璃或陶瓷试样、磨平试样端面用的小砂轮片、量试样长度用的卡尺和计时用的秒表。

实验过程很简单,先接好电路,在支架上固定好石英玻璃管,把准备好的待测试样小心地装入石英玻璃管中,然后装进石英玻璃棒中,使石英玻璃棒紧贴试样,在支架的另一端装上千分表,使千分表的顶杆轻轻压在石英玻璃棒的末端,把千分表转到零位;将卧式电炉沿滑轨移动,将管式电炉的炉芯套上石英玻璃管,使试样位于电炉的中心位置;合上电闸,接通电源,等电压稳定后,调节自偶调压器,以 3 ℃/min 的速率升温,每隔 2 min 记一次千分表的读数和电位差计的读数,直到千分表上的读数向后退为止,记录好数据然后作图即可。

实验主要影响因素有:① 试样的加工与安装;② 玻璃的热历史,包括淬火(玻璃成形后快速冷却)和精密退火(玻璃成形后缓慢冷却)。退火玻璃曲线往往发生曲折,这是由于温度超过 T_g 以后,玻璃转变的同时发生了结构变化,膨胀更加剧烈。至于急冷玻璃,是由于试样存在热应变,在某温度以上开始出现弛豫。

在测定玻璃的线膨胀系数时,升温速率(加热速率)是一个极为重要的影响因素。柯尔纳(O. Koeyner)和沙尔芒(H. Salmang)在研究硅酸盐的玻璃时发现,只有以小于 5 ℃/min 的加热速率加热试样时,才能清楚地看到 T_g 同样的试样;如果以 8 ℃/min 的加热速率加热试样时,T_g 根本不显现。在快速加热时,玻璃在略低于 T_g 的温度下就开始软化,在膨胀曲线上没有突变。

加热速率减慢,T_g 一般会下降,如"碱 – 钙 – 硅玻璃"的玻璃化转变温度就会随着加热速率减慢而有所降低,符尔达(M. Fulda)就从实验中得到了数据,见表1.5。

表1.5　碱 – 钙 – 硅玻璃加热速率和玻璃化转变温度的关系

加热速率/(℃·min⁻¹)	0.5	1	5	9
转变温度/℃	468	479	493	499

第四节　材料的热传导

不同的无机材料在导热性能上可能存在较大的差异,所以有些陶瓷材料是很好的绝热材料,而有些却是热的良导体。作为绝热或导热体是无机材料的主要用途之一。

一、热传导的宏观规律

当固体材料一端的温度比另一端高时,热量会从热端自动地传向冷端,这个现象称为热传导。假如固体材料垂直于 x 轴方向的截面积为 ΔS,沿 x 轴方向的温度变化率为$\dfrac{\mathrm{d}T}{\mathrm{d}x}$,在 Δt 时间内沿 x 轴正方向传过 ΔS 截面上的热量为 ΔQ,傅里叶定律给出:

$$\Delta Q = -\lambda\,\frac{\mathrm{d}T}{\mathrm{d}x}\Delta S\Delta t \tag{1.64}$$

式中,λ 为导热系数,它的物理意义是指单位温度梯度下,单位时间内通过单位垂直面积的热量,单位为 $\mathrm{W/(m^2 \cdot K)}$;$\dfrac{\mathrm{d}T}{\mathrm{d}x}$ 为 x 方向上的温度梯度。

(1) 当$\dfrac{\mathrm{d}T}{\mathrm{d}x} < 0$ 时,$\Delta Q > 0$,热量沿 x 轴正方向传递。

(2) 当$\dfrac{\mathrm{d}T}{\mathrm{d}x} > 0$ 时,$\Delta Q < 0$,热量沿 x 轴负方向传递。

傅里叶定律只适用于稳定传热的条件,即在传热过程中,材料在 x 方向上各处的温度 T 是恒定的,与时间无关,$\dfrac{\Delta Q}{\Delta t}$ 是常数。

对于非稳定传热过程,物体内部各处的温度随时间而变化。例如,一个与外界无热交换、本身存在温度梯度的物体,随着时间的推移,当温度梯度接近零时,热端温度降低,冷端温度升高,最终达到一致的平衡温度。该物体内单位面积上温度随时间的变化率为

$$\frac{\partial T}{\partial t} = \frac{\lambda}{\rho c_p} \cdot \frac{\partial^2 T}{\partial x^2} \tag{1.65}$$

式中,ρ 为密度;c_p 为比定压热容。

二、热传导的微观机理

在固体中组成晶体的质点牢固地处在一定的位置上,相互间有一个恒定的距离,质点只能在平衡位置附近做微小的振动,不能像气体分子那样杂乱无章地自由运动,也不能像气体那样依靠质点间的直接碰撞来传递热能。固体中的导热主要是通过晶格振动的格波和自由运动来实现的。在金属中由于有大量的自由电子,而且电子的质量很轻,能够迅速地实现热量的传递。金属一般都具有较大的热导率,虽然晶格振动对金属导热也有贡献,但这是次要的。在非金属晶体中,如一般离子晶体的晶格中,自由电子很少,晶格振动是它们的主要导热元素。

假设晶格中一质点处于较高的温度下,它的热振动较强烈,平均振幅也较大,而其邻近质点所处的温度较低,热振动较弱。由于质点间存在相互作用力,振动较弱的质点在振动较强质点的影响下,振动加剧,热运动能量增加。这样,热量就能转移和传递,使整个晶体中热量从温度较高处传到温度较低处,实现热传导。假如系统对周围是绝热的,振动较强的质点受到邻近振动较弱的质点牵制,振动减弱下来,使整个晶体最终趋于一平衡状态。所以,固体导热是由晶格振动的格波来传递的,而格波又可分为声频支和光频支两类。

(一) 声子和声子传导

根据量子理论,一个谐振子的能量是不连续的,能量的变化不能取任意值,而只能是最小能量单元 —— 量子的整数倍。一个量子所具有的能量为 $h\nu$。晶格振动的能量同样是量子化的。

把声频支格波看成一种弹性波,这类似于在固体中传播的声波,把声频支的量子称为声子,其具有的能量为 $h\nu = \omega$。

把格波的传播看成是质点 – 声子的运动,就可以把格波与物质的相互作用理解为声子和物质的碰撞,把格波在晶体中传播时遇到的散射看作是声子同晶体中质点的碰撞,把理想晶体中热阻归结为声子 – 声子的碰撞。正因为如此,可以用气体中热传导的概念来处理声子热传导的问题。因为气体热传导是气体分子碰撞的结果,晶体热传导是声子碰撞的结果,它们的热传导率应该具有相似的数学表达式,即

$$\lambda = \frac{1}{3}\bar{C}vl \qquad (1.66)$$

式中,C 为声子的体积热容;$\bar{v}$ 为声子的平均速率;l 为声子的平均自由程。

声频支声子的速率可以看作仅与晶体的密度和弹性力学性质有关,与角频率无关。但是,热容 C 和平均自由程 l 都是声子振动频率 ν 的函数,所以固体热导率的普遍形式为

$$\lambda = \frac{1}{3}\int C(\nu)vl(\nu)\,\mathrm{d}\nu \qquad (1.67)$$

下面对声子的平均自由程 l 加以说明。如果把晶格热振动看成严格的线性振动,则晶格上各质点是按各自的频率独立地做简谐振动。也就是说,格波间没有相互作用,各种频率的声子间不相互干扰,没有声子 – 声子的碰撞,就没有能量转移,声子在晶格中是畅通无阻的,晶体中的热阻也应该为零(仅在到达晶体表面时,受边界效应的影响)。这样,热量就以声子的速率在晶体中传递,然而这与实验结果不符。实际上,在很多晶体中热量传递速率很迟缓,这是因为晶格热振动是非线性的,格晶间有一定的耦合作用,声子间会产生碰撞,所以声子的平均自由程减小。格波间相互作用越强,声子间碰撞概率越大,相应的平均自由程越小,热导率也就越低。这种声子间碰撞引起的散射是晶格中热阻的主要来源。

另外,晶体中的各种缺陷、杂质以及晶粒界面都会引起格波的散射,等效于声子平均自由程的减小,从而降低了热导率。

平均自由程还与声子的振动频率有关。不同振动频率的格波,波长不同。波长长的格波容易绕过缺陷,使自由程加大。频率为音频时,波长长,l 大,散射小,所以热导率大。

平均自由程还与温度有关。温度升高,声子的振动能量加大,频率加快,碰撞增多,所以 l 减小。但其减小有一定限度,在高温下,最短的平均自由程等于几个晶格间距;反之,在低温时,最长的平均自由程长达晶粒的尺度。

(二) 光子热导

固体中除了声子的热传导外,还有光子的热传导。这是因为固体中分子、原子和电子的振动、转动等运动状态的改变会辐射出频率较高的电磁波。这类电磁波覆盖了较宽的

频谱。其中具有较强热效应的是波长在 $0.4 \sim 40~\mu m$ 间的可见光和部分红外光区,这部分辐射线称为热射线,热射线的传递过程称为热辐射。由于它们都在光频范围内,其传播过程和光在介质(透明材料、气体介质)中传播的现象类似,也有光的散射、衍射、吸收、反射和折射等。所以可以把它们的导热过程看作是光子在介质中传播的导热过程。

当温度不太高时,固体中电磁辐射能很微弱,但在高温时就明显了。因为其辐射能量与温度的 4 次方成正比。例如,在温度 T 时,黑体单位容积的辐射能为

$$E_T = \frac{4\sigma n^3 T^4}{v} \tag{1.68}$$

式中,σ 为斯特藩 – 玻尔兹曼常数,$\sigma = 5.67 \times 10^{-8}~W/(m^2 \cdot K^4)$;$n$ 为折射率;v 为光速,$v = 3 \times 10^{10}~cm/s$。

由于在辐射传热中,容积热容相当于提高辐射温度所需的能量,所以

$$C_r = \frac{\partial E}{\partial T} = \frac{16\sigma n^3 T^3}{v} \tag{1.69}$$

同时辐射线在介质中的速率 $v_r = \dfrac{v}{n}$,则

$$\lambda_r = \frac{1}{3} C_r \bar{v} l_r = \frac{1}{3} \cdot l_r \frac{16\sigma n^3 T^3}{n v_r} \cdot v_r = \frac{16}{3} \cdot \sigma n^2 T^3 l_r \tag{1.70}$$

式中,l_r 为辐射线光子的平均自由程。

对于介质中辐射传热过程,可以定性地解释为:任何温度下的物体既能辐射出一定频率的射线,又能吸收类似的射线。在热稳定状态下,介质中任一体积元平均辐射的能量与平均吸收的能量相等。当介质中存在温度梯度时,相邻体积间温度高的体积元辐射的能量大,吸收的能量小;温度较低的体积元正好相反,吸收的能量大于辐射的能量,产生能量的转移,在整个介质中热量从高温处向低温处传递。λ 就是用来描述介质中这种辐射能的传递能力的,它取决于光子的平均自由程 l_r。对于辐射线透明的介质,热阻很小,l_r 较大;对于辐射线不透明的介质,l_r 很小;对于完全不透明的介质,$l_r = 0$,在这种介质中,辐射传热可以忽略不计。一般而言,单晶和玻璃的辐射线是比较透明的,因此,在 773 ~ 1 273 K 辐射传热已经很明显,而大多数烧结陶瓷材料是半透明或透明度很差的,其 l_r 要比单晶和玻璃的小得多。一些耐火氧化物在 1 773 K 高温下辐射传热才明显。

光子的平均自由程除与介质的透明度有关外,对于频率在可见光和近红外光的光子,其吸收和辐射也很重要。例如,吸收系数小的透明材料,当温度为几百摄氏度(℃)时,光辐射是主要的;吸收系数大的不透明材料,即使是在高温时光子传导也不重要。对于无机材料,主要是光子的散射问题,这使得其 l_r 比玻璃和单晶的都小。只有在 1 500 ℃ 以上时,光子传导才是主要的,因为高温下的陶瓷呈半透明的亮红色。

三、影响热导率的因素

(一)温度

图 1.7 所示为 Al_2O_3 的热导率与温度的关系曲线。在很低的温度下,声子的平均自由程 l 增大到晶粒的大小,达到了上限。l 值基本上无多大变化。热容 C_r 在低温下与温度的

3次方成正比,因此,λ 也近似与 T^3 成比例地变化。随着温度的升高,λ 迅速增大,然而温度继续升高,l 值要减小,C_r 随温度 T 的变化也不再与 T^3 成比例,并在德拜温度以后,趋于一恒定值。而 l 值因温度升高而减小,成了主要影响因素。λ 值随着温度的升高而迅速减小。这样,在某个低温处(约40 K),λ 值出现极大值。在更高的温度,由于 C_r 已基本无变化,l 值也逐渐趋于下限,所以 λ 随温度的变化又变得缓和了。在达到1 600 K的高温后,λ 值又有少许回升。这就是高温时辐射传热带来的影响。

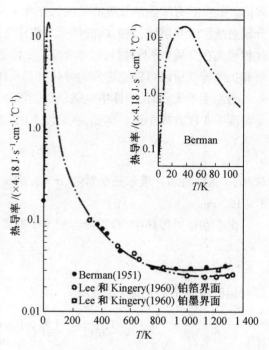

图 1.7　Al_2O_3 单晶的热导率随温度的变化

　　物质种类不同,导热系数随温度变化的规律也有很大不同。例如,气体导热系数随温度的上升而增大。这是因为温度升高,气体分子的平均运动速率增大,虽然平均自由程因碰撞概率增大而有所减小,但前者的作用占主导地位,因而热导率增大。对于金属材料,在温度超过一定值后,热导率随温度的上升而缓慢下降;耐火氧化物多晶材料在适用的温度范围内,随温度的上升热导率下降。至于不密实的耐火材料,如黏土砖、硅藻土砖、红砖等,气孔导热占一定分量,随着温度的上升,热导率略有增大,非晶体材料的 λ – T 曲线则呈现另外一种性质。

(二) 显微结构的影响

1. 结晶构造的影响

　　声子传导与晶格振动的非谐性有关,晶体结构越复杂,晶格振动的非谐性程度越大,格波受到的散射越大,因此,声子平均自由程较小,热导率较低,镁铝尖晶石的热导率比 Al_2O_3 和 MgO 的热导率都低。莫来石的结构更复杂,所以其热导率比尖晶石低得多。

2. 各向异性晶体的热导率

　　非等轴晶系的晶体热导率呈各向异性。石英、金红石、石墨等都是在热膨胀系数低的方向热导率最大。温度升高,不同方向的热导率差异减小。这是因为温度升高,晶体结构总是趋于更好地对称,不同方向的 λ 差异变小。

3. 多晶体与单晶体的热导率

　　对于同一物质,多晶体的热导率总是比单晶的小。由于多晶体中晶粒尺寸小,晶界多,缺陷多,晶界处杂质也多,声子更容易受到散射,它的 l 小得多,因此,λ 小,故对于同一种物质,多晶体的热导率总是比单晶的小。另外还可以看到,低温时多晶的热导率与单晶的平均热导率一致,但随着温度的升高,差异迅速变大。这也说明了晶界、缺陷、杂质等在较高温度下对声子传导有更大的阻碍作用,同时也是单晶在温度升高后比多晶在光子传导方面有更明显的效应。

4. 非晶体的热导率

本节以玻璃为例来说明无机非晶态材料的导热机理及其规律。玻璃具有远程无序、近程有序的结构特点,讨论导热机理时可以近似地把它当作由直径为几个晶格间距的极细晶粒组成的"晶体"。这样,就可以用声子导热的机制来描述玻璃的导热行为及规律。从前面晶体中声子导热机制可知,声子的平均自由程由低温下的晶粒直径大小变化到高温下的几个晶格间距的大小。对于上述晶粒极细的玻璃来说,它的声子平均自由程在不同温度下将基本上为常数,其值近似等于几个晶格间距。

根据声子导热公式可知,在较高温度下玻璃的导热主要由热容与温度的关系决定,在较高温度以上则需考虑光子导热的贡献。

(1) 在 Of 段中低温(400 ~ 600 K)以下,光子导热的贡献可忽略不计。声子导热随温度的变化由声子热容随温度的变化规律决定。即随着温度的升高,热容增大,玻璃的导热系数也相应地上升。

(2) 从 fg 段中温到较高温度(600 ~ 900 K),随着温度的升高,声子热容趋于一常数,故声子导热系数曲线出现一条近似平行于横坐标的直线。

图 1.8 所示为晶体与非晶体导热系数曲线的差别。

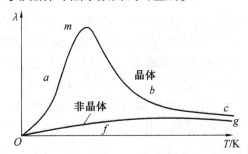

图 1.8   晶体和非晶体材料的导热系数曲线的差别

(1) 非晶体的导热系数(不考虑光子导热的贡献)在所有温度下都比晶体的小。这主要是由于玻璃等非晶体的声子平均自由程在绝大多数温度范围内都比晶体的小得多。

(2) 在高温下,两者比较接近,这是因为在高温时,晶体的声子平均自由程已减小到下限值,像非晶体的声子平均自由程那样,等于几个晶格间距的大小;而晶体与非晶体的声子热容在高温下都接近 $3R$,光子导热还未有明显的贡献。晶体和非晶体的导热系数在较高温时比较接近。

(3) 非晶体与晶体导热系数曲线的重大区别是前者没有导热系数峰值点 m。这也说明非晶体物质的声子平均自由程在所有温度范围内均接近一常数。

在一般情况下,如果玻璃组分中含有较多的重金属离子(如 Pb),将降低导热系数。在无机材料中,晶体和非晶体往往是同时共存的,这时导热系数随温度变化的规律仍然可以用上面讨论的晶体和非晶体材料导热系数的变化规律进行预测和解释。在一般情况下,这种晶体和非晶体共存材料的导热系数曲线往往介于晶体和非晶体导热系数曲线之间,可能出现以下三种情况。

(1) 材料中所含有的晶相比非晶相多时,在一般温度以上,它的导热系数将随温度上升而稍有下降;在高温下,热导率基本上不随温度变化。

（2）材料中所含有的非晶相多时,导热系数通常随温度升高而增大。

（3）当晶相和非晶相为一适当比例时,它的热导率可以在一个相对大的温度范围内基本上保持不变。

（三）化学组成的影响

不同组成的晶体,热导率往往有很大的差异。这是因为构成晶体的质点的大小、性质各不相同,它们的晶格振动状态不同,传导热量的能力也就不同。一般说来,质点的原子量越小,密度越小,弹性模量越大,德拜温度越高,则热导率 λ 越大。所以,轻元素的固体和结合能大的固体热导率较大,在氧化物陶瓷中,BeO 具有最大的热导率。

晶体中存在的各种缺陷和杂质会导致声子的散射,降低声子的平均自由程,使热导率变小。固溶体的形成同样也会降低热导率,而且取代元素的质量和大小与基质元素相差越大,取代后结合力改变越大,则对热导率的影响越大。这种影响在低温时随着温度的升高而加剧,当温度高于德拜温度的一半时,这种影响与温度无关,这是因为在极低温度下,声子传导的平均波长远大于线缺陷线度,所以并不引起散射。随着温度的升高,平均波长减小,在接近点缺陷线度后散射达到最大值,此后温度再升高,散射效应不再变化,从而与温度无关了。

此外,材料的热导率受材料中气孔率的影响比较大,情况也很复杂。一般在不改变结构状态的情况下,气孔率的增大总是使导热系数降低。这就是多孔、泡沫硅酸盐、纤维制品、粉末和空心球状轻质陶瓷制品的保温原理。从构造上看,最好是均匀分散的封闭气孔,如果是大尺寸的孔洞,且有一定贯穿性,则易发生对流传热。

粉末和纤维材料的热导率比烧结材料的低得多,这是因为在其间气孔形成了连续相。材料的热导率在很大程度上受气孔相热导率的影响,这也是粉末、多孔和纤维材料有良好热绝缘性能的原因。

一些具有显著各向异性的材料和热膨胀系数较大的多相复合物,由于存在大的内应力会形成微裂纹,气孔以扁平微裂纹出现并沿晶界发展,因此热流受到严重阻碍。这样,即使气孔率很小,材料的热导率也明显地减小。

四、材料的热导率

通常低温时有较高热导率的材料,随着温度升高,热导率降低;而低热导率的材料正相反。前者如 Al_2O_3、BeO 和 MgO 等,其经验公式为

$$\lambda = \frac{A}{T - 125} + 8.5 \times 10^{-36} T_{10} \qquad (1.71)$$

式中,T 为热力学温度,K;A 为常数,例如,$A_{Al_2O_3} = 16.2$,$A_{MgO} = 18.8$,$A_{BeO} = 55.4$。

式(1.71)适用的温度范围:Al_2O_3 和 MgO 为 293 ~ 2 073 K、BeO 为 1 273 ~ 2 073 K。

玻璃体的热导率随温度的升高而缓慢增大。高于 773 K 时,辐射传热的效应使热导率有较快的上升,其经验方程式为

$$\lambda = cT + d \qquad (1.72)$$

式中,c、d 为常数。

某些建筑材料,如黏土质耐火砖以及保温砖等,其热导率随温度升高而线性增大,方程式一般为

$$\lambda = \lambda_0(1 + bt) \tag{1.73}$$

式中，λ_0 为 0 ℃ 时材料的热导率；b 为与材料性质有关的常数。

五、热导率的测量

导热系数（又称热导率）是反映材料热性能的重要物理量。热传导是热交换的三种（热传导、对流和辐射）基本方式之一，是工程热物理、材料科学、固体物理及能源、环保等各个研究领域的课题。材料的导热机理在很大程度上取决于它的微观结构，热量的传递依靠原子、分子围绕平衡位置的振动以及自由电子的迁移。导热系数在金属中是电子流起支配作用；在绝缘体和大部分半导体中则以晶格振动起主导作用。在科学实验和工程设计中，所用材料的导热系数都需要用实验的方法精确测定。

1882 年法国科学家傅里叶建立了热传导理论，目前各种测量导热系数的方法都建立在傅里叶热传导定律的基础之上。测量的方法可以分为两大类：稳态法和非稳态法。在稳定导热系统下测定试样热导率的方法，称为稳态法；而在不稳定导热状态下测量的方法，称为非稳态法。稳态法测量的是单位面积上的热流速率和试样上的温度梯度；非稳态法则直接测量热扩散率，因此，在实验中要测定热传播一定距离所需的时间，要得到材料的密度和比热容数据。

（一）稳态法

在稳定导热状态下，试样上各点温度稳定不变，温度梯度和热流密度也都稳定不变，根据所测得的温度梯度和热流密度，就可以按傅里叶定律计算材料的热导率。稳态法的关键在于控制和测量热流密度。通常的方法是建立一个稳定的、功率可测量的热源（常用电阻加热源），令所产生的热量全部进入试样，并以一定的热流图像通过试样。这样可以根据热功率确定热流密度，也可以方便地确定温度梯度。采取各种技术措施以形成理想的热流图像是这类方法的关键，测量的失败和误差往往来源于热流图像的破坏。由于稳态法是在稳定条件下进行测量的，直接测量（如温度等）较为精确。但达到稳定状态需要较长的时间，效率较低。为了保证温度梯度测量的精确度，要求在有效距离内有较大的温差。理论上讲，把热源放在空心球试样的中心就没有热损失。但是，把试样做成球形很困难，球状中心热源也很难制作，且安装和测量都有一定的难度。所以，通常把试样做成圆棒、方柱和平板等形状比较简单的试样。为了保证试样只在预定的方向上产生热流，需要在其他方向采取热防护，使旁向热流减至最小。

依照美国热物理性能研究中心的分类，热导率的稳态法测量可分为纵向热流法、径向热流法、直接通电加热法、福培斯（Fobes）法、热电法、热比较仪法等。

（二）非稳态法

在用稳态法测量材料的热导率时，防止热损失是一个大的难题，特别是在高温情况下，要满足稳态法所要求的一维热流条件是十分困难的。所以，为了避免热损失的影响，出现了非稳态测量法。非稳态法是根据试样温度场随时间变化的情况来测量材料热传导性能的方法。在非稳态法的实验中无须测量试样中的热流速率，只要测量试样上某些部位温度变化的速率即可。实际上，这时所测得的是热扩散率，若需要热导率则还需知道材料的比热容和密度。

非稳态法在不稳定导热状态下进行测量,试样上各点的温度处于变化之中,变化的速率取决于试样的热扩散率。实验时,令试样上各点的温度形成某种有规律的变化(单调的或是周期性的),通过测量温度随时间的变化以获得热扩散率值,在已知比热容和密度的条件下,可求得材料的热导率。非稳态法测量同样要求建立某点变温速率与热扩散率的关系。但由于测量速率快,热损失的影响较小,较易处理。非稳态法测量要求记录温度时间的变化,较稳态测量要复杂一些。

由于非稳态法测量热扩散率所需的时间比较短,热损失的影响要比稳态法小得多,而且,热损失系数往往可以通过实验消去。它的缺点是要有已知的比热容数据,但是,与热导率相比,材料的比热容对杂质和结构不十分敏感,而且,在德拜温度以上温度对比热容影响不大,测量比热容的方法相对比较成熟,已有的数据也齐全可靠。非稳态法日益为人们所重视,前景广阔。

依照试样提供热流的方式,非稳态法可以分为周期热流法和瞬态热流法两大类。热流的方式可以有纵向和径向两种。瞬态热流法中可以采用线热源或移动热源,有许多具体的测量方法可供选择。

另外,在工程实际应用中,采用稳态法则无法测定含有一定水分的材料的热导率,基于稳定态原理的准稳态热导率测定方法(代表性的有准稳态平壁导热测定法),测定所需时间短(10 ~ 20 min),可以弥补上述稳态方法的不足,且可同时测出材料的热导率、导热系数、比热容,在材料热物理性能测定中也得到了广泛的应用。

第五节　　材料的热稳定性

热稳定性是指材料承受温度的急剧变化而不致破坏的能力,所以又称为抗热震性。由于无机材料在加工和使用过程中,经常会受到环境温度起伏的热冲击,因此,热稳定性是无机材料的一个重要性能。

一般无机材料和其他脆性材料一样,热稳定性很差。它们的热冲击损坏主要有两种类型:一种是材料发生瞬时断裂,抵抗这类破坏的性能称为抗热冲击断裂性;另一种是在热冲击循环作用下,材料表面开裂、剥落,并不断发展,最终碎裂或变质,抵抗这类破坏的性能称为抗热冲击损伤性。

一、热稳定性的表示方法

一般采用比较直观的测定方法测定热稳定性。例如,日用陶瓷通常是以一定规格的试样,加热到一定温度,然后立即置于室温的流动水中急冷,并逐次提高温度和重复急冷,直至观察到试样发生龟裂,则以产生龟裂的前一次加热温度来表征其热稳定性。对于普通耐火材料,常将试样的一端加热到 1 123 K 并保温 40 min,然后置于 283 ~ 293 K 的流动水中 3 min 或在空气中 5 ~ 10 min,重复这样的操作,直至试样失重 20% 为止,以这样操作的次数来表征材料的热稳定性。某些高温陶瓷材料是以加热到一定温度后,在水中急冷,然后测其抗折强度的损失率来评定它的热稳定性。如制品具有较复杂的形状,则在可能的情况下,可直接用制品来进行测定,这样就免除了形状和尺寸带来的影响,如高压电磁的悬式绝缘子等,就是这样来考核的。测试条件应参照使用条件并更严格些,以保证实际使用过程中的可靠性。总之,对于无机材料,尤其是制品的热稳定性,尚需提出一些评定的因子。从理论上得到的一些评定热稳定性的因子,对探讨材料性能的机理显然是很有意义的。

二、热应力

不改变外力作用状态,材料仅因热冲击造成开裂和断裂而损坏,这必然是由于材料在温度作用下产生的内应力超过了材料的力学强度极限。对于这种内应力的产生和计算,先从下述的简单情况来讨论。假如有一长为 l 的各向同性的均质杆件,当它的温度从 T_0 升到 T' 后,杆件膨胀伸长 Δl,若杆件能自由膨胀,则杆件内不会因膨胀产生应力;若杆件的两端是完全刚性约束的,则热膨胀不能实现,杆件与支撑体之间就会产生很大的应力。杆件所受的抑制力等于把样品自由膨胀后的长度($l + \Delta l$)再压缩回 l 时所需的压缩力。杆件所承受的压应力,正比于材料的弹性模量 E 和相应的弹性应变 $-\dfrac{\Delta l}{l}$,所以,材料中的内应力 σ 可由下式计算:

$$\sigma = E\left(-\frac{\Delta l}{l}\right) = -E\alpha(T' - T_0) \tag{1.74}$$

式中,σ 为内应力;E 为弹性模量;$-\dfrac{\Delta l}{l}$ 为弹性应变;α 为热膨胀系数。

这种由材料热膨胀或收缩引起的内应力称为热应力。若上述情况是发生在冷却过程中,即 $T_0 > T'$,则材料中的内应力为张应力(正值),这种应力才会使杆件断裂。

例如,一块玻璃平板从 373 K 的沸水中掉入 273 K 的冰水中,假设表面层在瞬间降到 273 K,则表面层趋于收缩,然而,此时内层还保持在 373 K,并无收缩,这样,在表面层就产生了一个张应力。而内层有一相应的压应力,其后由于内层温度不断下降,材料中热应力逐渐减小。实际上,无机材料受 3 向热应力,3 个方向都会有胀缩,而且互相影响。

三、抗热冲击断裂性能

(一)第一热应力断裂抵抗因子 R

由前面分析可知,只要材料中最大热应力值 σ_{max}(一般在表面或中心部位)不超过材料的强度极限 σ_f,材料就不会损坏。ΔT_{max} 值越大,说明材料能承受的温度变化越大,即热稳定性越好,所以定义 $R = \dfrac{\sigma_f(1-\mu)}{E\alpha}$ 来表征材料热稳定性的因子,即第一热应力因子或第一热应力断裂抵抗因子。

(二)第二热应力断裂抵抗因子 R'

材料是否出现热应力断裂,固然与热应力 σ_{max} 密切相关,但还与材料中应力的分布、产生的速率和持续时间、材料的特性(塑性、均匀性、弛豫性)以及原先存在的裂纹、缺陷等有关。R 虽然在一定程度上反映了材料抗热冲击性的优劣,但并不能简单地认为就是材料允许承受的最大温度差,R 只是与 ΔT_{max} 有一定的关系。

热应力引起的材料断裂破坏,还涉及材料的散热问题,散热使热应力得以缓解。与此有关的影响因素主要有以下几方面。

（1）材料的热导率 λ 越大,传热越快,热应力持续一定时间后很快缓解,所以对热稳定性有利。

（2）传热的途径,即材料或制品的厚薄。薄的传热通道短,容易很快使温度均匀。

（3）材料表面散热速率。如果材料表面向外散热速率快(如吹风等),材料内、外温差变大,热应力也大,如窑内进风会使降温的制品炸裂,所以引入表面热传递系数 h。

另外,令

$$\beta = \frac{h r_m}{\lambda}$$

式中,β 为毕奥模数,且 β 无单位;h 为如果材料表面温度比周围环境温度高 1 K,在单位表面积上,单位时间带走的热量;r_m 为导热系数;λ 为材料的半值厚度,cm。显然,β 大对热稳定性不利。

在无机材料的实际应用中,不会像理想的骤冷那样,瞬时产生最大应力 σ_{max},而是由于散热等因素,σ_{max} 发生滞后,且数值也折减。设折减后实测应力为 σ,令 $\sigma^* = \frac{\sigma}{\sigma_{max}}$,其中 σ^* 又称为无因次表面应力。不同 β 值下最大应力的折减程度也不一样,β 值越小折减越多,即可能达到的实际最大应力要小得多,且随 β 值的减小,实际最大应力的滞后也增加。

对于通常在对流及辐射传热条件下观察到的比较低的表面传热系数,S. S. Manson 发现 $[\sigma^*] = 0.31\beta$,即 $[\sigma^*]_{max} = 0.31\frac{r_m h}{\lambda}$,另

$$[\sigma^*] = \frac{\sigma f}{\frac{E\alpha}{(1-\mu)} \cdot \Delta T_{max}} = 0.31\frac{r_m h}{\lambda} \tag{1.75}$$

$$\Delta T_{max} = \frac{\lambda \sigma f (1-\mu)}{E\alpha} \times \frac{1}{0.31 r_m h} \tag{1.76}$$

令 $\frac{\lambda \sigma f (1-\mu)}{E\alpha} = R'$,$R'$ 称为第二热应力断裂抵抗因子,J/(cm·s)。

上面的推导是按无限平板计算的,$S = 1$。其他形状的试样,应该乘以 S,即 $R'S \cdot \frac{1}{0.31 r_m h}$,$S$ 值可查阅相关文献。一般材料在 $r_m h$ 较小时,ΔT_{max} 与 $r_m h$ 成反比;当 $r_m h$ 值较大时,ΔT_{max} 趋于一恒定值。要特别注意的是,几种材料的曲线是交叉的,BeO 最突出。它在 $r_m h$ 很小时具有很大的 ΔT_{max},即热稳定性很好,仅次于石英玻璃和 TiC 金属陶瓷;而在 $r_m h$ 很大(如大于 1)时,抗热震性就很差,仅优于 MgO。很难简单地排列出各种材料抗热冲击断裂性能的顺序。

四、抗热冲击损伤性

前面提到的抗热冲击断裂性,是以强度 – 应力理论为判据的,认为材料中热应力达到抗张强度极限后,材料产生开裂、破坏,这适用于玻璃、陶瓷等无机材料。但对于一些含有微孔的材料(如黏土质耐火制品建筑砖等)和非均质的金属陶瓷等却不适用。实验发现这些材料在热冲击下产生裂纹时,即使裂纹是从表面开始的,在裂纹的瞬时扩张过程中

也可能被微孔、晶界或金属相所阻止,而不致引起材料的完全断裂。明显的例子就是在一些筑炉用的耐火砖中,往往含有10% ~ 20% 的气孔率,反而具有最好的抗热冲击损伤性,而气孔的存在会降低材料的强度和热导率,R 和 R' 值都会减小。这一现象按强度 – 应力理论就不能解释。实际上,凡是以热冲击损伤为主的热冲击破坏都是如此。对抗热震性问题就发展了第二种处理方式,即以断裂力学为出发点,以应变能 – 断裂能为判据的理论。

在强度 – 应力理论中,计算热应力时认为材料外形是完全受刚性约束的。整个坯体中各处的内应力都处于最大热应力状态。这实际上只是一个非常苛刻的条件假设。它认为材料完全是刚性的,任何应力释放(如位错运动或黏滞流动等) 都是不存在的,裂纹产生和扩展过程中的应力释放也不予考虑。计算的热应力破坏会比实际情况更严重。按照断裂力学的观点,对于材料的损坏,不仅要考虑材料中裂纹的产生情况(包括材料中原有的裂纹情况),还要考虑在应力作用下裂纹的扩展、蔓延。如果裂纹的扩展、蔓延能够抑制在一个很小的范围内,也可能不会造成材料完全破坏。

抗热冲击损伤性是以应变能断裂能为判据,认为在热应力作用下,裂纹产生、扩展以及蔓延的程度与材料积存的弹性应变能和裂纹扩展的断裂表面能有关。

当材料中积存的弹性应变能较小,则裂纹扩展的可能性就小,裂纹蔓延时断裂表面能需要小,则裂纹蔓延程度小,材料热稳定性就好。抗热应力损伤正比于断裂表面能,反比于应变释放能。这样就提出了两个抗热应力损伤因子 R''' 和 R'''',即

$$R''' = \frac{E}{\sigma^2 (1 - \mu)} \tag{1.77}$$

$$R'''' = \frac{E \times 2r_{\text{eff}}}{\sigma^2 (1 - \mu)} \tag{1.78}$$

式中,$2r_{\text{eff}}$ 为断裂表面能(形成两个断裂表面),J/m^2;R''' 用来比较具有相同断裂表面能的材料;R'''' 用来比较具有不同断裂表面能的材料。

因此,R''' 或 R'''' 值高的材料抗热应力损伤性好。根据 R''' 和 R'''',热稳定性好的材料有低的 σ 和高的 E,这与 R 和 R' 的情况正好相反,原因在于两者的判据不同。在抗热应力损伤性中,认为强度高的材料,原有裂纹在热应力作用下容易扩展、蔓延,对热稳定性不利,尤其在一些晶粒较大的样品中经常会遇到这种情况。

五、材料热稳定性的测定

本节主要介绍无机材料热稳定性。无机材料热稳定性的测定主要有陶瓷材料热稳定性的测定、玻璃材料热稳定性的测定和耐火材料热稳定性的测定。下面主要介绍陶瓷和玻璃热稳定性的测定。

(一)陶瓷热稳定性的测定

普通陶瓷材料由多种晶体和玻璃相组成,因此在室温下具有脆性,在外应力作用下会突然断裂。当温度急剧变化时,陶瓷材料也会出现裂纹或损坏。测定陶瓷的热稳定性可以控制产品的质量,为合理应用提供依据。

陶瓷的热稳定性取决于坯釉料的化学成分、矿物组成、相组成、显微结构、制备方法、成形条件及烧成制度等因素以及外界环境的影响。因陶瓷内外层受热不均匀、坯釉的热

膨胀系数存在差异,所以陶瓷内部产生应力,导致机械强度降低,甚至发生开裂现象。一般陶瓷的热稳定性与抗张强度成正比,与弹性模量、热膨胀系数成反比。而导热系数、热容、密度也在不同程度上影响着热稳定性。

釉的热稳定性在较大程度上取决于釉的热膨胀系数。要提高陶瓷的热稳定性首先要提高釉的热稳定性。陶坯的热稳定性则取决于玻璃相、莫来石、石英及气孔的相对含量、粒径大小及其分布状况等。

陶瓷制品的热稳定性在很大程度上取决于坯釉的适应性,所以它也是带釉陶瓷抗后期龟裂性的一种反映。

陶瓷热稳定性的测定方法一般是把试样加热到一定的温度,接着放入适当温度的水中,判定方法为:① 根据试样出现裂纹或损坏到一定程度时所经受的热变换次数来决定热稳定性;② 根据经过一定次数的热冷变换后机械强度降低的程度来决定热稳定性;③ 根据试样出现裂纹时经受的热冷最大温差来表示试样的热稳定性,温差越大,热稳定性越好。

(二) 玻璃热稳定性的测定

普通玻璃是热的不良导体,在迅速加热或冷却时会因产生过大的应力而炸裂。日常使用的保温瓶、水杯等玻璃制品经常受到沸水的热冲击,如果玻璃的热稳定性不好就会炸裂。罐头瓶、医用玻璃器皿等也需要有较好的热稳定性,否则在高温灭菌过程中就可能破损。测定这些玻璃制品的热稳定性对生产和使用都十分重要。

玻璃材料热稳定性是一系列物理性质的综合表现,例如热膨胀系数 α、弹性模量 E、热导率 λ、抗张强度 R 等。热稳定性是玻璃的一个重要性质,也是一种复杂的工艺性质。温克尔曼和肖特对无限长的厚玻璃板在突然冷却时表面所产生的应力进行分析,导出玻璃热稳定性的表达式如下:

$$K = \frac{R}{\alpha E}\sqrt{\frac{\lambda}{cd}} = \beta \cdot (t_2 - t_1) = \beta \cdot \Delta t \qquad (1.79)$$

式中,K 为玻璃的热稳定性系数;R 为玻璃的抗张强度极限;E 为玻璃的弹性系数;α 为玻璃的热膨胀系数;λ 为玻璃的热导率;c 为玻璃的比热容;d 为玻璃的密度;β 为常数;Δt 为引起破裂时的温差;$\beta = 2b\Delta t$,$2b$ 为玻璃厚度。

在玻璃材料中,R 与 E 常以同位数量改变,故 R/E 值改变不大,λ/cd 一项也改变不大,所以,玻璃的热稳定性首要和基本的变化取决于玻璃的热膨胀系数 α,而 α 值随玻璃组成的改变有很大的差别。比如,石英玻璃具有很小的热膨胀系数($\alpha = 5.2 \times 10^{-7} \sim 6.2 \times 10^{-7} \, \text{K}^{-1}$),热稳定性极好,把它加热到炽热状态后投入冷水中也不会破裂。那些结构松弛和热膨胀系数大的玻璃,具有很低的耐热性。由此说明,热膨胀系数大的玻璃热稳定性差;热膨胀系数小的玻璃热稳定性好。其次,若玻璃中存在不均匀的内应力或有某些夹杂物,热稳定性能也差。另外,玻璃表面不同程度的擦伤或裂纹以及各种缺陷,都会使其热稳定性降低。

实验中常将一定数量的玻璃试样在立式管状电炉中加热,使样品内外的温度均匀,然后使之骤冷,用放大镜观察,看试样不破裂时所能承受的最大温差。对相同组成的各块样品,最大温差并不是固定不变的,所以测定一种玻璃的稳定性,必须取多个试样,并进行平行实验,用下述公式计算玻璃热稳定性平均温度差值(ΔT):

$$\Delta T = \frac{\Delta T_1 N_1 + \Delta T_2 N_2 + \cdots + \Delta T_i N_i}{N_1 + N_2 + \cdots + N_i} \tag{1.80}$$

式中, $\Delta T_1, \Delta T_2, \cdots, \Delta T_i$ 为每次淬冷时加热温度与冷水温度之差值; $N_1, N_2, \cdots, N_i$ 为在相应温度下碎裂的块数。

第六节　　热分析技术及其在材料物理中的应用

国际热分析协会(International Confederation for Thermal Analysis, ICTA) 定义:热分析是在程序控制温度下,测量物质的物理性质与温度关系的一类技术。所谓"程序控制温度" 是指用固定的速率加热或冷却;所谓"物理性质" 则包括物质的质量、温度、热焓、尺寸、力学性能、电学及磁学性质等。

判定某种有关热学方面的技术是否属于热分析技术应该具备以下三个条件。

(1)测量的参数必须是一种"物理性质",包括质量、温度、热焓变化、尺寸、机械特性、声学特性、电学及磁学特性等。

(2)测量参数必须直接或者间接表示成温度的函数关系。

(3)测量必须在程序控制的温度下进行,程序控制温度一般指线性升温或者线性降温,也包括恒温和非线性升、降温。

上面所说的"物质" 是指试样本身和(或) 试样的反应产物,包括中间产物。

热分析起始于1887 年,德国人莱查泰利亚(H. Lechatelier) 将一个热电偶插入受热黏土试样中,测量黏土的热变化,当时所记录的数据并不是试样和参比物之间的温度差。

1899 年,英国人罗伯茨(Roberts) 和奥斯汀(Austen) 改良了莱查泰利亚装置,将两个热电偶反相连接,采用差热分析的方法研究钢铁等金属材料。直接记录样品和参比物之间的温差随时间的变化规律,首次采用示差热电偶记录试样与参比物间产生的温度差,这就是目前广泛应用的差热分析法的原始模型。

1915 年日本的本多光太郎提出了"热天平" 概念并设计出了世界上第一台热天平(热重分析),测定了 $MnSO_4 \cdot 4H_2O$ 等无机化合物的热分解反应。

20 世纪 20 年代,差热分析在黏土、矿物和硅酸盐的研究中使用得比较普遍。从热分析总的发展来看,20 世纪 40 年代以前是比较缓慢的。例如,热天平直到20 世纪40 年代后期才用于无机质量分析和广泛应用于煤炭高温裂解反应。

20 世纪 40 年代末,商业化电子管式差热分析仪问世,20 世纪 60 年代又实现了微量化。1964 年,沃森(Watson) 和奥尼尔(O'Neill) 等人提出了"差示扫描量热" 的概念,进而发展成为差示扫描量热技术,使得热分析技术不断发展和壮大。

一、热重测量法

热重测量法是指在温度程序控制下,测量物质的质量随温度变化的一种技术。这里值得一提的是,定义为质量的变化而不是重量变化是因为在磁场作用下,强磁性材料在达到居里点时,虽然无质量变化,却有表观失重。而热重法则指观测试样在受热过程中实质上的质量变化。热重法的数学表达式为 $m = f(T)$。热重法得到的是在温度程序控制下物质质量与温度关系的曲线,即热重曲线(TG 曲线)。

任何一种分析测量技术都必须考虑到测定结果的准确可靠性和重复性。为了得到准确性和复现性好的热重测定曲线,就必须对能影响其测定结果的各种因素进行仔细分析。影响热重法测定结果的因素大致有仪器、实验条件和参数的选择、试样等。

二、差热分析法

DTA 是在温度程序控制下,测量物质与参比物之间的温度差随温度变化的一种技术。差热分析法反映的是物质在受热或冷却过程中发生的物理变化和化学变化伴随着吸热和放热现象,如晶型转变、沸腾、升华、蒸发、熔融等物理变化,以及氧化还原、分解、脱水和离解等化学变化均伴随一定的热效应变化。差热分析法正是建立在物质的这类性质基础之上的一种方法。

差热分析法的基本原理是把被测试样和一种中性物(参比物)置放在同样的热条件下,进行加热或冷却,在这个过程中,试样在某一特定温度下会发生物理化学反应引起热效应变化,即试样的温度在某一区间会变化,不随程序温度升高,而是有时高于或低于程序温度,而参比物一侧在整个加热过程中始终不发生热效应,它的温度一直随程序温度升高,这样,两侧就有一个温度差。然后利用某种方法把这个温差记录下来,就得到了差热曲线,再针对曲线进行分析研究。

DTA 曲线是指试样与参比物间的温差(ΔT)曲线和温度(T)曲线的总称。DTA 曲线的几何要素如下。

(1) 零线。零线是指理想状态 $\Delta T = 0$ 的线。

(2) 基线。基线是指实际条件下试样无热效应时的曲线部分。

(3) 吸热峰。吸热峰是指 $T_S < T_R, \Delta T < 0$ 时的曲线部分。

(4) 放热峰。放热峰是指 $T_S > T_R, \Delta T > 0$ 时的曲线部分。

(5) 起始温度(T_i)。起始温度(T_i)是指热效应发生时曲线开始偏离基线的温度。

(6) 终止温度(T_f)。终止温度(T_f)是指曲线开始回到基线的温度。

(7) 峰顶温度(T_p)。峰顶温度(T_p)是指吸、放热峰的峰形顶部的温度,该点瞬间 $d(\Delta T)/dt = 0$。

(8) 峰高。峰高是指内插基线与峰顶之间的距离。

(9) 峰面积。峰面积是指峰形与内插基线所围面积。

(10) 外推起始点。外推起始点是指峰的起始边斜率最大处所作切线与外推基线的交点,根据 ICTA 共同试样的测定结果,以外推起始温度(T_{eo})最为接近热力学平衡温度。

DTA 曲线方程为

$$C_s d(\Delta T)/dt = d(\Delta H)/dt - K(\Delta T - \Delta T_\alpha) \tag{1.81}$$

基线方程为

$$\Delta T_\alpha = 1/K \cdot [\delta\alpha(T - T_r) + \delta\gamma(T_0 - T_r) - \delta C dT_r/dt] \tag{1.82}$$

影响差热分析法的因素主要有 3 个方面:仪器、实验条件和试样。主要体现在升温速率、试样与参比物的对称度、仪器因素、气氛等几个方面。

不同气氛(如氧化气氛、还原气氛或惰性气氛)对 DTA 测定有较大的影响。气氛对 DTA 测定的影响主要由气氛对试样的影响来决定。如果试样在受热反应过程中放出气体能与气氛组分发生作用,那么气氛对 DTA 测定的影响就显著。气氛对 DTA 测定的影响主要针对那些可逆的固体热分解反应,而对不可逆的固体热分解反应则影响不大。

对于任何单元的二相平衡,如蒸发、升华、熔化及晶型转变过程,转变温度与压力之间的关系可用 Clapeyron - Clausius 方程(克拉珀龙 - 克劳修斯方程) 表示

$$\frac{\mathrm{d}p}{\mathrm{d}T} = \frac{\Delta H}{T\Delta V} \tag{1.83}$$

式中,p 为蒸气压;ΔH 为转变热或称相变热焓;ΔV 为相变引起的系统体积的变化。

对于不涉及气相的物理变化,如晶型转变、熔融、结晶等变化,转变前后体积基本不变或变化不大,那么压力对转变温度的影响很小,DTA 峰温基本不变;但对于有些化学反应或物理变化要放出或消耗气体,则压力对平衡温度有明显的影响,从而对 DTA 的峰温也有较大的影响,如热分解、升华、汽化、氧化等。其峰温移动的程度与过程的热效应有关。

DTA 差热分析可以用于物质的定性和定量分析,下面分别论述。

(一) 定性分析

DTA 定性分析是指通过实验获得 DTA 曲线,根据曲线上吸、放热峰的形状、数量、特征温度点的温度值,即曲线上的特定形态来鉴定分析试样及其热特性。所以,获得 DTA 曲线后,要清楚有关热效应与物理化学变化的联系,再掌握一些纯的或典型物质的 DTA 曲线,便可进行定性分析。比如陶瓷原材料常见热效应的实质主要体现在含水化合物、高温下有气体放出的物质、矿物中含有变价元素、非晶态物质的重结晶、晶型转变和有机物质的燃烧等几个方面。其热量、质量、体积变化与物理化学变化的联系见表1.6。

表1.6 热量、质量、体积变化与物理化学变化的联系

热量、质量、体积变化	对应的物理化学变化
$Q_{吸} + W_{失}$	脱水、分解
$Q_{放} + W_{失}$	有机物、杂质氧化、燃烧
$Q_{吸} + \Delta V,W$ 不变	多晶变化
$Q_{放} + V_{缩},W$ 不变	新物质生成
$\Delta W + V_{缩},V_{胀} \rightarrow V_{缩}$,无明显热变化	开始烧结

(二) 定量分析

定量分析一般是采用精确测定峰面积或峰高的方法,然后以各种形式确定矿物在混合物中的含量,如单矿物标准法和面积比法等。

差热曲线中峰的数目、位置、方向、高度、宽度和面积等均具有一定的意义。比如,峰的数目表示在测温范围内试样发生变化的次数;峰的位置对应于试样发生变化的温度;峰的方向则指示变化是吸热还是放热;峰的面积表示热效应的大小;等等。根据差热曲线的情况就可以对试样进行具体分析,得出有关信息。

三、差示扫描量热法

差示扫描量热法是指在温度程序控制下,测量加入物质与参比物之间的能量差随温度变化的一种技术。

DTA 技术具有快速简便等优点,但其缺点是重复性较差,分辨率不够高,其热量的定

量也较为复杂。1964 年,美国的 Waston 和 O'Neill 在分析化学杂志上首次提出了差示扫描量热法(DSC)的概念,并自制了 DSC 仪器。不久,美国 Perkin - Elmer 公司研制生产的 DSC - Ⅰ 型商品仪器问世。随后,DSC 技术得到迅速发展,到1976 年,DSC 方法的使用比例已达13.3%,而在1984 年已超过20%(当时 DTA 为18.2%),到1986 年已超过1/3。到目前为止,DSC 堪称热分析三大技术(TG、DTA、DSC)中的主要技术之一。近些年来,DSC 技术又取得了突破性进展,其标志是,几十年来被认为难以突破的最高试验温度(700 ℃)已被提高到 1 650 ℃,从而极大地拓宽了它的应用前景。

根据测量方法,差示扫描量热法可分为功率补偿式差示扫描量热法和热流式差示扫描量热法。对于功率补偿式,DSC 技术要求试样和参比物温度,无论试样吸热还是放热都要处于动态零位平衡状态,使 $\Delta T = 0$,这是 DSC 和 DTA 技术最本质的区别。而实现 $\Delta T = 0$,其办法就是通过功率补偿。对于热流式,DSC 技术则要求试样和参比物温差 ΔT 与试样和参比物间热流量差呈正比例关系。

功率补偿式 DSC 的主要特点是试样和参比物分别具有独立的加热器和传感器。整个仪器由两个控制系统进行监控:其中一个控制温度,使试样和参比物在预定的速率下升温或降温;另一个用于补偿试样和参比物之间所产生的温差,这个温差是由试样的放热或吸热效应产生的,通过功率补偿使试样和参比物的温度保持相同,这样就可以通过补偿的功率直接求算热流率。

四、热分析技术的应用

(一) 测定并建立合金相图

测定并建立合金相图的主要方法之一是热分析。热分析方法的测定温度范围较宽,能达到2 000 ℃ 以上,能够测量任何转变的热效应,也包括液 - 固相变、固 - 固相变,从而建立合金相图。其中差热分析方法测量方便、精度较高、应用广泛。建立相图首先需要确定合金的液相线、固相线、共晶线和包晶线等,之后再确定相区。按规定测定相图所用的升温和降温速率需小于 5 ℃/min,同时一般需要在惰性气体气氛中进行测量。为消除过冷现象的影响,常常采用在升温过程中测量 DTA 曲线,曲线的特征与冷却测量曲线相似,但是拐点方向相反,利用热分析法确定相图之后,再利用其余相法进行验证以保证测量的准确性。

(二) 热弹性马氏体相变的研究

形状记忆合金和伪弹性合金具有可逆的热弹性马氏体相变。但是这种相变由于界面共格及自协调效应,在未经冷加工之前所发生的体积效应很小,应用广泛的膨胀法往往难以进行探测。虽然电阻法探测这一相变过程具有很高的灵敏度,但是在马氏体点的判断上存在较大的人为误差。而差示扫描量热法(DSC)则具有高准确度的优势,能够准确获得相变温度等信息,因此是一种有效的马氏体相变的研究测试方法。

(三) 有序 — 无序转变的研究

Ni_3Fe 合金既存在有序 — 无序转变,也存在铁磁 — 顺磁转变,这两种转变都会出现热容峰。合金加热前是无序状态,当加热到350 ~ 470 ℃ 温度区间时,合金发生部分有序化的同时,放出潜热使热容 C 降低;进一步加热到470 ℃ 以上,合金发生了吸热的无序转变。

[小历史]

"9·11"事件是发生在美国本土的最为严重的恐怖攻击行动,遇难者总数高达2 996人(含19名恐怖分子),给美国人民乃至世界人民都留下了梦魇般的痛苦记忆。对于此事件的财产损失各方统计不一,联合国发表报告称此次恐怖袭击使美经济损失达2 000亿美元,相当于当年生产总值的2%。两座世贸大厦轰然倒塌,瞬间夷为平地,除了恐怖分子的主观破坏活动外,大厦的钢架结构本身也是其重要因素之一。没有经过任何防火保护处理的钢构件的耐火极限只有0.25 h左右,在飞机撞击燃烧产生的高温作用下,钢构件热传导、热膨胀很快,强度迅速消失,当强度下降到一定程度时表现为瞬间倒塌。

"9·11"事件中两座超高层钢结构建筑的坍塌涉及建筑材料的热传导、热膨胀甚至材料的热容等问题,在日常生活中还会遇到很多这种类似的材料破坏性问题,了解了这些内在的问题后,就可以更好地研究、开发、选择、使用更好的材料为生活服务。

[小启发]

材料是由晶体和非晶体组成的,也就是说,材料是由原子组成的,微观原子始终处于运动状态,这种运动称为"热运动"。外界环境的变化(如温度、压力等)会影响物质的热运动。热运动规律可以用热力学与热力学统计物理进行描述。热力学与分子物理学一样,都是研究热力学系统的热现象及热运动规律的,但它不考虑物质的微观结构和过程,而是以观测和实验事实为依据,从能量的观点出发来研究物态变化过程中有关热、功的基本概念以及它们之间相互转换的关系和条件;而热力学统计物理则是从物质的微观结构出发,根据微观粒子遵守的力学规律,利用统计方法,推导出物质系统的宏观性质及其变化规律。在热力学中,将所研究的宏观物质称为"热力学系统"。当某系统所处的外界环境条件改变时,此系统通常要经过一定的时间才可以达到一个宏观性质不随时间变化的状态,将这种状态称为"热力学平衡状态"。在热力学统计物理中,系统的宏观性质是相应的微观量的统计平均值,当系统处于热力学平衡时,系统内的每个分子(或原子)仍处于不停的运动状态中,系统的微观状态也在不断地发生变化,只是分子(或原子)微观运动的某些统计平均值不随时间而改变,因此,热力学平衡是一种动态平衡,也称为"热动平衡"。

[小研究]

一个热力学系统必须同时达到下述四方面的平衡,才能处于热力学平衡状态。

(1)热平衡。如果系统内没有隔热壁存在,则系统内各部分的温度相等;如果没有隔绝外界的影响,即在系统与环境之间没有隔热壁存在的条件下,当系统达到热平衡时,则系统与环境的温度也相等。

(2)力学平衡。如果忽略重力场的影响,则达到力学平衡时系统内各部分的压强应该相等。如果系统和环境之间没有刚性壁存在,则达到平衡时系统和环境之间也就没有不平衡的力存在,系统和环境的边界将不随时间而移动。

(3) 相平衡。如果系统是一个非均匀相,则达到平衡时系统中各相可以长时间共存,各相的组成和数量都不随时间而改变。

(4) 化学平衡。系统内各物质之间如果可以发生化学反应,则达到平衡时系统的化学组成及各物质的数量将不随时间而改变。

[习题]

1.1 试阐述经典热容理论、爱因斯坦量子热容模型及德拜比热容模型,并说出它们的不同之处。

1.2 阐述金属热容与合金热容的特点。

1.3 证明理想固体线膨胀系数和体膨胀系数间的关系。

1.4 简述影响热膨胀系数的因素。

1.5 为什么导电性好的材料一般其导热性也好?

1.6 一级相变、二级相变对热容有什么影响?

1.7 何谓热应力,它是如何产生的? 以平面陶瓷薄板为例说明热应力的计算方法。

1.8 何谓差热分析法(DTA),差热分析法与普通热分析法有何不同,在 DTA 基础上发展起来的差示扫描量热法(DSC) 与 DTA 有何不同?

1.9 简述纳米材料在热力学性能上与常规材料的不同之处,并解释其原因。

第二章　材料缺陷

在研究晶体结构时,常常假设晶体中原子或分子的空间排列绝对规则,即理想晶体。而实际晶体中原子或分子总是或多或少地存在偏离理想结构的区域,这便是晶体结构缺陷,以下简称晶体缺陷。晶体中缺陷的种类很多,影响着晶体的力学、热学、电学、光学等方面的性质。本章将较系统地讨论缺陷与材料性能的关系。

根据晶体缺陷的几何形态特征,可将它们分为以下3类。

(1) 点缺陷。点缺陷的特征是在三维方向上的尺寸都很小,约一个或几个原子间距,也称为零维缺陷。例如空位、填隙原子、杂质原子等。

(2) 线缺陷。线缺陷的特征是在两维方向上的尺寸很小,仅在另一维方向上的尺寸较大,也称为一维缺陷。例如位错。

(3) 面缺陷。面缺陷的特征是在两维方向上的尺寸较大,只在另一维方向上的尺寸很小,也称为二维缺陷。例如晶体表面、晶界、相界和堆垛层错等。

第一节　点缺陷

一、点缺陷的主要类型

根据点缺陷的形成机理,晶体中的点缺陷可以分为热缺陷和杂质缺陷两种。

(一) 热缺陷

在晶体中,位于点阵结点上的原子并不是静止不动的,而是以其平衡位置为中心做热振动。在一定温度下,原子的热振动处于平衡状态。但是在受到温度或辐照等外界因素影响时,就会有一些原子获得足够的能量克服周围原子对它的束缚而脱离平衡位置迁移到别处,形成填隙原子,同时在原来的位置上出现空位。由于热涨落,所产生的空位和填隙原子有可能再获得能量,或者返回到原来的位置填补空位,或者跳到更远的间隙处,当空位和填隙原子相距足够远时,它们就可以较长期地存在于晶体内部,从而产生热缺陷。

常见的热缺陷有以下3种。

(1) 原子脱离正常格点位置后,形成填隙原子,称为弗仑克尔缺陷。如图2.1所示,形成弗仑克尔缺陷的空位和填隙原子的数目相等。

(2) 原子脱离格点后,并不在晶体内部构成填隙原子,而跑到晶体表面上正常格点的位置,构成新的一层,如图2.2所示。在一定温度下,晶体内部的空位和表面上的原子处于平衡状态。这时晶体的内部只有空位,这样的热

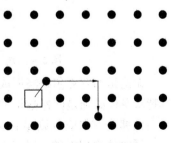

图2.1　弗仑克尔缺陷

缺陷称为肖特基缺陷。

（3）晶体表面上的原子跑到晶体内部的间隙位置，如图2.3所示。在一定温度下，这些填隙原子和晶体表面上的原子处于平衡状态。这时晶体内部只有填隙原子。

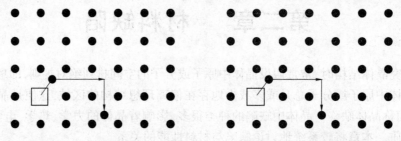

图2.2　肖特基缺陷　　　　　　　　　　图2.3　只有填隙原子

在通常情况下，由于形成填隙原子缺陷时，必须使原子挤入晶格的间隙位置，这所需的能量要比造成空位的能量大，所以肖特基缺陷存在的可能性要比弗仑克尔缺陷存在的可能性大。

（二）杂质缺陷

组成晶体的主体原子称为基质原子。掺入晶体中的异种原子或同位素称为杂质。

（1）杂质占据基质原子的位置，称为替位杂质缺陷。

在半导体的制备过程中，常常有控制地在晶体中引进某些外来原子，形成替位式杂质，以改变半导体性能。

（2）杂质原子进入晶格间隙位置，称为间隙杂质缺陷。

原子半径小的杂质原子常以这种方式出现在晶体中。例如，碳原子进入面心立方的铁晶体的间隙位置形成奥氏体钢，就是典型的间隙杂质缺陷。

（三）离子晶体的点缺陷

离子晶体的结构特点是正、负离子相间排列在格点上，尺寸较小的离子一般是正离子。在离子晶体中也存在弗仑克尔缺陷和肖特基缺陷，如图2.4所示。

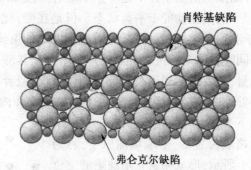

图2.4　离子晶体中的弗仑克尔缺陷和肖特基缺陷示意图

无论是弗仑克尔缺陷形成的空位，还是肖特基缺陷形成的空位，由于要维持电中性，肖特基空位必须是同样数量的正离子空位（形成正电中心）和负离子空位（形成负电中心）；而弗仑克尔空位则是正离子挤进邻近同号离子的位置，形成正离子空位（负电中心），同时使得邻近的一对正离子占据同一结点位置（形成正电中心）。当离子晶体中出现以上两种缺陷时,电导率会增加。

例如,在 NaCl 晶体中掺入适量 $CaCl_2$, Ca^{2+} 以替位的方式占据格点位置,而被替代的 Na^+ 则以填隙方式存在,形成正电中心。为了保持晶体的电中性,必将出现一些正离子空位以形成负电中心,这就导致了晶体电导率的变化。

二、热平衡态的点缺陷

点缺陷的存在使晶体的内能增加,同时,混乱程度的增加也使晶体的熵加大。自由能表达式为

$$F = U - TS$$

式中,F 为晶体的自由能,J;U 为晶体的内能,J;T 为绝对温度,K;S 为熵,J/K。

可以看出,一定量的点缺陷会使晶体的自由能下降。根据自由能极小的条件,可以求出在热力学平衡状态下的点缺陷浓度。

假设晶体中有 N 个原子,形成 n 个空位,可以有 $\dfrac{N!}{(N-n)! \; n!}$ 种不同的方式,因此组态熵的增加为

$$\Delta S = k_B \ln \frac{N!}{(N-n)! \; n!} = k_B [N\ln N - (N-n)\ln(N-n) - n\ln n] \tag{2.1}$$

晶体的自由能即可表示为

$$F = n(U_f - TS_f) - k_B T[N\ln N - (N-n)\ln(N-n) - n\ln n] \tag{2.2}$$

式中,U_f 为形成一个空位的能量;S_f 为形成一个空位,改变了周围的原子振动所引起的振动熵。在平衡态时自由能为极小值,即

$$\frac{\partial F}{\partial n} = 0$$

就可求出(考虑到 $N \geqslant n$)平衡态的空位浓度为

$$C \approx \frac{n}{N-n} = \exp\left(\frac{U_f - TS_f}{k_B T}\right) = A\exp\left(-\frac{U_f}{k_B T}\right) \tag{2.3}$$

式中,$A = \exp(S_f / k_B)$。

用类似的方法可以求出填隙原子的浓度表达式。平衡浓度随温度的上升而增加,其数值和点缺陷形成能的关系很大。在一般金属中,U_f 的数值约为 1 eV,而 S_f 尚无可靠的计算值,A 一般在 1 ~ 10 之间。在接近熔点的温度时,空位浓度可高达 10^{-3} ~ 10^{-4}。填隙原子的形成能较大,为空位的 3 ~ 4 倍,但对应的平衡浓度就非常小,通常忽略不计。

三、点缺陷与材料物理性能

晶体中的点缺陷会引起密度、导电性、光学及热学性能等一系列物理性能的变化。

(一) 填隙原子和肖特基缺陷可以引起晶体密度的变化,弗仑克尔缺陷不会引起晶体密度的变化

如果点阵中的一个原子跑到晶体表面上正常格点的位置,构成新的一层,点阵就形成一个空位,即肖特基缺陷。如空位周围原子都不移动,则应使晶体的体积增加一个原子体积,同时点阵参数也发生变化。理论计算结果表明,填隙原子引起的体膨胀为 1 ~ 2 个原

子体积,而空位引起的体膨胀则约为 0.5 个原子体积。金属晶体中出现空位,将使其体积膨胀、密度下降。

(二)点缺陷可以引起晶体电导性能的变化

点缺陷对材料物理性能的影响对晶体电阻和密度最明显。在金属材料中,点缺陷引起的电阻升高可达 10% ~ 15%。因此电阻率是研究点缺陷的一个简单灵敏的方法。点缺陷的存在还使晶体体积膨胀、密度减小。由于点缺陷破坏了原子的规则排列,因此传导电子受到散射,产生附加电阻。附加电阻的大小与点缺陷浓度成正比,因此可用来表示点缺陷浓度。从附加电阻和温度的关系可以确定空位的形成能。有两种测量方法:一种是直接在高温下测量电阻与温度的关系曲线,曲线上的异常部分就是由于空位的影响造成的;另一种方法是将样品淬火,使金属快速冷却,过饱和的空位就被冻结,这时就可以在室温下对不同淬火温度后的样品进行电阻的测量,测量结果也可以求出空位的形成能。

对点缺陷电阻的理论计算,一般采用弗里德尔的合金理论,将点缺陷看作零价或一价的杂质原子。但是由填隙原子引起的畸变较大,效应不易估计,所以各种计算方法的结果差异较大,见表 2.1。

表 2.1　点缺陷产生的附加电阻　　　　　　　　　　　　μΩ

空位	填隙原子	计算者
0.4	0.6	德克斯特(Dexter)
1.3	4.5 ~ 5.5	琼根伯格(Jongenberg)
1.28	—	阿培耳(Appell Paul)
1.28	1.41	布拉特(Blatt)
1.5	10.5	奥佛豪塞尔(Overhauser) 等
—	2(1.16 ~ 2.90)	波特(Potter)

对于离子晶体的点缺陷来说,理想的离子晶体是典型的绝缘体,但实际上离子晶体也都有一定的导电性,其电阻明显依赖于温度和晶体的纯度。因为温度升高和掺杂都可能在晶体中产生缺陷。从能带理论可以理解离子晶体的导电性:离子晶体中带电的点缺陷可以是电子或空穴,它的能级处于满带和空带的能隙中,且离空带的带底或满带的带顶较近,从而可以通过热激发向空带提供电子或接受满带电子,使离子晶体表现出类似于半导体的导电特性。例如,在高纯的硅单晶体中有控制地掺入微量的 3 价杂质硼,硅的电学性能就有很大的改变。当在 10^5 个硅原子中有 1 个硼原子时,可以使硅的电导增加 10^3 倍。

(三)点缺陷能加速与扩散有关的相变

由于高温时点缺陷的平衡浓度急剧增加,点缺陷会对高温下进行的过程,如扩散、高温塑性变形和断裂、表面氧化、腐蚀等产生重要的影响。

点缺陷是不断运动着的,下面以空位为例说明其运动过程。空位周围原子的热振动给空位的运动创造了条件,空位是通过与周围原子不断地换位来实现其运动的。空位运动时,必然会引起晶格点阵发生畸变,因而要克服能垒。空位在运动过程中如遇到间隙原子,空位便消失,这种现象称为复合。空位运动到位错、晶界及外表面等晶体缺陷处也将消失。这样点缺陷在能量起伏的支配下,不断地产生、运动和消亡。点缺陷的运动实际上是原子迁移的结果,而这种点缺陷的运动所造成的原子迁移正是扩散现象的基础。空位扩散机制是原子扩散的一个主要机制。

以各种目的进行的金属材料热处理就是利用了金属中原子的扩散。对加工后的金属进行退火,加工导致大量位错产生,原子扩散引起攀移、正负位错相互抵消;通过扩散在母晶体中析出过饱和固溶状态的固溶原子等,都是点缺陷空位扩散的结果。

如果给出晶体中的空位浓度和原子跳动频率,根据空位机制,可求出某个原子经历时间 t 后的距离。设原子间距为 α,根据随机功原理,n 次跳动后的平均移动距离 r 可用 $r = \alpha\sqrt{n/3}$ 给出。设原子的跳动频率为 f,经过时间 t 后 $r = \alpha\sqrt{ft/3}$。f 是所研究的原子邻接位置上空位的存在概率和原子跳向空位的频率之积,因此

$$f = Cz\nu$$

式中,C 为平衡态的空位浓度;z 为邻接阵点数;ν 为空位迁移到邻接位置上的频率;$z\nu$ 为空位跳动频率。但是,由于原子一次跳向空位再回到同样位置上的概率比移动到其他方向上的概率大,因此空位机制产生的原子扩散不是完整的随机功,设修正因子为 F,则

$$r = \alpha\sqrt{Fz\left(\frac{C\nu t}{3}\right)} \tag{2.4}$$

F 在 fcc(面心立方晶格的金属)金属中为 0.78,在 bcc(体心立方晶格的金属)金属中为 0.72。另外,由于扩散系数 D 被定义为

$$r = \sqrt{2Dt} \tag{2.5}$$

根据式(2.4)和式(2.5),得到

$$D = \frac{\alpha^2 FzC\nu}{6} \tag{2.6}$$

将 C 的式(2.3)和 ν 的式(2.4)代入式(2.5),最终可得到

$$D = D_0 \exp^{-U_s/k_B T} \tag{2.7}$$

式中,D_0 为扩散系数的熵项;U_s 为自扩散的激活能。

该结果的最大特征是金属的自扩散激活能等于空位的形成能与移动能之和。自扩散系数的测定可以这样进行:把放射性同位素放在金属表面上蒸发,研究随着时间的增加同位素进入金属内部的情形,然后利用各种金属的自扩散激活能值 U_s 作出曲线。实际上对于各种金属,都近似地满足 $U_s = U_f + U_m$(U_m 为空位的迁移能)关系。

空位如果在位错线上,则容易沿位错线移动,沿位错线自扩散的激活能约为普通值的 1/2,沿晶界扩散也有同样的情形。

(四) 点缺陷可以引起晶体光学性能的变化

由于离子晶体的价带与导带之间有很宽的禁带,禁带宽度大于光子能量,用可见光照射晶体时,价带电子吸收光子获得的能量不足以使它跃迁到导带,因此不能吸收可见光,表现为无色透明晶体。但是如果设法在离子晶体中引入点缺陷,这些电荷中心可以束缚电子或者空穴在其周围形成束缚态,这样,通过光吸收可使被束缚的电子或空穴在束缚态

之间跃迁,使原来透明的晶体呈现颜色。这类能吸收可见光的点缺陷称为色心,最常见的色心是 F 心。

利用点缺陷可以引起晶体光学性能变化这一原理,可以为透明材料和无机非金属材料进行着色和增色,用来制作红宝石、彩色玻璃、彩色水泥、彩釉、色料等。例如,蓝宝石是 Al_2O_3 单晶,无色,而红宝石是在这种单晶氧化物中加入少量的 Cr_2O_3。这样,在单晶氧化铝禁带中引进了 Cr^{3+} 的杂质能级,造成了不同于蓝宝石的选择性吸收,故显红色。在增色过程中,把碱卤晶体在碱金属蒸气中加热一段时间,然后急冷到室温,晶体就会出现颜色。将 NaCl 晶体在 Na 蒸气中加热,晶体变为黄色,KCl 晶体在 K 蒸气中加热后变成了紫色。

在增色过程中,大量的碱金属原子扩散进入晶体,以一价正离子的形式占据正常格点位置,因为没有供给相应数量的负离子,所以在晶体中出现等量的负离子空位,这可由着色晶体密度比纯晶体密度小的事实得到证实。带正电的负离子空位与其所束缚的原碱金属上的一个电子形成的吸收中心就是 F 心。

(1)F 心。F 心是色心中最简单的一种,也可以说是碱卤晶体中最为简单的一种缺陷。如果 F 心的六个最近邻离子中的某一个被另一个碱金属离子所取代,就成为 F 心。

(2)V 心。如果将碱卤晶体(如溴化钾或碘化钾)在卤素蒸气中加热,然后骤冷至室温,可造成卤素原子的过剩,在晶体中出现正离子的空位,形成负电中心。它将束缚临近负离子所共有的空穴。这样的系统称为 V 心,含过量卤素原子的碱卤晶体在紫外区出现 V 带。

(3)M 心。M 心是由两个相邻的 F 心构成的,(100) 面两个相邻负离子空位各俘获一个电子,两个负离子空位分别束缚一个电子。

(4)R 心。R 心是由三个相邻的 F 心构成的,(111) 面三个相邻的负离子空位各俘获一个电子构成 R 心。

(五) 点缺陷可以引起晶体比热容的“反常”

含有点缺陷的晶体,其内能比理想晶体的内能大,这种由缺陷引起的在比定容热容基础上增加的附加比热容称为比热容的“反常”。

纯金属电阻随淬火温度变化的实验曲线表明,电阻增量的对数值随淬火温度倒数的增大而下降,并呈线性关系。由这些实验结果得出关系式

$$\Delta\rho = \rho_0\left(-\frac{U_f}{k_B T}\right) \tag{2.8}$$

式中,$\Delta\rho$ 为淬火产生的电阻率增量;ρ_0 为常数;U_f 为空位的形成能;k_B 为玻尔兹曼常数。

式(2.8) 与空位平衡浓度式(2.3) 十分相似,说明电阻的升高与空位浓度的增加密切相关,而且式中的 U_f 与式(2.3) 中的 U_f 同为空位形成能,因此用电阻试验测定金属的空位形成能是一种重要手段。

(六) 对金属强度的影响

影响晶体力学性能的主要缺陷是非平衡点缺陷,在常温晶体中,热力学平衡的点缺陷的浓度很小,因此点缺陷具有平衡浓度时对晶体的力学性能没有明显影响。但过饱和点缺陷(超过平衡浓度的点缺陷) 可以提高金属的屈服强度。

下面是几种获得过饱和点缺陷的方法。

（1）淬火法。将晶体加热到高温，晶体中便形成较多的空位，然后从高温快速冷却到低温（称为淬火），使空位在冷却过程中来不及消失，在低温时形成过饱和空位。

（2）辐照法。高能粒子（如重离子、电子等）辐照晶体时，形成数量相等的空位和间隙原子。

（3）塑性变形。晶体塑性变形时，通过位错的相互作用也可以产生过饱和点缺陷。

（七）辐照损伤实验

用高能粒子进行辐照是将点缺陷导入晶体的方法之一。辐照粒子有电子、中子、质子、α 粒子、重离子等各种粒子。每种粒子由于能量不同，对晶体的损伤程度也不同。对于金属，辐照不仅导入空位，而且还导入大量间隙原子，因此辐照实验可以用于研究间隙原子。但辐照损伤研究的最大目的是了解原子反应堆材料的损伤机制，为未来核反应堆的第一壁材料开发奠定基础。

高能粒子射入晶体时，为了把原子从阵点轰出，必须有大于某个值的能量提供给原子，这个能量称为位移能 E_m，E_m 值根据粒子射入晶体的方向不同而产生差异，金属的平均 E_m 值为 10 ~ 30 eV。

粒子碰撞形成的最小单位缺陷是一个原子空位和一个被弹出的间隙原子。空位和间隙原子对称为弗兰克对，弗兰克对自身的能量是 5 eV。如果产生的弗兰克对是一个非常接近的对时，能完全回复到原来的状态，必须反复碰撞，才能形成距离较远的弗兰克对，因此弹出粒子的能量一定比弗兰克对自身的能量大，在碰撞过程中，被周围原子碰撞的能量有相当一部分以热的形式逸散掉了。

粒子入射能量达到 E_m 值并不意味着必然会发生损伤，因为一部分入射能量不能提供给碰撞的原子。设入射粒子的质量为 m，晶体的原子量为 M，入射粒子的能量为 E_m，入射粒子正面碰撞晶体中的某个原子时给予这个原子的动能为 E_d，假定为弹性碰撞，则

$$E_d = \frac{4Mm}{(M + m)^2}E_m \tag{2.9}$$

当入射粒子为高速电子时，考虑到 $M \geqslant m$ 和相对论效应，可得

$$E_d = \frac{2(E_m + 2m_e c^2)}{Mc^2} \tag{2.10}$$

式中，c 为光速；m_e 为电子质量。当 $E_d > E_m$ 时发生损伤。用重离子辐照时，即使入射粒子能量较小也可能发生损伤。对于中子和质子，$M \geqslant m$，容易由式（2.9）导出入射能很大时也不发生损伤，特别是电子束照射时，即使能量达到几十万电子伏也不会发生损伤。为原子提供的能量 E_d 值比 E_m 值大得不多时，照射产生的缺陷只是单纯的弗兰克对；如果 $E_d \geqslant E_m$，一个入射粒子可以在很宽的范围内产生缺陷。碰撞弹出的原子在晶体内又弹出其他的原子造成连锁反应，形成逐级损伤。但是，由于入射到晶体中的粒子和原子碰撞，粒子不能进入晶体深处，所以，辐照损伤只在离晶体表面某个深度处集中形成。

辐照缺陷在晶体中大量形成后，除非晶体保持在极低的温度下，否则一部分缺陷会移动，空位和间隙原子相互抵消；另一部分集合形成新的缺陷，称为二次缺陷。特别是间隙原子容易移动，即使在低温下也可能形成间隙原子集合体或间隙型的位错环。曾有人认为辐照形成的空位和间隙原子数量相等，如果升温退火相互对消，结果恢复到未辐照状

态。但实际上间隙原子和空位的聚集处,不一定是各自的点缺陷,最终应该残留各种各样的二次缺陷。在 α 粒子照射的情况下,进入的 α 粒子(氦离子) 聚集在空腔中和晶界处,形成高压氦气,晶体中含有的空穴称为气泡,空腔和气泡长大则使晶体体积膨胀,最终导致晶体点阵被破坏。

第二节　　位错

除了原子之间的键合类型和结合力外,对材料强度影响最大的是位错。改变键合类型和结合力采用的方法是形成新的相,因为新相中的原子键合类型和结合力不同,这种方法常用于材料的制备。对于某一种材料来说,很难改变其键合类型和结合力而保持其成分、组织、结构等不变。但是,有很多方法来影响材料中的位错,通过影响位错的运动来达到强化材料的目的。所以可以说,近代金属物理领域中的最大成果就是关于材料中位错的研究。

一、位错的主要类型

当晶体中原子的排列偏离理想周期结构的情况发生在晶体内部一条线的附近时,就形成了线缺陷,也称为一维缺陷。位错就是这样一种缺陷。位错种类很多,如楔型位错、扭型位错等,如图 2.5 所示。但最简单、最基本的类型有两种:一种是刃型位错;另一种是螺型位错。位错是一种极为重要的晶体缺陷,对金属的强度、塑性变形、扩散、相变等影响显著。

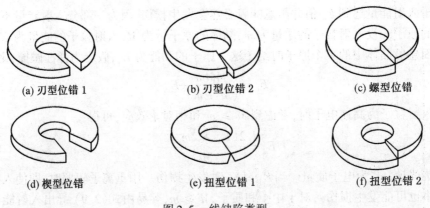

(a) 刃型位错 1　　　　(b) 刃型位错 2　　　　(c) 螺型位错

(d) 楔型位错　　　　(e) 扭型位错 1　　　　(f) 扭型位错 2

图 2.5　线缺陷类型

假设晶体内有一个原子平面在晶体内部中断,其中断处的边沿就是一个刃型位错,如图 2.6(b) 所示。而螺型位错则是原子面沿一根轴线盘旋上升,每绕轴线盘旋一周上升一个晶面间距。在中央轴线处就是一个螺型位错,如图 2.6(c) 所示。

刃型位错和螺型位错都使得晶体中原子的排列在一条直线上偏离理想晶体的晶格周期性,这条直线称为位错线。

在图 2.7 中分别绘出了简单立方晶体中沿 x 轴的刃型位错和螺型位错附近原子的排列情况。在离位错线较远的地方,原子的排列接近完整晶体,但是在离位错线较近的地方,原子的排列有比较大的错乱。

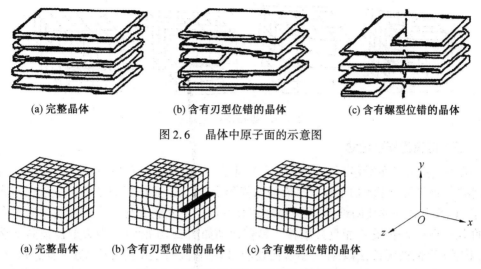

(a) 完整晶体　　(b) 含有刃型位错的晶体　　(c) 含有螺型位错的晶体

图 2.6　晶体中原子面的示意图

(a) 完整晶体　　(b) 含有刃型位错的晶体　　(c) 含有螺型位错的晶体

图 2.7　刃型位错与螺型位错的原子组态

二、位错的运动方式

位错的运动方式有滑移和攀移两种。

(一) 位错的滑移运动

图 2.8(a) 给出了正刃型位错(附加的半原子平面在上部,以符号 ⊥ 表示) 在切应力作用下的运动。图 2.8(b) 给出了在同样的切应力作用下负刃型位错(附加的半原子平面在下部,以符号 ⊤ 表示) 的运动。其运动方式就像海浪,一浪推一浪地从局部移动到整体,两种情形的运动方向正好相反,但产生完全相同的形变。

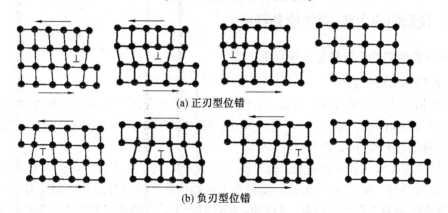

(a) 正刃型位错

(b) 负刃型位错

图 2.8　刃型位错的滑移

图 2.9 给出了螺型位错在切应力下的滑移过程。位错滑移对于刃型位错和螺型位错的不同之处在于,在刃型位错的滑移过程中,原子的滑移方向、位错线的运动方向和外加应力方向三者是平行的;而在螺型位错的滑移过程中,原子滑移方向与外加应力方向相同,而与位错线运动方向垂直。

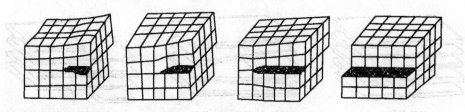

图2.9　螺型位错的运动

(二) 位错的攀移运动

刃型位错可以在滑移面内运动,也可以垂直于滑移面运动,后一种运动称为位错的"攀移"。攀移相当于附加半原子平面的伸张和收缩,通常要依靠原子的扩散过程才能实现,因此,攀移比滑移要困难得多,只有在较高的温度下才能实现。由于螺型位错没有附加的半原子平面,因此不能直接攀移。攀移运动如图2.10所示。当刃型位错向下攀移时,半原子平面被延长,结果在刃型位错处增加了一列原子,由于原子总数不变,所以在晶格中产生了空位。相反,若位错向上攀移,相当于在位错处减少了一列原子,这些攀移时释放出来的原子就会变成填隙原子,或者用来填充原来存在的空位。

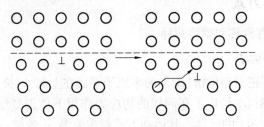

图2.10　位错的攀移

三、位错的应力场、弹性能和线张力

(一) 位错的伯氏矢量与连续介质模型

1. 位错的伯氏矢量

为了描述不同类型的位错和表示出位错周围原子的点阵畸变的大小和方向,1939年伯格斯(J. M. Burgers)提出了一个可以描述位错的本质和各种行为的矢量,称为伯格斯矢量,简称伯氏矢量,用 b 表示。

晶体中存在的任意位错的伯氏矢量和方向定义为:将位错线方向从正前方指向侧面,围绕位错向右转一圈构成回路,该回路称为伯格斯回路。沿晶体点阵的结点取伯格斯回路,使这个回路对应没有位错的完整晶体,把这时产生的回路始点和终点的偏移定义成伯格斯矢量。无论怎样取回路以及从哪里取回路始点,伯格斯矢量都不改变。

位错在晶体内往往分岔,在指向分岔点的方向上取分岔的各种位错线的方向,由此定义伯格斯矢量为 $\sum b_i = 0$,这种关系称为伯格斯矢量守恒定律。

以一简单立方晶体中的刃型位错为例,确定位错的伯氏矢量如下:首先在含有位错的实际晶体中做一闭合回路,从晶体中任一原子出发,沿逆时针方向围绕位错,但必须避开位错线,回路中也不能包含其他缺陷,如图2.11(a)所示,MNOPQ回路称为柏氏回路。

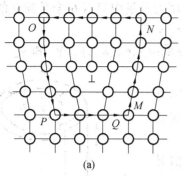 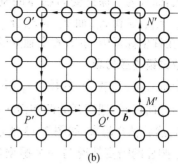

图2.11　刃型位错伯氏矢量的确定

再在假定的理想晶体中做一步数相等、方向相同的回路,如图 2.11(b) 所示的 $M'N'O'P'Q'$ 回路,显然该回路不能闭合。为了使假定的理想晶体中的回路闭合,必须从终点向始点引一矢量 b,使回路闭合,则矢量 b 就是实际晶体中的伯氏矢量。利用同样的方法也可以确定螺型位错的伯氏矢量,只不过作出的回路为三维回路。

从图 2.11 中可以看出刃型位错的伯氏矢量垂直于位错线,螺型位错的伯氏矢量平行于位错线。伯氏矢量是区别位错与其他晶体缺陷的特征,因此可以把位错定义为伯氏矢量不为零的晶体缺陷。

2. 位错的连续介质模型

1907 年伏特拉(V. Volterra) 等人在研究弹性体变形时,提出了连续介质模型。位错理论提出后,人们就借用它来处理位错的弹性性质问题。

位错的连续介质模型的一些简化假设如下。

(1) 用连续的弹性介质代替实际晶体,由于是弹性体,所以符合胡克定律。

(2) 近似地认为晶体内部由连续介质组成,晶体中没有其他缺陷,因此晶体中的应力、应变和位移等都是连续的,可用连续函数表示。

(3) 将晶体看作各向同性的,这样晶体的弹性常数(弹性模量、泊松比等) 不随方向的改变而改变。

有了以上假设后,就可以应用经典的弹性理论来计算应力场。

(二) 位错的应力场

1. 应力与应变的表示方法

物体中任意一点都可以抽象为一个小立方体。其应力状态可用9 个应力分量来描述,它们分别是:σ_{xx}、τ_{xy}、τ_{xz}、τ_{yx}、σ_{yy}、τ_{yz}、τ_{zx}、τ_{zy} 和 σ_{zz}。其中,第一个下标符号表示应力作用面的外法线方向,第二个下标符号表示该应力的指向,如图 2.12 所示。如 τ_{xy} 表示作用在与 yOz 坐标面平行的小平面上、指向 y 方向的力,显然它表示的是切应力分量。

同样的分析可以知道:σ_{xx}、σ_{yy}、σ_{zz} 3 个分量表示正应力分量,而其余 6 个分量全部表示切应力分

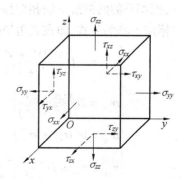

图2.12　表示应力分量的示意图

量。平衡状态时,为了保持受力物体的刚性,作用力分量中只有 6 个是独立的,它们是 σ_{xx}、σ_{yy}、σ_{zz}、τ_{xy}、τ_{zx} 和 τ_{zz},而 $\tau_{xy} = \tau_{yx}$、$\tau_{xz} = \tau_{zx}$、$\tau_{yz} = \tau_{zy}$。

同样,在柱坐标系中,也有 6 个独立的应变分量:ε_{xx}、ε_{yy}、ε_{zz}、$\gamma_{r\theta}$、γ_{rz} 和 $\gamma_{\theta z}$。

2. 螺型位错的应力场

将一个轴心与 z 轴重合、内径为 r_0、外径为 R 的空心圆柱体沿径向切开,把切开的两侧沿 z 轴相对移动一个距离 b,然后黏合起来,如图 2.13 所示。

该空心圆柱的畸变情况与一个螺型位错的情况相似。该位错的位错线与 z 轴方向相同,伯氏矢量就是圆柱体的滑移距离 b。

由于圆柱体只有沿 z 轴方向的变形(柱坐标系),因此位错产生的切应力为

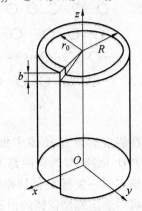

图 2.13 螺型位错的连续介质模型

$$
\begin{cases}
\varepsilon_{\theta z} = \varepsilon_{z\theta} = \dfrac{b}{2\pi r} \\
\varepsilon_{\theta r} = \varepsilon_{r\theta} = \varepsilon_{zr} = \varepsilon_{rz} = 0 \\
\varepsilon_{rr} = \varepsilon_{\theta\theta} = \varepsilon_{zz} = 0
\end{cases}
\tag{2.11}
$$

由胡克定律 $\tau = G\varepsilon$(G 为切变模量),可知其相应的切应力为

$$
\begin{cases}
\varepsilon_{\theta z} = G\varepsilon_{\theta z} = \dfrac{Gb}{2\pi r} \\
\tau_{\theta r} = \tau_{r\theta} = \tau_{zr} = \tau_{rz} = 0 \\
\sigma_{rr} = \sigma_{\theta\theta} = \sigma_{zz} = 0
\end{cases}
\tag{2.12}
$$

从以上分析看出,螺型位错的应力场中没有正应力分量,只有两个切应力分量,并且切应力分量的大小仅与 r 有关,而与 θ、z 无关。即螺型位错的应力场是轴对称的。

由于圆柱体在 x 轴和 y 轴方向没有位移,所以其余的应力和应变分量均为零。若令式 (2.12) 中的 $r \to 0$,则 $\tau_{\theta z} \to \infty$,这说明这些表达式不适用于位错中心处。

3. 刃型位错的应力场

图 2.14 所示为分析刃型位错的应力场时采用的连续介质模型。将空心圆柱体沿径向切开,把切开的两侧沿 x 轴相对移动一个距离 b,然后黏合起来。用弹性理论可推导出刃型位错应力场的公式,即在直角坐标系中

$$
\begin{cases}
\sigma_{xx} = -D\dfrac{y(3x^2 + y^2)}{(x^2 + y^2)^2} \\
\sigma_{yy} = D\dfrac{y(x^2 - y^2)}{(x^2 + y^2)^2} \\
\sigma_{zz} = \nu(\sigma_{xx} + \sigma_{yy}) \\
\tau_{xy} = \tau_{yx} = D\dfrac{x(x^2 - y^2)}{(x^2 + y^2)^2}
\end{cases}
\tag{2.13}
$$

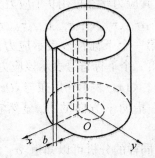

图 2.14 刃型位错的连续介质模型

若用柱坐标系表示,则为

$$
\begin{cases}
\sigma_{rr} = \sigma_{\theta\theta} = -\dfrac{D\sin\theta}{r} \\[2mm]
\sigma_{zz} = \nu(\sigma_{rr} + \sigma_{\theta\theta}) = -\dfrac{2\nu D\sin\theta}{r} \\[2mm]
\tau_{r\theta} = \tau_{\theta r} = \dfrac{D\cos\theta}{r} \\[2mm]
\tau_{rz} = \tau_{zr} = \tau_{\theta z} = \tau_{z\theta} = 0
\end{cases}
\tag{2.14}
$$

式(2.13)和式(2.14)中, $D = \dfrac{Gb}{2\pi(1-\nu)}$; ν 为泊松比。

根据上述公式,可以看出刃型位错的应力场有以下特点。

(1)刃型位错的应力场中既有正应力分量,又有切应力分量,因此比较复杂。

(2)各种应力分量的大小与距位错线的距离 r 成反比,离位错线越远应力分量越小。

(3)与螺型位错的应力场一样,表达式不适用于位错中心处。

(4)在滑移面上,即 $y = 0$ 时, $\sigma_{xx} = \sigma_{yy} = \sigma_{zz} = 0$,说明滑移面上无正应力,只有切应力,而且在该面上切应力 τ_{xy} 和 τ_{yx} 值最大。

(5)除滑移面外,其他位置的 $|\sigma_{xx}|$ 总是大于 $|\sigma_{yy}|$,这与刃型位错的结构特点是一致的。当 $y > 0$ 时, $\sigma_{xx} < 0$,说明滑移面以上的多余半原子面使 x 方向产生压应力;当 $y < 0$ 时, $\sigma_{xx} > 0$,说明滑移面以下的多余半原子面使 x 方向产生拉应力。

(6) $|x| = |y|$ 时, σ_{yy} 、 τ_{xy} 及 τ_{yr} 都为零,表明在与 x 轴成45°的两条线上只有 σ_{xx} 。

(7) $x = 0$ 时, τ_{xy} 和 τ_{yr} 为零,应力场中 yOz 面上切应力为零。

(三)位错的弹性应变能

晶体发生形变时,在形变区域附近就会存在应力场,说明位错能使晶体的能量提高。把因位错的存在而引起的能量的增量称为位错的弹性应变能,或称为位错能。位错的许多特性都是由位错在其周围材料中产生的应力场和弹性能决定的。位错引起的畸变区域分为处于位错中心的严重畸变区和远离位错中心的较小畸变区,严重畸变区一般为 $0.5 \sim 1$ nm,约占位错总能量的10%,与位错的伯氏矢量具有相同的数量级,在研究该区域的应变场和弹性能时,由于要考虑晶体结构和原子间的相互作用,计算复杂,通常忽略不计。所以下面重点讨论位错周围较小畸变区的弹性应变能。

只要知道形成位错时所要做的功就能知道位错的弹性应变能。因为位错形成以后,此功留存在弹性体内,并转变为位错能。同样采用连续介质模型计算形成位错所要做的功,这种计算方法较其他方法简单。

为计算形成刃型位错所做的功,设想如下过程。

沿 xOz 面剖开,令两个切面做相对位移 x ,在位错形成过程中 x 从0增到 b 。在切开面上取微小面积元 $\mathrm{d}s$, $\mathrm{d}s = 1\mathrm{d}r$,即在位错线方向上取单位长度,沿 r 方向取 $\mathrm{d}r$ 。作用在 $\mathrm{d}s$ 面上的切应力设为 $\tau'_{\theta r}(1\mathrm{d}r)$, $\tau'_{\theta r}$ 应等于伯氏矢量为 x 的位错的分切应力,即

$$
\tau'_{\theta r} = \frac{Gx}{2\pi(1-\nu)r}\frac{\cos\theta}{r}
$$

因为面积元 $\mathrm{d}s$ 所在切开面的 $\theta = 0$,所以

$$\tau'_{\theta r} = \frac{Gx}{2\pi(1-\nu)}\frac{1}{r} \tag{2.15}$$

当位移为 $\mathrm{d}x$ 时,此应力在 r_0 到 R 的整个切开面上所做的功为

$$\mathrm{d}W = \int_{r_0}^{R}\tau'_{\theta r}\mathrm{d}r\mathrm{d}x \tag{2.16}$$

位移 x 从 0 增到 b 的全过程所做的功即为刃型位错的能量 E

$$E = \int_0^b\int_{r_0}^{R}\frac{Gx}{2\pi(1-\nu)}\frac{1}{r}\mathrm{d}r\mathrm{d}x = \frac{Gb^2}{4\pi(1-\nu)}\ln\frac{R}{r_0} \tag{2.17}$$

式(2.17)为单位长度刃型位错线的畸变能。用相同的方法也可以求出螺型位错的单位长度位错线能量为

$$E = \int_0^b\int_{r_0}^{R}\tau'_{\theta z}\mathrm{d}r\mathrm{d}z = \int_0^b\int_{r_0}^{R}\frac{Gz}{2\pi}\frac{1}{r}\mathrm{d}r\mathrm{d}z = \frac{Gb^2}{4\pi}\ln\frac{R}{r_0} \tag{2.18}$$

如果混合位错的伯氏矢量和位错线的夹角为 θ,可视为刃型位错和螺型位错的和。其中刃型位错的伯氏矢量为 $\boldsymbol{b}_1 = \boldsymbol{b}\sin\theta$;螺型位错的伯氏矢量为 $\boldsymbol{b}_2 = \boldsymbol{b}\cos\theta$。由于平行的螺型位错和刃型位错没有相同的应力分量,它们之间没有相互作用力,所以它们的能量可以简单叠加,就得到混合型位错的能量,即

$$E = \frac{G(b\sin\theta)^2}{4\pi(1-\nu)}\ln\frac{R}{r_0} + \frac{G(b\cos\theta)^2}{4\pi}\ln\frac{R}{r_0} + \frac{Gb^2}{4\pi k}\ln\frac{R}{r_0} \tag{2.19}$$

式中

$$k = \frac{1-\nu}{(1-\nu)\cos^2\theta}$$

分析式(2.19)可知,$k=1$ 时,为螺型位错的能量表达式;$k=1-\nu$ 时,为刃型位错的能量表达式;k 介于 1 和 $1-\nu$ 之间时,为混合型位错的弹性应变能的表达式。

根据位错的应变能表达式,当 $r_0 \to 0$ 时,位错的能量将无限大,显然不合理。但实际晶体中,R 的数值为亚晶界尺寸,约为 $10^{-4}\,\mathrm{cm}$,而 r_0 的数值接近于 b,约为 $10^{-8}\,\mathrm{cm}$,因此单位长度位错的能量约为

$$E \approx \frac{Gb^2}{4\pi k}\ln 10^4 = aGb^2 \tag{2.20}$$

式中,a 为与几何因素有关的系数,为 $0.5 \sim 1$。由式(2.20)可以看出,位错的弹性能与伯氏矢量的平方成正比,说明伯氏矢量越小的位错,能量越低,在晶体中越稳定。

与位错有关的应变能有两个重要结论:第一,由于位错线附近的晶格畸变,在其周围产生弹性应变和应力场,单位位错线上就存在着附加的弹性能量。如果把这段位错看作一个变了形的弹簧,为了减小其弹性能,位错线有尽量缩短的趋势。因此形成环状的位错将倾向于缩小面积而最终消失,其他形状的位错将尽可能地变成一条直线,所以位错线呈直线状态的应变能比弯曲状态的应变能小,弯曲位错能增加的程度与位错长度的增加近似地成正比。因此,可看作位错具有一定的线张力。第二,尽管在晶体内位错引起位形熵增加,可是位错线还是使晶体的自由能增加,增加的数量几乎等于应变能,由于应变能非常大,自由能的增加也非常大,所以固体中的位错不能在热平衡状态下存在。

(四) 位错的线张力

前面计算出的弹性应变能是单位长度位错线的应变能,因此,位错的总能量正比于它的长度,所以位错有尽量缩短其长度的趋势。如同液体为缩小其表面能而产生表面张力一样,位错也存在为缩短位错线长度而产生的线张力 C。

如果使位错的长度增加 ds,则对线张力 C 做功为 Cds,此功等于位错能量的增加值 Eds,即 $Cds = Eds$,因此 $C = E = aGb^2$。

位错的线张力的数值等于单位长度位错的能量。对于直线位错,可按式(2.20)计算;对于弯曲的位错线,由于远处的应力场可能相互抵消,其线张力小于直线位错,因此 a 值可近似地取 0.5,这样,位错的线张力 $C \approx \frac{1}{2}Gb^2$。

四、位错与材料物理性能

(一) 位错的滑移与晶体的范性形变

晶体受到的应力超过弹性限度后,将产生永久形变,这种形变称为范性形变。晶体的这种性质称为它的范性。晶体的范性可以用位错的滑移来解释。

显微镜观察表明,当晶体发生范性形变时,形变是因一个原子平面相对于另一个原子平面滑移而产生的。对于每种具有某种结构的材料,都有其特定的容易发生滑移的晶面和晶向。比如在立方晶格中具有最重要意义的 3 种晶面为(100)、(110)、(111);具有最重要意义的 3 种晶向为[100]、[110]、[111]。

滑移通常在密排面(例如面心立方结构中的{111}晶面族)上沿这一平面上原子最密集的方向(例如面心立方结构中的⟨110⟩晶向)上发生。在金相显微镜下观察,发生范性形变的金属表面可以看到一些条纹,称为滑移带。晶体中那些容易发生滑移的特定晶面称为滑移面,那些容易发生滑移的晶向称为滑移向。

晶体的范性形变可以通过位错的运动来实现。因为位错相当于晶体中已经滑移的区域与未滑移区域的界线,位错线沿滑移面运动相当于晶体中滑移的逐步发展。

如果晶体的范性形变不是通过位错的运动来实现,而是依靠两半晶体做刚性的相对位移来实现,那是十分困难的,因为晶体沿晶面做刚性滑移时,晶面上的所有原子要同时克服原子势垒。其临界应力的计算值比实验值大 $10^3 \sim 10^4$ 倍。

而采用位错的滑移机制,晶体的范性形变都是由晶面中位错线附近的一部分原子发生位移,然后推动相邻的原子发生位移,循序渐进,最后使上方的晶面相对于下方的晶面完成滑移来实现的。按照这样的模型进行滑移时所需要的临界应力就很小,理论计算值和实验值具有相同的数量级。用位错模型来解释滑移过程是非常成功的。

晶体范性形变的滑移机制也被实验所证明。利用电子显微镜衍衬法对金属薄膜进行分析,观察到了位错在切应力作用下产生滑移的过程,也看到了位错在应力作用下滑移后,滑移到晶体表面,在表面形成的台阶,相当于金相观察中看到的滑移线。

(二) 位错对金属强度的影响

材料在塑性变形时,位错密度大大增加,从而使材料出现加工硬化现象。一般情况下,未经历冷加工的金属材料中位错密度约为 10^6 cm/cm³。相对来说,这样的位错密度还是很小的。如图 2.15 所示,当外加应力超过屈服强度时,位错开始滑移,如果位错在滑移面上遇到障碍物,就会被障碍物钉住而难以继续滑移。

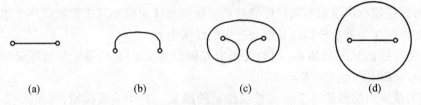

　　(a)　　　　　　　(b)　　　　　　　(c)　　　　　　　(d)

图 2.15　位错增殖示意图

　　图 2.15(a) 表示的就是一段位错线的两端被障碍物钉住的情况。继续增大的应力使位错线不断弯曲[图 2.15(b)、(c)]并扩展,以求滑移。最后,相互接近的两段位错因为具有相反的性质(伯氏矢量相同,位错线方向相反),它们会相互靠近,以致消失。这样的结果使原来的一段位错线仍然被钉在障碍物上,但在这段位错线的外围却多出来一个位错环[图 2.15(d)],这就是 Frank - Reed 位错源的机理。经过冷加工的金属材料位错密度可增至 10^{12} cm/cm³,比初始的位错密度大近百万倍。位错密度越大,位错之间的相互作用也越大,对位错进行滑移的阻力也越大,这就是加工硬化的原理。加工硬化发生时,材料的屈服强度增加了,但材料的抗拉强度一般不会变化。

　　陶瓷中也会有一些位错,所以也会出现很小程度的加工硬化。但是陶瓷很脆,在低温时不可能发生明显的塑性变形,只有在高温时才会有塑性变形。同样,像硅这样共价键结合的材料都是脆性材料,不会出现加工硬化现象。有时,热弹性高分子会出现硬化现象,但它的变形机制与金属塑性形变完全不同。

　　热弹性高分子材料在塑性变形时的硬化现象,其原因不是加工硬化,而是长链分子发生了重新排列甚至晶化。当所加应力超过热弹性高分子材料(如聚乙烯) 的屈服强度时,分子链之间的极化键发生断裂,分子链被拉长,并沿拉伸方向重新排列。所以经过冷加工后的高分子材料的强度,尤其是沿着拉伸方向的强度会增加。

(三) 位错对材料的电学、光学性质的影响

　　因为位错的周围有应力场,杂质原子会聚集到位错的近邻,所以晶体的性质发生改变,例如一个正的刃型位错,滑移面上部有晶格被压缩,原子所受到的是压力,而在其下部,晶格受到伸张,作用在原子上的是张力。如果在一个正的刃型位错的上部,晶体的原子由较小的杂质原子代替,在下部用较大的杂质原子替代,则都可以在一定程度上减弱晶体中的形变和应力,从而降低晶体的形变能。对于替位式杂质,较大的杂质原子将集结到受伸张的区域,而较小的杂质原子则集结到受压缩的区域。因此位错对杂质原子有聚集作用。

　　在半导体材料中,由于杂质向位错周围聚集,就可能形成复杂的电荷中心,从而影响半导体的电学、光学以及其他性质。

(四) 位错对扩散过程的影响

　　由于位错和杂质原子的相互作用,位错的存在影响着杂质在晶格中的扩散过程。晶体腐蚀后,可以在光学显微镜下观察到位错。这是因为化学腐蚀剂的原子移动到位错附近,位错周围被腐蚀。然后,从位错腐蚀坑的金相图中检查位错。

(五) 位错与晶体生长

晶体生长的主要过程是:首先,由于热起伏形成固态的核心,然后,原子、离子及其集团逐步堆积扩大,形成一层新的晶面。如果晶体是完整的,即没有缺陷的作用,则为了要在完整的光滑晶面上生长出一层新的晶面,就必须要靠热涨落在这一光滑晶面上形成一个小核心。一般来说,这种光滑晶面上小核心的形成是比较困难的,因为落在那里的粒子是很不稳定的而且容易逃逸掉。但是,如果晶面上存在螺型位错的台阶,如图2.16(a)所示,对外来原子台阶处比平面处有更强的束缚作用,落在那里的粒子不容易逃逸掉,位错台阶就起到了凝聚核的作用。位错台阶的存在使粒子落到晶体上的概率增加,使晶体生长变得容易。由于螺型位错随着原子沿台阶的集结生长并不会消灭台阶,而只会使台阶向前移动,又由于越靠近位错线,台阶移动的角速度(晶体生长的速度)越大,因此,原来的螺型位错台阶逐渐形成螺旋状的台阶,图2.16表示出了位错台阶在不同时间的发展过程。

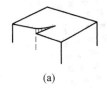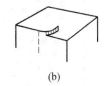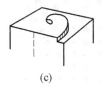

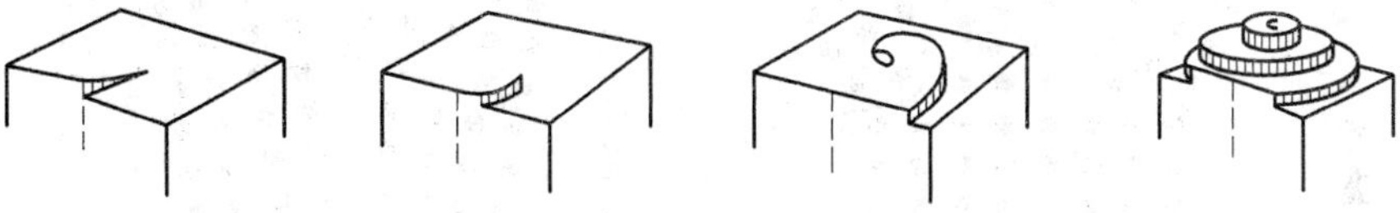

(a)　　　　　　(b)　　　　　　(c)　　　　　　(d)

图2.16　螺型位错台阶在晶体生长过程中的发展

(六) 位错与固体内耗

位错是固体材料中一种普遍而重要的内耗源。位错内耗的特征是它强烈地依赖于冷加工的程度,因而可以与其他的内耗源进行区分。热处理后的金属,即使轻微的变形也可使其内耗增加数倍,而退火工艺可使金属内耗显著下降。另外,中子辐照所产生的点缺陷扩散到位错线附近,将阻碍位错运动,也可明显减少内耗。位错运动有不同的形式,因而产生内耗的机制也有多种。

第三节　　面缺陷

晶体偏离周期性点阵结构的二维缺陷称为面缺陷。晶体的面缺陷包括两类:晶体外表面缺陷和晶体内部界面缺陷,界面包括晶界、亚晶界、孪晶界、相界、堆垛层错等。面缺陷的特征是在一个方向上的尺寸很小,而在另两个方向上的尺寸很大,对材料的力学、物理、化学性能都有重要的影响。

一、表面

晶体的表面是指晶体与气体或液体等外部介质相接触的界面。处于表面上的原子同时受到内部原子和外部介质原子或分子的作用力,这两种作用力不平衡,造成表面层的点阵畸变,能量升高。表面的存在对晶体的物理化学性质有重要的影响,材料的许多性能,诸如摩擦、磨损、腐蚀、氧化、吸附、光的吸收与反射等都受到表面特点的影响。

二、界面

(一) 晶界

在材料学中把晶体结构和空间取向都相同的晶体称为单晶体。例如,在电子信息领域使用的硅材料多数为硅单晶体。由多个单晶体组成的晶体称为多晶体。组成多晶体的小单晶体称为晶粒。在多晶体中,结构、成分相同而相位不同的相邻晶粒之间的界面称为晶界,如图 2.17(a) 所示。普通金属合金通常都是多晶体,因此它是晶体中最常见且对材料力学性能影响最大的面缺陷。在每个晶粒内原子排列总体上是规整的,但并不是理想的单晶体,除含有空位、位错以外,每个晶粒又可分为若干个更小的亚晶粒。晶粒的平均直径通常在 0.015 ~ 0.25 mm 范围内,而亚晶粒的平均直径一般在 0.001 mm 左右,亚晶粒比较接近于理想的单晶体。相邻亚晶粒之间也具有一定的相位差,它们之间的界面称为亚晶界,如图 2.17(b) 所示。

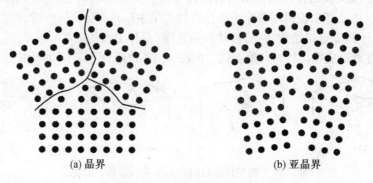

(a) 晶界　　　　　　　　(b) 亚晶界

图 2.17　晶界与亚晶界

1. 小角晶界

晶界有小角与大角之分。当相邻晶粒的相位差小于 10° 时,称为小角晶界。亚晶界一般都是小角晶界。小角晶界又可分为倾侧晶界和扭转晶界,如图 2.18、图 2.19 所示。

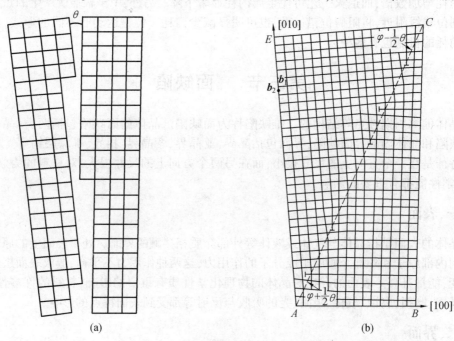

(a)　　　　　　　　　　　(b)

图 2.18　倾侧晶界

图 2.18(a) 是与 z 轴相互平行的两个具有简单立方点阵的晶粒,它们各自相互倾侧 $\theta/2$ 角,称为对称倾侧晶界,界面接近(100) 面。图 2.18(b) 中的小角倾侧晶界不是接近 (100) 面,而是任意的(hkl) 面,界面两侧的原子不处于对称的位置上,称为不对称倾侧晶界。如果将晶体切开为两部分,并绕垂直于此切开面的轴使它们相对旋转一个角度,再把它们黏合起来,就可得到扭转晶界,如图 2.19 所示。

对称倾侧晶界可以用一组平行的刃型位错模型来描述,而不对称倾侧晶界则需加入另一组与前一组垂直的平行刃型位错来描述。扭转晶界实质上是由两组交叉的螺型位错构成的网络。

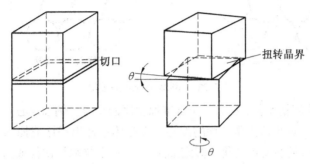

图 2.19 扭转晶界

2. 大角晶界

当相邻晶粒的相位差大于 10° 时,晶粒间的界面称为大角晶界。一般的大角晶界约为几个原子间距的薄层,层中的原子排列较疏松杂乱,结构比较复杂。但是并非所有大角晶界都具有松散紊乱的原子组态。当相邻两个晶粒具有某些特定的相位关系时,晶界可以有较多的原子与两个晶粒的点阵结点都吻合得相当好。

一个特殊的例子是共格孪晶界。孪晶界是指一个晶体的两部分沿一个公共晶面构成镜面对称的取向关系,此公共面称为孪晶面(孪生面)。共格孪晶界与孪晶面重合,孪晶界上的每个原子都位于两个晶体点阵的共同结点上。当孪晶界与孪晶面不重合时,孪晶界的结构相当于普通的大角晶界,称为非共格孪晶界。共格孪晶界和非共格孪晶界的示意图如图 2.20 所示。

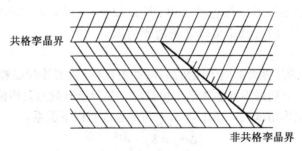

图 2.20 共格孪晶界和非共格孪晶界

孪晶可在形变中产生,也可以在再结晶中形成。前者称为形变孪晶(也称机械孪晶),后者称为退火孪晶。在多晶金属中,只有退火孪晶才具有完全共格的平直孪晶界。

另一个特殊的例子是堆垛层错。如果晶体由一种粒子组成,而粒子被看作小圆球,则这些小圆球最紧密的堆积称为密堆积。面心立方结构和密排六方结构就是两种密堆积结构。它们的堆积次序可用图2.21表示,图中A位置为一层密排原子面,B和C分别表示在该原子面上进行堆垛的位置,则面心立方的堆垛次序为 ABCABC…,而密排六方的次序为 ABABAB…。

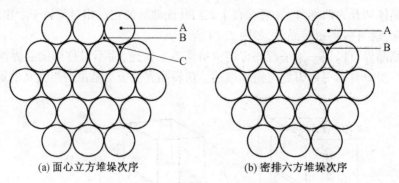

(a) 面心立方堆垛次序　　　　　　　　　(b) 密排六方堆垛次序

图 2.21　刚球密排面的堆垛

堆垛层错(简称层错) 表示相对于正常堆垛次序的差异。例如面心立方结构中,正常堆垛次序为 ABCABC。如果从正常堆垛的面心立方晶体中抽出一层或插入一层密排的晶面,局部区域内堆垛层次便会发生变化。假定抽掉一个A层,堆垛层次便成为 ABCBCA…(称为抽出型层错);假定插入一个A层,堆垛层次便成为 ABCABACABC…(称为插入型层错)。一个插入型层错等于两个抽出型层错。而面心立方结构中的层错也相当于嵌入了薄层的密排六方结构。出现层错的区间,密排面上原子排列特点未变,但相邻晶面间原子的相对位置发生了变化,因而有一定的晶格畸变。

晶界上原子排列不规则使其处于较高的能量状态,因此材料在晶界处表现出许多特性。晶界内的原子排列结构比较疏松,原子在晶界的扩散速率远远高于晶内;杂质或溶质原子容易在晶界处偏聚;晶界处的原子处于不稳定状态,其腐蚀速率一般也比晶内快,在制作光学金相试样时,抛光后再用腐蚀剂浸蚀试样时,晶界因受浸蚀而很快形成沟槽,在显微镜下比较容易看到黑色的晶界,图2.22所示为钢中的奥氏体晶粒,其中可以看到清晰的黑色晶界。

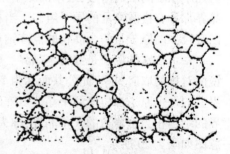

图 2.22　钢中的奥氏体晶粒

金属与合金中的晶界大都属于大角晶界,如奥氏体、铁素体的晶粒边界等;马氏体板条间的界面、亚晶粒之间的界面多属于小角晶界。晶界能有效地阻碍位错运动,使金属强化。晶粒越细,强化作用越大。强化量 $\Delta\sigma_g$ 与晶粒度有以下关系:

$$\Delta\sigma_g = K_g \cdot d^{-1/2} \tag{2.21}$$

式中,d 为晶粒直径;K_g 为与晶粒尺寸无关的比例系数。测量表明,奥氏体钢的 K_g 值为铁素体钢的1/2,即奥氏体晶界的强化作用比铁素体晶界小。大角晶界的 K_g 值较大,而小角晶界的 K_g 值较小,说明前者比后者强化作用大。图2.23所示为纯铁和低碳钢的屈服强度与晶粒尺寸的关系,由图可以看出,随着晶粒尺寸的减小,$d^{-\frac{1}{2}}$ 增大,纯铁和低碳钢的屈服强度呈直线上升。钢中常用的细化晶粒的合金元素有 Nb、V、Al、Ti 等。细化晶粒在提高合金强度的同时也改善了韧性,这是其他强化机制无法做到的。

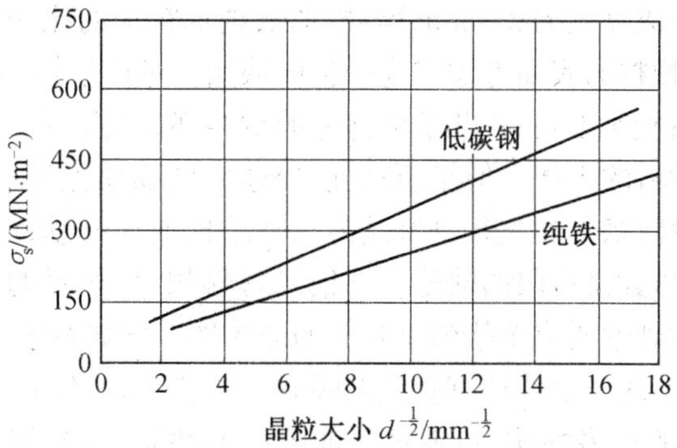

图 2.23　纯铁和低碳钢的屈服强度与晶粒尺寸的关系

(二) 相界

合金的组织往往由两个或更多的相组成。一般情况下,不同的相具有不同的晶体结构与(或)不同的化学成分。在某种情况下两个相的晶体结构可能相同,但这时它们的点阵常数总有一定的差别。这样,相邻两个相之间便由界面隔开,这种界面称为相界或相界面。钢中的铁素体与渗碳体之间的界面就是常见的相界。

表层为珠光体与二次渗碳体混合的过共析组织,心部为珠光体与铁素体混合的亚共析原始组织,越靠近表面层铁素体越少,铁素体与渗碳体之间存在界面。

实际金属材料中存在大量的界面。界面是金属材料组织与结构的重要组成部分。无论是因相位不同形成的晶界和亚晶界,或是因结构、成分不同形成的相界,界面上的原子排列组态都与晶内有所不同。因此界面的存在对材料的力学、物理、化学性能都有重要影响。

[小历史]

古代的科学家都梦想过理想的世界。从理想气体到理想晶体,他们试图得到精美至极的世界:没有杂质、毫无缺陷、绝对真空。近代的科学家,尤其物理学家,试图用科学的方法创造这样的世界。为什么科学家如此热衷于理想境界呢? 这是因为在理想条件下,可以探寻物质世界的真正奥妙。比如:在研究金属的导电性质时,物理学家提出晶体点阵的热振动和晶体缺陷对电子的散射机制,正是由于电子的散射才造成了所谓的电阻现象。那么,如何从晶体内部去除所有的缺陷就成为解决问题的关键。晶体学家利用各种方法,企图得到绝对纯净、毫无缺陷的金属晶体。在采取了所有可能的措施之后,由于热振动和缺陷都控制在最小范围之内,他们在近绝对零度的温度下得到了近乎没有电阻的金属。以同样的思路出发,科学家可以在极端条件下对物质世界做十分基础的研究,从而探知自然的本源。

[小启发]

在传统的基础研究中,人们一般都希望尽量去除杂质而得到完美的晶体。但是,在

21 世纪的纳米科学研究中表明,纳米材料几乎完全是缺陷。为什么这么说呢？试想：如果把氧化铝的块材,变成直径为 5 nm 的颗粒,那么纳米粒子的比表面积会大大地增加。我们完全可以把纳米颗粒的表面考虑成为一种面缺陷。可以估算一下,在 1 g 的氧化铝纳米粉末中(假定颗粒直径为 5 nm),几乎大部分的材料都是缺陷了。这正是纳米材料的主要特征：晶体缺陷是材料的主体。但是,我们已经建立的物质性质,比如压电性、铁电性、导电性、导热性、超导性,都是建立在具有晶体点阵结构的块材基础上的。这些块材的主体是有序的晶体点阵与数量有限的缺陷。与纳米材料相比,块材的晶体性十分显著。更为重要的是,块材的物理性质完全依赖于它们的晶体性。比如对于压电晶体,它表面电荷的产生与晶体在压力下的非对称性有直接的关联。失去了晶体性,也就失去了与其相对应的物理性质。纳米的许多性质,可能都是面缺陷的性质,而晶体本身的性质会大大地弱化。

[小研究]

Fe – Cr 系合金阻尼性能研究

目前,一系列高阻尼合金(又称减振合金或无声合金) 在现代工程技术中有着重要的意义,特别是在航空、造船、机械和仪器仪表工业方面,例如,飞机发动机叶片、舰船的螺旋桨以及其他高速运转的机械部件,大的桥梁用的金属材料都要求具有高阻尼性能。这是因为随着机器部件运转速率的加快,不可避免地给整机系统带来有害的振动和噪声,由于整机系统的共振,降低了机器零部件的使用寿命,甚至导致零部件损坏和断裂,造成严重事故,而且严重污染了环境。在现代工程技术中,减振、降噪已成为一个重要的性能指标,解决办法除采用合理的机械系统设计方案外,选用具有高阻尼性能的合金也是有效的途径之一。用内耗法研究合金的阻尼性能,对考核材料在实际工程使用条件下的阻尼特性极为重要。

[习题]

2.1　纯金属晶体中主要点缺陷类型是什么,这些点缺陷对金属的结构和性能有何影响？

2.2　什么称为色心,它有哪些种类？

2.3　试比较刃型位错和螺型位错的异同点。

2.4　举出一个实例说明位错对材料物理性能的影响。

2.5　金属淬火后为什么会变硬？

第三章　金属材料性能

第一节　金属材料概述

一、种类繁多的金属材料

人类文明的发展和社会的进步同金属材料关系十分密切,种类繁多的金属材料已成为人类社会发展的重要物质基础,包括各种钢、铁、铜、铝、镁、锌、钛、镍、铅、金、银、锡等。

在国民经济建设和人们日常生活中,金属材料无所不在,如空中的飞机、水中的轮船、地面的列车、钢架结构的建筑、工程机械和很多生活用品几乎都是用金属制造的。

二、新型金属材料

(一) 金属玻璃

1960 年,美国科学家皮·杜威等首先发现金 – 硅合金等液态贵金属合金在冷却速率非常快的情况下,金属原子来不及按它的常规方式结晶,在它还处于不整齐、杂乱无章的状态时就被"冻结"了,成为非晶态金属。这些非晶态金属具有类似玻璃的某些结构特征,故称为金属玻璃。

金属和玻璃的最大差别是:金属在从液态冷却凝固的过程中有确定的凝固点,原子按一定的规律排列,形成晶体;而玻璃从液态到固态的转变是连续变动的,没有明确的分界线,即没有固定的凝固点。

用锤子砸晶体金属,它将吸收晶粒周围释放的能量。但是非晶态金属中的原子由于紧紧地"挤"在一起,在受到敲打时很易回复到原状,而且这种金属玻璃像液体一样的结构意味着它们的熔化温度很低,能够像塑料一样容易被加工成想要的形状。

那么这种金属玻璃有何特点呢? 科学家创造出来的这种新材料又有何用处呢?

从青铜时代开始,人类在使用金属的几千年漫长的岁月中所见到的金属几乎都是晶体,它们均具有排列整齐的原子结构。金属晶体排列有缺陷的地方在一定的外力作用下常常会断裂,也就是通常所说的材料失效。其原因是连接两个晶粒的能量低于凝聚一个晶粒的能量,于是两个晶粒之间的间隙就形成了一个脆弱区,断裂和腐蚀就很容易从这里发生。这也正是材料的弱点所在,即一旦受到过大的外力,首先承受不了的就是晶粒结合部。而金属玻璃的原子排列是无序的,它没有特殊的薄弱环节,因此金属玻璃的强度比一般金属材料高得多,最高可达 3 500 MPa。更难能可贵的是,其在有如此高强度的同时,还能够保持优异的韧性和塑性。所以,人们赞扬金属玻璃为"敲不碎,砸不烂的玻璃之王"。

另外,由于金属玻璃没有金属那样的晶粒边界,腐蚀剂无法对其进行腐蚀,所以从根本上解决了金属晶界的腐蚀问题。金属玻璃的耐蚀性特别好,尤其是在氯化物和硫酸盐中的耐蚀性大大超过了现在广泛应用的不锈钢(它的耐蚀性甚至超过不锈钢 100 多倍),被人们誉为"超不锈钢"。

金属玻璃还具有很好的超导性和抗核辐射等优良性能。单晶硅太阳能电池价格昂贵,如果用非晶硅(即硅金属玻璃)太阳能电池来代替,其价格就便宜多了,太阳能电池也就能更好地推广和普及了。

航空航天技术中应用最多的是复合材料。复合材料是现代科学研究的热点。用金属玻璃代替硼纤维和碳纤维制造复合材料,会进一步提高复合材料的适应性。硼纤维和碳纤维复合材料的安装孔附近易产生裂纹,而金属玻璃在具有很高强度的情况下,仍保持金属塑性变形的能力,因此有利于阻止裂纹的产生和扩展。

制造金属玻璃的关键是要以极高的冷却速率,即在 $0.001\ s$ 的时间内把熔化的金属材料冷却为固体(这样的冷却速率等于在 $1\ s$ 内把温度突然降低 $1 \times 10^6\ ℃$),因为只有达到这样的冷却速率,熔化的合金液体才来不及调整为晶体结构,而突然被凝固成毫无秩序的固态。这个 $1 \times 10^6\ ℃/s$ 的冷却速率,目前是现代科学研究的重点。

2011 年,美国耶鲁大学材料科学家简·施罗斯带领的一支研究小组发现,块状金属玻璃能够随意排列原子,而不是像普通金属中的原子那样是有序的晶体结构,并且该合金材料能够像塑料一样随意地吹塑成普通金属无法实现的复杂外形且不失去金属的硬度和坚固度。这个发现使得人们对金属玻璃的认识又进了一步。

(二)金属橡胶

金属橡胶的出现是材料学上的一次革命。有了这种既具备金属的特性又有橡胶伸缩自如特点的新材料,未来的飞机就可以拥有像鸟儿一样能根据需要改变形状的翅膀,使得飞行不仅更经济,而且更有效、更安全。

金属橡胶构件既具有金属的固有特性,又具有类似于橡胶一样的弹性,是天然橡胶的模拟制品。它在外力的作用下尺寸可以增大 2 ~ 3 倍,外力卸除后便可回复原状。这种材料在变形时仍能够保持其金属特征,具有毛细疏松结构,特别适合在高温、低温、大温差、高压、高真空、强辐射、剧烈振动及强腐蚀等环境下工作。

金属橡胶还可以作为减振材料和密封材料。它是以金属丝为原材料经过特殊工艺成形的构件,可以像普通橡胶那样,振动时吸收大量的能量,加入不同的金属还可以耐腐蚀且不易老化,是传统橡胶的最佳替代品。

金属橡胶技术已广泛应用于国内外工业生产,特别是在减振、密封、吸声降噪等领域应用前景广阔。金属橡胶内部由金属丝相互嵌合而成,在受到来自外部的振动冲击时,金属丝之间将会发生滑移,由此产生的摩擦力可以耗散振动或冲击能量。

金属橡胶材料与普通橡胶材料相比,其最大的特点是可以通过生产过程中工艺手段的不同来控制其弹性。金属橡胶密封结构类似蜂窝状密封结构,可以改善气流方向,密封效果十分理想。

金属橡胶材料从表到里都具有大量的互相连通的微孔和缝隙,具有透气性,属于多孔吸声材料,正好能满足人们吸声降噪的要求。当声波传入金属橡胶内部后,会使孔隙中的空气产生振动并与金属丝发生摩擦,由于黏滞作用,声波转变为热能而消耗,因此可以达到吸收声音的效果。

尽管金属橡胶在可变形机翼飞机和机器触觉手套上已经开始应用,但它还是最有可能更多地出现在一些更低级、更实用的场合(如需要在极端条件下工作的柔性导电线圈等),利用它制造的便携式电子产品(如手机、掌上电脑)不用担心被摔坏。

(三) 金属陶瓷

陶瓷既耐高温硬度又高,但容易破碎;金属虽然延展性好,但没有陶瓷的硬度高。为了使陶瓷既可以耐高温又不容易破碎,人们在制作陶瓷的黏土里添加金属粉,制成了金属陶瓷。

金属陶瓷是由陶瓷硬质相与金属或合金黏结相组成的结构材料,它保持了陶瓷的高强度、高硬度、耐磨损、耐高温、抗氧化和化学稳定等特性,同时还兼具金属良好的韧性和塑性。

根据各组成相所占的百分比不同,金属陶瓷分为以陶瓷为基质(陶瓷材料的质量分数大于50%)和以金属为基质(金属材料的质量分数不小于50%)两类。陶瓷基金属陶瓷主要有氧化物基金属陶瓷、碳化物基金属陶瓷、氮化物基金属陶瓷、硼化物基金属陶瓷和硅化物基金属陶瓷。金属基金属陶瓷主要有烧结铝、烧结铍和TD镍等。

金属陶瓷刀具具有高的硬度和耐磨性,在高速切削和干切削时都能表现出优异的切削性能。

金属陶瓷广泛应用于火箭、导弹和超音速飞机的外壳、燃烧室的火焰喷口等地方。金属陶瓷复合涂层既有金属的强度和韧性,又有陶瓷的耐高温等优点,是一种优异的复合材料。内衬金属陶瓷复合管具有比内衬陶瓷复合管更优异的性能,可以作为用于石油或化工产物、半产物运输的抗腐蚀管道,也可作为用于矿山的抗磨管道或选矿厂的矿浆运输管道,还可用于多泥沙水的输水管道。

建材工业和采矿工业的大型粉碎机锤头和大桥桥梁基础设施的钻井钻头都需要采用高强度和高硬度的材料来制作,把高锰钢及硬质合金镶铸或焊接在耐磨构件的工作面上,其使用寿命比工业高锰钢同类产品提高10倍左右。

(四) 金属纤维

现在有一种新型金属材料,称为金属纤维,一根头发丝粗细的金属纤维可以承受1 500 N的拉力。

金属纤维是采用金属丝材经多次拉拔、热处理等特殊的加工工艺制成的纤维状材料。最细的纤维丝的直径可达 $1\ \mu m$,纤维强度高达 $1\ 500 \sim 1\ 800\ MPa$。金属纤维,顾名思义,就是不但具有金属材料本身固有的一切优点,还具有纤维(非金属)的一些特殊性能。由于金属纤维的表面积非常大,因此在抗辐射、隔声、吸声等方面应用广泛。

由于金属纤维的特点,在材料中添加适量的金属纤维就可以大大改善其性能。如果将少量金属纤维与塑料纤维混合在一起制成布料,则其形成的屏蔽层既可阻碍电磁波的辐射,又可防止其他电磁波的干扰,从而达到保护人类健康的目的。将99.9%纯度的镍制成的直径 $8\ \mu m$ 左右的金属纤维与高分子纤维混合纺织可制成一种新的布料,即镍纤维混合纺织布料。这种布料既具有美观的优点,又能满足使用对强度的要求。一般镍纤维质量分数为4% ~ 5%就可以达到抑菌和抗辐射的效果。镍纤维可与麻、棉、丝和毛等多种纤维混合纺织,制成的布料对典型病菌的抑制率高达99%以上,主要用于制作病员服、医护人员抗辐射工作服、口罩、纱布、手套等；现在许多医院里都配备了这种外表美观大方，同时具有较强抗辐射性能的工作服，摒弃了以前工作服华而不实的缺点，大大改善了医护人员的工作条件。

金属纤维毡具有耐高温性，同时它的高孔隙度和空隙曲折相连性还能改变声音的传播路径，并在传播中降低声音的能量，达到吸声和隔声的目的。金属纤维毡在高温环境和噪声分贝较高的环境下，吸声效果比传统吸音材料强 100 倍以上。现在，许多汽车公司都在自己的主推品牌里使用了金属纤维，如宝马汽车公司在最新推出的概念汽车上采用了金属纤维布料作为车身表面，可以有效隔绝发动机和其他零部件运行产生的噪声，真正做到了赏心悦目。

金属纤维按材质不同，可分为不锈钢纤维、碳钢纤维、铸铁纤维、铜纤维、铝纤维、镍纤维和铅纤维等；按形状不同可分为长纤维、短纤维、粗纤维、细纤维和异型纤维等。

目前世界上生产的金属纤维中，钢纤维居多，应用也最广，其次是铝纤维、铜纤维和铸铁纤维。

钢纤维的常用截面为圆形，其直径为 0.2 ~ 0.6 mm，长度为 20 ~ 60 mm，主要作用是增强砂浆或混凝土的强度和韧性。为了增加纤维和砂浆或混凝土的界面黏结力，也可选用各种异形的钢纤维，如截面为矩形、锯齿形和弯月形等。

（五）泡沫金属

如果仔细研究化学元素周期表，就可以发现一个有趣的现象：密度小的金属的化学性质活泼（如锂、钠、镁等），密度大的金属的化学性质不活泼（如金、铂等）。

许多应用场合都是在满足使用要求的前提下，尽量降低材料的质量，这样就可以大幅度地节约能源，保护环境。

随着航空航天工业和汽车等行业的迅猛发展，人们为了节省能源和各种费用，一直致力于用轻质且强度大的材料来代替传统材料。这样就存在一个矛盾，即采用轻质金属虽然可以减小质量，降低能源消耗，但其化学性质太活泼，极易氧化或者燃烧，且强度较低，无法达到工程应用的目的。

泡沫金属中的泡沫结构能使材料的体积大大扩张，获得更大的横截面，因此用泡沫金属制造的飞行器可以把总质量降低一半左右。当泡沫金属承受压力时，气孔塌陷导致的受力面积增加和材料应变硬化效应，使得泡沫金属具有优异的冲击能量吸收特性。实验证明，用泡沫金属制成的轴比同样质量的实心轴的刚性高得多。

泡沫金属还是一种制造过滤器的理想材料。利用泡沫金属的通孔对流体介质中固体粒子的阻留和捕集作用，可以将气体或液体进行过滤与分离，从而达到介质的净化或分离作用，如从水中分离出油、从冷冻剂中分离水等。

多孔泡沫金属具有强大的能量吸收能力，利用它的弹性变形还可以吸收大部分冲击能量，如汽车的保险杠、航天器的起落架、各种缓冲器、矿冶机械的能量吸收衬层和汽车乘客座位前后的可变形材料等，采用较多的是铝制泡沫金属。

声波是一种振动，当声音透过泡沫金属时，可在材料的多孔结构内发生散射和干涉，使声能被材料吸收或被多孔结构阻挡，这样使泡沫金属又具有了吸声降噪功能。北京的地铁里就采用了泡沫金属隔声板。

(六) 液态金属

提到液态金属,肯定会想到汞,也就是水银。汞是一种有毒的银白色重金属元素,它是常温下以液态存在的为数不多的纯金属,游离存在于辰砂、甘汞及其他几种矿物中。汞最常见的用途是制作汞温度计。

很多金属都能溶于汞形成汞齐,而形成汞齐的难易程度与金属在汞中的溶解度有关。元素周期表中的同族元素随原子序数的增加,在汞中的溶解度也增加。现已查明,铊在汞中的溶解度最大,铁在汞中的溶解度最小,因此常用铁来制作盛汞容器。而且除铁之外,几乎所有的金属都能形成汞齐。

(七) 超塑金属

超塑性是一种奇特的现象,是指物体在一定的内部条件和外部条件下,呈现出异常低的流变抗力、异常高的流变性能的特性。换句话说,就是材料具有极大的伸长率,易变形,且不出现缩颈,也不会断裂。通常情况下,金属的伸长率不超过80%,而超塑性金属的伸长率可高达6 000%。

在超塑性条件下,把脆性的铝合金材料压制成几十微米厚的薄片,再依次以薄片为基体敷以硼纤维和碳纤维,这样就可以综合基体材料和骨架材料的双重优点,制造出符合要求的超级材料。如果用这种材料来加强飞机上的衬板,不但可以使机翼的刚度提高,而且还能使其质量减轻。

超塑性对于纺织行业的发展同样起到了举足轻重的作用,利用铝锌合金的超塑性制造的金属槽筒,成功地代替了原有的胶木制槽筒,成为纺织行业的首选产品。

(八) 超导金属

超导是超导电性的简称,是指当温度下降至一定值时,某些物体的电阻突然趋近于零的现象。具有这种特性的金属称为超导金属。

由于超导金属具有零电阻和完全的抗磁性,因此只需消耗极少的电能就可以获得稳定的强磁场。超导金属可用于制造交流超导发电机,利用超导线圈磁体可以将发电机的磁场提高到5 ~ 6 T(50 000 ~60 000 Gs)且没有能量损失,单机发电容量比常规发电机提高5 ~ 10倍,高达1 MW,而发电机的体积还可减少1/2,整机质量减轻1/3,发电效率提高50%;也可用于磁流发电机,利用高温导电性气体作导体,并高速通过5 ~ 6 T(50 000 ~60 000 Gs)强磁场来发电,而且这种发电机具有结构简单和高温导电性气体可重复利用的优点。超导输电线路利用超导导线和变压器可以几乎无损耗地输送电能,因此可以减少大量能耗,避免了能源的热损耗,有利于充分利用能源。超导金属在这些方面的应用是最诱人的。

超导金属在电子学方面可应用于超导计算机、超导天线、超导微波器件等。高速计算机要求集成电路芯片上的元件和连接线密集排列,但密集排列的电路在工作时会产生大量的热,因此散热是超大规模集成电路面临的难题。而超导计算机中的超大规模集成电路,由于其元件间的相互连线用接近零电阻和超微发热的超导器件来制作,因此不存在散热问题,同时计算机的运算速率还可大大提高。

超导磁悬浮列车是利用超导金属的抗磁性,将超导金属放在一块永久磁体的上方,由于磁体的磁力线不能穿过超导体,磁体和超导体之间会产生排斥力,因此超导体悬浮在磁体上方。磁悬浮列车具有高速、低噪声、环保、经济和舒适等特点。

　　核聚变反应时,内部温度高达1亿~2亿℃,没有任何常规材料可以包容这些物质。而超导体产生的强磁场可以作为"磁封闭体",将热核反应堆中的超高温等离子体包围、约束起来,然后慢慢释放,因此受控核聚变能源成了21世纪前景广阔的新能源。

第二节　钢铁材料

一、铁

　　铁是最常用的金属,密度为7.87 g/cm^2,熔点为1 536 ℃,沸点为3 070 ℃。铁有很强的磁性、良好的变形能力及导热性。铁比较活泼,铁在干燥空气中很难与氧气反应,但在潮湿空气中很容易被腐蚀,若在酸性气体或卤素蒸气氛中腐蚀更快。铁易溶于稀的无机酸和浓盐酸,会生成二价铁盐,并放出氢气。铁在常温下遇浓硫酸或浓硝酸时,表面会生成一层氧化物保护膜,使铁"钝化",故可用铁制品盛装浓硫酸或浓硝酸。

　　铁矿物种类繁多,目前已发现的铁矿物和含铁矿物有300余种,其中常见的有170余种。但在当前技术条件下,具有工业利用价值的主要是磁铁矿、赤铁矿、磁赤铁矿、钛铁矿、褐铁矿和菱铁矿等。

　　铁是世界上发现最早、利用最广、用量最多的一种金属,其消耗量约占金属总消耗量的95%。铁矿石主要用于钢铁工业冶炼碳含量不同的生铁(碳的质量分数一般在2%以上)和钢(碳的质量分数一般在2%以下)。生铁通常按用途不同分为炼钢生铁、铸造生铁和合金生铁。钢按组成元素不同分为碳素钢和合金钢。此外,铁矿石还用作合成氨的催化剂、天然矿物颜料(如赤铁矿、镜铁矿和褐铁矿)等,但用量很少。钢铁制品广泛用于国民经济各部门和人民生活的各个方面,是社会生产和公众生活所必需的基本材料。自从19世纪中期发明转炉炼钢法实现钢铁工业大生产以来,钢铁一直是最重要的结构材料,在国民经济中占有极其重要的地位,是现代化工业最重要和应用最多的金属材料。人们常把钢铁的产量、品种、质量作为衡量一个国家工业、国防和科学技术发展水平的重要标志。

二、生铁

　　生铁是碳的质量分数大于2%的铁碳合金,工业生铁中碳的质量分数一般在2.5%~4%,并含有硅、锰、硫、磷等元素,是用铁矿石经高炉冶炼的产品。生铁按用途不同分为炼钢生铁和铸造生铁。

　　(1) 炼钢生铁是炼钢的主要原料,在生铁产量中占80%~90%。炼钢生铁硬而脆,断口呈白色,也称为白口铸铁。炼钢生铁一般硅含量较低,硫含量较高。

　　(2) 铸造生铁是指用于铸造各种铸件的生铁,俗称翻铁砂,在生铁产量中占10%左右,是炼钢厂的主要商品铁。铸造生铁断口呈灰色,所以也称为灰铸铁。铸造生铁一般硅含量较高,硫含量较低。

三、铁合金

铁合金是铁与一种或几种元素组成的合金,主要用于钢铁冶炼。在钢铁工业中一般把所有炼钢用的合金,不论含铁与否(如硅钙合金) 都称为铁合金。

作为炼钢过程中的脱氧剂、合金剂的铁合金是炼钢和铸钢的重要原料,可以改善钢的理化性能和铸件的力学性能。

(一) 脱氧剂

炼钢时添加的一些与氧结合力比较强,且其氧化物又能顺利地从钢液中排除以降低钢液中的氧含量的金属称为脱氧剂。常用的脱氧剂有硅铁、锰铁、铝铁、硅钙铁、硅锰铁、硅钡铁和硅铝铁等。

(二) 合金剂

在钢中加入各种铁合金可以调整其化学成分,生产出各种新金属材料。常用的合金剂主要有铬铁、钼铁、钨铁、钛铁、铌铁、钒铁和镍铁等。

四、铸铁

铸铁与生铁的区别是进行了二次加工,即铸铁是将铸造生铁在炉中重新熔化,并加入铁合金、废钢进行成分调整而得到的。铸铁中碳的质量分数大于2.11%。铸铁具有许多优良的性能且生产简便、成本低廉,是应用最广泛的材料之一。

(一) 按断口颜色分类

铸铁按断口颜色不同可分为灰铸铁、白口铸铁和麻口铸铁。

(1) 灰铸铁。灰铸铁的大多数力学性能指标远低于钢,但抗压强度与钢相当,具有良好的铸造性能、减振性能、耐磨性能和切削加工性能,以及低的缺口敏感性,可用来生产一些强度要求不高、主要承受压力的箱体或底座等。

(2) 白口铸铁。白口铸铁是不含石墨的铸铁,其几乎全部的碳都与铁形成碳化铁(Fe_3C),渗碳体具有很高的硬度和脆性,不能承受冷加工,也不能承受热加工,只能直接用于铸造状态,是一种良好的耐磨材料,可在磨损条件下工作。白口铸铁包括普通白口铸铁、低合金白口铸铁、中合金白口铸铁和高合金白口铸铁。我国早在春秋时代就能生产耐磨性良好的白口铸铁,用来制作一些耐磨零件。白口铸铁一般用在犁铧、磨片、导板和泵设备等方面。

(3) 麻口铸铁。麻口铸铁又称斑铸铁,是介于白口铸铁和灰铸铁之间的一种铸铁,其断口呈灰白相间的麻点状。由于麻口铸铁性能不好,故应用较少。

(二) 按化学成分分类

铸铁按化学成分不同可分为普通铸铁与合金铸铁两类。

(1) 普通铸铁。普通铸铁是指不含合金元素的铸铁,常用的灰铸铁、可锻铸铁和球墨铸铁等都属于这一类铸铁。

(2) 合金铸铁。合金铸铁是指在普通铸铁内有意识地加入一些合金元素,以提高铸铁某些特殊性能而配制成的一种高级铸铁,如具有各种耐蚀、耐热和耐磨性能的铸铁。

（三）按生产方法和组织性能分类

铸铁按生产方法和组织性能不同可分为灰铸铁、孕育铸铁、可锻铸铁、球墨铸铁和特殊性能铸铁。

（1）灰铸铁。灰铸铁具有一定的强度、硬度，良好的减振性和耐磨性，高导热性，好的抗热疲劳能力，同时还具有良好的铸造工艺性能和优异的切削加工性能，生产简便，成本低，在工业和民用生活中得到了广泛的应用。

（2）孕育铸铁。孕育铸铁是铁液经孕育处理后获得的亚共晶灰铸铁。这种铸铁的强度、塑性和韧性均比灰铸铁要好得多，主要用来制造力学性能要求较高，且截面尺寸变化较大的大型铸铁件。

（3）可锻铸铁。可锻铸铁也称为韧性铸铁。虽然名曰"可锻"，但这种铸铁却不可锻造，一般是由白口铸铁经退火而成，只是比灰铸铁具有更高的韧性，用于制造形状复杂且承受振动载荷的薄壁小型件，如汽车和拖拉机的前后轮壳、低压阀门、管接头等。

（4）球墨铸铁。球墨铸铁和钢相比，除塑性、韧性稍低外，其他性能均接近，是兼有钢和铸铁优点的优良材料。

（5）特殊性能铸铁。特殊性能铸铁是一些具有某些特性的铸铁，根据用途的不同，可分为耐磨铸铁、耐热铸铁和耐蚀铸铁等。

（四）按碳在铸铁中存在的状态分类

按碳在铸铁中存在的状态的不同，可将铸铁分为白口铸铁、灰铸铁、可锻铸铁、球墨铸铁和蠕墨铸铁。

（1）白口铸铁中的碳不以石墨形式存在，断口呈亮白色，硬而脆。

（2）碳以石墨形式存在的有灰铸铁、可锻铸铁、球墨铸铁和蠕墨铸铁。灰铸铁中石墨以片状形式存在；可锻铸铁中石墨以团絮状形式存在；球墨铸铁中石墨以圆球状形式存在；蠕墨铸铁中石墨以蠕虫状形式存在。

五、钢

钢是碳的质量分数为 0.04% ~ 2.11% 的铁碳合金，其碳的质量分数一般不超过 1.7%。钢的分类方法很多，一般可按品质、用途、化学成分、制造加工形式和冶炼方法进行分类。

（一）按品质分类

钢按品质不同可分为普通钢、优质钢和高级优质钢。

（1）普通钢。普通钢中含有杂质较多，其中磷和硫（有害元素）的质量分数最高可达 0.07%，主要用于制作建筑结构和要求不太高的机械零件。

（2）优质钢。优质钢含杂质元素较少，其中磷和硫的质量分数最高为 0.04%，主要用于制作机械结构零件和工具，如轴承、弹簧等。

（3）高级优质钢。高级优质钢含杂质元素极少，其中硫和磷的质量分数均少于 0.03%，主要用于制作重要机械结构零件和工具。为了区别于一般优质钢，这类钢的钢号后面通常加字母 A 或汉字"高"以便识别。

（二）按用途分类

钢按用途不同分为结构钢、工具钢、特殊钢和专业用钢。

（1）结构钢。结构钢又分为建筑及工程用结构钢和机械制造用结构钢。建筑及工程用结构钢是用于建筑、桥梁、锅炉或其他工程上制造金属结构件的钢，多为低碳钢。由于大多要经过焊接施工，故其碳含量不宜过高。机械制造用结构钢用于制造机械设备上的结构零件，基本上都是优质钢和高级优质钢。

（2）工具钢。工具钢是用于制造工具的钢，可制造刀具、模具、量具、钻头、手工工具和锯片等。

（3）特殊钢。特殊钢指用特殊方法生产，具有特殊物理性能、化学性能和力学性能的钢，主要包括不锈耐酸钢、耐热不起皮钢、高电阻合金钢、耐磨钢和磁钢等。

（4）专业用钢。专业用钢指各工业部门具有专业用途的钢，如农机用钢、机床用钢、汽车用钢、航空用钢、锅炉用钢、电工用钢和焊条用钢等。

（三）按化学成分分类

钢按化学成分不同分为碳素钢和合金钢。

（1）碳素钢。碳素钢是指碳的质量分数不大于2%，并含有少量锰、硅、硫、磷和氧等杂质元素的铁碳合金。按碳含量的不同又分为四类：① 工业纯铁，是指碳的质量分数不大于0.04%的铁碳合金；② 低碳钢，是指碳的质量分数在0.04%～0.25%的铁碳合金；③ 中碳钢，是指碳的质量分数在0.25%～0.60%的铁碳合金；④ 高碳钢，是指碳的质量分数在0.6%～2.0%的铁碳合金。

（2）合金钢。合金钢是在碳素钢的基础上，为改善钢的性能，在冶炼时加入一些合金元素（如铬、镍、钼、钨、钒和钛等）炼成的钢。按合金元素的总含量不同可分为三类：① 低合金钢，是指合金元素的总质量分数不大于5%的钢；② 中合金钢，是指合金元素的总质量分数在5%～10%的钢；③ 高合金钢，是指合金元素的总质量分数大于10%的钢。

（四）制造加工形式分类

钢按制造加工形式的不同分为铸钢、锻钢、热轧钢、冷轧钢和冷拔钢等。

（1）铸钢。铸钢是指用铸造方法生产出来的钢。碳的质量分数为0.15%～0.6%，随着碳量的增加，铸造碳钢的强度增大，硬度提高。铸造碳钢具有较高的强度、塑性和韧性，在重型机械中用于制造承受大负荷的零件，如轧钢机机架、水压机底座等；在铁路车辆上用于制造受力大又承受冲击的零件，如摇枕、侧架和车轮等。

（2）锻钢。锻钢是指采用锻造方法生产出来的各种锻件。其质量比铸钢件高，能承受较大的冲击力，用于制造一些重要的机器零件，如大型阀门、法兰等。

（3）热轧钢。热轧钢是指用热轧方法生产出的各种钢材。热轧钢常用于生产型钢、钢管、钢板等。

（4）冷轧钢。冷轧钢是指用冷轧方法生产出的各种钢材。与热轧钢相比，冷轧钢的特点是表面光洁、尺寸精确、力学性能好，常用来轧制薄板、精密钢带和精密钢管。

（5）冷拔钢。冷拔钢是指用冷拔方法生产出的各种钢材。冷拔钢的特点是精度高、表面质量好，主要用于生产钢丝。

(五) 按冶炼方法分类

钢按冶炼方法不同分为沸腾钢、镇静钢、半镇静钢和特殊镇静钢。

(1) 沸腾钢。沸腾钢是指脱氧不完全的钢。钢在冶炼后期不加脱氧剂,导致钢液中氧含量较高(氧的质量分数为 0.02% ~ 0.04%),并在锭模中发生强烈反应生成一氧化碳气泡,造成浇注时钢液在钢锭模内产生沸腾现象,气体逸出。钢锭凝固后,蜂窝气泡分布在钢锭中,在轧制过程中这种气泡空腔会被黏合起来。沸腾钢的优点是钢的收缩率高,生产成本低,表面质量和深冲性能好;缺点是钢的杂质多,成分不均匀。其广泛应用于一般建筑工程。

(2) 镇静钢。镇静钢是指炼钢时采用锰铁、硅铁和铝锭等作为脱氧剂,脱氧进行较完全的钢。浇注时钢液很平静,没有沸腾现象。镇静钢的生产虽成本较高,但其组织致密、成分均匀、性能稳定,适用于预应力混凝土等重要的结构工程。

(3) 半镇静钢。半镇静钢是指脱氧介于沸腾钢和镇静钢之间的钢。浇注时钢液的沸腾现象较沸腾钢弱,生产很难控制,在钢产量中所占比例很小。

(4) 特殊镇静钢。特殊镇静钢是比镇静钢脱氧程度还要充分彻底的钢,故其质量最好,适用于特别重要的结构工程。

第三节　晶体与金属的晶体结构

一、晶体结构的基本知识

物质由原子组成,原子的结合方式和排列方式决定了物质的性质。原子、离子、分子之间的结合力称为结合键,它们的具体组合状态称为结构。

(一) 晶体和非晶体

1. 晶体

凡原子呈有序、规则排列的固体,都称为晶体。固态金属一般都是晶体。晶体具有一定的熔点,其性能表现为各向异性(晶体在不同方向上性质不同的特性)。

2. 非晶体

凡原子呈无序堆积或是无规则排列的固体,都称为非晶体。非晶体没有固定的熔点,其性能表现为各向同性。

晶体和非晶体在一定条件下可以互相转化。例如,通常是晶态的金属,加热到液态后急冷,若冷却速率足够快,也可获得非晶态金属。非晶态金属与晶态金属相比,具有高的强度、硬度、韧性、耐蚀性等一系列优良性能。

(二) 晶格和晶胞

1. 晶格

晶体中的原子若看成是一个小球,则整个晶体就是由这些小球有序堆积而成的。为了形象、直观地表示晶体中原子的排列方式,可以把原子简化成一个点,并用假想的线将它们连接起来,这些直线将形成空间格架,抽象的、用于描述原子在晶体中排列规律的空间格架称为晶格。晶格的结点为金属原子(或离子)平衡中心的位置。

2. 晶胞

如果晶体的晶格是由许多形状、大小相同的最小几何单元重复堆积而成的,则能够完整反映晶格特征的最小几何单元称为晶胞。

通过晶体中原子中心的平面称为晶面,通过原子中心的直线为原子列,其所代表的方向称为晶向。晶面和晶向可分别用晶面指数和晶向指数来表达。

二、金属的晶体结构

金属材料通常都是晶体材料,金属的晶体结构指的是金属材料内部的原子(离子或分子)排列规律,它决定着材料的显微组织和材料的宏观性能。

(一)金属晶体的特性

(1)组成晶体的基本原子在三维空间是有一定规律的。

(2)金属晶体具有确定的熔点。

(3)金属晶体具有各向异性。

(4)晶胞中所包含的原子所占有的体积与该晶胞体积之比称为致密度(也称密排系数),体心立方晶胞的致密度为68%,即晶胞(或晶格)中有68%的体积被原子所占据,其余为空隙。

具有体心立方晶格的金属有钼、钨、钒、$\alpha-Fe$等。一般来讲,晶体结构为体心立方晶格的金属材料,其强度较大而塑性相对差一些。晶体结构为面心立方晶格的金属材料,其强度较低而塑性较好。晶体结构为密排六方晶格的材料,其强度和塑性均较差。当同一种金属的晶格类型发生改变时,金属的性质也会随之发生改变。

(二)金属的实际晶体结构

虽然晶体具有各向异性的特点,但工业生产上实际使用的金属材料一般不具有各向异性,这是因为实际应用的金属材料通常是多晶体结构。晶体内的晶格位向完全一致的晶体称为单晶体,由多晶粒组成的实际晶体结构称为多晶体。多晶体所包含的每一个小晶体内的晶格位向是一致的,但彼此方位不同。而实际的金属晶体由许多不同方位的晶粒所组成,晶粒与晶粒之间的界面称为晶界。由于每个晶粒的晶格位向不同,因此晶界上原子的排列不规则,它们自身的各向异性相互抵消,宏观表现出各向同性。

常温下金属的晶粒越细小,其强度和硬度就越高,塑性和韧性也越好。这是因为细晶粒金属晶界较多,晶格畸变较大,金属的塑性变形抗力增大,所以其强度和硬度提高。

三、合金的晶体结构

纯金属虽然具有优良的导电性、导热性、化学稳定性和美丽的金属光泽,但几乎各种纯金属的强度、硬度、耐磨性等力学性能都较低,而且纯金属的种类有限,应用受到限制,工业生产中实际应用的金属材料大多为合金。

(一)合金的基本概念

(1)合金。合金是一种金属元素同另一种或几种其他元素,通过熔化或其他方法结合在一起所形成的具有金属特性的物质。

(2)组元。组成合金的独立的、最基本的单元称为组元。组元可以是金属、非金属元素或稳定化合物。由两个或多个组元组成的合金称为二元合金或多元合金。铁碳合金就是由铁和碳两个组元组成的二元合金。

（3）组织。组织是指用肉眼或借助于放大镜、显微镜观察到的材料内部的形态结构。一般将用肉眼和放大镜观察到的组织称为宏观组织,在显微镜下观察到组织称为显微组织。

（4）相。在金属或合金中,凡化学成分相同、晶体结构相同并有界面与其他部分分开的均匀组成部分称为相。

（二）合金的相和组织

固态合金的组织可以由单相组成,也可以由两个或两个以上的基本相组成。

1. 固溶体

组成固溶体的组元有溶剂和溶质,溶质原子溶于溶剂晶格中而仍保持溶剂晶格类型的金相称为固溶体,固溶体用 α、β、γ 等符号表示。

按溶质原子在溶剂晶格中的位置,固溶体可分为间隙固溶体与置换固溶体两种;按溶质原子在溶剂中的溶解度,固溶体可分为有限固溶体和无限固溶体两种;按溶质原子在固溶体中分布是否有规律,固溶体可分为无序固溶体和有序固溶体两种。

（1）间隙固溶体。溶质原子处于溶剂原子的间隙中形成的固溶体称为间隙固溶体。由于溶剂晶格空隙有限,所以能溶解的溶质原子的数量也是有限的。溶剂晶格空隙尺寸很小,能形成固溶体的溶质原子一般是半径很小的非金属元素,如硼、氮、碳等非金属元素溶于铁中形成的固溶体。

（2）置换固溶体。溶质原子置换了溶剂晶格结点上的某些原子形成的固溶体称为置换固溶体。

固溶体随着溶质原子的溶入,晶格发生畸变。晶格畸变增大了位错运动的阻力,使金属的滑移变形变得更加困难,从而提高了合金的强度和硬度。这种通过形成固溶体使金属强度和硬度提高的现象称为固溶强化。固溶强化是金属强化的一种重要形式,在溶质含量适当时,可显著提高材料的强度和硬度,而塑性和韧性也没有明显降低。适当控制固溶体中的溶质含量,可以在显著提高金属材料强度和硬度的同时,保持良好的塑性和韧性。

2. 金属化合物

金属化合物是指合金组元发生相互作用而形成的一种具有金属特征的物质,可用化学分子式表示。金属化合物可分为正常价化合物、电子化合物和间隙化合物。金属化合物的晶格类型不同于任一组元,具有复杂的晶体结构,熔点一般较高,性能硬而脆,很少单独使用。当它在合金组织中呈细小均匀分布时,能使合金的强度、硬度和耐磨性明显提高,称为弥散强化。金属化合物主要用来作为碳钢、各类合金钢、硬质合金及有色金属的重要组成相、强化相。

3. 合金的组织

合金的组织组成可分为以下几种状况：① 由单相固溶体晶粒组成;② 由单相的金属化合物晶粒组成;③ 由两种固溶体的混合物组成;④ 由固溶体和金属化合物混合组成。

[小历史]

从人类历史的开端石器时代进入到金属材料时代,是人类历史上一次伟大的进步。据说人类最先使用的金属是青铜,至今已有 5 000 年的历史了。

青铜时代是人类利用金属的第一个时代,是以使用青铜器为标志的人类文明发展的一个阶段。从此,虽然石器没有完全被淘汰,但石器时代已经被青铜时代所代替。

青铜是铜与锡或铅等形成的合金,熔点为 700 ~ 900 ℃,比纯铜的熔点(1 083 ℃)低。锡质量分数为 10% 的青铜,硬度是纯铜的 5 倍左右,性能优良。

青铜的出现,对提高社会生产力起到了划时代的作用,我国是世界上发明青铜器最早的国家之一。

[小启发]

结晶的条件

纯金属在缓慢冷却条件下的结晶温度与缓慢加热条件下的熔化温度是同一温度,这一温度称为理论结晶温度,用 T_0 表示。

实际生产中,金属结晶时的冷却速率往往较快,液态金属总是冷却到理论结晶温度以下的某一温度才开始结晶。金属实际结晶温度低于理论结晶温度的这一现象称为"过冷",两者的温度之差称为过冷度。过冷是金属能够自动进行结晶的必要条件,金属结晶时,过冷度的大小与冷却速率有关。冷却速率越快,金属开始结晶温度越低,过冷度就越大。

[小研究]

纯金属的结晶过程

液态金属的结晶是在一定过冷度的条件下,从液体中首先形成一些按一定晶格类型排列的细小而稳定的晶体(称为晶核),然后以它为核心逐渐长大。在晶核长大的同时,液体中又不断产生新的晶核并不断长大,直到它们互相接触,金属液全部消失为止。金属的结晶过程是晶核的形成与长大的过程。

实际金属结晶主要以树枝状长大。这是由于存在负温度梯度,且晶核棱角处的散热条件好,生长快,先形成一次轴,一次轴又会产生二次轴 …… 树枝间最后被填充。

[习题]

3.1 何谓晶带?何谓晶带轴?画出以[001]为晶带轴的共带面。

3.2 说明固溶体和金属化合物在晶体结构和机械性能方面的区别。

3.3　点缺陷分为哪几种,画图说明之。它们对金属性能有何影响?

3.4　何谓刃型位错和螺型位错? 定性说明刃型位错的弹性应力场与异类原子的相互作用对金属力学性能有何影响。

3.5　晶体的面缺陷分为哪几类? 影响表面能的因素有哪些? 晶界有何特性?

第四章　　材料的力学性能

第一节　　金属在单向静拉伸载荷下的力学性能

本节主要以单向拉伸实验为基础,介绍金属材料在静载荷作用下常见的 3 种失效形式,即过量弹性变形、塑性变形和断裂。还可以标定出金属材料最基本的力学性能指标,如屈服强度、抗拉强度、断后伸长率和断面收缩率等,并对其物理概念与实用意义进行解释。

一、力 - 伸长曲线和应力 - 应变曲线

力 - 伸长曲线是在拉伸试验中记录的拉伸力与伸长的关系曲线。图4.1 所示为常见的退火低碳钢拉伸力 - 伸长(力 - 伸长) 曲线。

图 4.1 中的纵坐标为拉伸力 F,横坐标是绝对伸长 ΔL。由图可知,当拉伸力比较小时,试样伸长随力的增加而增加。当拉伸力超过 F_p 后,力 - 伸长曲线开始偏离直线。拉伸力在 F_e 以下阶段,试样在受力时发生变形,撤除拉伸力后变形能完全恢复,该过程为弹性变形阶段。当所加的拉伸力达到 F_a 后,试样便产生塑性变形,即发生不可逆的永久变形,力 - 伸长曲线上出现平台或者锯齿,曲线平台或锯齿结束后,进入均匀塑性变形阶段。当达到最大拉伸力 F_b 时,试样再次产生不均匀的塑性变形,在局部区域产生缩颈。最后,在拉伸力 F_k 处,试样发生断裂。

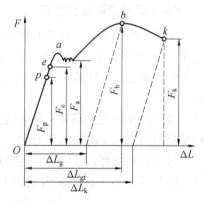

图 4.1　低碳钢的力 - 伸长曲线

由此可知,退火低碳钢在拉伸力作用下的变形过程可分为:弹性变形、不均匀屈服塑性变形、均匀塑性变形、不均匀集中塑性变形 4 个阶段。不仅退火低碳钢如此,正火、退火、调质的各种碳素结构钢和一般合金结构钢均具有类似的力 - 伸长曲线,只是力的大小和变形量有所不同。但是并非所有的金属材料(或同一材料在不同条件下) 都具有这种类型的力 - 伸长曲线,即不同材料以及同种材料但环境不同时,具有不同的力学行为,反映在力 - 伸长曲线上也有所区别。例如,退火低碳钢在低温条件下拉伸,普通灰铸铁或淬火高碳钢在室温下拉伸,它们的力 - 伸长曲线上只有弹性变形阶段;冷拉钢只有弹性变形和不均匀集中塑性变形阶段;面心立方金属在低温和高应变速率下拉伸时,其力 - 伸长曲线上只看到弹性变形和不均匀屈服塑性变形两个阶段等。

将图 4.1 力 - 伸长曲线的纵、横坐标分别除以拉伸试样的原始截面积 A_0 和原始标距长度 L_0,即可得到应力 - 应变曲线,如图 4.2 所示。由于横、纵坐标均除以一常数,因此曲

线的形状不变。这样的曲线称为工程应力－应变曲线。以曲线为基础,便可建立金属材料在静拉伸条件下的力学性能指标。

如果用真实应力 S 和应变 e 绘制出曲线,则可得到真实应力－应变曲线,如图4.3中的 OBK 曲线所示。

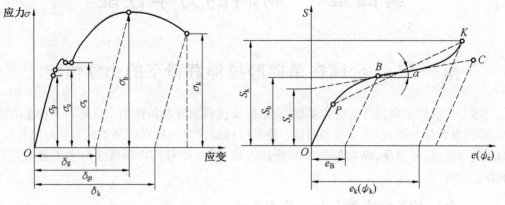

图 4.2　　低碳钢的应力－应变曲线　　　　图 4.3　　真实应力－应变曲线

二、弹性变形

(一) 弹性变形及其实质

金属弹性变形是一种可逆性变形。金属在一定外力作用下,先产生弹性变形,当外力去除后,变形随即消失而恢复原状,表现为弹性变形可逆性特点。在弹性变形过程中,不论是在加载期还是卸载期,应力应变之间都保持单值线性关系,且弹性变形量比较小,一般不超过1。

金属的弹性变形是其晶格中的原子在自平衡位置产生可逆位移的反映,原子弹性位移量只相当于原子间距的几分之一,所以弹性变形量小于1%。

金属材料的弹性变形过程可以用双原子模型进行解释。在没有外加载荷作用时,金属中的原子在其平衡位置附近产生振动。相邻原子之间的作用力由引力与斥力叠加而成。一般认为,引力是由金属正离子和自由电子间的库仑力产生,而斥力是离子之间的电子壳层产生应变所致。引力与斥力均为原子间距的函数,如图4.4所示。从图4.4中可以看出,当原子因受力而接近时,斥力开始缓慢增加,而后,当电子壳层重叠时,斥力迅速增加,引力则随原子间距的增加而逐渐减小。合力曲线在原子平衡位置处为零。当原子间相互平衡力因受外力作用而受到破坏时,原子的位置必须做相应的调整,即产生位移,最终使外力、引力和斥力三者达到新的平衡。原子位移的总和在宏观上就表现为变形。外力去除后,原子依靠彼此之间的作用力又回到原来的平衡位置;位移小时,宏观上的变形也就消失了,从而表现出弹性变形的可逆性。

原子间相互作用力 F 与原子间距 r 之间的关系为

$$F = \frac{A}{r^2} - \frac{Ar_0^2}{r^4} \tag{4.1}$$

式中,A 和 r_0 为与原子本性或晶体、晶格类型有关的常数。

式(4.1) 中的第一项为引力,第二项为斥力。由式(4.1) 可知,原子间相互作用力与原子间距的关系并非胡克定律所述的直线关系,而是抛物线关系。但在外力较小时,由于原子偏离平衡位置不远,合力曲线的起始阶段可视为直线,胡克定律表示外力－位移线性关系是近似正确的。

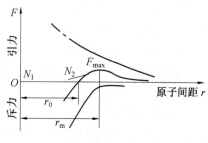

由图 4.4 可知,当 $r = r_m$ 时,斥力接近为零,与外力平衡的原子间作用力只有引力。合力曲线上出现极大值 F_{max},F_{max} 是拉伸时两原子间的最大结合力。若外力达到 F_{max},就可以克服原子间的引力而使它们分开。F_{max} 也就是金属材料在弹性状态下的断裂载荷(断裂抗力),相应的原子位移量为 $r_m - r_0$,即弹性变形量也最大,接近23%。实际上,它们都是理论值,因为实际金属材料中不可避免

图 4.4　双原子模型

地存在各种缺陷甚至裂纹,因而断裂载荷不可能达到 F_{max},而且也不可能产生这么大的弹性变形,因为在未达到最大理论弹性变形量之前,金属就可能已产生塑性变形或者断裂了。

(二) 弹性模量

在弹性变形阶段,大多数金属的应力与应变之间符合胡克定律所表示的正比关系,如拉伸时 $\sigma = E \cdot \varepsilon$,剪切时 $\tau = G \cdot \gamma$,E 和 G 分别为弹性模量和切变模量。由此可见,当应变为一个单位时,弹性模量即等于弹性应力,即弹性模量是产生 100% 弹性变形所需的应力。这个定义对于金属而言是没有任何意义的,因为金属材料所能产生的弹性变形量是很小的。表 4.1 给出了一些材料在常温下的弹性模量。

表 4.1　几种金属材料在常温下的弹性模量

金属材料	$E/(\times 10^{-5} \text{ MPa})$
铁	2.17
铜	1.25
铝	0.72
低碳钢	2.0
铸铁	1.7 ~ 1.9
低合金钢	2.0 ~ 2.1
奥氏体不锈钢	1.9 ~ 2.0

工程上弹性模量被称为材料的刚度,表征金属材料对弹性变形的抗力,其数值越大,则在相同应力作用下产生的弹性变形就越小。机械零件或构件的刚度与材料刚度不同,前者用其截面积 A 与所用材料的刚度 E 的乘积(AE) 表示。可见,在不能增大截面积的情况下,若想提高机械零件的刚度,应选用 E 值高的材料,如钢铁材料等。

为了计算梁和其他构件的挠度,防止机械零件因过量弹性变形而造成失效,我们需要知道材料的弹性模量,因此,弹性模量是金属材料重要的力学性能指标之一。

单晶体金属的弹性模量在不同晶体学方向上是不一致的,在原子间距较小的晶体学方向上弹性模量较大,反之则较小。单晶体金属表现为弹性各向异性。多晶体金属的弹

性模量为各晶粒弹性模量的统计平均值,表现为各向同性。

由于弹性变形是原子间距在外力作用下可逆变化的结果,应力与应变关系实际上就是原子间作用力与原子间距的关系,因此弹性模量与原子间作用力有关,与原子间距也有一定的关系。原子间作用力决定于金属原子本性和晶格类型,因此弹性模量也主要取决于金属原子本性与晶格类型。

溶质元素虽然可以改变合金的晶格常数,但对于常用的钢铁材料而言,合金元素对其晶格常数改变不大,因而对弹性模量影响很小。合金钢和碳钢的弹性模量数值相当接近,相差不大于12%。所以若仅考虑机件刚度要求,选用碳钢即可。

热处理(显微组织)对弹性模量的影响不大,第二相大小和分布对 E 值影响也很小,淬火后 E 值虽稍有下降,但回火后又恢复到退火状态的数值。灰铸铁例外,其 E 值与组织有关,如具有片状石墨的灰铸铁,$E \approx 1.35 \times 10^5$ MPa。球墨铸铁由于石墨紧密度增加,因此其 E 值较高,约为 1.75×10^5 MPa。原因是片状石墨边缘会产生应力集中,并且局部会发生苏醒变形,在石墨紧密度增加时其影响将有所减弱。

冷塑性变形使 E 值稍有降低,一般降低 $4\% \sim 6\%$,这与出现残余应力有关。当塑性变形量很大时,因产生形变织构而使 E 值呈现各向异性,沿变形方向 E 值最大。

温度升高原子间距增大,E 值降低。碳钢加热时每升高 $100\ ℃$,E 值下降 $3\% \sim 5\%$。但在 $-50 \sim 50\ ℃$ 范围内,钢的 E 值变化不大,可以不考虑温度的影响。

弹性变形的速率与声速一样快,远超过实际加载速率,因此加载速率对弹性模量的影响很小。

综上所述,金属材料的弹性模量是一个对组织不敏感的力学性能指标,外在因素的变化对它的影响也比较小,主要取决于材料的本性与晶格类型。

(三) 比例极限与弹性极限

比例极限与弹性极限有明确的物理意义。

比例极限 σ_p 是应力与应变呈正比关系的最大应力,即在拉伸应力 – 应变曲线上开始偏离直线时的应力,计算式为

$$\sigma_p = \frac{F_p}{A_0} \tag{4.2}$$

式中,F_p 与 A_0 分别为比例极限对应的试验力与试样的原始截面积。

弹性极限 σ_e 是材料由弹性变形过渡到塑性变形时的应力,应力超过弹性极限以后,材料将开始发生塑性变形。

$$\sigma_e = \frac{F_e}{A_0} \tag{4.3}$$

式中,F_e 与 A_0 分别为弹性极限对应的试验力与试样的原始截面积。

σ_p 和 σ_e 的实际意义为:对于要求在服役时其应力 – 应变曲线关系维持严格的直线关系的构件,如测力计弹簧是依靠弹性变形的应力 – 应变的关系显示载荷大小,此时选择制造这类构件的材料应以比例极限为依据;若服役条件要求构件不允许产生微量塑性变形,则设计时应按弹性极限进行选材。

需要指出的是,上述两个力学性能指标虽然有明确的物理意义,但对于多晶体金属材料来说,由于晶粒具有各向异性,且各晶粒在外力作用下开始产生塑性变形的不同时性,

一般用试样产生规定的微量塑性伸长时的应力进行表征。从这个意义来说,比例极限和弹性极限与下面将要介绍的屈服强度的概念是一致的,都表示材料对微量塑性变形的抗力,且影响金属比例极限与弹性极限的因素和影响屈服强度的因素也相同,这将在屈服强度部分进行讨论。

(四) 弹性比功

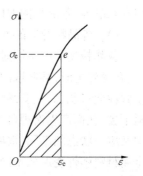

弹性比功又称为弹性比能、应变比能,表示金属材料吸收弹性变形功的能力,一般可用金属开始塑性变形前单位体积吸收的最大弹性变形功来表示。金属拉伸时的弹性比功用图4.5中应力－应变曲线下的影线面积表示,且

$$\alpha_e = \frac{1}{2}\sigma_e \varepsilon_e = \frac{\sigma_e^2}{2E} \qquad (4.4)$$

式中,α_e 为弹性比功;σ_e 为弹性极限;ε_e 为最大弹性应变。

图 4.5　金属拉伸应力－应变曲线(弹性阶段)

由式(4.4) 可知,金属材料的弹性比功与其弹性模量和弹性极限有关。由于弹性模量是组织不敏感性能,因此,对于一般的金属材料,只有用提高弹性极限的方法才能提高弹性比功。因为弹性比功是用单位体积材料吸收的最大弹性变形功表示的,所以试样或者实际的机械零件的体积越大,则其可吸收的弹性比功就越大,也就是说可储备的弹性能就越大。此点对于研究或理解大件的脆性断裂问题很有意义。

三、塑性变形

(一) 塑性变形方式及特点

1. 塑性变形方式

滑移和孪生是金属塑性变形的两种常见方式。其中滑移是金属材料在切应力作用下,沿滑移面和滑移方向进行的切变过程。通常,滑移面是原子最密排的晶面,而滑移方向是原子最密排的方向。滑移面和滑移方向的组合称为滑移系。滑移系越多,金属的塑性就越好,但滑移系的数目不是决定金属塑性的唯一因素。例如,面心立方结构(fcc) 金属(如 Cu、Al 等) 的滑移系的数目虽然比体心立方结构(bcc) 金属(如 α－Fe) 的少,但由于前者晶格阻力小,位错容易运动,因此其塑性优于后者。

实验观察到,滑移面受温度、金属成分和预先塑性变形程度等因素的影响,而滑移方向则比较稳定。例如,温度升高时,bcc 金属可能沿$\{112\}$ 及$\{123\}$ 滑移,这是由于高指数晶面上的位错源容易被激活。而轴比(c 与 a 的比值) 为 1.587 的钛(hcp,即密排六方结构) 中含有氧和氮等杂质时,若氧质量分数为 0.1% ,则 $(10\overline{1}0)$ 为滑移面;当氧质量分数为 0.01% 时,滑移面又改变为(0001)。由于 hcp 金属只有 3 个滑移系,所以其塑性较差,并且这类金属的塑性变形程度与外加应力的方向有很大关系。

孪生也是金属材料在切应力作用下的一种塑性变形方式。fcc、bcc 和 hcp 3 种金属材料都能以孪生方式产生塑性变形。fcc 金属只有在很低的温度下才能产生孪生变形;bcc 金属,如 α－Fe 及其合金,在冲击载荷或低温下也常发生孪生变形;hcp 金属及其合金滑移系少,并且在 c 轴方向没有滑移矢量,因而更易产生孪生变形。孪生本身提供的变形量很小,如 Cd(镉)孪生变形量只有7.4%的变形度,而滑移变形度可达300%。孪生变形可以调整滑移面的方向,使新的滑移系开动,间接对塑性变形有贡献。孪生变形也是沿特定晶面和特定晶向进行的。

2. 塑性变形特点

在多晶体金属中,每一晶粒滑移变形的规律都与单晶体金属相同。但由于多晶体金属存在晶界,各晶粒的取向也不相同,因此其塑性变形具有如下一些特点。

(1)各晶粒变形的不同时性和不均匀性。

各晶粒变形的不同时性和不均匀性常常是相互联系的。多晶体由于各晶粒的取向不同,在受外力时,某些取向有利的晶粒先开始滑移变形,而那些取向不利的晶粒可能仍处于弹性变形状态,只有继续增加外力才能使滑移从某些晶粒传播到另一些晶粒,并不断传播下去,从而产生宏观可见的塑性变形。如果金属材料是多相合金,那么由于各晶粒的取向及应力状态的不同,那些位向有利或产生应力集中的晶粒必将首先产生塑性变形,导致金属材料塑性变形的不同时性。这种不均匀性不仅存在于各晶粒之间、基体金属晶粒与第二相之间,即使是同一晶粒内部,各处的塑性变形也往往不同。这是由于晶粒取向及应力状态不同、基体与第二相各自性质不同,以及第二相的形态、分布不同引起的。结果造成当宏观上塑性变形量还不大时,个别晶粒或晶粒局部地区的塑性变形量可能已达到极限值。由于塑性耗竭,加上变形不均匀产生较大的应力,就有可能在这些晶粒中形成裂纹,导致金属材料的早期断裂。

(2)各晶粒变形的相互协调性。

多晶体金属作为一个连续的整体,不允许各个晶粒在任一滑移系中自由变形,否则必将造成晶界开裂,这就要求各晶粒之间能协调变形。为此,每个晶粒必须能同时沿几个滑移系进行滑移,即能进行多系滑移,或在滑移的同时进行孪生变形。米赛斯指出,每个晶粒至少必须有 5 个独立的滑移系开动,才能保证产生任何方向都不受约束的塑性变形,并维持体积不变。由于多晶体金属的塑性变形需要进行多系滑移,因此多晶体金属的应变硬化速率比相同的单晶体金属要高,两者之间以 hcp 类金属最大,fcc 及 bcc 金属次之。但 hcp 金属滑移系少,变形不易协调,故其塑性极差。金属化合物的滑移系更少,变形更不易协调,因此其性质更脆。

金属材料在塑性变形时,除引起硬化、产生内应力外,还导致一些物理性能和化学性能的变化,如密度降低、电阻和矫顽力增加、化学活性增大以及抗腐蚀性能降低等。

(二)屈服强度

金属材料在拉伸时产生的屈服现象是开始产生宏观塑性变形的一种标志。在介绍退火低碳钢的拉伸力 – 伸长曲线时曾经指出,这类材料从弹性变形阶段向塑性变形阶段的过渡是很明显的,表现在试验过程中,外力不增加(保持恒定)试样仍能继续伸长,或外力增加到一定数值时突然下降,随后,在外力不增加或上下波动的情况下,试样继续伸长变形(图 4.6 中曲线 1),这就是屈服现象。

呈现屈服现象的金属材料在拉伸时,试样在外力不增加仍能继续伸长时的应力成为屈服点 σ_s;试样发生屈服,且应力首次下降前的最大应力成为上屈服点,记为 σ_{su}(图 4.6 中曲线 1 上 A 点对应的应力);当不计初始瞬时效应(指在屈服过程中试验力第一次发生

下降)时,屈服阶段中的最小应力称为下屈服
点,记为 F_{s1}(图4.6中曲线1上 B 点对应的应
力)。在屈服过程中产生的伸长称为屈服伸
长。屈服伸长对应的水平线段或曲折线段称为
屈服平台。屈服伸长变形是不均匀的,外力从
上屈服点下降到下屈服点时,在试样局部区域
开始形成与拉伸轴约成45°的吕德斯(Lüders)
带或屈服线,随后再沿试样长度方向逐渐扩展,
当屈服线布满整个试样长度时,屈服伸长结束,
试样开始进入均匀塑性变形阶段。

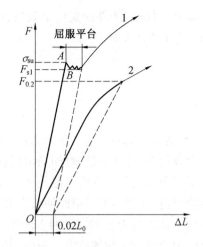

图4.6 两种不同的拉伸力 – 伸长曲线
1— 低碳钢;2— 钢

屈服现象在退火、正火、调质的中、低碳钢
和低合金钢中最为常见。

近年来,研究指出,屈服现象与以下三方面
因素有关:材料在变形前可动位错密度很小(或
虽有大量位错但被钉扎住,如钢中的位错由杂质原子或第二相质点所钉扎);随着塑性变
形的发生,位错能快速增殖;位错运动速率与外加应力有强烈的依存关系。

金属材料塑性变形的应变速率与位错密度、位错运动速率及伯氏矢量成正比,计算
式为

$$\dot{\varepsilon} = b\rho\bar{v} \tag{4.5}$$

式中,$\dot{\varepsilon}$ 为塑性变形应变速率;b 为伯氏矢量的模;ρ 为可动位错密度;$\bar{v}$ 为位错运动平均
速率。

根据式(4.5),由于变形前可动位错极少(ρ 值极小),为了满足一定的塑性变形应变
速率(拉伸试验机夹头移动的速率)的要求,必须增大位错运动速率。但位错运动速率取
决于应力的大小,它们之间的数值关系为

$$\bar{v} = \left(\frac{\tau}{\tau_0}\right)^{m'} \tag{4.6}$$

式中,τ 为沿滑移面上的切应力;τ_0 为位错以单位速率运动所需的切应力;m' 为位错运动
速率应力敏感指数。

由式(4.6)可知,若想提高位错运动的平均速率就需要有较高的应力,这就是我们在
试验中看到的上屈服点。一旦塑性变形产生,位错大量增殖,可动位错密度增加,则位错
运动速率必然下降,相应的应力也就突然降低,从而产生了屈服现象。m' 值越小,则为使
位错运动速率变化所需的应力变化就越大,屈服现象就越明显;反之,屈服现象就不明
显。bcc金属的 m' 值较低,小于20,故具有明显的屈服现象;而fcc金属的 m' 大于200,故
屈服现象不明显。

由于屈服塑性变形是不均匀的,因此易使低碳钢冲压件表面产生皱褶现象。若将钢
板先在1% ~ 2% 压力下(超过屈服伸长量)下预轧一次,而后再进行冲压变形,可消除屈
服现象,保证工件表面平整光洁。

显然,用应力表示的屈服点或下屈服点就是表征材料对微量塑性变形的抗力,即屈服
强度。选用下屈服点作为材料屈服失效抗力(力学性能指标之一)的理由是,上屈服点波

动性很大,对试验条件的变化很敏感,而在正常试验条件下,下屈服点再现性较好。σ_s、和 σ_{sl} 的计算公式如下:

$$\sigma_s = \frac{F_s}{A_0} \tag{4.7}$$

$$\sigma_{sl} = \frac{F_{sl}}{A_0} \tag{4.8}$$

式中,F_s 为屈服力;F_{sl} 为下屈服力;A_0 为试样标距部分的原始截面积。

金属材料在拉伸试验时如果出现屈服平台,或出现拉伸力陡降的现象,那么测定屈服点或下屈服点就非常方便。但是许多金属材料在拉伸试验时看不到明显的屈服现象,对于这类材料,用规定微量塑性伸长应力来表征材料对微量塑性变形的抗力。规定微量塑性拉应力是人为规定的在拉伸试样标距部分产生一定的微量塑性伸长率(如 0.01%、0.05%、0.2% 等)时的应力。根据测定的方法不同,又可分为以下 3 种指标。

(1)规定非比例伸长应力(σ_p)。试样在加载过程中,标距部分的非比例伸长达到规定的原始标距百分比时的应力。例如 $\sigma_{p0.01}$、$\sigma_{p0.05}$、$\sigma_{p0.2}$ 等。

(2)规定残余伸长应力(σ_r)。试样卸除拉伸力后,其标距部分的残余伸长达到规定的原始标距百分比时的应力。常用的为 $\sigma_{r0.2}$,表示规定残余伸长率为 0.2% 时的应力。

在规定塑性伸长率相同的条件下,用以上两种方法测出的规定非比例伸长应力和 σ 的数值略有差别。但在不规定测定方法的情况下,可用 $\sigma_{0.01}$、$\sigma_{0.05}$、$\sigma_{0.2}$ 等表示。一般可将 $\sigma_{0.01}$ 称为条件比例极限,而将 $\sigma_{0.2}$ 称为屈服强度。

(3)规定总伸长应力(σ_t)。试样标距部分的总伸长(弹性伸长加塑性伸长)达到规定原始标距百分比时的应力。常用的规定总伸长率为 0.5%,$\sigma_{0.5}$ 表示规定总伸长率为 0.5% 时的应力。

σ_p、σ_r、σ_t 的计算式分别为

$$\sigma_p = \frac{F_p}{A_0} \tag{4.9}$$

$$\sigma_r = \frac{F_r}{A_0} \tag{4.10}$$

$$\sigma_t = \frac{F_t}{A_0} \tag{4.11}$$

式中,F_p、F_r、F_t 分别为规定的非比例伸长力、规定的残余伸长力和规定的总伸长力;A_0 为试样标距部分的原始截面积。

在使用 σ_p、σ_r、σ_t 应力符号时,其脚注应加以标注,以表明规定的非比例伸长率、规定的残余伸长率和规定的总伸长率的数值。

上述力学性能指标 σ_p、σ_r、σ_t 和 σ_s、σ_{sl} 一样,都可以表征材料的屈服强度,其中 σ_p 和 σ_t 是在加载过程中测定的,试验效率较用卸力法测 σ_r 高,且易于实现测量自动化。工业纯铜及灰铸铁等常用 $\sigma_{0.5}$ 表示其屈服强度。在规定的非比例伸长率较小时,常用 σ_p 表示材料的条件比例极限或弹性极限。

屈服强度的实际意义十分明显。提高金属材料对起始塑性变形的抗力,可以减轻机件的质量,并不易产生塑性变形失效。但提高金属材料的屈服强度,使屈服强度与抗拉强

度的比值(屈强比)增大,又不利于某些应力集中部位的应力重新分布,极易引起脆性断裂。对于具体的机件,应选择多大数值的屈服强度的材料为最佳,原则上应根据机件的形状及其所受的应力状态、应变速率等决定。若机件截面形状变化较大,所受应力状态较硬,应变速率较高,则金属材料的屈服强度应取较低数值,以防止发生脆性断裂。

(三)影响屈服强度的因素

金属材料一般是多晶体合金,往往具有多相组织,因此,讨论影响屈服强度的因素,必须注意以下3点:①金属材料的屈服变形是位错增殖和运动的结果,凡影响位错增殖和运动的各种因素,必然要影响金属的屈服强度;② 实际金属材料中单个晶粒的力学行为并不能决定整个材料的力学行为,要考虑晶界、相邻晶粒的约束、材料的化学成分以及第二相的影响;③ 各种外界因素通过影响位错运动而影响屈服强度。下面将从内因和外因两个方面对影响屈服强度的因素进行阐述。

1. 影响屈服强度的内在因素

(1) 金属本性及晶格类型。

一般多相合金的塑性变形主要沿基体相进行,这表明位错主要分布在基体相中。如果不计合金成分的影响,那么一个基体相就相当于纯金属单晶体。纯金属单晶体的屈服强度从理论上来说是使位错开始运动的临界切应力,其值由位错运动所受的各种阻力决定。这些阻力有晶格阻力、位错间交互作用产生的阻力等。不同的金属及晶格类型,位错运动所受的各种阻力并不相同。

晶格阻力及派纳力 $\tau_{\mathrm{p-n}}$ 是在理想晶体中位错运动时所需克服的阻力。$\tau_{\mathrm{p-n}}$ 与位错宽度及伯氏矢量有关,两者又都与晶体结构有关,计算式为

$$\tau_{\mathrm{p-n}} = \frac{2G}{1-\nu}\mathrm{e}^{-\frac{2\pi \cdot a}{b(1-\nu)}} = \frac{2G}{1-\nu}\mathrm{e}^{-\frac{2\pi \cdot \omega}{b}} \tag{4.12}$$

式中,G 为切变模量;ν 为泊松比;a 为滑移面的晶面间距;b 为伯氏矢量的模;ω 为位错宽度,$\omega = \dfrac{a}{1-\nu}$,为滑移面内原子位移大于 $50\% b$ 区域的宽度。

由式(3.12) 可见,位错宽度大时,因位错周围的原子偏离平衡位置不大,晶格畸变小,位错易于移动,故 $\tau_{\mathrm{p-n}}$ 小,如 fcc 金属,ω 小,则 $\tau_{\mathrm{p-n}}$ 较大。式(4.12) 也说明,$\tau_{\mathrm{p-n}}$ 还受晶面和晶向原子间距的影响。滑移面的面间距最大,滑移方向上原子间距最小,所以其 $\tau_{\mathrm{p-n}}$ 小,位错最易运动。不同的金属材料,其滑移面的晶面间距与滑移方向上的原子间距是不同的,所以 $\tau_{\mathrm{p-n}}$ 不同。此外,$\tau_{\mathrm{p-n}}$ 还与切变模量 G 有关。

位错间交互作用产生的阻力有两种类型:一种是平行位错交互作用产生的阻力;另一种是运动位错与林位错间交互作用产生的阻力。两者都正比于 Gb 而反比于位错间距 L,可表示为

$$\tau = \frac{aGb}{L} \tag{4.13}$$

式中,a 为比例系数。

由于位错密度 ρ 正比于 $1/L^2$,故式(4.13) 又可写为

$$\tau = aGb\rho^{\frac{1}{2}} \tag{4.14}$$

在平行位错情况下,ρ 为主滑移面中位错的密度;在林位错情况下,ρ 为林位错密度。

a 值与晶体本性、位错结构及分布有关,如 fcc 金属,$a \approx 0.2$;bcc 金属,$a \approx 0.4$。

由式(4.14)可见,ρ 增加,τ 也增加,所以屈服强度也随之提高。

(2)晶粒大小和亚结构。

晶粒大小的影响是晶界影响的反映,因为晶界是位错运动的障碍,在一个晶粒内部,必须塞积足够数量的位错才能提供必要的应力,使相邻晶粒中的位错源开动,并产生宏观可见的塑性变形。因而,减小晶粒尺寸将增加位错运动障碍的数目,减小晶粒内部位错塞积群的长度,使屈服强度提高。许多金属及合金的屈服强度与晶粒大小的关系均符合霍尔–派奇(Hall–Petch)公式,即

$$\sigma_s = \sigma_i - \frac{k_y}{\sqrt{d}} \tag{4.15}$$

式中,σ_i 为位错在基体金属中运动的总阻力,亦称摩擦阻力,决定于晶体结构和位错密度;k_y 为度量晶界对强化贡献大小的钉扎常数,或表示滑移带端部的应力集中系数;d 为晶粒的平均直径。

式(4.15)中的 σ_i 和 k_y 在一定的试验温度和应变速率下均为材料常数。

对于以铁素体为基的钢而言,晶粒大小在 0.3 ~ 400 μm 之间都符合这一关系。奥氏体钢也适用于这一关系,但其 k_y 值较铁素体的小 1/2,这是因为在奥氏体中位错的钉扎作用较小。

由于 bcc 金属的 k_y 值比 fcc 和 hcp 金属的 k_y 值都高,所以 bcc 金属细晶强化效果最好,而 fcc 和 hcp 金属则较差。

用细化晶粒提高金属屈服强度的方法称为细晶强化,它不仅可以提高强度,还可以提高脆断抗力以及塑性和韧性,所以细化晶粒是金属强韧化一种有效的手段。

亚晶界的作用与晶界类似,也阻碍位错运动。实验发现,霍尔–派奇公式也完全适用于亚晶粒,但式(4.15)中的 k_y 值不同,将有亚晶粒的多晶材料与无亚晶粒的同一材料相比,其 k_y 值低 1/2 ~ 4/5,且 d 为亚晶粒的直径。此外,在亚晶界上产生屈服变形所需的应力对亚晶间的取向差不是很敏感。

相界也阻碍位错运动,因为相界两侧的材料具有不同的取向和不同的伯氏矢量,还可能具有不同的晶体结构和不同的性能。多相合金中第二相的大小将影响屈服强度,同时第二相的分布、形状等因素也对其有重要的影响,此点将在以后做进一步阐述。

(3)溶质元素。

在纯金属中加入溶质原子(间隙型或置换型)形成固溶合金(或多相合金中的基体相),将显著提高屈服强度,此即为固溶强化。通常,间隙固溶体的强化效果大于置换固溶体,如图 4.7 所示。图中横坐标为元素的质量分数。

在固溶合金中,由于溶质原子和溶剂原子直径不同,在溶质周围形成了晶格畸变应力场,该应力场和位错应力场产生交互作用,使位错运动受阻,从而使屈服强度提高。固

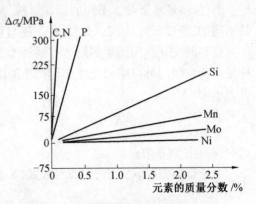

图 4.7　低碳铁素体中固深强化效果

溶强化的效果是溶质原子与位错交互作用能及溶质浓度的函数,因而它受单相固溶合金(或多相合金中的基体相)中溶质的量所限制。溶质原子与位错弹性交互作用只是固溶强化的原因之一,它们之间的电学交互作用、化学交互作用和有序化作用对其也有影响。

固溶合金的屈服强度高于纯金属,其流变曲线也高于纯金属。这表明,溶质原子不仅提高了位错在晶格中运动的摩擦阻力,而且也增强了对位错的钉扎作用。

(4) 第二相。

工程上的金属材料,特别是高强度合金,其显微组织一般是多相的。除了基体产生固溶强化外,第二相对屈服强度也有影响。现在已经确认,第二相质点的强化效果与质点在金属材料屈服变形过程中能否变形有很大关系。据此可将第二相质点分为不可变形的(如钢中的碳化物和氮化物等)和可变形的(如时效铝合金中 GP 区的共格析出物 θ'' 相及粗大的碳化物等)两类。这些第二相质点都比较小,有的可用粉末冶金法获得(由此产生的强化称为弥散强化),有的则可用固溶处理和随后的沉淀处理析出获得(由此产生的强化称为沉淀强化)。

根据位错理论,位错线只能绕过不可变形的第二相质点,为此,必须克服弯曲位错的线张力。弯曲位错的线张力与相邻质点间的间距有关,故含有不可变形第二相质点的金属材料,其屈服强度与流变应力(即屈服后继续塑性变形并随之升高的抗力)就决定于第二相质点之间的距离。绕过质点的位错线在质点周围留下一个位错环,随着绕过质点的位错数量增加,留下的位错环增多,相当于质点的间距减小,流变应力就越高。

对于可变形第二相质点,位错可以切过,使之同基体一起产生变形,由此也能提高屈服强度。这是由质点与基体间晶格错排及位错切过第二相质点产生新的界面需要做功等原因造成的。这类质点的强化效果与粒子本身的性质及与基体的结合情况有关。

以上是第二相质点以弥散形式分布(弥散型)的情况。第二相还可能呈现与基体晶粒尺寸同一数量级的块状(聚合型),如奥氏体不锈钢中的 δ 相、碳钢及低合金钢中的珠光体、α + β 两相黄铜中的 β 相等。对这类两相组织的强化原因研究得还不够,一般认为,块状第二相阻碍滑移使基体产生不均匀的塑性变形,因局部塑性约束而导致强化。有一些经验公式可以估测这类两相组织的强度,如"混合律"或霍尔 - 派奇公式等。但因"混合律"的形式往往是两相体积比的幂函数,这样便突出了占有较大体积比的相的作用。这种幂指数形式的"混合律"对于铁素体(如对钢的 σ_s 而言) - 珠光体组织(0 ~ 100%)的屈服强度和抗拉强度都是合适的。

实验结果表明,霍尔 - 派奇公式对于两相混合物的强度也是成立的。珠光体的屈服强度为

$$\sigma_{0.2} = \sigma_i + KS_p^{-\frac{1}{2}} \tag{4.16}$$

式中,$\sigma_{0.2}$ 为片状珠光体的屈服强度;σ_i、K 为材料常数;S_p 为珠光体片层间距。

这表明在某些场合,合金的强度决定于第二相对位错运动的阻力。由式(4.16)可知,珠光体片层越薄,其强度越高,所以索氏体的屈服强度高于珠光体。

第二相的强化效果还与其尺寸、形状、数量以及第二相与基体的强度、塑性和应变硬化特性、两相之间的晶体学配合以及界面能等因素有关。在第二相体积比相同的情况下,长形质点显著影响位错运动,因而具有此种组织的金属材料,其屈服强度就比具有球状的高,如在钢中 Fe_3C 体积比相同的条件下,片状珠光体比球状珠光体屈服强度高。

　　通常,第二相都是硬脆相(如钢中的碳化物和氮化物等),它们的分布对金属材料的力学性能也有很大影响。当第二相沿晶界呈网状分布时,材料比较脆;若第二相沿晶界呈不连续网状分布,脆性有时会稍有下降。为了得到最好的强度和塑性,以第二相以弥散形式均匀分布于较软的基体上为最佳,钢一般需经调质处理得到回火索氏体就是这样的情况。

　　实际上,金属材料的屈服强度是多种强化机理共同作用的结果,如经热处理的40CrNiMo 钢,其屈服强度可达1 380 MPa,就是固溶强化、晶界与亚晶界共同作用的结果;而经热处理的 18Ni 马氏体时效钢的屈服强度可达 2 000 MPa,则是沉淀强化、晶界与亚晶界强化的共同贡献。

　　综上所述,表征金属微量塑性变形抗力的屈服强度是一个对成分、组织极为敏感的力学性能指标,受许多内在因素的影响,改变合金成分或热处理工艺都可以使屈服强度产生明显变化。

2. 影响屈服强度的外在因素

　　影响屈服强度的外在因素有温度、应变速率和应力状态。

　　一般,升高温度,金属材料的屈服强度降低,但是金属晶体结构不同,其变化趋势并不一样。bcc 金属的屈服强度具有强烈的温度效应。温度下降,屈服强度急剧升高,如 Fe 由室温降到 - 196 ℃,屈服强度提高 4 倍;而 fcc 金属的屈服强度温度效应则较小,如 Ni 由室温下降到 - 196 ℃,屈服强度只提高 0.4 倍;hcp 金属屈服强度的温度效应与 Fe 金属类似。前面已指出,纯金属单晶体的屈服强度是由位错运动时所受的各种阻力决定的。bcc 金属的 τ_{p-n} 较 fcc 金属的高很多,τ_{p-n} 在屈服强度中占有较大比例,而 τ_{p-n} 属短程力,对温度十分敏感。bcc 金属的屈服强度之所以具有强烈的温度效应可能是因为 τ_{p-n} 起主要作用。

　　绝大多数常用结构钢均是 bcc 结构的 Fe - C 合金,因此,其屈服强度也有强烈的温度效应,这就是此类钢低温变脆的原因。应变速率增大,金属材料的强度增加。

　　屈服强度随应变速率的变化较抗拉强度的变化要剧烈得多。通常静拉伸试验使用的应变速率约为 10^{-3} s^{-1}。对于多种工程金属材料,应变速率按此值变化一个数量级,它们的应力 - 应变曲线不发生明显的变化。但当应变速率过高时,如冷轧、拉丝,应变速率可达 10^{-3} s^{-1}。此时,材料的屈服强度和抗拉强度将明显增加。所以,在测定金属材料屈服强度时,应按照国家标准规定的伸长率进行试验,才能得到可进行比较的屈服强度。

　　在应变量与温度一定时,流变应力与应变速率之间的关系为

$$\sigma_{\varepsilon,t} = C_1 \, (\dot{\varepsilon})^m \tag{4.17}$$

式中,$\sigma_{\varepsilon,t}$ 为应变量与温度一定时的流变应力;C_1 为在一定应力状态下的常数;$\dot{\varepsilon}$ 为塑性变形应变速率;m 为应变速率敏感指数。

　　C_1 和 m 与试验温度及晶粒大小有关。金属材料的室温 m 值很低($m < 0.1$);对于一般钢材,$m = 0.2$;对超塑性的金属,m 值则较高($m > 2$)(超塑性是指一些金属在特定组织状态下、特定温度范围内和一定应变速率下表现出极高塑性的现象,其伸长率可达百分之几甚至百分之几千。特定的组织状态主要是超细晶)。金属材料拉伸试验时能否产生缩颈与 m 值有关。

　　应力状态也影响屈服强度,切应力分量越大,越有利于塑性变形,屈服强度则越低。

所以扭转比拉伸的屈服强度低,拉伸要比弯曲的屈服强度低,但以三向不等拉伸下的屈服强度为最高(关于应力状态对金属材料力学性能的影响可参阅相关参考书)。要注意,不同应力状态下材料屈服强度不同,这并非是因为材料性质变化,而是因为材料在不同条件下表现的力学行为不同而已。

总之,金属材料的屈服强度既受各种内在因素的影响,又随外在条件的不同而变化,因而可以根据人们的要求予以改变,这在机件设计、选材、拟订加工工艺和使用时都必须考虑到。

(四) 缩颈现象

1. 缩颈的意义

缩颈是韧性金属材料在拉伸试验时变形集中于局部区域的特殊现象,它是应变硬化(物理因素)与截面积减小(几何因素)共同作用的结果。前已述及,在金属试样拉伸力 – 伸长曲线极大值 b 点之前(图4.1),塑性变形是均匀的,因为材料应变硬化使试样承载能力增加,可以补偿因试样截面积减小引起的承载力的下降。在 b 点之后,由于应变硬化跟不上塑性变形的发展,因此变形集中于试样局部区域产生缩颈。在 b 点之前,$dF > 0$;在 b 点以后,$dF < 0$。b 点是最大力点,也是局部塑性变形的开始点,亦称拉伸失稳点或塑性失稳点。由于 b 点后试样的断裂是瞬时发生的,所以找出拉伸失稳的临界条件,即缩颈判据,对于机件设计来说无疑是有益的。

2. 缩颈的判据

拉伸失稳或缩颈的判据应为 $dF = 0$。在任一瞬间,拉伸力 F 为真实应力 S 与试样瞬时横截面积 A 之积,即 $F = SA$。对 F 全微分,并令其等于零,即

$$dF = AdS + SdA = 0 \tag{4.18}$$

所以

$$\frac{dA}{A} = -\frac{dS}{S} \tag{4.19}$$

在塑性变形过程中,因材料应变硬化,故 dS 恒大于 0,dA 因试样截面减小则恒小于 0。所以式(4.19)中第一项为正值,表示材料应变硬化使试样承载能力增加;第二项为负值,表示试样截面收缩使其承载能力下降。

根据塑性变形时体积不变的条件,即 $dV = 0$,因 $V = AL$,故

$$AdL + LdA = 0$$

$$-\frac{dA}{A} = \frac{dL}{L} = de = \frac{d\varepsilon}{1 + \varepsilon} \tag{4.20}$$

联立解式(4.19)、式(4.20)得

$$S = \frac{dS}{de} \tag{4.21}$$

或

$$\frac{dS}{d\varepsilon} = \frac{S}{1 + \varepsilon} \tag{4.22}$$

式(4.22)即为缩颈判据。可见,当真实应力 – 应变曲线上某点的斜率(应变硬化速率)等于该点的真实应力时,缩颈产生。

3. 确定缩颈点及颈部应力的修正

根据式(4.21)及式(4.22),可用几何作图法分别在 $S - e$ 曲线和 $S - \varepsilon$ 曲线上确定缩颈点(拉伸失稳点)。

用分析方法也可确定拉伸失稳点。在拉伸失稳点处,Hollomon 关系成立,$S_B = Ke_B^n$(S_B 为试样的真实抗拉强度;n 为加工硬化指数),$\mathrm{d}S_B = Kne_B^{n-1}$,所以

$$Ke_B^{n-1} = Kne_B^{n-1}, \qquad e_B = n \qquad (4.23)$$

这表明,当金属材料的应变硬化指数等于最大真实均匀塑性应变量时,缩颈便会产生。

金属材料在拉伸时,是否产生缩颈与其应变速率敏感指数 m 有关。若 m 值低,则在一定温度和应变下的流变流力就比较低,致使 $\mathrm{d}S/\mathrm{d}e > S$,故不能有效阻止缩颈形成;反之,$m$ 值高时,缩颈处应力急剧升高,$\mathrm{d}S/\mathrm{d}e < S$,可推迟缩颈产生。

缩颈一旦产生,拉伸试样原来所受的单向应力状态就被破坏,而在缩颈区出现三向应力状态,这是由于缩颈区中心部分拉伸变形的横向收缩受到约束。在三向应力状态下,材料塑性变形比较困难。为了继续发展塑性变形,就必须提高轴向应力,因而缩颈处的轴向真实应力高于单向受力下的轴向真实应力,并且随着颈部进一步变细,真实应力还要不断增加。颈部三向应力状态如图4.8所示。

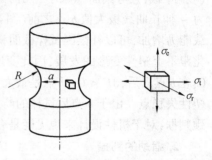

图4.8　颈部三向应力状态

为了补偿颈部横向应力、切向应力对轴向应力的影响,求得仍然是均匀轴向应力状态下的真实应力,以得到真正的真实应力 – 应变曲线,就必须对颈部应力进行修正。为此,可利用珀西·布里奇曼(Bridgman)关系式进行计算,即

$$S' = \frac{S}{\left(1 + \dfrac{2R}{a}\right)\ln\left(1 + \dfrac{a}{2R}\right)} \qquad (4.24)$$

式中,S' 为修正后的真实应力;S 为颈部轴向真实应力(等于拉伸力除以缩颈部最小横截面积);R 为颈部轮廓线曲率半径;a 为颈部最小截面半径。

(五) 抗拉强度

抗拉强度是拉伸试验时在试样拉断过程中最大试验力所对应的应力,其值等于最大力除以试样原始横截面积,即

$$\sigma_b = \frac{F_b}{A_0} \qquad (4.25)$$

根据拉伸试验求得的 σ_b,只代表金属材料所能承受的最大拉伸应力。抗拉强度的实际意义如下。

(1) 标志塑性金属材料的实际承载能力,但这种承载能力也仅限于光滑试样单向拉伸的受载条件。如果材料承受更复杂的应力状态,则 σ_b 并不代表材料的实际有用强度。正是由于 σ_b 代表实际工件在静拉伸条件下的最大承载能力,所以 σ_b 是工程上金属材料的重要力学性能指标之一。加之 σ_b 易于测定,重现性好,所以被广泛用作产品规格说明

或质量控制指标。

（2）在有些场合，使用 σ_b 作为设计依据。如对变形要求不高的机件，无须靠 σ_s 来控制产品的变形量。还有，在使用中对质量限制很严而服役时间不长的构件，为了减轻自重，有时也按 σ_b 来进行设计，如火箭上的某些构件就是这样。

（3）σ_b 与硬度、疲劳强度等之间有一定的经验关系。

（六）塑性

1. 塑性指标

塑性是指金属材料断裂前发生塑性变形的能力。金属材料断裂前所产生的塑性变形由均匀塑性变形和集中塑性变形两部分构成。大多数在拉伸时形成缩颈的韧性金属材料，其均匀塑性变形量比集中塑性变形量小，一般均不超过集中变形量的 50%。许多钢材（尤其是高强度钢）均匀塑变量仅占塑变量的 5%～10%，铝和硬铝占 18%～20%，黄铜占 35%～45%。这就是说，拉伸缩颈形成后，塑性变形主要集中于试样缩颈附近。

金属材料常用的塑性指标为断后伸长率和断面收缩率。

断后伸长率是试样拉断后标距的伸长与原始标距的百分比，用 δ 表示，计算式为

$$\delta = \frac{L_1 - L_0}{L_0} \times 100\% \tag{4.26}$$

式中，L_0 为试样原始标距长度；L_1 为试样断裂后的标距长度。

实验结果证明，$L_1 - L_0 = \beta L_0 + \gamma \sqrt{A_0}$，故

$$\delta = \frac{L_1 - L_0}{L_0} = \beta + \gamma \frac{\sqrt{A_0}}{L_0} \tag{4.27}$$

式中，β 和 γ 为常数（对同一金属材料制成的几何形状相似的试样来说）。

为了使同一金属材料制成的不同尺寸拉伸试样得到相同的 δ 值，要求 $\frac{L_0}{\sqrt{A_0}} = K$（常数）。通常取 K 为 5.65 或 11.3（在特殊情况下，K 也可取 2.82、4.52 或 9.04），即对于圆柱形拉伸试样，相应的尺寸为 $L_0 = 5d_0$ 或 $L_0 = 10d_0$，这种拉伸试样称为比例试样，且前者为短比例试样，后者为长比例试样，所得到的断后伸长率分别以符号 δ_5 和 δ_{10} 表示。由于大多数韧性金属材料的集中塑性变形量大于均匀塑性变形量，因此，比例试样的尺寸越短，其断后伸长率就越大，反映在 δ_5 和 δ_{10} 的关系上是 $\delta_5 > \delta_{10}$。

除了用断后伸长率表示金属材料的塑性性能外，还可用最大力下的总伸长率表示材料的塑性。最大力下的总伸长率指试样拉至最大力时产生的最大均匀塑性变形（工程应变）量。用它表示材料的塑性与塑性性能本身的含义并不一致。之所以引入这个塑性指标，是因为 δ_{gt} 与 e_B 之间存在关系 $e_B = (1 + \delta_{gt})$。对于退火、正火或调质态的低、中碳钢来说，在拉伸试验时，测出材料的 δ_{gt}，再换算成 e_B，就可方便地按式（4.23）求出材料的应变硬化指数 n。δ_{gt} 对于评定冲压用板材的成型能力是很有用的。

断面收缩率是试样拉断后，缩颈处横截面积的最大缩减量与原始横截面积的百分比，用符号 Ψ 表示，计算式为

$$\Psi = \frac{A_0 - A_1}{A_0} \times 100\% \tag{4.28}$$

式中，A_0 为试样原始横截面积；A_1 为试样断裂后的横截面积。

根据 δ 和 Ψ 的相对大小，可以判断金属材料拉伸时是否形成缩颈。如果 $\Psi > \delta$，金属拉伸形成缩颈，且 Ψ 与 δ 之差越大，缩颈越严重；如果 $\Psi = \delta$，或 $\Psi < \delta$，则金属材料不形成缩颈。

上述塑性指标的具体选用原则是：对于在单一拉伸条件下工作的长形零件，无论其是否产生缩颈，都用 δ 或 δ_{gt} 评定材料的塑性，因为产生缩颈时局部区域的塑性变形量对总伸长实际上没有什么影响。如果金属材料机件是非长形零件，在拉伸时形成缩颈（包括因试样标距部分截面的微小不均匀或结构不均匀导致过早形成的缩颈），则用 Ψ 作为塑性指标。因为 Ψ 反映了材料断裂前的最大塑性变形量，而此时 δ 则不能显示材料的最大塑性。Ψ 是在复杂应力状态下形成的，冶金因素的变化对材料塑性的影响在 Ψ 上更为突出，所以 Ψ 比 δ 对组织变化更为敏感。

2. 塑性的意义和影响因素

虽然金属的塑性指标通常并不能直接用于机件的设计，因为塑性与材料服役行为之间并无直接联系，但对静载下工作的机件，都要求材料具有一定的塑性，以防止机件在偶然过载时，产生突然破坏。这是因为塑性变形有缓和应力集中、消减应力峰的作用。从这个意义上来说，金属材料的塑性指标是安全力学性能指标；塑性对金属压力加工很有意义，金属有了塑性才能通过轧制、挤压等冷热变形工序生产出合格产品；为使机器装配、修复工序顺利完成，也需要材料有一定的塑性；塑性的大小还能反映材料冶金质量的好坏，故可以评定材料质量。

溶质元素可降低铁素体的塑性。间隙型溶质原子降低塑性的作用比置换型溶质元素大。

钢的塑性受碳化物体积比及其形状的影响。碳化物体积比增加，钢的塑性降低。具有球状碳化物的钢，其塑性优于具有片状碳化物的钢。钢中硫化物含量增加，其塑性会降低。与类似形态的碳化物相比，硫化物使钢的塑性降低得更多。

有实验证明，在奥氏体不锈钢中，细化晶粒使塑性增加，且与 $d^{-1/2}$ 呈线性关系，但由于影响塑性的因素很多，这一关系尚不能确切地反映出来。

人们已经熟知，金属材料的塑性常常与其强度性能有关。当材料的断后伸长率与断面收缩率的数值较高时，则材料的塑性越高，其强度一般较低。屈服强度与抗拉强度的比值（屈强比）也与断后伸长率有关。通常，材料的塑性越高，其屈强比就越小。如高塑性的退火铝合金，$\delta = 15\% \sim 35\%$，$\sigma_{0.2}/\sigma_b = 0.38 \sim 0.45$；人工时效铝合金，$\delta < 5\%$，$\sigma_{0.2}/\sigma_b = 0.77 \sim 0.96$。

四、金属的断裂

磨损、腐蚀和断裂是机件的 3 种主要失效形式，其中以断裂的危害最大。在应力作用下（有时还兼有热及介质的共同作用），金属材料被分成两个或几个部分，称为完全断裂；内部存在裂纹，则为不完全断裂。研究金属材料完全断裂（简称断裂）的宏观、微观特征、断裂机理（在无裂纹存在时，裂纹是如何形成与扩散的）以及断裂的力学条件，讨论影响金属断裂的内外因素，对于设计工作者和材料工作者进行机件安全设计与选材、分析机件断裂失效事故都是十分必要的。

实践证明,大多数金属材料的断裂过程都包括裂纹形成与扩散两个阶段。对于不同的断裂类型,这两个阶段的机理与特性并不相同。本节主要介绍断裂的类型及分类依据,断裂机理不再赘述,感兴趣的读者可参阅相关书籍。

(一) 韧性断裂与脆性断裂

韧性断裂是金属材料在断裂前产生明显宏观塑性变形的断裂,这种断裂有一个缓慢的撕裂过程,在裂纹扩张过程中不断地消耗能量。韧性断裂的断裂面一般平行于最大切应力方向并与主应力成 45° 角。用肉眼或放大镜观察,断口呈纤维状,灰暗色。纤维状是由塑性变形过程中微裂纹不断扩展和相互连接造成的,而灰暗色则是由纤维断口表面对光反射能力很弱所致。

中、低强度钢的光滑圆柱试样在室温下的静拉伸断裂是典型的韧性断裂,掌握其断口宏观形貌特征对于机件断裂失效分析是很有意义的。

光滑圆柱拉伸试样的宏观韧性断口呈杯锥形,由纤维区、放射区和剪切唇三个区域组成(图 4.9),此即断口特征三要素。这种断口的形成过程如图 4.10 所示。

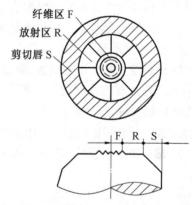

图 4.9 拉伸断口三个区域的示意图

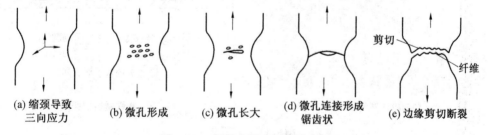

(a) 缩颈导致三向应力 (b) 微孔形成 (c) 微孔长大 (d) 微孔连接形成锯齿状 (e) 边缘剪切断裂

图 4.10 杯锥状断口形成示意图

在中心三向应力作用下,塑性变形难于进行,致使试样中心部分的夹杂物或第二相质点本身破碎,或使夹杂物质点与基体界面脱离而形成微孔。微孔不断长大和聚合就形成显微裂纹。早期形成的显微裂纹,其端部产生较大塑性变形,且集中于极窄的高变形带内。这些剪切应变带从宏观上看大致与径向成 50° ~ 60°。新的微孔就在变形带内成核、长大和聚合,当其与裂纹连接时,裂纹便向前扩展了一段距离。这样的过程重复进行就形成了锯齿形的纤维区。纤维区所在平面(即裂纹扩展的宏观平面)垂直于拉伸应力方向。

纤维区中裂纹扩展的速率是很慢的,当其达到临界尺寸后就快速扩展而形成放射区。放射区是由裂纹作快速低能量撕裂形成的。放射区有放射线花样特征。放射线平行于裂纹扩展方向而垂直于裂纹前端(每一瞬间)的轮廓线,并逆指向裂纹源。撕裂时塑性变形量越大,则放射线越粗。对于几乎不产生塑性变形的极脆材料,放射线消失。温度降低或材料强度增加时,由于塑性降低,放射线由粗变细乃至消失。

在试样拉伸断裂的最后阶段形成杯状或锥状的剪切唇。剪切唇表面光滑,与拉伸轴成45°,是典型的切断型断裂。

韧性断裂的宏观断口同时具有上述三个区域,而脆性断口纤维区很小,剪切唇几乎没有。上述断口三个区域的形态、大小和相对位置,因试样形状、尺寸和金属材料的性能以及试验温度、加载速率和受力状态不同而变化。一般来说,材料强度提高,塑性降低,则放射区比例增大;试样尺寸加大,放射区增大明显,而纤维区变化不大。

金属材料的韧性断裂不及脆性断裂危险,在生产实践中也较少出现(因为许多机件,在材料产生较大塑性变形后就已经失效了)。但是研究韧性断裂对于正确制订金属压力加工工艺(如挤压、拉伸等)规范还是很重要的,因为在这些加工工艺中材料要产生较大的塑性变形,并且不允许产生断裂。

脆性断裂是突然发生的断裂,断裂前基本上不发生塑性变形,没有明显征兆,因而危害性很大。脆性断裂的断裂面一般与正应力垂直,断口平齐而光亮,常呈放射状或结晶状。板状矩形拉伸试样断口中的人字花样如图4.11所示。人字花样的放射方向也与裂纹扩展方向平行,但其尖顶指向裂纹源。实际上多晶体金属断裂时主裂纹向前扩展,其前沿可能形成一些次生裂纹,这些裂纹向后扩展由低能量撕裂与主裂纹连续便形成人字花样。

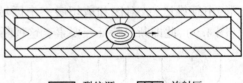

⠂⠂⠂ 裂纹源		⟨ 放射区	
⊙ 纤维区		⫽ 剪切唇	
→ 裂纹扩展方向			

(a) 柴油机活塞气缸断口　　　　　　　　　　(b) 脆性断裂示意图

图 4.11　人字花样

通常,断裂前将产生微量塑性变形。一般规定光滑拉伸试样的断面收缩率小于5%为脆性断裂;反之,大于5%为韧性断裂。由此可见,金属材料的韧性和脆性是根据一定条件下的塑性变形量来规定的。随着条件的改变,材料的韧性与脆性行为也将随之变化。

(二) 穿晶断裂与沿晶断裂

多晶体金属断裂时,裂纹扩展的路径可能是不同的,如图4.12所示。穿晶断裂的裂纹穿过晶体内部,而沿晶断裂的裂纹则沿晶界扩展。

从宏观上看,穿晶断裂可以是脆性断裂(如低温下的穿晶断裂),也可以是韧性断裂(如室温下的穿晶断裂),而沿晶断裂一般都是脆性断裂。沿晶断裂是晶界上的一薄层连续或不连续的脆性第二相、夹杂物,破坏了晶界的连续性所造成的断裂,也可能是由杂质元素向晶界偏聚引起的。应力腐蚀、氢脆、回火脆性、淬火裂纹与磨削裂纹等均是沿晶断裂。此外,沿晶断裂和穿晶断裂有时可混合发生。

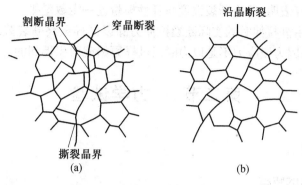

图 4.12　穿晶和沿晶断裂示意图

（三）纯剪切断裂、微孔聚集型断裂与解理断裂

剪切断裂是金属材料在剪切应力作用下，沿滑移面分离而造成的滑移面分离断裂，包括纯剪切断裂和微孔聚集型断裂两种类型。纯金属尤其是单晶体金属常产生纯剪切断裂，单晶体金属的断口呈楔形，而多晶体金属完全韧性断裂的断口则呈刀剪型。这是纯粹由滑移流变造成的断裂。微孔聚集型断裂则是通过微孔形核、长大聚合而导致材料分离的。由于实际材料中常同时形成许多微孔，通过微孔长大互相连接而最终导致断裂，因此常用的金属材料一般均产生此类断裂，如低碳钢室温下的拉伸断裂。

解理断裂是金属材料在一定条件下，当外加正应力达到一定数值后，以极快的速率沿一定晶体学平面产生的穿晶断裂。由于与大理石断裂类似，故称此种晶体学平面为解理面。解理面一般为低指数晶面或表面能最低的晶面。表 4.2 给出了典型金属单晶体的解理面。

表 4.2　典型金属单晶体的解理面

晶体结构	材料	主要解理面	次要解理面
bcc	Fe、W、Mo	$\{001\}$	$\{112\}$
hcp	Zn、Cd、Mg	(0001)，$\{\bar{1}100\}$	$\{11\bar{2}4\}$

由表 4.3 可知，fcc 金属一般不发生解理断裂，只有 bcc 和 hcp 金属才发生解理断裂。原因是只有当滑移带很窄时，塞积位错才能在其端部造成很大的应力集中而使裂纹成核，而 fcc 金属易产生多系滑移使滑移带破碎，尖端钝化，应力集中下降。从理论上讲，fcc 金属不存在解理断裂。但 fcc 金属在非常苛刻的环境条件下也可能产生解理破坏。

一般情况下，解理断裂总是脆性断裂，但有时在解理断裂前也显示一定的塑性变形，所以解理断裂与脆性断裂并非同义词，前者是指断裂机理，而后者则是指断裂的宏观形态。

断裂除了上述分类方法外，还有其他分类方法，在这里不再赘述。

（四）理论断裂强度与真实断裂强度

金属材料之所以有广泛的工业价值，是因为它们具有较高的强度，同时又具有一定的塑性。决定材料强度的最基本的因素是原子间结合力，原子间结合力越高，则弹性模量、熔点就越高。人们将晶体的两个原子面沿垂直于外力的方向拉断所需的应力，称为理论断裂强度。粗略计算表明,理论断裂强度与弹性模量差一定数量级。

真实断裂强度由静拉伸时的实际断裂拉伸力除以试样最终断裂截面积而得,之所以冠以"真实"二字是因为该应力不是以力除以试样原始截面积得到的。

第二节　　力学试验

一、弯曲试验

(一) 弯曲试验的特点

弯曲试验作为一种试验方法,具有以下两个方面的特点。

(1) 弯曲试验的试样形状简单、操作方便,不存在拉伸试验时的试样偏斜(力的作用线不能准确通过拉伸试样的轴线而产生附加弯曲应力)对试验结果的影响,并可用试样弯曲的挠度显示材料的塑性。弯曲试验方法常用于测定铸铁、铸造合金、工具钢及硬质合金等脆性、低塑性材料的强度和显示塑性的差别。

(2) 弯曲试验时,试样表面应力最大,可较灵敏地反映材料表面缺陷。常用来比较和鉴别渗碳层和表面淬火层等表面热处理机件的质量和性能。

(二) 弯曲试验

做弯曲试验时,将圆柱形或矩形试样放置在有一定跨距 L_s 的支座上,进行 3 点弯曲[图4.13(a)]或4点弯曲[图4.13(b)]加载,通过记录弯曲力 F 和试样挠度 f 之间的关系曲线(图4.14),确定金属在弯曲力作用下的力学性能。

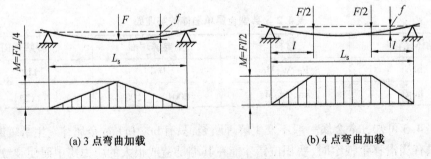

(a) 3 点弯曲加载　　　　　　　　　　(b) 4 点弯曲加载

图4.13　弯曲试验加载方式

试样在弹性范围内弯曲时,受拉侧表面的最大弯曲应力 σ 按式(4.29) 计算

$$\sigma = \frac{M}{W} \tag{4.29}$$

式中,M 为最大弯矩;W 为试样抗弯截面系数,对于直径为 d 的圆柱试样,$W = \frac{\pi d^2}{32}$,对于宽度为 b、高度为 h 的矩形试样,$W = \frac{bh^2}{6}$。

对于 3 点弯曲加载

$$M = \frac{FL_s}{4} \tag{4.30}$$

对于 4 点弯曲加载

$$M = \frac{Fl}{2} \tag{4.31}$$

脆性或低塑性金属材料的弯曲试验可测定以下主要性能指标。

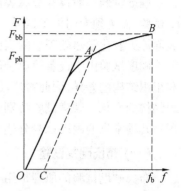

图 4.14　弯曲力 – 挠度曲线

（1）规定非比例弯曲应力 σ_{ph}。

试样弯曲时，当外侧表面上的非比例弯曲应变 ε_{ph} 达到规定值时，按弹性弯曲应力公式计算的最大弯曲应力，称为规定非比例弯曲应力。例如，规定非比例弯曲应变 ε_{ph} 为 0.01% 或 0.2% 时的弯曲应力，分别记为 $\sigma_{ph0.01}$ 或 $\sigma_{ph0.2}$。

在如图 4.14 所示的弯曲力 – 挠度曲线上，过 O 点截取相应于规定非比例弯曲应变的线段 OC，其长度按式（4.32）计算。

对于 3 点弯曲加载

$$OC = \frac{nL_s^2}{12Y}\varepsilon_{ph} \tag{4.32}$$

对于 4 点弯曲加载

$$OC = \frac{n(3L_s^2 - 4l^2)}{24Y}\varepsilon_{ph} \tag{4.33}$$

式中，n 为挠度放大系数；Y 为圆形试样的半径（$d/2$）或矩形试样的半高度（$h/2$）。

过 C 点作弹性直线段的平行线 CA 交曲线于 A 点，A 点所对应的力的大小为所测得规定非比例弯曲力 F_{ph}，然后按式（4.30）或式（4.31）计算出最大弯矩 M，再按式（4.29）计算出规定非比例弯曲应力。

（2）抗弯曲强度 σ_{bb}。

试样弯曲至断裂前达到最大弯曲力，按弹性弯曲公式计算的最大弯曲应力，称为抗弯强度。从如图 4.19 所示的曲线上 B 点读取相应的最大弯曲力 F_{bb}，或从试验机测力度盘上直接读出 F_{bb}，然后按式（4.30）或式（4.31）计算出断裂前的最大弯曲力，再按式（4.29）计算出弯曲强度。

此外，从弯曲力 – 挠度曲线上还可测出弯曲弹性模量 E_b、断裂挠度 f_b 及断裂能量 U（曲线下所包围的面积）等性能指标。

弯曲试样所用圆形截面试样的直径 d 为 5 ~ 45 mm，矩形截面试样的 $h \times b$ 为 5 mm × 7.5 mm（或 5 mm × 5 mm）至 30 mm × 40 mm（或 30 mm × 30 mm）。试样的跨距 L_s 为直径 d 或高度 h 的 10 倍。要求试样有一定的加工精度，但对铸件进行弯曲试验的铸造试样表面可不加工。

二、硬度试验

金属硬度试验与轴向拉伸试验一样，也是应用最广泛的力学性能试验方法。硬度试验的方法很多，大体上可分为弹性回跳法（如肖氏硬度）、压入法（如布氏硬度、洛氏硬度、维氏硬度等）和划痕法（如莫氏硬度）3 类。所谓"肖氏""布氏""维氏"等是以首先提出这种硬度试验方法的人的姓氏或以首先产生这种硬度计的厂名来命名的。

硬度试验一般仅在金属表面的局部体积内产生很小的压痕，因而很多机件可在成品上试验，而无须专门加工试样。采用硬度试验也易于检查金属表面层的质量（如脱碳）、表面淬火和化学热处理后的表面性能等。

硬度试验由于设备简单、操作方便迅速，同时又能敏感地反映出金属材料的化学成分和组织结构的差异，因此被广泛用于检查金属材料的性能、加工工艺的质量或研究金属组织结构的变化。硬度试验特别是压入硬度试验在生产及科学研究中得到了广泛的应用。现对几种常见的硬度试验分述如下。

（一）布氏硬度试验

布氏硬度试验的原理是用一定直径 $D(mm)$ 的钢球或硬质合金球为压头，施以一定的试验力 F（kgf 或 N），将其压入试样表面[图 4.15(a)，经规定保持时间 $t(s)$ 后卸除试验力，试验表面将残留压痕图 4.15(b)]。测量压痕平均直径 $d(mm)$，求得压痕球形面积 $A(mm^2)$。布氏硬度值（HB）就是试验力 F 除以压痕球形表面积 A 所得的商，其计算公式为

$$HB = \frac{0.102F}{A} = \frac{0.204F}{\pi D(D - \sqrt{D^2 - d^2})} \tag{4.34}$$

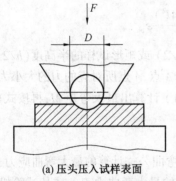

(a) 压头压入试样表面

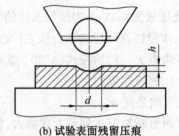

(b) 试验表面残留压痕

图 4.15　布氏硬度试验原理图

通常，布氏硬度值不标注单位。

由于压头的材料不同，因此布氏硬度值用不同的符号表示，以示区别。当压头为淬火钢球时，其符号为 HBS（适用于布氏硬度值在 450 以下的材料）；当压头为硬质合金时，其符号为 HBW（适用于布氏硬度值在 450 以上的材料）。

对于材料相同而厚度不同的工件，要测得相同的布氏硬度值，在选配压头直径 D 及试验力 F 时，应保证得到几何相似的压痕（即压痕的压入角 φ 保持不变），如图 4.16 所示。

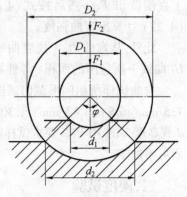

图 4.16　压痕相似原理图

为此，应使 $\dfrac{F_1}{D_1^2} = \dfrac{F_2}{D_2^2} = \cdots = \dfrac{F}{D^2} =$ 常数。

对于软硬不同的材料,为了测得统一的、可比较的硬度值,应选用不同的 F/D^2 比值,以便将压入角 φ 限制在28°～74°范围内(实践表明,当在这一范围内时,试验力的变化对布氏硬度值不会产生太大的影响),与此相应的压痕直径 d 应控制在 $(0.24\sim0.6)D$ 之间。

布氏硬度试验用的压头直径有30、15、10、5、2.5、1.25 和 1 七种,其中30、10、2.5 三种最为常用。表 4.3 为 $0.102F/D^2$ 比值的选择规定。

表 4.3　布氏硬度试验的 $0.102F/D^2$ 比值的选择

材料	布氏硬度范围	$0.102F/D^2$
轻金属及其合金	< 35	2.5(1.5)
	38～80	10(5 或 15)
	> 80	10(15)
钢及铸铁	< 140	10
	≥ 140	30
铜及其合金	< 35	5
	35～130	10
	> 130	30
铅、锡		1.25(1)

注:尽量选用无括号的 F/D^2 值。

对于黑色金属,试验力的保持时间为 10～15 s,对于有色金属为 30 s,对于小于HBS35 的材料为 60 s。

布氏硬度试验一般采用直径较大的压头,因而所得压痕面积较大。压痕面积大的一个优点是其硬度值能反映金属在较大范围内各组成相的平均性能,而不受个别组成相及微小不均匀性的影响。布氏硬度试验特别适用于测定灰铸铁、轴承合金等具有粗大晶粒或组成相的金属材料的硬度。压痕较大的另一个优点是试验数据稳定,重复性强。

布氏硬度试验的缺点是对不同材料需更换压头直径和改变试验力,压痕直径的测量也比较麻烦,因而用于自动检测时受到限制;当压痕直径较大时不宜在成品上进行试验。

当压头直径 D 及 F/D^2 的比值选定后,试验力 F 也就随之确定了。

(二) 洛氏硬度试验

洛氏硬度试验的原理与布氏不同。它不是以测定压痕的面积来计算硬度值,而是以测定压痕深度来表示材料的硬度值。

洛氏硬度试验所用的压头有两种。一种是圆锥角 $\alpha=120°$ 的金刚石圆锥体;另一种是一定直径的小淬火钢球。图 4.17 所示为用金刚石圆锥体测定硬度的过程示意图。为保证压头与试样表面接触良好,试验时先加初始试验力 F_0,在试验表面得一压痕,深度为 h_0,此时,测量压痕深度的指针在表盘上指示为零[图 4.17(a)]。然后加上主试验力 F_1,压头压入深度为 h_1,表盘上指针以逆时针方向转动到相应刻度位置[图 4.17(b)]。试样在 F_1 作用下产生的总变形 h 中包括弹性变形与塑性变形。当将 F_1 卸除后,总变形量中的弹性变形恢复,使压头回升一段距离 (h_1-h)[图 4.17(c)]。这时试样表面残留的塑性变形深度 h 即为压痕深度。随着弹性变形的恢复,指针顺时针方向转动,转动停止时所指的数值就是压痕深度 h。

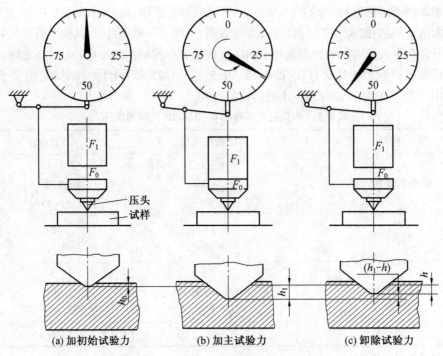

(a) 加初始试验力　　　　　(b) 加主试验力　　　　　(c) 卸除试验力

图 4.17　　洛氏硬度试验过程示意图

洛氏硬度值就是以压痕深度 h 来计算的。h 越大,硬度值就越低,反之则越高。为了照顾习惯上数值越大硬度越高的概念,一般用常数 k 减去 h 来计算硬度值,并规定每 0.002 mm 为一个洛氏硬度单位。于是洛氏硬度值的计算式为

$$HR = \frac{k - h}{0.002} \qquad (4.35)$$

式中,HR 为洛氏硬度的符号。

当使用金刚石圆锥压头时,k 取 0.2 mm;当使用小淬火钢球压头时,k 取 0.26 mm。实际测定洛氏硬度时,由于硬度及上方测量压痕深度的百分表表盘上的刻度已按式(4.35)换算为相应的硬度值,因此可直接从表盘上指针的指示值读出硬度值。

为了能在一台硬度计上测定不同软、硬或厚、薄试样的硬度,可采用不同的压头和试验力,组合成几种不同的洛氏硬度标尺,以字母 A、B、C 等表示。用不同标尺测定的洛氏硬度符号用在 HR 后面加标尺字母来表示。我国规定的洛氏硬度标尺有 9 种,其中以 HRA、HRB 及 HRC 这 3 种洛氏硬度最为常用。

洛氏硬度试验的优点是操作简便迅速,硬度值可直接读出,压痕较小,可在工件上进行试验,采用不同标尺可测定各种软硬不同的金属和厚薄不一试样的硬度,因而广泛用于热处理质量的检验。其缺点是压痕较小,代表性差,由于材料中有偏析及组织不均匀等缺陷,因此所测硬度值重复性差,分散度大。此外,用不同标尺测得的硬度值彼此之间没有联系,不能直接进行比较。

(三) 维氏硬度试验

维氏硬度试验的原理与布氏硬度相同,也是根据压痕单位面积所承受的试验力进行计算硬度值。所不同的是维氏硬度试验的压头不是球体,而是两对面夹角 α 为 136°的金

刚石四锥体,如图 4.18 所示。

压头在试验力 $F(\text{N})$ 作用下,将试样表面压出一个四方锥形的压痕,经一定保持时间后,卸除试验力,测量出压痕对角线平均长度 $d[d = (d_1 + d_2)/2]$, 用以计算压痕的表面积 $A(\text{mm}^2)$。维氏硬度值(HV)为试验力 F 除以压痕面积 A 所得的商值,并按式(4.36)进行计算

$$\text{HV} = \frac{0.102F}{A} = \frac{0.204F\sin\left(\dfrac{136°}{2}\right)}{d^2} = 0.189\,1\,\frac{F}{d^2}$$

$$(4.36)$$

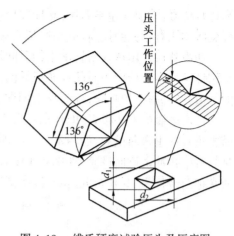

图 4.18　维氏硬度试验压头及压痕图

与布氏硬度一样,维氏硬度值也不标注单位。

维氏硬度试验之所以采用正四锥体压头,是为了当改变试验力时,压痕的几何形状总是保持相似,而不致影响硬度值。

根据材料的软硬、厚薄及所测部位的特性不同,需要在不同试验力范围内测定维氏硬度。为此,我国制定了以下三个维氏硬度试验方法国家标准。

(1)GB 4340—1984《金属维氏硬度试验方法》,试验力范围为 49.03 ~ 980.7 N,共分 6 级。主要用于测定较大工件和较深表面层的硬度。

(2)GB 5030—85《金属小负荷维氏硬度试验方法》,试验力范围为 1.961 ~ 49.03 N,共分 7 级。主要用于测定较薄工件和工具的表面层或镀层的硬度,也可测定试样截面的硬度梯度。

(3)GB/T 4342—91《金属显微维氏硬度试验方法》,试验力范围为 98.07×10^{-3} ~ 1.961 N,共分 7 级。主要用于测定金属箔、极薄的表面层的硬度和合金各种组成相的硬度。

维氏硬度试验的优点是不存在布氏硬度试验时要求试验力 F 与压头直径 D 之间所规定的条件约束,也不存在洛氏硬度试验时不同标尺的硬度值无法统一的弊端。维氏硬度试验时不仅试验力可任意选取,而且压痕测量的精度较高,硬度值较为精确。唯一的缺点是硬度值需通过测定压痕对角线长度后才能进行计算或查表,因此,工作效率比洛氏硬度法低很多。

除了上述 3 种常用的硬度试验方法外,还有金属努氏硬度试验以及肖氏硬度试验等,本书不做叙述,感兴趣的读者可查阅相关书籍。

三、冲击试验

工程中许多构件除承受静载荷外,往往还要承受冲击载荷,如内燃机的活塞和连杆,汽轮发电机的轴、锻锤等。材料在冲击载荷作用下,其变形和破坏过程一般仍可分为弹性变形、塑性变形和断裂 3 个阶段。在冲击载荷作用下,材料的机械性能与静载荷时有明显的差异,由于弹性变形是以声速在介质中传播的,因此弹性变形随着外加载荷的变化而变化,所以加载速率对金属材料的弹性行为及相应的机械性能没有影响。塑性变形的传播

则比较缓慢,若加载速率太快,塑性变形就来不及充分进行,在宏观上表现为屈服强度,与静载时相比有较大的提高,但塑性却明显下降,材料会产生明显的脆化倾向。

冲击载荷作用从开始到结束的时间极短,测量载荷的变化和构件的变形都很困难,但是构件受冲击载荷作用而破坏所消耗的能量比较容易测量,因此,一般就测定这个消耗的能量值,将其与面积相除,称为冲击韧性。

冲击试验的方法很多,但在国际上大多数国家使用的常规冲击试验只有两种,一种是简支梁式冲击弯曲试验,如图4.19(a)所示,试验时,试样处于三点弯曲受力状态;另一种是悬臂梁式冲击弯曲试验,如图4.19(b)所示,试验时试样处于悬臂弯曲状态。国际上,通常把前者称为"夏比(Charpy)冲击试验",后者称为"艾佐(Izod)冲击试验"。

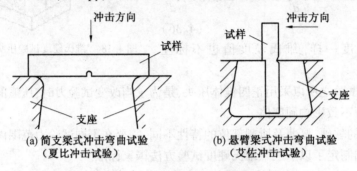

(a) 简支梁式冲击弯曲试验　　　　　　(b) 悬臂梁式冲击弯曲试验
　　（夏比冲击试验）　　　　　　　　　　（艾佐冲击试验）

图 4.19　常规冲击试验的类型

在上述两种冲击弯曲试验中,艾佐冲击试验对试样的夹紧有较高的技术要求,故其应用受到一定限制。而夏比冲击试验因其较为简便且可在不同温度下进行,同时可以根据测试材料的试验目的不同,采用带有不同几何形状和深度的缺口试样,因此,应用较为广泛。

夏比冲击试验是将具有规定形状和尺寸的试样,放在冲击试验机的试样支座上,使之处于简支梁状态。然后使在规定高度的摆锤下落,产生冲击载荷将试样折断。夏比冲击试验实质上就是通过能量转换过程,测定试样在这种冲击载荷作用下折断时所吸收的功。

设摆锤的重力为 $F(\mathrm{kg})$,摆锤旋转轴线到摆锤重心的距离为 $L(\mathrm{m})$,将其抬起的高度为 $H(\mathrm{m})$。则此时摆锤所具有的能量为

$$E_1 = F \cdot H = FL(1 - \cos \alpha) \tag{4.37}$$

若摆锤下落折断试样后摆锤的高度变为 h,则摆锤的剩余能量为

$$E_2 = F \cdot h = FL(1 - \cos \beta) \tag{4.38}$$

这两部分能量之差,即为金属试样在冲击载荷作用下折断时所吸收的功 A_k,计算式为

$$A_k = F \cdot H - F \cdot h = FL(\cos \beta - \cos \alpha) \tag{4.39}$$

式中,A_k 的单位为 N·m,通常用 J 表示(1 J = 1 N·m);α 和 β 分别为试样折断前后摆锤扬起的最大角度。若为固定值,则试样的冲击吸收功 A_k 就决定于摆锤折断试样后所扬起的角度 β。由 β 值换算的冲击吸收功可直接从试验机的示值度盘上读出。

冲击韧性 $a_k(\mathrm{J/m^2})$ 为

$$a_k = \frac{A_k}{A_0} \tag{4.40}$$

式中,A_0 为试样缺口处的初始面积。

a_k 作为材料的冲击抗力指标,不仅与材料的性质有关,试样的形状、尺寸、缺口形式等都会对 a_k 值产生很大的影响,因此 a_k 只是材料抗冲击断裂的一个参考性指标,只能在规定条件下进行相对比较,而不能代换到具体零件上进行定量计算。

国家标准(GB/T 229—1994《金属夏比缺口冲击试验方法》)规定冲击弯曲试验标准试样为 U 形缺口或 V 形缺口,分别称为夏比 U 形缺口和夏比 V 形缺口试样,两种试样的尺寸及加工要求如图 4.20、图 4.21 所示。用不同缺口试样测得的冲击吸收功分别记为 A_{kU} 和 A_{kV}。

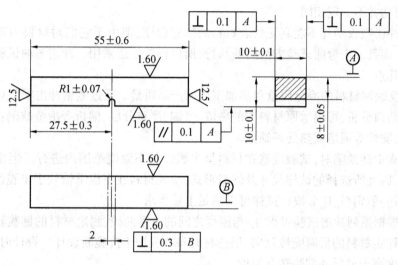

图 4.20　夏比 U 形缺口冲击试样

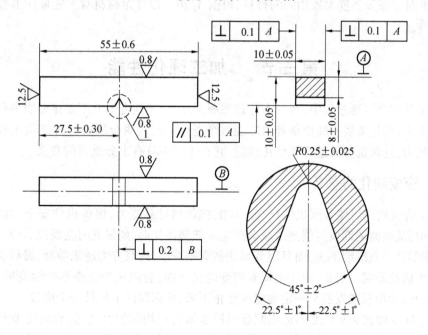

图 4.21　夏比 V 形缺口冲击试样

测量球铁或工具钢等脆性材料的冲击吸收功时,常采用 10 mm × 10 mm × 55 mm 的无缺口冲击试样。

冲击吸收功 A_k 的大小并不能真正反映材料的韧脆程度,因为缺口试样冲击吸收的功并非完全用于试样变形和破裂。其中有一部分功消耗于试样掷出、机身振动、空气阻力以及轴承与测量机构中的摩擦消耗等。金属材料在一般摆锤冲击试验机上试验时,这些功是忽略不计的。但当摆锤线与缺口中心线不一致时,上述功耗比较大。所以,在不同试验机上测得的 A_k 值彼此可能相差 10% ~ 30%。此外,根据断裂理论,断裂类型取决于裂纹扩展过程中所消耗的功,消耗功大,则断裂表现为韧性;否则,则为脆性。但 A_k 值相同的材料,断裂功并不一定相同。

虽然冲击吸收功并不能真正代表材料的韧脆程度,但由于它们对材料内部组织变化十分敏感,而且冲击弯曲试验方法简便易行,所以仍被广泛采用。冲击弯曲试验的主要用途有以下几点。

(1) 反映原材料的冶金质量和热加工后的产品质量。通过测量冲击吸收功和对冲击试样进行断口分析,可揭示原材料中的夹渣、气泡、严重分层、偏析等冶金缺陷;检查过热、过烧、回火脆性等锻造或热处理缺陷。

在检查上述缺陷时,试验应在材料呈半脆性状态温度范围内进行。但由于室温试验最方便,因此所选择的试样尺寸及缺口形式,应使材料在室温下恰处于半脆性状态。实践证明,对一般钢材,U 形缺口试样可以满足上述要求。

(2) 根据系列冲击试验可得 A_k 与温度之间的关系曲线,测定材料的韧脆转变温度。据此可以评定材料的低温脆性倾向,供选材时参考或用于抗脆断设计。设计时,要求机件的服役温度高于材料的韧脆转变温度。

(3) 对于屈服强度大致相同的材料,根据 A_k 值可以评定材料对大能量冲击破坏的缺口敏感性。

第三节　　加工硬化性能

在金属整个变形过程中,当外力超过屈服强度后,塑性变形并不是像屈服平台那样连续流变下去,而是需要不断增加外力才能继续进行。这说明金属有一种能阻止继续塑性变形的抗力,这种抗力就是应变硬化性能,它在生产中具有十分重要的意义。

一、应变硬化的意义

(1) 应变硬化可使金属机件具有一定的抗偶然过载能力,保证机件安全。机件在使用过程中,某些薄弱部位因偶然过载会产生局部塑性变形,如果此时金属没有应变硬化能力,则变形会一直继续下去,而且因变形使截面积减小,过载应力越来越高,最后会导致缩颈而产生韧性断裂。但是,由于金属有应变硬化性能,会阻止塑性变形继续发展,使过载部位的塑性变形只能发展至一定程度就停止下来,从而保证了机件安全服役。

(2) 应变硬化和塑性变形适当配合可使金属进行均匀塑性变形,保证冷变形工艺顺利实施。如前所述,金属的塑性变形是不均匀的,时间也有先后。由于金属有应变硬化性能,哪里有变形它就在哪里阻止变形继续发展,并将变形转移到别的部位去,这样变形和硬化交替重复就构成了均匀塑性变形,从而可获得合格的冷变形加工的金属制品。

(3)应变硬化是强化金属的重要工艺手段之一。这种方法可以单独使用,也可以和其他强化方法联合使用,对多种金属进行强化,尤其对那些不能热处理强化的金属材料,这种方法更为重要。喷丸与表面滚压属于金属表面硬化工艺,可以有效地提高强度和疲劳抗力。

(4)应变硬化还可以降低塑性、改善低碳钢的切削加工性能。低碳钢在切削时易产生黏刀现象,表面加工质量差。此时可以利用冷变形降低塑性,使切削容易脱离,改善切削加工性能。

二、应变硬化机理

图 4.22 所示为 3 种不同单晶体金属屈服后的 $\tau - \gamma$ 曲线,曲线的斜率称为应变硬化速率。由图 4.22 可见,fcc 单晶体金属的硬化曲线可以分为 3 个阶段,即易滑移阶段、线性硬化阶段及抛物线硬化阶段。在易滑移阶段,$d\tau/d\gamma$ 很低,大约等于百分之几,是 10^{-4} 的数量级;在线性硬化阶段,$d\tau/d\gamma$ 很大,且等于常数;抛物线硬化阶段,$d\tau/d\gamma$ 随形变增加而逐渐减小。这 3 个阶段对应于不同的塑性变形机理与硬化机理。易滑移阶段的塑性变形是

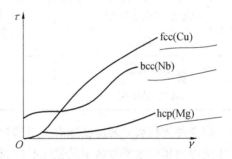

图 4.22 3 种常见金属单晶体金属的应力 – 应变曲线

单系滑移的贡献,此时,金属晶体中不均匀地分布着低密度位错,它们的运动不受其他位错的阻碍,故 $d\tau/d\gamma$ 很低。hcp 金属如 Mg、Zn 等,由于不能产生多系滑移,所以易滑移阶段很长。在线性硬化阶段,$d\tau/d\gamma = 300$,多系滑移是这一阶段的塑性变形机理。由于位错交互作用,形成割阶、Lomer – Cottrell 位错锁和胞状结构等障碍,位错运动阻力增大,因此 $d\tau/d\gamma$ 升高。抛物线硬化阶段的塑性变形是通过交滑移来实现的。在第二阶段受阻的螺型位错在应力作用下产生交滑移,并有可能通过双交滑移而返回原始滑移面。由此,受阻位错在其滑移面内可以躲开障碍,彼此不能产生强交互作用,从而增加滑移距离,降低 $d\tau/d\gamma$。在此阶段中,硬化是由原滑移面中刃型位错引起的,因为刃型位错不能产生交滑移,故随应变的增加,刃型位错密度也增加,遂产生硬化。

由于交滑移在第三阶段中起主要作用,所以对于那些易于交滑移的金属晶体,如 bcc 金属和层错能较高的 fcc 金属(如 Al 等),其线性硬化阶段就很短。

多晶体金属一开始就是多系滑移,所以在其应力应变曲线上没有易滑移阶段,主要是第三阶段,且其 $d\tau/d\gamma$ 比单晶体的要大。

三、应变硬化指数

在金属材料拉伸真实应力应变曲线上的均匀塑性变形阶段,应力与应变之间符合 Hollomon 关系式

$$S = Ke^{n} \tag{4.41}$$

式中,S 为真实应力;K 为硬化指数,是真实应变等于 1.0 时的真实应力;e 为真实应变;n 为

应变硬化指数。

应变硬化指数 n 反映了金属材料抵抗继续塑性变形的能力,是表征金属材料应变硬化的性能指标。在极限情况下,$n = 1$,表示材料为完全理想的弹性体,S 与 e 成正比;$n = 0$ 时,$S = K = $ 常数,表示材料没有应变硬化能力,如室温下产生再结晶的软金属及已受强烈应变硬化的材料。大多数金属的 n 值在 $0.1 \sim 0.5$ 之间,见表 4.4。

表 4.4　几种金属材料在室温下的 n 值

材料	状态	n
碳钢(含碳量 0.5)	退火	0.26
碳钢(含碳量 0.6)	淬火,540 ℃	0.10
碳钢(含碳量 0.6)	淬火,540 ℃	0.19
铜	退火	0.30 ~ 0.35
H70 黄铜	退火	0.35 ~ 0.40
40CrNiMo 钢	退火	0.15

应变硬化指数 n 和层错能有关。当材料层错能较低时,不易交滑移,位错在障碍附近产生的应力集中水平要高于层错能高的材料,这表明,层错能低的材料应变硬化程度大。

n 值除与金属材料的层错能有关外,对冷热变形也十分敏感。通常,退火态金属 n 值比较大,而冷加工状态时则比较小,且随金属材料强度等级降低而增加。实验得知,n 和材料的屈服点 σ_s 大致呈反比关系,即 $n\sigma_s = $ 常数;在某些合金中,n 也随着溶质原子含量的增加而下降;晶粒变粗,n 值提高。

第四节　　蠕变

本节将阐述金属材料在高温长时间载荷作用下的蠕变现象,讨论蠕变变形和断裂的机理,介绍高温力学性能指标及影响因素,为正确选用高温金属材料和合理制订其热处理工艺提供基础知识。

一、金属的蠕变现象

蠕变是高温下金属力学行为的一个重要特点。所谓蠕变就是金属在长时间的恒温、恒载荷作用下缓慢地产生塑性变形的现象。由于这种变形而最后导致金属材料的断裂称为蠕变断裂。蠕变在较低温度下也会产生,但只有当约比温度大于 0.3 时才比较显著。如当碳钢温度超过 300 ℃、合金钢温度超过 400 ℃ 时,就必须考虑蠕变的影响。

金属的蠕变可用蠕变曲线来表示。典型的蠕变曲线如图 4.23 所示。

在图 4.23 中,Oa 线段是试样在 t 温度下承受恒定应力 σ 时所产生的起始伸长率 δ_q。如果应力超过金属在该温度下的屈服强度,则包括弹性伸长率 Oa 和塑性伸长率 $a'a$ 两部分。这一应变还不算蠕变,而是由外载荷引起的一般变形过程。从 a 点开始随时间 τ 的增长而产生的应变属于蠕变。图中 $abcd$ 曲线即为蠕变曲线。

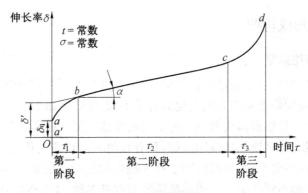

图 4.23　典型蠕变曲线

蠕变曲线上任一点的斜率,表示该点的蠕变速率($\dot{\varepsilon} = \mathrm{d}\delta/\mathrm{d}\tau$)。按照蠕变速率的变化情况,可将蠕变过程分为以下三个阶段。

第一阶段 ab 是减速蠕变阶段(又称过渡蠕变阶段),这一阶段开始的蠕变速率很大,随着时间的延长,蠕变速率逐渐减小。到 b 点,蠕变速率则达到最小值。

第二阶段 bc 是恒速蠕变阶段(又称稳态蠕变阶段),这一阶段的特点是蠕变速率几乎保持不变。一般所指的金属蠕变速率,就是以这一阶段的蠕变速率 $\dot{\varepsilon}$ 表示的。

第三阶段 cd 是加速蠕变阶段。随着时间的延长,蠕变速率逐渐增大,到 d 点产生蠕变断裂。

同一材料的蠕变曲线随应力的大小和温度的高低而不同。在恒定温度下改变应力,或在恒定应力下改变温度,蠕变曲线的变化如图 4.24(a)、(b) 所示。由图可知,当应力较小或温度较低时,蠕变第二阶段持续时间较长,甚至不产生第三阶段。相反,当应力较大或温度较高时,蠕变第二阶段很短,甚至完全消失,试样在很短时间内断裂。

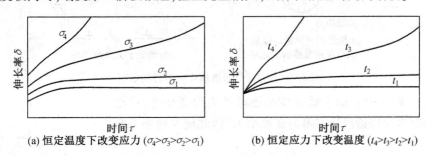

(a) 恒定温度下改变应力 $(\sigma_4 > \sigma_3 > \sigma_2 > \sigma_1)$　　(b) 恒定应力下改变温度 $(t_4 > t_3 > t_2 > t_1)$

图 4.24　应力和温度对蠕变曲线的影响

由于金属在长时、高温、载荷作用下会产生蠕变,因此,对于在高温下工作并依靠原始弹性变形获得工作应力的机件,如高温管道法兰接头的紧固螺栓、用压紧配合固定于轴上的汽轮机叶轮等,就可能随着时间的延长,在总变形量不变的情况下,弹性变形不断地转变为塑性变形,从而使工作应力逐渐降低,以致消失。这种在规定温度和初始应力条件下,金属材料中的应力随时间的增加而减小的现象称为应力松弛。可以将应力松弛现象看作在应力不断降低条件下的蠕变过程,因此,蠕变与应力既有区别又有联系。

二、蠕变的形成机理

（一）位错滑移蠕变

金属的蠕变变形主要是通过位错滑移、原子扩散以及晶界滑动等机理进行的。各种机理对蠕变的贡献随温度及应力的变化而有所不同，现分述如下。

在蠕变过程中，位错滑移仍然是一种重要的变形机理。在常温下，若滑移面上的位错运动受阻产生塞积，滑移便不能继续进行，只有在更大的切应力作用下，才能使位错重新运动和增殖。但在高温下，位错可借助于外界提供的热激活能和空位扩散来克服某些短程阻碍，从而使变形不断产生。位错热激活的方式有多种，高温下的热激活过程主要是刃型位错的攀移。图4.25所示为刃型位错攀移克服障碍的几种类型。由此可见，塞积在某种障碍前的位错通过热激活可以在新的滑移面上运动，或者与异号位错相遇而对消，或者形成亚晶界，或者被晶界所吸收。当塞积群中某一个位错被激活而发生攀移时，位错源便可能再次开动而放出一个位错，从而形成动态回复过程。这一过程不断进行，蠕变得以不断发展。

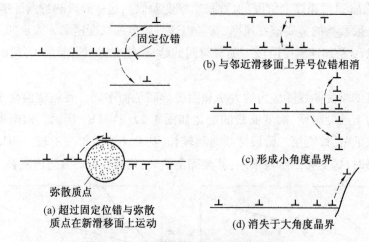

图 4.25 刃型位错攀移克服障碍的类型

在蠕变第一阶段，由于蠕变变形逐渐产生应变硬化，位错源开动的阻力及位错滑移的阻力逐渐增大，因此蠕变速率不断降低。

在蠕变第二阶段，由于应变硬化的发展，促进了动态回复的进行，因此金属不断软化。当应变硬化与回复软化两个过程达到平衡时，蠕变速率就变成一个常数。

（二）扩散蠕变

扩散蠕变是在较高温度下的一种蠕变变形机理。它是在高温条件下由大量原子和空位进行定向移动造成的。在不受外力的情况下，原子和空位的移动没有方向性，因而宏观上不显示塑性变形。但当金属两端有拉应力作用时，在多晶体内产生不均匀的应力场，如图4.26所示。

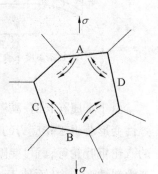

图 4.26 晶粒内部扩散蠕变示意图
---→ 为空位移动方向；—→ 为原子移动方向

对于承受拉应力的晶界(如 A、B 晶界),空位浓度增加;对于承受压应力的晶界(如 C、D 晶界),空位浓度减小。因而在晶体内空位将从受拉晶界向受压晶界迁移,原子则反向流动,致使晶体逐渐产生伸长的蠕变。这种现象称为扩散蠕变。

(三)晶界滑动蠕变

在常温下,晶界的滑动变形是极不明显的,可以忽略不计。但在较高温度条件下,由于晶界上的原子易于扩散,受力后易产生滑动,因此促进蠕变进行。随着温度的升高,应力降低,晶粒度减小,晶界滑动对蠕变的作用越来越大。但总体来说,它在总蠕变量中所占的比例并不大,一般约为 10%。

金属蠕变过程中,晶界的滑动易于在晶界上形成裂纹。在蠕变的第三阶段,裂纹迅速扩展,使蠕变速率增大,当裂纹达到临界尺寸后便产生蠕变断裂。

三、蠕变断裂机理

前已述及,金属材料在长时、高温、载荷作用下的断裂,大多为沿晶断裂。一般认为,这是因在晶界上形成裂纹并逐渐扩展而引起的。实验观察表明,在不同的应力与温度条件下,晶界裂纹的形成方式有以下两种。

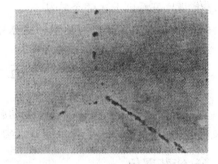

图 4.27　耐热合金中晶界上形成的空洞

(一)在三晶粒交会处形成的楔形裂纹

这是在较高应力和较低温度下,晶界滑动在三晶粒交会处受阻,造成应力集中而形成空洞,如图 4.27 所示,若空洞相互连接便成为楔形裂纹。图 4.28 所示为在 A、B、C 三晶粒交会处形成楔形裂纹的示意图。图 4.29 所示为在耐热合金中所观察到的楔形裂纹的照片。

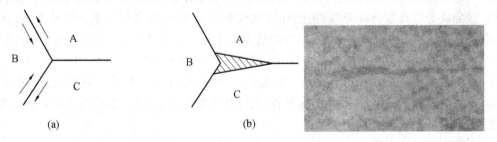

图 4.28　楔形裂纹形成示意图　　　　　图 4.29　耐热合金中的楔形裂纹

(二)在晶界上由空洞形成的晶界裂纹

这是在较低应力和较高温度下产生的裂纹。这种裂纹出现在晶界上的突起部位和细小的第二相质点附近,因晶界滑动而产生空洞,如图 4.30 所示。图 4.30(a)所示为晶界滑动与晶内滑动带在晶界上交割时形成的空洞;图 4.30(b)所示为晶界上存在第二相质点时,当晶界滑动受阻而形成的空洞,最终导致沿晶断裂。

由于蠕变断裂主要在晶界上产生,因此,晶界的形态、晶界上的析出物和杂质偏聚、晶粒大小及晶粒度的均匀性对蠕变断裂均会产生很大影响。

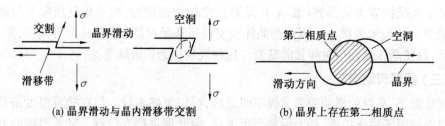

(a) 晶界滑动与晶内滑移带交割　　　　(b) 晶界上存在第二相质点

图 4.30　晶界滑动形成空洞示意图

蠕变断裂断口的宏观特征是在断口附近产生塑性变形,在变形区域附近有很多裂纹,使裂纹机件表面出现龟裂现象;另一个特征是由于高温氧化,断口表面往往被一层氧化膜所覆盖。图 4.31 所示为某锅炉中 12CrlMoV 钢过热器长时超温而爆破的宏观照片,由照片可看到上述两个特征。

图 4.31　锅炉过热管长时超温爆破的宏观断口形貌

蠕变断裂的微观断口特征主要为冰糖状花样的沿晶断裂形貌。

第五节　　疲　劳

工程中很多机件和构件都是在变动载荷下工作的,如曲轴、连杆、齿轮、弹簧、辊子、叶片及桥梁等,其失效形式主要是疲劳断裂。

一、疲劳现象

金属机件或构件在变动载荷和应变的长期作用下,由于累积损伤而引起的断裂现象称为疲劳。

疲劳可以按照不同方法进行分类:按照应力状态不同,疲劳可分为弯曲疲劳、扭转疲劳、拉伸疲劳以及复合疲劳等;按照环境和接触情况不同,疲劳可分为大气疲劳、腐蚀疲劳、高温疲劳、接触疲劳、热疲劳等;按照断裂寿命和应力高低不同,疲劳可分为高周疲劳和低周疲劳,这是最基本的分类方法。高周疲劳的断裂寿命较长,$N_f > 10^5$,断裂应力水平较低,$\sigma < \sigma_s$,也称低应力疲劳,一般常见的疲劳多属于此类疲劳。低周疲劳的断裂寿命较短,$N_f = 10^2 \sim 10^5$,断裂应力水平较高,往往有塑性应变发生,也称为高应力疲劳或应变疲劳。

二、疲劳的特点

疲劳断裂和静载荷或一次冲击加载断裂相比,具有如下特点。

(1) 疲劳是应力循环延时断裂,即具有寿命的断裂。其断裂应力水平往往低于材料的抗拉强度,甚至屈服强度。断裂寿命随应力的不同而发生变化,应力高则寿命短,应力低则寿命长,当应力低于疲劳极限时,寿命可达无限长。这种寿命随应力的不同而变化的关系,可用疲劳曲线来说明。

(2) 疲劳时脆性断裂。由于一般疲劳的应力水平比屈服强度低,所以不管是韧性材料还是脆性材料,在疲劳断裂前均不发生塑性变形或有形变预兆,它是在长期累积损伤过程中,经裂纹萌生和缓慢亚稳扩展到临界尺寸时才突然发生的,因此,疲劳是一种潜在的突发性断裂,容易造成事故和经济损失。

(3)疲劳对缺陷(缺口、裂纹及组织缺陷)十分敏感。由于疲劳破坏是从局部开始的,所以它对缺陷具有高度的选择性。缺口和裂纹因应力集中增大了对材料的损伤作用,组织缺陷(夹杂、疏松、白点、脱碳等)降低了材料的局部强度,但两者都会加快疲劳破坏的开始和发展。

(4)疲劳断裂也是裂纹萌生和扩展的过程,但因应力水平低,故具有明显的裂纹萌生和缓慢亚稳扩散阶段,相应的断口上有明显的疲劳源和疲劳扩散区,这是疲劳断裂的主要断口特征。只是裂纹在最后失稳扩展时才形成了瞬时断裂区,具有一般脆性断口的放射线、人字纹或结晶状形貌特征。

第六节　磨损

机件表面相接触并做相对运动,表面逐渐有微小颗粒分离出来形成磨屑(松散的尺寸与形状不相同的碎屑),使表面材料逐渐损失(导致机件尺寸变化和质量损失),造成表面损伤的现象即为磨损。磨损主要是由力学作用引起的,但磨损并非单一的力学过程。引起磨损的原因既有力学作用,也有物理化学作用,因此,摩擦副材料、润滑条件、加载方式和大小、相对运动特性(方式和速率)以及工作温度等诸多因素均影响磨损量的大小,所以,磨损是一个复杂的系统过程。

在磨损过程中,磨屑的形成也是一个变形和断裂的过程。静强度中的基本理论和概念也可用来分析磨损过程,只不过磨损是发生在机件表面的过程,而不是机件的整体变形和断裂。在整体加载时,塑性变形集中在材料的一定体积内,在这些部位产生应力集中并导致裂纹产生。而在表面加载时,塑性变形和断裂发生在表面,由于接触区应力分布比较复杂,沿接触表面上任何一点都有可能参加塑性变形和断裂,反而使应力集中降低。在磨损过程中,塑性变形和断裂是反复进行的,一旦磨屑形成后就又开始下一循环,所以过程具有动态特征。这种动态特征标志着表层组织变化也具有动态特征,即每次循环材料总要转变到新的状态,加上磨损本身的一些特点,所以普通力学性能实验所得到的材料力学性能数据不一定能反映材料耐磨性的优劣。

机件正常运行的磨损过程一般分为以下3个阶段,如图4.32所示。

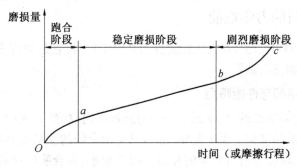

图4.32　磨损量与时间的关系示意图

（1）跑合阶段（磨合阶段）。如图 4.32 中的 Oa 线段，在此阶段内，无论摩擦副双方硬度如何，摩擦表面逐渐被磨平，实际接触面积增大，故磨损速率减小。跑合阶段磨损速率减小还和表面应变硬化以及表面形成牢固的氧化膜有关。电子衍射证实，铸铁活塞环的跑合表面有氧化层存在。

（2）稳定磨损阶段。如图 4.33 中的 ab 线段，这是磨损速率稳定的阶段，线段的斜率就是磨损速率。大多数机器零件均在此阶段内服役，实验室磨损试验也需要进行到这一阶段。通常根据这一阶段的时间、磨损速率或磨损质量来评定不同材料或不同工艺的耐磨性能。在跑合阶段跑合得越好，稳定磨损阶段的磨损速率就越低。

（3）剧烈磨损阶段。如图 4.32 中的 bc 阶段，随着机器工作时间的增加，摩擦副接触表面之间的间隙增大，机件表面质量下降，润滑膜被破坏，引起剧烈振动，磨损重新加剧，此时机件很快失效。

上述磨损曲线因工作条件不同可能会有很大差异，如摩擦条件恶劣、跑合不良，则在跑合过程中就产生强烈黏着，而使机件无法正常运行，此时只有剧烈磨损阶段；反之，如跑合很好，则稳定磨损期很长，且磨损质量也比较小。

耐磨性是材料抵抗磨损的性能，这是一个系统性质。迄今为止，还没有一个统一的、意义明确的耐磨性指标。通常是用磨损量来表示材料的耐磨性，磨损量越小，耐磨性就越高。磨损量既可用试样摩擦表面沿法线方向的尺寸减小来表示，也可用试样体积或质量损失来表示。前者称为线磨损，后者称为体积磨损或质量磨损。若测量单位摩擦距离、单位压力下的磨损量等，则称为比磨损量，为了和通常的概念一致，有时还用磨损量的倒数关系来表征材料的耐磨性。此外，还广泛使用相对耐磨性的概念，相对耐磨性 ε 用下式表示：

$$\varepsilon = \frac{标准试样的磨损量}{被测试样的磨损量}$$

相对耐磨性的倒数也称为磨损系数。

第七节　　聚合物及陶瓷材料的力学性能

一般材料可分为金属材料、聚合物材料、陶瓷材料。以上介绍的是金属材料的力学性能，本节将对聚合物材料、陶瓷材料以及复合材料的力学性能进行简单介绍。

一、聚合物材料的力学性能

分子量大于 10 000 以上的有机化合物称为高分子材料，它是由许多小分子聚合而得到的，故又称为聚合物或高聚物。

（一）聚合物的结构与性能特点

聚合物的结构是多层次的，包括高分子链的近程结构（构型）、远程结构（构象）、聚集态结构、织态结构和液晶结构。限于篇幅，本书只对聚合物的主要结构特征、力学性能特点以及其塑性、强度、硬度等进行简单的介绍。归纳起来，聚合物的结构特征主要有以下几点。

（1）聚合物长链的重复链节数目（聚合度）可以不一样，因而聚合物中各个分子的分子量不一定相同。聚合物实际上是一个复合物,其分子量只能用平均分子量表示。

(2)聚合物长链可以有构型、构象的变化,加之可以是几种单体的聚合,从而可以形成共聚、嵌段、接枝、交联等结构上的变化。

(3)分子之间可以有各种相互排列,如取向、结晶等。这种结构上的多重性,以及聚合物分子链运动单元的多样性,使聚合物显示出各种特殊的性能。

与金属材料相比,聚合物在外力或能量载荷作用下受温度和载荷作用时间的影响很大,因此,其力学性能变化幅度较大。聚合物材料的主要物理、力学性能特点有以下几点。

(1)密度小。聚合物是密度最小的工程材料,其密度一般在 $1.0 \sim 2.0 \ g/cm^3$ 之间,仅为钢的 1/8 ~ 1/4,为工程陶瓷的 1/2 以下。质量轻、强度比大是聚合物的突出特点。

(2)高弹性。高弹态的聚合物其弹性变形量可达到100% ~ 1 000%,一般金属材料只有 0.1% ~ 1.0%。

(3)弹性模量小。聚合物的弹性模量为 0.4 ~ 4.0 GPa,一般金属材料则为 50 ~ 300 GPa,因此聚合物的刚度差。

(4)黏弹性明显。聚合物的高弹性对时间有强烈的依赖性,应变落后于应力,室温下即会产生明显的蠕变变形及应力松弛。

(二) 聚合物的黏弹性

聚合物在外力作用下,黏性和弹性两种变形机理同时存在的力学行为称为黏弹性。聚合物的黏弹性分静态黏弹性和动态黏弹性两类。

当应力或应变完全恒定,不是时间的函数时,聚合物所表现的黏弹性称为静态黏弹性。一般有两种表现形式:蠕变与应力松弛。聚合物的蠕变变形不同于前面介绍的金属的蠕变。聚合物的蠕变变形是指在室温下,聚合物承受力的长期作用时,产生的不可回复的塑性变形。它是分子间黏性阻力使应变和应力不能瞬间达到平衡的结果。聚合物的蠕变变形除不可回复的黏性变形外,还包含普弹性变形和高弹性变形。在外力去除后,普弹性变形迅速回复,而高弹性变形则缓慢地部分回复,这是聚合物蠕变与金属蠕变的明显区别。

蠕变模量和应力松弛模量是表征聚合物黏弹性的力学性能指标。蠕变模量是指在给定温度与给定时间 τ 下施加的应力与蠕变应变量之比,表示为 $E_c(\tau)$;应力松弛模量是指在一定时间 τ 后,瞬时应力与应变之比,表示为 $E_r(\tau)$。

聚合物材料所受应力(交变应力)为时间的函数,且应变随时间的变化始终落后于应力的变化,这一滞后效应称为动态黏弹性现象。

(三) 聚合物的强度与断裂

聚合物的抗拉强度与抗压强度比金属低得多,但其比强度较金属的高。聚合物的抗拉强度一般为 20 ~ 80 MPa,表 4.5 给出了几种聚合物材料的抗拉强度值。

聚合物具有一定的强度,是由分子间范德瓦耳斯键、原子间共价键及分子间氢键决定的。但聚合物的实际强度仅为其理论值的 1/200。这与其结构缺陷(如裂纹、杂质、气泡、表面划痕和空洞等)和分子链断裂的不同时性有关。

表 4.5　几种聚合物材料的抗拉强度值

名称	抗拉强度/MPa
低压聚乙烯(PE)	20
聚氯乙烯(PVC)	50
尼龙 – 610	60
尼龙 – 66	83
芳香尼龙	120
聚对苯二甲酸乙二醇酯	—
PET	80
聚苯醚(PPO)	85
聚砜(PSU)	85
聚碳酸酯(PC)	67

影响聚合物实际强度的因素仍然是其自身的结构,主要的结构因素有以下几点。

(1)高分子链极性大或形成氢键能显著提高强度,如聚氯乙烯极性比聚乙烯大,所以前者强度高;尼龙有氢键,其强度又比聚氯乙烯高。

(2)主链刚度大,强度高,但是如果链刚性太大,会使材料变脆。

(3)分子链支化程度增加,降低抗拉强度。

(4)分子间适度进行交联,提高抗拉强度,如辐射交联的低压聚乙烯(PE)比未交联PE 的抗拉强度提高一倍;但交联过多,因影响分子链取向,反而会降低强度。

在拉应力的作用下,非晶态聚合物的某些薄弱地区,因应力集中产生局部塑性变形,结果在其表面和内部会出现闪亮的、细长形的"类裂纹",称为银纹。银纹是非晶态聚合物塑性变形的一种特殊形式,它实际上是垂直于外加主应力的椭圆形空楔,这表明银纹实质上就是已发生了取向的高分子链束。

银纹的形成能增加聚合物的韧性,因为它使聚合物的应力得到松弛;同时,银纹中的微纤维表面积大,可吸收能量,对增加韧性也有作用。在外力作用下,银纹因其内部存在非均匀性而产生开裂并逐渐发展成微裂纹。在工程上,非晶态聚合物的断裂过程,包括外力作用下银纹和非均匀区的形成、银纹质的断裂、微裂纹的形成、裂纹扩展和最后断裂等几个阶段。与金属材料相比,聚合物形成的银纹类似于金属韧性断裂前产生的微孔。

聚合物的疲劳强度低于金属。多数聚合物的疲劳强度为其抗拉强度的 0.2 ~ 0.3倍。但增强热固性聚合物的疲劳强度与抗拉强度的比值比较高,如聚甲醛(POM)和聚四氟乙烯(PTFE)的比值为 0.4 ~ 0.5。聚合物的疲劳强度随分子量的增大而提高,随结晶度的增加而降低。

聚合物的硬度与其强度一样,也比金属低得多。测定聚合物的硬度选用专用的洛氏硬度标尺。与金属材料洛氏硬度试验相比,测定聚合物洛氏硬度所用钢球直径比较小。而且由于聚合物具有黏弹性,其与时间有关的变形部分比金属材料大得多,所以硬度试验时要有足够的保持时间。常用热固性树脂,如酚醛、聚酯、环氧树脂的洛氏硬度分别为120、115 和 100。

由于聚合物具有较大的柔性和弹性,故在不少场合下都显示出较高的抗划伤能力。聚合物的化学组成和结构与金属相差很大,因此两者的黏着倾向很小。

二、陶瓷材料的力学性能

陶瓷材料在人类生活和社会建设中是不可缺少的材料,它和金属材料、聚合物材料并列为当代三大固体材料之一。它们之间的主要区别在于化学键不同,因而在性能上存在很大差异。本书主要介绍新型工程结构陶瓷(以下简称工程陶瓷)材料的力学性能。

工程陶瓷材料的塑性、韧性值比金属材料低得多,对缺陷很敏感,强度可靠性较差。工程陶瓷材料的制备技术、气孔、夹杂物、界面、晶粒结构均匀性等因素对其力学性能有显著的影响。

陶瓷材料通常是金属与非金属元素组成的化合物。当含有一个以上的化合物时,其晶体结构可能变得很复杂。陶瓷晶体以离子键和共价键为主要结合键,一般为两种或者两种以上不同键的混合形式。

(一)陶瓷材料的变形与断裂

绝大多数陶瓷材料在室温下拉伸或弯曲,均不产生塑性变形,而呈脆性断裂特征。陶瓷材料与金属材料相比,其弹性变形具有如下特点。

(1)弹性模量大,这是由其共价键和离子键的键合结构决定的。共价键具有方向性,使晶体具有较高的抗晶格畸变、阻碍位错运动的能力。离子键晶体结构的键方向性虽不明显,但滑移系受原子密排面与原子密排方向的限制,还受静电作用力的限制,其实际可动滑移系较少。

(2)陶瓷材料的弹性模量不仅与结合键有关,还与其组成相的种类、分布比例及气孔率有关。陶瓷的成型和烧结工艺对其弹性模量有重要的影响,气孔率较小时,弹性模量随气孔率增加呈线性降低。

(3)通常,陶瓷材料的压缩弹性模量高于拉伸弹性模量。由于材料中的缺陷对拉应力十分敏感,所以陶瓷材料的抗压强度值比抗拉强度值大得多。在工程应用中,选用陶瓷材料时应充分注意这一点。

室温下,绝大多数陶瓷材料不产生塑性变形。在 1 000 ℃ 以上的高温条件下,大多数陶瓷材料会出现由主滑移系运动引起的塑性变形。

陶瓷材料的断裂过程都是以其内部或表面存在的缺陷为起点而发生的。解理是陶瓷材料的主要断裂机理,而且很容易从穿晶解理转变成沿晶断裂。陶瓷材料断裂时以各种缺陷为裂纹源,在一定拉伸应力作用下,其最薄弱环节处的微小裂纹扩展,当裂纹尺寸达到临界值时陶瓷瞬时脆断。

(二)陶瓷材料的强度与断裂韧度

如同金属材料一样,强度是工程陶瓷最基本的性能。大量试验结果表明,陶瓷的实际强度比其理论值小 1 ~ 2 个数量级,只有晶须和纤维的实际强度才较接近理论值。

工程陶瓷的断裂韧度值比金属的低 1 ~ 2 个数量级。但它具有优良的高温力学性能、耐磨、耐蚀、电绝缘性好等优点,因此陶瓷材料的增韧一直是材料科学界研究的热点之一。陶瓷增韧有多种途径,以下简单介绍其中 3 种。

（1）改善材料显微结构。使材料达到细、密、匀、纯，是陶瓷材料增韧增强的有效途径之一。

（2）相变增韧。相变增韧是 ZrO_2 陶瓷的典型增韧机理，它是通过四方相（$t - ZrO_2$）转变成单斜相（$m - ZrO_2$）来实现的。但相变增韧受使用温度的限制，如当温度超过 800 ℃ 时，$t - ZrO_2$ 由亚稳态变成稳定态，$t - ZrO_2 \rightarrow m - ZrO_2$ 相变不再发生，故相变增韧失去作用。

（3）微裂纹增韧。陶瓷材料中的微裂纹是在相变体积膨胀（$t - ZrO_2 \rightarrow m - ZrO_2$ 相变）时产生的；或是由温度变化致使基体相与分散相之间热膨胀性能不同所引起的；还可能是材料中原本就已经存在的。当主裂纹扩展遇到这些微裂纹时会发生分叉转向前进，增加扩展过程中的表面能；同时，主裂纹尖端应力集中被松弛，致使扩展速率减慢，这些因素都使材料韧性增加。

（三）陶瓷材料的硬度与耐磨性

工程陶瓷材料硬度高是其优点之一，常用洛氏硬度 HRA、HR45N，维氏硬度 HV 或努氏硬度 HK 表示。在测量陶瓷材料的维氏或努氏硬度时，试样表面必须研抛至镜面，表面粗糙度必须在 100 nm 以下。

工程陶瓷硬度高，所以其耐磨性也比较高。陶瓷材料用于耐磨材料还是在 20 世纪 80 年代中期。陶瓷材料的耐磨性不仅优于金属材料，而且在高温、腐蚀环境条件下更显示出其独特的优越性。最重要的耐磨陶瓷材料有 Al_2O_3、SiC、ZrO_2、Si_3N_4 和 Sialon（赛隆陶瓷）等。

（四）陶瓷材料的疲劳

陶瓷材料的疲劳，除已证实在循环载荷作用下也存在机械疲劳效应外，其含义比金属材料的要广。在静载荷作用下，陶瓷承载能力随时间延长而下降的断裂现象，以及在恒加载速率下，陶瓷断裂对加载速率敏感性的研究，均被纳入陶瓷疲劳范畴。前者为陶瓷的静态疲劳，后者为动态疲劳。陶瓷的疲劳包括循环（应力）疲劳、静态疲劳和动态疲劳。研究陶瓷疲劳对于扩大陶瓷材料的应用具有重要的意义。

［小历史］

材料在常温、静载作用下的宏观力学性能是确定各种工程设计参数的主要依据。这些力学性能均需用标准试样在材料试验机上按照规定的试验方法和程序测定，并可同时测定材料的应力 – 应变曲线。随着工农业的迅速发展，如何有效地利用有限的资源成为当今材料界关注的重点，其中，利用材料的力学性能设计构件不但能够保证安全使用，同时还能提高资源的利用效率。案例："鸟巢"所用钢材强度是普通钢的两倍，是由我国自主创新研发的特钢材，集刚强、柔韧于一体，从而保证了鸟巢在承受最大 460 MPa 的外力后，依然可以恢复到原有形状，也就是说能抵抗当年唐山大地震那样的地震波。为满足抗震要求，钢构件的节点部位还特别做了加厚处理，杆件的联结方式一律为焊接，以增加结构整体的刚度和强度。"鸟巢"凌空的屋顶气势不凡，支撑它的 24 根巨大钢柱脚更是壮观雄伟。为保证建造在 8° 抗震设防的高烈度地震区的"鸟巢"能站稳脚跟，科研设计人员克服"鸟巢"柱脚集合尺寸大且构造复杂、我国现行规范的计算假定与设计方法难以适用等情况,为这些钢柱脚增加了底座和铆钉,将柱脚牢牢铆在了混凝土中。柱脚下的承台厚度高达4～6 m,24根巨大钢柱分别与24个巨大的钢筋混凝土墩子牢固地连在一起,共同擎起巨大的"鸟巢"。鸟巢的设计是综合考虑了材料的强度、韧性以及材料的利用效率的实例。

[小启发]

碳纳米管力学性能

碳纳米管又称巴基管,碳纳米管的端面由于碳五元环的存在,反应活性增强,在外界高温和其他反应物质存在的条件下,端面很容易被打开,形成一根管子,易被金属浸润和金属形成金属基复合材料。这种材料具有高比强度、高比模量、耐高温、热膨胀系数小和抵抗热变性能强等一系列优良性能。马仁志等采用直接熔化方法合成了碳纳米管／铁基复合材料,其硬度可达到HRC65,比普通铁碳合金的硬度高HRC5～10。董树荣等制备的碳纳米管／铜基复合材料具有良好的减摩、耐磨性能。

在碳纳米管／高分子复合材料方面,贾志杰等采用碳纳米管参与聚合反应的原位复合法制备了尼龙6/碳纳米管、碳纳米管／聚甲基丙烯酸甲酯复合材料,由于大大提高了聚合物平均分子量,并且与碳纳米管形成牢固的结合界面,所以其机械性能大幅度提高。美国科学家用一层碳纳米管、一层聚合物层层交叠出"夹心饼干式碳纳米管",该材料具有超强硬度,可与工程中使用的超硬陶瓷材料媲美,这种新的超硬材料是完全有机的,而且很轻,适用于制造植入人体并长期发挥作用的医疗器件。在碳纳米管增强聚合物方法中一个重要的问题就是要使碳纳米管在聚合物基体中分散均匀,美国宾夕法尼亚大学的科学家将碳纳米管加入环氧树脂中生成的复合材料,硬度可增加3倍,室温下的热导率可增加125%,环氧树脂经此复合后,一些性能得到优化,他们的成功之处就是使纳米管分散更均匀。

碳纳米管／陶瓷复合材料强度较高,机械冲击性能、热冲击性能也都得以改善,断裂韧性也大幅度提高。吴德海等用高温热压技术制备了纳米陶瓷复合材料,弯曲强度和韧性比原来增加了10%。美国戴维斯加利福尼亚大学的科学家制成的碳纳米管强化陶瓷材料,断裂韧度是常规氧化铝的5倍,导电性能达到以前用纳米管制造的陶瓷的7倍。

[小研究]

碳纳米管的纳米尺度、高强度和高韧性特征,使得它可以广泛应用于微米甚至纳米机械。美国NASA Ames研究中心的研究人员利用碳纳米管制造出了纳米级的齿轮。科学家还利用单壁碳纳米管制造出了微机械执行器。美国佐治亚工学院王中林教授等利用碳纳米管在高频场下的振动现象,发明了世界上最小、最灵敏的秤——纳米管秤,该秤可以称量一些大生物分子和生化颗粒(如病毒)。由于碳纳米管具有很大的长径比和很好的柔韧性,因此可用作扫描隧道显微镜(STM)和原子力显微镜(AFM)的针尖。1996年,美国莱斯大学Smalley研究小组首先成功地制备出用于AFM的碳纳米管针尖,它是在常用的 AFM 微悬臂针尖上吸附一小段多壁碳纳米管,这种针尖可以避免损害被观察的样件。此外,在装甲和防弹材料及航空航天等领域,碳纳米管也具有广阔的应用前景。

[习题]

4.1　解释下列名词。

(1) 弹性比功;(2) 塑性、脆性和韧性;(3) 穿晶断裂和沿晶断裂;(4) 布氏硬度、洛氏硬度及维氏硬度;(5) 疲劳、磨损及蠕变;(6) 聚合物的黏弹性。

4.2　说明下列力学性能指标和意义。

(1) $E(G)$;

(2) σ_b、σ_r、σ_s、$\sigma_{0.2}$;

(3) δ、δ_{gt}、ψ;

(4) HB、HR、HV;

(5) A_k、a_k。

4.3　金属的弹性模量主要取决于什么因素,为什么说它是一个对组织不敏感的力学性能指标?

4.4　决定金属屈服强度的因素有哪些?

4.5　试列举出能显著强化金属而不降低其塑性的方法。

4.6　试说明高温下金属蠕变变形的机理与常温下金属塑性变形的机理有何不同。

4.7　试述聚合物材料的结构力学性能特点。

4.8　断裂强度 σ_c 与抗拉强度 σ_b 有何区别?

第五章　材料的电性能

第一节　材料电性能概述

材料在各种电路中都是以具有一定形状尺寸的器件出现的。材料器件所呈现的导电性通常服从欧姆定律,即器件中的电流与施加于其上的电压成正比,其比例系数为该器件的电阻(resistance)。但是,并非所有的材料器件导电性都服从欧姆定律。单向导通的二极管(diode)、具有放大作用的晶体管(transistor)等器件,其电流与电压的关系不符合欧姆定律。

为了比较不同材料自身的导电性,需要消除器件形状尺寸的影响。为此,使用材料的电阻率(resistivity)来表达,或者用电导率(conductivity),也就是电阻率的倒数。习惯使用的物理量符号分别是电阻率 ρ 和电导率 σ。在 SI 单位制下,ρ 和 σ 的单位分别是 $\Omega \cdot m$ 和 S/m,其中,σ 的单位也常用 $(\Omega \cdot m)^{-1}$ 表示。不同材料电导率 $\sigma[(\Omega \cdot m)^{-1}]$ 的大致范围分别为:超导体 $\sigma \geq 10^{15}(\Omega \cdot m)^{-1}$、导体 σ 为 $10^4 \sim 10^8(\Omega \cdot m)^{-1}$、半导体 σ 为 $10^{-6} \sim 10^6(\Omega \cdot m)^{-1}$ 和绝缘体 σ 为 $10^{-20} \sim 10^{-8}(\Omega \cdot m)^{-1}$。请注意,不同导电类别材料的导电性之间的界限是人为划分的,不同类别的材料之间有交叉重叠,而不同的资料中给出的界限范围也不完全一致。

金属及合金一般都被划归为导体,它们显示出很好的导电性。半导体材料的导电性仅次于金属材料,而且显示出可在很宽范围内变化的特点。高分子材料和陶瓷材料导电性差,一般用作绝缘体,不过在这些材料中有一些现象很值得关注。例如,近年来人们研究发现了一些具有良好导电性的高分子材料,大致可分为两类:在绝缘高分子中掺入炭黑等导电材料使其获得良好的导电性,以及利用高分子材料中的特殊键中的电子导电而达到很高的导电性,如掺杂 AsF、聚乙炔等材料。陶瓷材料的导电性最为复杂。以金属氧化物为例,有些过渡族金属的氧化物陶瓷显示良好的导电性,有些金属氧化物显示半导体特性,而主族金属的氧化物通常显示非常好的绝缘性。另外,常温下导电性比较差的陶瓷材料,有的在较低温度下能够显示超导性,从而成为导电性很好的材料。

第二节　材料电性能微观机理

材料宏观上的导电性是材料中带有电荷的粒子响应电场的作用发生定向移动的结果。材料中参与传导电流的带电粒子称为载流子(charge carrier)。总体上讲,材料中可能的载流子包括电子和正、负离子。一种材料中载流子可能是一种,也可能是几种。当有多种载流子时,如果其中一种载流子的体积密度或者在总体导电性中起主导作用,则其为主要载流子。

　　金属材料的载流子为电子。但是,不是金属材料中所有的核外电子都是载流子,只有处于公有化状态的非定域自由电子才作为载流子参与导电。后面更具体的分析中还将看到,在通常的电场作用下,金属中并不需要所有的自由电子都实际参与导电,只是其中很小比例的部分电子参与就能完成导电,绝大部分电子处于储备状态。

　　半导体材料的载流子包括导带中的电子(electrons in conduction band)和价带中的空穴(holes in valence band)。掺杂半导体中往往又以其中之一为主,比如在 N 型半导体中,导带中的电子体积密度远远多于价带的空穴,是占主导地位的载流子;而 P 型半导体中数量占优势的载流子为价带的空穴。习惯上将数量占优势的载流子称为多数载流子(major charge carrier),而数量上较少的为少数载流子(minor charge carrier)。

　　陶瓷材料中载流子情况最为复杂。有些材料能够类似于金属材料,依靠核外未满的次外层上的电子参与导电。表现出半导体特性的陶瓷材料,主要依靠价带空穴和导带电子导电。陶瓷材料中特有的导电现象是离子导电,其中电流是通过各种正、负离子响应电场作用产生净定向扩散而传导。离子键结合的陶瓷材料显示这种特性,其中,电子导电还必须非常弱。否则,电子导电仍起到主导作用时,就会将离子导电掩盖掉。

　　高分子材料一般都具有非常好的电绝缘性,原因是其中缺乏高体积密度的载流子。但是,近年来发现某些高分子材料具有良好的导电性,原因是特殊形态的结合键中电子能够参与导电一般情况下,材料中由分别携带正电荷和负电荷的两类载流子参与导电。

　　一般情况下,材料中由分别携带正电荷和负电荷的两类载流子参与导电。如果已知载流子的体积密度即单位体积中载流子的数量(n_+,n_-)、各自所携带的电荷量(q_+e,q_-e)以及它们在电场作用下定向移动产生的漂移速率(drift velocity,v_+,v_-),就可以得到电流密度 j(current density)的表达式:

$$j = n_+ v_+ q_+ e - n_- v_- q_- e$$

式中,e 为电子电荷量,$e = 1.6 \times 10^{-19}$ ℃。

　　引入带正、负电荷的载流子的迁移率(mobility,μ_+,μ_-),其定义为单位强度的电场 ξ 作用下的定向移动速率 v,即

$$\mu = \frac{v}{\xi} \tag{5.1}$$

则电流密度可以表达为

$$j = (n_+ \mu_+ q_+ e + n_- \mu_- q_- e)\xi = \sigma \xi \tag{5.2}$$

式中,σ 为材料的电导率。

　　式(5.2)是欧姆定律的一种表达形式,显然

$$\sigma = (n_+ \mu_+ q_+ e + n_- \mu_- q_- e) \tag{5.3a}$$

　　如果材料中包含更多种不同的载流子参与导电过程,其电导率的表达式可以更一般化为

$$\sigma = \sum_i (n\mu q e) \tag{5.3b}$$

式中,求和是对所有种类的载流子进行的,其余各符号所表达的物理量同上。

　　从材料电导率的表达式(5.3b)中可以看出,影响材料导电性的因素包括载流子的电荷量、体积密度以及迁移率。其中,单个载流子的电荷量是比较容易确定下来的,无须特

别讨论。因此,影响材料电导率的主要因素是材料中载流子的体积密度与迁移率。

由式(5.3)可以给出半导体材料和金属材料的电导率公式。其中,半导体材料的载流子为导带的电子与价带的空穴。以 n 与 p 分别表达导带上的电子体积密度和价带中的空穴体积密度,μ_e 与 μ_h 分别为电子及空穴的迁移率。根据式(5.3)得半导体的电导率表达式为

$$\sigma = p\mu_h e + n\mu_e e \tag{5.4}$$

金属中只有自由电子参与导电。按照经典自由电子理论,所有自由电子参与导电,金属的电导率 $\sigma = n_e \mu_e e$。

通过简单推导,可以得出自由电子在电场 ξ 作用下获得的漂移速率为

$$v = -\frac{et\xi}{2m}$$

因此,自由电子的迁移率为

$$\mu_e = \frac{et}{2m} \tag{5.5}$$

根据式(5.3)得金属材料的电导率表达式为

$$\sigma = n_e \mu_e e = \frac{n_e e^2 t}{2m} \tag{5.6}$$

式中,t 为自由电子的平均自由运动时间;n_e 为自由电子的体积密度;m 为电子的质量。

需要指出,经典自由电子理论的这种处理方式存在着严重缺陷,该理论认为所有的自由电子都参与导电。产生这种缺陷的根源则在于经典自由电子理论没有认识到金属中自由电子的能量、波矢或速率状态的量子化特征。应该依据量子自由电子理论对金属导电性进行处理之后再进行比较。

下面将对各类典型材料的导电性进行具体分析。根据载流子的类型可将材料的导电性划分为两类:电子型导电性(包括电子和空穴导电)和离子型导电性。这两种类型的载流子不论是体积密度还是迁移率的影响因素都有着本质差别。

在科学发展的历史中,人们首先从金属导电性开始认识材料的导电性规律并展开理论分析。首先对电子型导电性进行讨论。这部分的基础是关于金属及固体材料中的电子态的内容,具体内容涉及金属、半导体及陶瓷材料的电子和(或)空穴的导电,也涉及超导性。有关离子型导电性的基础为离子在晶体中的扩散运动,具体内容涉及离子晶体类陶瓷材料的导电性。

第三节 超导体

自从1911年海克·卡茂林·昂内斯(H. K. Onnes)在 Hg 中首次发现超导现象后,超导材料及相关的理论基础问题得到广泛的研究。由于目前的超导体临界转变温度最高只有一百几十开尔文,仍然离不开冷却介质,因此人们还没有能在工业规模上将超导材料作为导体应用于输电或者用电器件中。但是,在一些特殊场合中,超导体以其独特性质得到许多特殊的重要应用。比如,利用超导体的量子干涉效应精确地检测极弱磁场的强度,以及作为强电流载体产生很强的稳恒磁场等。

    Hg 的电阻率随着温度的变化是最早实验观测到的超导现象。观察发现,当温度降低至大约4.2 K时,检测仪器检测到 Hg 的试样电阻 R 陡然降至零。根据材料电阻(率)随着温度的变化,将某些材料中显示出来的随温度下降电阻率突然减小到零的现象称为超导现象,而将具有超导现象的材料称为超导材料。我们知道,完全无缺陷的理想晶体(尽管在实际中很难实现),在温度趋于 0 K 时,其电阻率也趋于 0。但是,超导材料与普通材料的导电性具有显著的差别。超导材料在临界转变温度附近电阻率突变,是一种转变,而普通材料中电阻(率)是连续变化。超导材料具有极低电阻率的特性,又称为零电阻特性。

    详细研究超导材料的特性发现,超导材料处于超导状态下,不仅具有特殊的导电性,其磁性也很特殊,它具有很强的抗磁性,又称迈斯纳(Meissner)效应。所谓抗磁性,就是超导态的超导体受到外部磁场作用时发生电磁感应,自身所建立的磁场与外部磁场相排斥,其重要特征是在超导体内部的合磁感应强度尽量低。在某些超导体中,超导体内部的磁感应强度保持为 0,从而表现出一种将磁力线排斥在自身以外的现象,实质上是保持超导体内磁感应强度为 0,从而呈现完全的抗磁性。此时,超导体的磁化率为 − 1,而显示完全抗磁性的超导体为第 Ⅰ 类超导体。

    还有一类超导体,处于超导状态下,当外部磁场较弱时,呈现完全抗磁性,与第 Ⅰ 类超导体相同。但是,当外部磁场强度超过某个临界值时,超导体内部一些区域中仍然保持磁感应强度为 0,而另外一些区域则不能再维持磁感应强度为 0,而是有磁力线穿过。这些有磁力线穿过的区域呈规则分布。此时,超导体处于一种混合态 —— 上述无磁通的区域呈超导性,为超导区域;有磁通的区域呈正常状态的导电性,为非超导区域。不过,由于两种区域并联,这种状态下,超导体整体上仍处于零电阻状态。

    需要指出,超导体在磁场中的完全抗磁性磁化,可以利用经典的电磁学理论处理。在外部磁场中的抗磁性,是因为电磁感应的束缚电流建立磁场的结果。理论分析计算显示,束缚电流的强度从外表面向内呈指数规律衰减,电流主要集中在超导体表面很薄的一层内(穿透厚度为数微米)。

    超导材料的超导性只有在适当的条件下才能显示出来,称为超导条件,具体包括以下三个方面。

    (1)温度条件。所有的超导材料,都只有在温度低于某个临界温度(即 $T < T_e$ 时),才具有超导性,T_e 称为超导临界转变温度,它是超导材料的重要性能指标。目前的超导材料在普通应用中都需要经适当的冷却剂冷却才具有超导性,限制了其应用(特别是经济性方面),人们期待着室温超导材料的出现。但是在某些特殊情况下,比如在太空中,就自然提供了低温环境条件。

    (2)磁场条件。所有的超导材料,处于超导状态的一个必要条件是外部磁场强度不超过某个值,即 $H < H_e$ 时才处于超导态。换言之,外部磁场强度超过一定值,材料失去其超导性而转变成正常的导电状态,该外部磁场的临界值称为临界磁场强度。超导材料的临界磁场强度随着温度的变化而改变。

    (3)电流条件。超导状态下的材料虽然显示出零电阻,让电流不受阻碍地在其中流通,但是,材料所能承载的电流密度并非无限大。当承载的电流密度超过一定数值时,超导状态就会遭到破坏而转变成常态,因此维持超导状态的另一个必要条件是电流密度小于其临界值,即 $j < j_e$。实验证明超导材料的临界电流密度是组织敏感参量,也就是说它

不仅取决于材料的成分结构自身,还与超导材料的微观组织密切相关。

一种超导材料,在工作状态下一般都需要同时考虑温度、外部磁场和承载电流的作用条件,在这样的多元限制条件下来维持其超导条件。

[小历史]

1962 年,年仅 20 多岁的剑桥大学实验物理研究生约瑟夫森在著名科学家安德森的指导下研究超导体能隙性质,他提出,在超导结中,电子对可以通过氧化层形成无阻的超导电流,这个现象称为直流约瑟夫森效应。当外加直流电压为 V 时,除直流超导电流之外,还存在交流电流,这个现象称为交流约瑟夫森效应。将超导体放在磁场中,磁场透入氧化层,这时超导结的最大超导电流随外磁场大小做有规律的变化。约瑟夫森的这一重要发现为超导体中的电子对运动提供了证据,让人们对超导现象本质的认识更加深入。约瑟夫森效应成为微弱电磁信号探测和其他电子学应用的基础。

20 世纪 70 年代超导列车成功地进行了载人可行性实验。超导列车是在车上安装强大的超导磁体,在地上安放一系列金属环状线圈。当车辆行进时,车上的磁体在地上的线圈中感应起相反的磁极,使两者的斥力将车子浮起。车辆在电动机的牵引下无摩擦地前进,时速可高达 500 km/h。

1987 年 3 月 12 日,北京大学成功地用液氮进行了超导磁悬浮实验。

1987 年,日本铁道综合技术研究所的“MLU002”号磁悬浮实验车开始试运行。1991年 3 月,日本住友电气工业公司展示了世界上第一个超导磁体。

1991 年 10 月,日本原子能研究所和东芝公司共同研制成核聚变反应堆使用的新型超导线圈。该线圈电流密度达到 40 A/mm^2,为过去的 3 倍多,达到世界最高水准。该研究所把这个线圈大型化后提供给国际热核聚变反应堆使用。这个新型磁体使用的超导材料是铌和锡的化合物。

1992 年 1 月 27 日,第一艘由日本船舶和海洋基金会建造的超导船“大和 1 号”在日本神户下水试航。超导船由船上的超导磁体产生强磁场,船两侧的正负电极使水中电流从船的一侧向另一侧流动,磁场和电流之间的洛伦兹力驱动船舶高速前进。这种高速超导船直到目前尚未进入实用化阶段,但实验证明,这种船舶有可能引发船舶工业爆发一次革命,就像当年富尔顿发明轮船最后取代了帆船那样。

1992 年,一个以巨型超导磁体为主的超导超级对撞机特大型设备,在美国得克萨斯州建成并投入使用,耗资超过 82 亿美元。

1996 年,改进高温超导电线的研究工作取得进展,制成了第一条地下输电电缆。欧洲电缆巨头皮雷利电缆公司、美国超导体公司和旧金山的电力研究所的工人,共同把6 000 m 长的由磷、银、钙、铜和氧制成的导线缠绕到一根保持超导温度的液氮空管子上。

[小启发]

强磁场的价值在于对物理学知识有重要的贡献。20 世纪 80 年代,一个概念上的重要进展是量子霍尔效应和分数量子霍尔效应的发现。这是在强磁场下研究二维电子气的输运现象时发现的(获 1985 年诺贝尔奖)。量子霍尔效应和分数量子霍尔效应的发现激起物理学家探索其起源的热情,并在建立电阻的自然基准、精确测定基本物理常数和精细结构常数等应用方面,已显示出了巨大的意义。高温超导电性机理的最终揭示在很大程度上也将依赖于人们在强磁场下对高温超导体性能的探索。

熟悉物理学史的人都清楚,由固体物理学演化为凝聚态物理学,其重要标志就在于其研究对象的日益扩大,从周期结构延伸到非周期结构,从三维晶体拓宽到低维和高维,乃至分数维体系。这些新对象展示了大量新的特性和物理现象,物理机理与传统的也大不相同。这些新对象的产生以及对新效应、新现象的解释使得凝聚态物理学得以不断地丰富和发展。在此过程中,极端条件一直起着至关重要的作用,因为极端条件往往使得某些因素突出出来而同时又抑制了其他因素,从而使原本很复杂的过程变得较为简单,有利于直接了解物理本质。

相对于其他极端条件,强磁场有其自身的特色。强磁场的作用是改变一个系统的物理状态,即改变角动量(自旋)和带电粒子的轨道运动,因此,也就改变了物理系统的状态。正是在这点上,强磁场不同于物理学的其他一些比较昂贵的手段,如中子源和同步加速器,它们没有改变所研究系统的物理状态。磁场可以产生新的物理环境,并导致新的特性,而这种新的物理环境和新的物理特性在没有磁场时是不存在的。低温也能导致新的物理状态,如超导电性和相变,但强磁场与低温有极大不同,它比低温更有效。这是因为磁场使带电的磁性粒子的运动和能量量子化,并破坏时间反演对称性,使它们具有更独特的性质。

强磁场可以在保持晶体结构不变的情况下改变动量空间的对称性,这对固体的能带结构以及元激发及其相互作用等研究是非常重要的。固体复杂的费米面结构正是利用强磁场使得电子和空穴在特定方向上的自由运动,导致磁化和磁阻的振荡这一原理而得以证实的。固体中的费米面结构及特征研究,一直是凝聚态物理学领域中的前沿课题。当今凝聚态物理基础研究的许多重大热点都离不开强磁场这一极端条件,甚至很多是以强磁场下的研究作为基础的。如玻色子凝聚态只发生在动量空间,要在真实空间中观察到此现象,必须在非均匀的强磁场中才有可能。又如高温超导的机理问题、量子霍尔效应研究、纳米材料中的物理问题、巨磁阻效应的物理起因、有机铁磁性的结构和来源、有机(包括富勒烯)超导体的机理和磁性、低维磁性材料的相变和磁相互作用、固体中的能带结构和费米面特征以及元激发及其相互作用研究等。强磁场下的研究工作将有助于对这些问题的正确认识和揭示,从而促进凝聚态物理学的进一步发展和完善。

带电粒子像电子、离子等,以及某些极性分子的运动在磁场特别是在强磁场中会产生根本性的变化。因此,研究强磁场对化学反应过程、表面催化过程,特别是磁性材料的生成过程、生物效应以及液晶的生成过程等的影响,有可能取得新的发现,产生交叉学科的新课题。强磁场应用于材料科学为新的功能材料的开发另辟新径,这方面的工作在国外备受重视,在国内也开始有所要求。高温超导体也正是因为在未来的强电领域中蕴藏着不可估量的应用前景,才引起科技界乃至各国政府的高度重视。因此,强磁场下的物理、化学等研究,无论是从基础研究的角度,还是从应用角度考虑都具有非常重要的意义,通过这一研究,不仅有助于将当代的基础性研究向更深层次拓展,而且还会对国民经济的发展起着重要的推动作用。

[小研究]

1. 非常规超导体磁通动力学和超导机理

非常规超导体磁通动力学和超导机理主要研究混合态区域的磁通线运动的机理,不可逆线性质、起因及其与磁场和温度的关系,临界电流密度与磁场温度的依赖关系及各向异性。超导机理研究侧重于研究正常态在强磁场下的磁阻、霍尔效应、涨落效应、费米面的性质以及 $T < T_C$ 时用强磁场破坏超导达到正常态时的输运性质等。对有望表现出高温超导电性的体系,像有机超导体,以及在强电方面具有广阔应用前景的低温超导体等,也将开展其在强磁场下的性质研究。

2. 强磁场下的低维凝聚态特性研究

低维性使得低维体系表现出三维体系所没有的特性。低维不稳定性导致了多种有序相。强磁场是揭示低维凝聚态特性的有效手段。主要研究内容包括:有机铁磁性的结构和来源;有机(包括富勒烯)超导体的机理和磁性;强磁场下二维电子气中非线性元激发的特异属性;低维磁性材料的相变和磁相互作用;有机导体在磁场中的输运和载流子特性;磁场中的能带结构和费米面特征;等等。

3. 强磁场下的半导体材料的光、电等特性

强磁场技术对半导体科学的发展日益重要,因为在各种物理因素中,外磁场是唯一在保持晶体结构不变的情况下改变动量空间对称性的物理因素,因而在半导体能带结构研究以及元激发及其相互作用研究中,磁场有着特别重要的作用。通过对强磁场下半导体材料的光、电等特性开展实验研究,可进一步理解和把握半导体的光学、电学等物理性质,从而为制造具有各种功能的半导体器件并发展高科技做基础性探索。

4. 强磁场下极微细尺度中的物理问题

极微细尺度体系中出现了许多常规材料所不具备的新现象和奇异特性,这与这类材料的微结构特别是电子结构密切相关。强磁场为研究极微细尺度体系的电子态和运输特性提供了强有力的手段,不但能进一步揭示这类材料在常规条件下难以出现的奇异现象,而且还能为在更深层次下认识其物理特性提供丰富的科学信息。主要研究强磁场下极微细尺度金属、半导体等的电子输运、电子局域和关联特性;量子尺寸效应、量子限域效应、小尺寸效应和表面、界面效应以及极微细尺度氧化物、碳化物和氮化物的光学特性及能隙精细结构等。

5. 强磁场化学

强磁场对化学反应电子自旋和核自旋的作用,可导致相应化学键的松弛,造成新键生成,诱发在一般条件下无法实现的物理化学变化,获得原来无法制备的新材料和新化合物。强磁场化学是应用基础性很强的新领域,有一系列理论课题和广阔的应用前景。近期可开展水和有机溶剂的磁化及机理研究以及强磁场诱发新化学反应研究等。

[习题]

5.1　金属材料、半导体材料与陶瓷材料的导电性随着温度变化的一般规律性中最

大的差别是什么？如果材料中有杂质，对这些材料的导电性分别会产生什么样的影响？

5.2　掺杂半导体导电性随温度变化如何改变？原因是什么？

5.3　温度、异价杂质对离子导电性分别有什么样的影响？为什么？

5.4　有哪些方法可以使金属材料的电阻率温度系数降低从而获取所谓的精密电阻合金？查资料用一种具体材料来说明。

5.5　金属合金中固溶态合金元素对导电性的影响如何？影响的强度与哪些因素有关？合金有序化过程中其电阻率的变化如何？

5.6　纯银是目前室温下导电性最好的材料，将少量银加入 Al 中形成固溶体，是否能使其导电性增强？简单解释其原因。

5.7　对于室温和极低温度两种情况，比较以下几种物质在相同温度下的导电性高低：Al、Nb、Sn、Fe、O_2、MgO，并说明原因。

5.8　若想通过改变温度的方法使半导体 Si 的导电性从室温（300 K）下的水平提高一个数量级（增加到室温下的10倍），应当使温度如何变化？变化多少？假设载流子的迁移率在此温度区间内保持不变。另外，已知 Si 的能带间隙在室温附近为 1.1 eV，玻尔兹曼常数 $k = 1.38 \times 10^{-23}$ J/K。

5.9　NaCl 的导电性随着温度升高会如何变化？其中加入少量 $CaCl_2$ 将如何影响其导电性？

5.10　对于一种导电性非常好的氧化物（如 ReO_3，其导电性甚至接近于 Cu），能否预测其导电性随着温度升高如何变化？说明判断理由。

5.11　简述迈斯纳（Meissner）效应。

5.12　简述第 I 类超导和第 II 类超导的不同。

5.13　查资料，对一种已经商品化的超导材料就以下内容加以简单总结：① 超导类别；② 超导临界转变温度 T_c、临界磁场强度与临界电流密度；③ 该材料的结构对其超导特性的影响；④ 材料的制备方法。

第六章　材料介电性能

在外电场作用下,材料发生两种响应:一种是电传导;另一种是电感应。与导电材料相伴而生,主要应用材料介电性能的这一类材料总称为电介质(材料)。早期的电介质材料指的是电路中起分隔电流作用的绝缘材料。随着电子技术、激光、红外、声学以及其他新技术的出现和发展,电介质材料的应用领域早已超出了仅仅作为电绝缘介质的应用范畴,绝缘体都是典型的电介质,电介质不必一定是绝缘体。然而表征材料介电性能的基本参数仍然是早期研究材料的绝缘性能时提出来的四大参数,即介电系数、介电损耗、电导率和击穿强度。随着电介质理论的不断深入和发展,对固体材料介电性能的研究已经发展成为以上述四大参数为基础,研究物质内部的电极化过程的一门学科。电介质材料主要的应用领域是电绝缘和各种电路中起满足电容作用的器件,所涉及的材料主要包括无机非金属材料和高分子材料。

第一节　介质极化和静态介电常数

介质的电极化是介电材料性能的基础。本节通过引入基本概念电偶极矩来定义电介质的极化强度,进而建立电介质的极化强度与宏观电场之间的关系以及电介质的极化强度与局部电场之间的关系。

一、电介质极化及其表征

电介质内部没有自由电子,它是由中性分子构成的,是电的绝缘体。所谓中性,是指分子中所有电荷的代数和为零,但是从微观角度来看,分子中各微观带电粒子在位置上并不重合,因而电荷的代数和为零并不意味着分子在电场作用下没有响应。由于分子内在力的约束,电介质分子中的带电粒子不能发生宏观的位移,被称为束缚电荷,也称为极化电荷。与外电场强度相垂直的电介质表面分别出现的正、负电荷。这些电荷不能自由移动,也不能离开,总值保持中性,如图6.1所示,平板电容器中电介质表面的电荷就是这种状态。在外电场的作用下,这些带电粒子可以有微观的位移,这种微观位移将激发附加的电场,从而使总电场变化。电介质就是指在电场作用下能建立极化的一切物质。

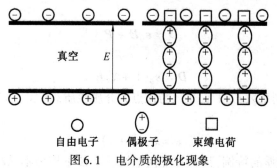

图 6.1　电介质的极化现象

　　一个正电荷 q 和另一个符号相反、数量相等的负电荷 $-q$ 由于某种原因而坚固地互相束缚于不等于零的距离上，便组成一个电偶极子。若从负电荷到正电荷做一矢量 $\bar{l}$，则这个粒子具有的电偶极矩可表示为矢量

$$\bar{\mu} = q\bar{l} \tag{6.1}$$

　　电偶极矩的单位为 C·m(库仑·米)。当观察到的空间范围的距离比两个点电荷之间的距离 l 大很多时，可以将电偶极子看成一个点偶极子，并习惯地规定用负电荷的所在位置代表点偶极子的空间位置。

　　根据分子的电结构，电介质可分为两大类：极性分子电介质和非极性分子电介质。它们结构的主要区别是在外电场不存在时，分子正、负电荷的重心是否重合，即是否具有电偶极子。如图 6.1 所示的极性分子存在电偶极矩，而非极性分子只有在外场的作用下，分子结构中正、负电荷重心才产生分离。为了定量描述电介质的这种性质，引入极化强度、介电常数等参数。

　　单位体积 ΔV 中电偶极矩的矢量和 $\sum \bar{\mu}$ 参数被称为极化强度 P，表示为

$$P = \frac{\sum \bar{\mu}}{\Delta V} \tag{6.2}$$

　　极化强度是一个矢量，它是一个具有平均意义的物理量，其单位为 C/m^2。可以证明，电极化强度的值等于介质表面的电荷密度。

　　极化既然是由电场引起的，极化强度就应与场强有关。这一关系由电介质的内在结构决定。电介质分为各向同性介质和各向异性介质(绝大多数的晶体)两种，均可以用统一的式子描述极化强度 P 和电场强度 E 之间的关系

$$P = aE = \varepsilon_0 xE \tag{6.3}$$

　　所不同的是，各向同性介质中各点的极化率 x 只用一个标量描写，每一点的极化强度 P 与该点的场强 E 方向相同且大小成正比；而对于各向异性介质中每点的极化率 x 必须用一个张量描述，P 与 E 的关系与场强方向有关，同一大小的场强如果方向不同，引起的极化强度也会不同。这里 x 和 a 一样都取决于电介质的性质，称为电介质的极化率。

　　电场是电介质极化的原因，极化也反过来对电场产生影响，即出现由极化电荷激发的附加电场。如此互相影响，最后达到平衡。平衡时，空间每点的场强都可以分为两部分：自由电荷激发的场强 E 和所有极化电荷的场强 E'。式(6.3)中的 E 应理解为总场强，即两者之和。

　　在静电学中，为了描述有介质存在时的高斯定理而引入了一个矢量，称为电位移或电感应 D，其定义为

$$D = \varepsilon_0 E + P \tag{6.4}$$

将式(6.3)代入得

$$D = \varepsilon_0 (1 + x) E \tag{6.5}$$

　　式(6.5)中，比例系数 $\varepsilon_0 (1 + x)$ 只与该点的介质性质 x 有关，称为介质的绝对介电常数，记作 ε，即

$$\varepsilon = \varepsilon_0 (1 + x) \tag{6.6}$$

　　把真空看作电介质的特例，其 P 在任何电场强度 E 下均为零，故其 $x = 0$，$\varepsilon = \varepsilon_0$。可

见，ε_0 是真空的绝对介电常数。为了衡量不同电介质的介电常数，将其与真空进行比较，某种电介质的绝对介电常数 ε 与真空的绝对介电常数 ε_0 之比，称为该电介质的相对介电常数，记作 ε_r，即

$$\varepsilon_r = \frac{\varepsilon}{\varepsilon_0} = 1 + x \qquad (6.7)$$

相对介电常数 ε_r 是无量纲的纯数，任何电介质的 $\varepsilon_r > 1$。式(6.7) 表明，用相对介电常数 ε_r 和用宏观电极化率 x 来描述物质的介电性质是等价的。

介电常数是综合反映介质内部电极化行为的一个主要的宏观物理量。一般电介质的 ε_r 值都在 10 以下，金红石可达 110，而铁电材料的 ε_r 值可达 10^4 数量级。高介电材料是制造电容器的主要材料，可大大缩小电容器的体积。陶瓷、玻璃、聚合物都是常用的电介质，表 6.1 中列出了一些玻璃、陶瓷和聚合物在室温下的相对介电常数。需要说明的是，外加电场的频率对一些电介质的介电常数是有影响的，特别是陶瓷类电介质。

表 6.1　一些玻璃、陶瓷和聚合物在室温下的相对介电常数 ε_r

材料	ε_r(频率范围)/Hz
二氧化硅玻璃	$3.78(10^2 \sim 10^{10})$
金刚石	6.6(直流)
多晶 ZnS	8.7(直流)
钛酸钡	$3\,000(10^6)$
云母晶体	$5.4 \sim 6.2$
氧化铝陶瓷	$9.5 \sim 11.2$
食盐晶体	6.12
LiF 晶体	9.27
聚苯乙烯泡沫塑料	$1.02 \sim 1.06(60)$
石蜡	$2.0 \sim 2.5$
聚乙烯	2.26
天然橡胶	$2.6 \sim 2.9$
聚乙烯泡沫塑料	1.1(60)
ABS 泡沫塑料	1.63(60)
聚四氟乙烯	2.0(60)
四氟乙烯 - 六氟丙烯共聚物	2.1(60)
聚丙烯	2.2(60)
聚三氟氯乙烯	2.24(60)
低密度聚乙烯	$2.25 \sim 2.35(60)$
高密度聚乙烯	$2.30 \sim 2.35(60)$

续表 6.1

材料	ε_r(频率范围)/Hz
ABS 树脂	2.4 ~ 5.0(60)
聚苯乙烯	2.45 ~ 3.10(60)
高抗冲聚苯乙烯	2.45 ~ 4.75(60)
聚苯醚	2.58(60)
聚碳酸酯	2.97 ~ 3.71(60)
聚砜	3.14(60)
聚氯乙烯	3.2 ~ 3.6(60)
聚甲基苯烯酸甲酯	3.3 ~ 3.9(60)
聚甲醛	3.7(60)
尼龙 - 6	3.8(60)
尼龙 - 66	4.0(60)
酚醛树脂	5.0 ~ 6.5(60)
硝化纤维	7.0 ~ 7.5(60)
聚偏氟乙烯	8.4(60)

二、电介质极化的微观机制

如果按作用质点的性质分,介质的极化一般包括三部分:电子极化、离子极化和偶极子转向极化。通常意义上,电介质极化是由外加电场作用于这些质点产生的,还有一种极化与质点的热运动有关。极化的基本形式又可分为两种:一种是位移式极化,这是一种弹性的、瞬时完成的极化,不消耗能量。电子位移极化、离子位移极化属于这种情况。第二种是松弛极化,这种极化与热运动有关,完成这种极化需要一定的时间,并且是非弹性的,因而消耗一定的能量。电子松弛极化、离子松弛极化属于这种类型。

在一些实际的电介质材料中,特别是在一些微观不均匀的凝聚态物质中(如聚合物材料、陶瓷材料、非晶态固体等),存在多种微观极化机制。下面分别介绍一下各种极化微观过程,并阐述其微观极化机制。

(一) 电子位移极化

在没有外电场作用时,组成电介质的分子或原子所带正负电荷的中心重合,即电矩等于零,对外呈中性。在电场作用下,正、负电荷重心产生相对位移(电子云发生了变化而使正、负电荷中心分离的物理过程),中性分子则转化为偶极子,从而产生了电子位移极化或电子形变极化,如图 6.2 所示。

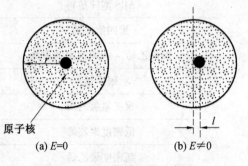

(a) $E = 0$　　　　(b) $E \neq 0$

图 6.2　电子位移极化示意图

电子位移极化的性质具有一个弹性束缚电荷在强迫振动中表现出来的特征。依据经典弹性振动理论可以计算出电子在交变电场中的极化率为

$$\alpha_e = \frac{e^2}{m}\left(\frac{1}{\omega_0^2 - \omega^2}\right) \tag{6.8}$$

当 ω 趋近于零时,可得到极化率

$$\alpha_e = \frac{e^2}{m\omega_0^2} \tag{6.9}$$

由式(6.8)和式(6.9)可见,电子的极化率依赖于交变电场的频率,极化率与交变电场的频率的关系反映了极化惯性。静态极化率可由共振吸收光频(紫光)测出。在光频范围内,电子对极化的贡献总是存在的,而其他极化机构由于惯性跟不上电场的变化,因而此时的介电常数几乎完全来自电子极化率的贡献。

利用玻尔原子模型,可具体估算出 α_e 的大小为

$$\alpha_e = \frac{4}{3}\pi\varepsilon_0 R^3 \tag{6.10}$$

式中,ε_0 为真空介电常数;R 为原子(离子)的半径。

可见,电子极化率的大小与原子(离子)的半径有关。以最简单的氢原子为例,氢原子的电子极化率为 7.52×10^{-41} F·m²。式(6.10)不适用于较复杂的原子,但是可以肯定,当电子轨道半径增大时,电子位移极化率会随之很快增大。在元素周期表中,对于同一族的原子,电子位移极化率自上而下依次增大;同一周期中的元素,原子的电子位移极化率自左向右可以增大也可以减少,这是因为虽然轨道上电子数目增多,但是轨道半径却可能减小,结果要看哪个效应更占优势。

电子位移极化存在于一切气体、液体及固体介质中,具有如下特点:① 形成极化所需的时间极短(因电子质量极小),约 10^{-15} s,故其 ε_r 不随频率变化;② 具有弹性,撤去外场,正负电荷中心重合,没有能量损耗;③ 温度对其影响不大,温度升高,ε_r 略微下降,具有不大的负温度系数。

(二)离子位移极化

在离子晶体中,无电场作用时,离子处在正常结点位置并对外保持电中性,但在电场作用下,正、负离子产生相对位移,破坏了原先呈电中性分布的状态,电荷重新分布,相当于从中性分子转变为偶极子产生离子位移极化。离子在电场作用下偏移平衡位置的移动,相当于形成一个感生偶极矩;也可以理解为离子晶体在电场作用下离子间的键合被拉长,如碱卤化物晶体就是如此。图6.3所示为离子位移极化的模型。

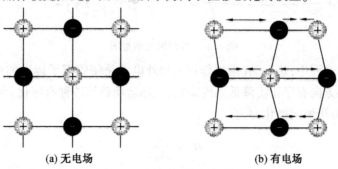

(a) 无电场   (b) 有电场

图6.3 离子位移极化示意图

与电子位移极化类似,根据经典弹性振动理论可以估计出离子位移极化率在交变电场作用下,由正、负离子的位移可导出离子位移极化率,即

$$\alpha_i = \frac{q^2}{M}\left(\frac{1}{\omega_0^2 - \omega^2}\right) \tag{6.11}$$

可见,离子位移极化和电子位移极化的表达式类似,都具有弹性偶极子的极化性质。ω_0 可由晶格振动红外吸收频率测量出来。这里两种离子的相对运动,就是晶格振动的光学波。以离子晶体的极化为例,每对离子的位移极化率 α_i 为

$$\alpha_i = \frac{12\pi\varepsilon_0 a^3}{A(n-1)} \tag{6.12}$$

式中,a 为晶格常数;A 为马德隆常数;n 为电子层斥力指数,对于离子晶体 $n = 7 \sim 11$,因此离子位移极化率的数量级约为 10^{-40} F·m²。

离子位移极化主要存在于离子晶体中,如云母、陶瓷材料等,它具有如下特点:① 形成极化所需的时间极短,约 10^{-13} s,故一般可以认为 ε_r 与频率无关;② 属弹性极化,几乎没有能量损耗;③ 温度升高时离子间的结合力降低,使极化程度增加,但离子的密度随温度升高而减小,使极化程度降低,通常前一种因素影响较大,故 ε_r 一般具有正的温度系数,即温度升高,极化程度有增强的趋势。

(三) 固有电矩的取向极化

电介质中电偶极子的产生有两种机制:一是产生于感应电矩;二是产生于固有电矩。前者是在电场的作用下才会产生,如电子位移极化和离子位移极化;后者存在于极性电介质中,本身分子中存在不对称性,具有非零的恒定偶极矩 p_0。在没有外电场作用时,电偶极子在固体中杂乱无章地排列,宏观上显示不出它的带电特征;如果将该系统放入外电场中,固有电矩将沿电场方向取向,其固有的电偶极矩沿外电场方向有序化,这个过程被称为取向极化或转向极化,如图 6.4 所示。

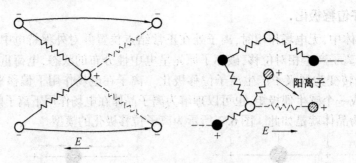

图 6.4　取向极化示意图

在取向极化过程中,热运动(温度作用) 和外电场是使偶极子运动的两个矛盾方面,偶极子沿外电场方向有序化将降低系统能量,但热运动破坏这种有序化,在两者平衡条件下,可以得到偶极子取向极化率为

$$\alpha_d = \frac{p_0^2}{3k_B T} \tag{6.13}$$

式中,p_0 为无电场时偶极子固有电矩;k_B 为玻尔兹曼常数;T 为热力学温度。

固有电矩的取向极化具有如下特点:① 极化是非弹性的;② 形成极化需要的时间较长,为 $10^{-10} \sim 10^{-2}$ s,故其 ε_r 与频率有较大关系,频率很高时,偶极子来不及转动,因而其 ε_r 减小;③ 温度对极性介质的 ε_r 有很大影响,温度高时,分子热运动剧烈,妨碍它们沿电场方向取向,使极化减弱,故极性气体介质常具有负的温度系数,但极性液体、固体的 ε_r 在低温下先随温度的升高而增加,当热运动变得较强烈时,ε_r 又随温度的上升而减小。

取向极化的机理可以应用于离子晶体的介质中,带有正、负电荷的成对的晶格缺陷所组成的离子晶体中的"偶极子",在外电场作用下也可能发生取向极化。图 6.5 所示的极化是由杂质离子(通常是带大电荷的阳离子)在阴离子空位周围跳跃引起的,有时也称为离子跃迁极化,其极化机构相当于偶极子的转动。

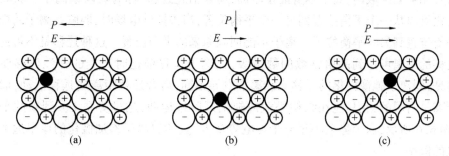

图 6.5 离子跃迁极化示意图

(四)松弛极化

有一种极化,虽然也是由外加电场造成的,但是它还与带电质点的热运动状态密切相关。例如,当材料中存在着弱联系的电子、离子和偶极子等松弛质点时,温度造成的热运动使这些质点分布混乱,而电场的作用使它们有序分布,平衡时建立了极化状态。这种极化具有统计性质,称为热松弛(弛豫)极化。极化造成的带电质点的运动距离可与分子大小相比拟,甚至更大。由于极化是一种弛豫过程,故极化平衡建立的时间较长,为 $10^{-9} \sim 10^{-2}$ s,并且创建平衡要克服一定的势垒,故需要吸收一定的能量,因此,与位移极化不同,松弛极化是一种非可逆过程。

松弛极化包括电子松弛极化、离子松弛极化以及偶极子松弛极化,多发生在晶体缺陷区或玻璃体内,有些极性分子物质也会发生。

1. 电子松弛极化 α_T^e

电子松弛极化是由弱束缚电子引起的极化。晶格的热振动、晶格缺陷、杂质引入、化学成分局部改变等因素都能使电子能态发生改变,出现位于禁带中的局部能级,形成所谓的弱束缚电子。外加电场力使弱束缚电子的运动具有方向性,这就形成了极化状态,称之为电子弛豫极化。它与电子位移极化不同,是一种不可逆过程。

由于这些电子是弱束缚状态,因此,电子可做短距离运动,不能远程迁移。电子松弛极化和导电不同,只有当弱束缚电子获得更高的能量时,受激发跃迁到导带成为自由电子才形成导电。由此可知,具有电子弛豫极化的介质往往具有电子电导特性。

电子弛豫极化主要出现在折射率大、结构紧密、内电场大和电子电导率大的电介质中,一般以 TiO_2 为基础的电容器陶瓷很容易出现弱束缚电子,形成电子松弛极化。含

Nb^{5+}、Ca^{2+}、Ba^{2+} 杂质的钛质瓷和以 Bi、Nb 氧化物为基的陶瓷介质,也易形成电子松弛极化。这种极化建立的时间为 $10^{-9} \sim 10^{-2}$ s,当频率高于 10^9 Hz 时,这种极化形式就不存在了。具有电子松弛极化的材料,其介电常数随频率的升高而减小,在介电常数随温度的变化关系中具有极大值,可能出现异常高的介电常数。

2. 离子松弛极化 α_T^i

在完整的离子晶体中,离子处于正常结点(即平衡位置)时,能量最低、最稳定,离子牢固地束缚在结点上,称为强联系离子。它们在电场作用下,只能产生弹性位移极化,极化质点仍束缚于原平衡位置附近。但是在玻璃态物质、结构松散的离子晶体中以及在晶体的杂质和缺陷区域内,离子本身能量较高,易被活化迁移,称为弱联系离子。弱联系离子的极化可以从一个平衡位置到另一个平衡位置,当去掉外电场时,弱联系离子的极化可以从平衡位置到另一平衡位置。离子不能回到原来的平衡位置。这种迁移是不可逆的。这种迁移的距离可达到晶格常数的数量级,比离子位移极化时产生的弹性位移要大得多。但是,弱离子弛豫极化的迁移又和离子电导不同,后者迁移距离属远程运动,而前者运动距离是有限的,它只能在结构松散或缺陷区附近运动,越过势垒 $U_{松}$ 到新的平衡位置,如图 6.6 所示,这个势垒小于离子导电势垒 $U_{电导}$,所以离子参加极化的概率远大于参加导电的概率。

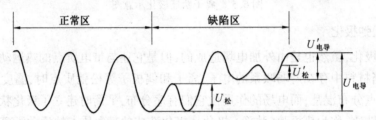

图 6.6　离子松弛极化与离子电导势垒

U— 结点上离子迁移需克服的势垒;U'— 填隙离子迁移需克服的势垒

根据弱联系离子在有效电场作用下的运动,以及对弱离子运动势垒计算,可以得到离子热弛豫极化率的大小为

$$\alpha_T^i = \frac{q^2 \delta^2}{12 k_B T} \tag{6.14}$$

式中,q 为离子荷电量;δ 为弱联系离子在电场作用下的迁移。由式(6.14)可见,温度越高,热运动对弱联系离子规则运动阻碍越大,因此 α_T^i 减小。离子弛豫极化率比位移极化率大一个数量级,因而导致较大的介电常数。

松弛极化的介电常数与温度的关系往往出现极大值。这是由温度对松弛极化过程的双重影响作用决定的:一方面,温度升高,则松弛时间减小,松弛过程加快,减小了极化建立所需要的时间,极化建立更充分,从而介电常数升高;另一方面,温度升高,则极化率 α 下降,使介电常数降低。所以在适当温度下,介电常数有极大值。

离子弛豫极化的松弛时间长达 $10^{-5} \sim 10^{-2}$ s,所以电场频率在无线电频率 10^6 Hz 以下时,离子松弛极化来不及建立,因而介电常数随频率的升高而明显下降。当频率很高时,则无离子弛豫极化对电极化强度的贡献。

（五）空间电荷极化

空间电荷极化是不均匀电介质（或者说是复合电介质）在电场的作用下的一种重要的极化机制。在不均匀电介质中的自由电荷载流子（正、负离子或电子）可以在晶格缺陷、晶界、相界等区域积聚，形成空间电荷的局部积累，使电介质中的电荷分布不均匀。在电场的作用下，这些混乱分布的空间电荷趋向于有序化，即空间电荷的正、负电荷质点分别向外电场的正、负极方向移动，其表现类似于一个宏观的电矩群从无序取向到有序取向的转化过程，这种极化称为空间电荷极化，如图 6.7 所示。

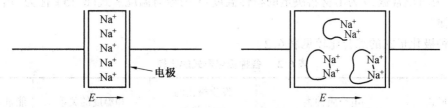

图 6.7　空间电荷极化

宏观的不均匀性，例如夹层、气泡等也可形成空间电荷极化，特别是产生于非均相介质界面处，由于界面两边的组分具有不同的极性或电导率，在电场作用下将引起电荷在两相界面处聚集，从而产生极化，因此，这种极化又称为界面极化。界面极化是由缺陷偶极矩形成的，缺陷偶极矩就是结构缺陷处形成的偶极子，在非均相介质中两种物质的交界面结构是不均一的，这就是一种缺陷，在电场作用下形成很大的偶极矩。由于空间电荷的积聚，可形成与外电场方向相反的很高的电场，故有时又称这种极化为高压式极化。

空间电荷极化具有如下特点：① 这种极化牵扯到很大的极化质点，产生极化所需的时间较长，为 $10^{-4} \sim 10^{4}\,\mathrm{s}$；② 属非弹性极化，有能量损耗；③ 随温度的升高而下降；④ 主要存在于直流和低频下，高频时因空间电荷来不及移动，没有或很少有这种极化现象。

（六）自发极化

以上介绍的极化是介质在外加电场作用下引起的，没有外加电场时，这些介质的极化强度等于零。还有一种极化称为自发极化，这是一种特殊的极化形式。这种极化状态并非由外电场引起，而是由晶体的内部结构造成的。在自发极化的晶体中，每一个晶胞里都存在固有电偶极矩，即使外加电场除去，仍存在极化，而且其自发极化方向可随外电场方向的不同而反转，这类材料称为铁电体。

铁电体的极化强度 P 和电场强度 E 的关系类似于铁磁材料的磁化特性，称其为电滞现象。自发极化的发生机理有"位移型"和"有序 – 无序型"两类。自发极化在某一温度下急剧消失，称此温度为"居里温度"，并用 T_C 表示。

位移型自发极化是由于晶体内离子的位移而产生了极化偶极矩，形成了自发极化。典型代表是钛酸钡（$BaTiO_3$），它的晶胞结构是在 Ba^{2+} 的立方晶格的 6 个面心上各有一个 O^{2-}，这些 O^{2-} 形成的正八面体的中心处又有一个 Ti^{4+}。这种立方晶体存在于温度 120 ℃ 以上，当温度低于 120 ℃ 时，正、负离子发生 0.1 Å（1 Å = 0.1 nm）左右的相对位移，使立方晶体变为正方晶体，从而产生电偶极矩，形成了位移型自发极化。

有序 – 无序型自发极化是由于永久偶极子正旋转排列与反旋转排列而形成的自发极化。磷酸二氢钾（KH_2PO_4）在其结构中 H 是处在最相邻的两个 PO_4 之间并以 O—H⋯O

形式进行结合,但 H 同时又可取得像 O···H—O 这样与 O—H···O 相反的平衡位置,从而产生了由(H_2PO_4)$^-$与 K^+ 排列方向不同的偶极子。在低于 T_C 时,H 的结合偏于一方,偶极子取有序排列,偶极子相互作用的能量大于由热引起的无序化的能量;在 T_C 以上,则情况相反。

对于铁电体,当温度靠近 T_C 时,有

$$\varepsilon = \frac{C}{T - \theta} \qquad\qquad (6.15)$$

式中,C 为居里常数;θ 为由材料决定的特性温度;T 为绝对温度。式(6.15)称为"居里 – 外斯定律"。

各种极化形式的综合比较见表 6.2。

表6.2　各种极化形式的比较

极化形式	电介质种类	发生极化的频率范围	和温度的关系	能量消耗
电子位移极化	一切电介质	直流 – 光频	无关	没有
离子位移极化	离子结构介质	直流 – 红外	温度升高极化增强	很微弱
离子松弛极化	离子结构的玻璃、结构不紧密的晶体及陶瓷	直流 – 超高频	随温度变化有极大值	有
电子松弛极化	钛质瓷、高价金属氧化物基陶瓷	直流 – 超高频	随温度变化有极大值	有
取向极化	有机材料	直流 – 超高频	随温度变化有极大值	有
空间电荷极化	结构不均匀的陶瓷介质	直流 – 低频 10^3 Hz	随温度升高而减弱	有
自发极化	温度低于居里点的铁电材料	与频率无关	随温度变化有显著极大值	很大

三、宏观极化强度与微观极化率

对于一个分子来说,它总是与除它自身以外的其他分子相隔开,同时又总与其周围的分子相互作用,即使没有外部电场作用,介质中每一个分子也都处于周围分子的作用之中。当外部施加电场时,由于感应作用,分子发生极化,并产生感应偶极矩,从而成为偶极分子,它们又转而作用于被考查分子,从而改变了原来分子间的相互作用。作用在被考查分子上的有效电场就与宏观电场不同,它是外加宏观电场与周围极化了的分子对被考查分子相互作用电场之和。即与分子、原子上的有效电场、外加电场 E_0、电介质极化形成的退极化场 $E\alpha$ 还有分子或原子周围的带电质点的相互作用有关。克劳修斯 – 莫索堤方程表述了宏观电极化强度与微观分子(原子)极化率的关系。

(一)有效电场

当电介质极化后,在其表面形成了束缚电荷。这些束缚电荷形成一个新的电场,由于与极化电场方向相反,故称为退极化场 E_d。根据静电学原理,由均匀极化所产生的电场

等于分布在物体表面上的束缚电荷在真空中产生的电场,一个椭圆形样品可形成均匀极化并产生一个退极化场。外加电场 E_o 和退极化场 E_d 的共同作用才是宏观电场 $E_宏$,即

$$E_宏 = E_o + E_d \tag{6.16}$$

莫索堤导出了极化的球形腔内局部电场 E_{loc} 表达式

$$E_{loc} = E_宏 + \frac{P}{3\varepsilon_0} \tag{6.17}$$

(二)克劳修斯－莫索堤方程

电极化强度 P 可以表示为单位体积电介质在实际电场的作用下所有偶极矩的总和,即

$$P = \sum N_i \bar{\mu}_i \tag{6.18}$$

式中,N_i 为第 i 种偶极子数目;$\bar{\mu}_i$ 为第 i 种偶极子平均偶极矩。

带电质点的平均偶极矩正比于作用在质点上的局部电场 E_{loc},即

$$\bar{\mu}_i = \alpha_i E_{loc} \tag{6.19}$$

式中,α_i 为第 i 种偶极子电极化率,则总的电极化强度为

$$P = \sum N_i \alpha_i E_{loc} \tag{6.20}$$

将式(6.17)代入式(6.20)中得

$$\sum N_i \alpha_i = \frac{P}{E_宏 + P/3\varepsilon_0} \tag{6.21}$$

已经证明,电极化强度不仅与外加电场有关,且与极化电荷产生的电场有关,可以表示为

$$P = \varepsilon_0(\varepsilon_r - 1)E_宏 \tag{6.22}$$

考虑式(6.22),式(6.21)可化为

$$\sum N_i \alpha_i = \cfrac{1}{\cfrac{1}{(\varepsilon_r - 1)\varepsilon_0} + \cfrac{1}{3\varepsilon_0}} \tag{6.23}$$

整理得

$$\frac{\varepsilon_r - 1}{\varepsilon_r + 2} = \frac{1}{3\varepsilon_0} \sum_i N_i \alpha_i \tag{6.24}$$

式(6.24)描述了电介质的相对介电常数 ε 与偶极子种类、数目和极化率之间的关系。它提示人们,研制高介电常数的介电材料的方向是获得高介电常数,因此,应选择大的极化率的离子,此外还应选择单位体积内极化质点多的电介质。

四、影响介电常数的因素

由式(6.22)可以看出,材料的介电常数与它的电极化强度有关,因此影响电极化的因素对它都有影响。

首先是极化类型的影响,电介质极化过程是非常复杂的,其极化形式也是多种多样的,介质材料以哪种形式极化,与它们的结构紧密程度相关。

环境对于介电常数的影响,首先是温度的影响,根据介电常数与温度的关系,电介质可分为两大类:一类是介电常数与温度呈强烈非线性关系的电介质,对这一类材料很难用

介电常数的温度系数来描述其温度特性；另一类是介电常数与温度呈线性关系，这类材料可以用介电常数的温度系数 TK_ε 来描述其介电常数与温度的关系。介电常数温度系数是温度变动时介电常数 ε 的相对变化率，即

$$TK_\varepsilon = \frac{1}{\varepsilon}\frac{\mathrm{d}\varepsilon}{\mathrm{d}T} \qquad (6.25)$$

因此，可以直接根据 ε 与温度的关系进行计算。由于绝大部分电介质的介电常数与温度的关系本身并不精确，因此这种计算是不精确的，实际工作中常采用实验的方法来确定，通常是用 TK_ε 的平均值来表示

$$TK_\varepsilon = \frac{\Delta\varepsilon}{\varepsilon_0\Delta t} = \frac{\varepsilon_t - \varepsilon_0}{\varepsilon_0(t - t_0)} \qquad (6.26)$$

式中，t_0 为初始温度，一般为室温；t 为改变后的温度或元件的工作温度；ε_0 和 ε_t 分别为介质在 t_0 和 t 时的介电常数。

有些材料的 TK_ε 为正值，有些却为负值。经验表明，一般介电常数 ε 很大的材料，其 TK_ε 为负值；介电常数较小的材料，其 TK_ε 为正值。对于用介电材料制成的电子产品，材料介电常数温度系数是一个十分重要的参量。此外，介质的介电常数还与频率、电场强度有关。

第二节　　交变电场中的电介质

一、复介电常数

在变动的电场下，静态介电常数不再适用，而出现动态介电常数 —— 复介电常数，下面以平板电容器为例说明复介电常数。

一个在真空中的容量为 $C_0 = \dfrac{\varepsilon_0 S}{d}$ 的平行平板电容器，如果在其两个极板上施加角频率为 ω 的正弦交变电压 $V = V_0 e^{i\omega t}$，则在电极上出现电荷 $Q = C_0 V$，并且与外电压同相位。该电容上的电流为

$$I = \dot{Q} = i\omega C_0 V = \omega C_0 V_0 \exp\left[i\left(\omega t + \frac{\pi}{2}\right)\right] \qquad (6.27)$$

式中，虚因子 $i = \sqrt{-1}$，表示 I 与 V 有 90° 的相位差，如图 6.8 所示。

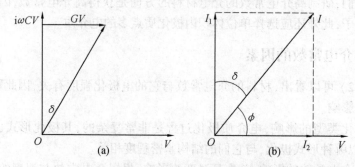

图 6.8　充满电介质的电容器的电流和电压之间的相位关系

当两极间充以非极性的完全绝缘的材料时,$C = \varepsilon_r C_0 > C_0$,则电流变为

$$I = \dot{Q} = i\omega CV = \varepsilon_r I_0 \tag{6.28}$$

它比 I_0 大,但与外电压仍相差 90° 相位。

如果试样材料是弱导电性的,或是极性的,或兼有此两种特性,那么电容器不再是理想的,电流与电压的相位不恰好相差 90°。这是由于存在一个与电压相相位同的很小的电导分量 GV,它来源于电荷的运动。如果这些电荷是自由的,则电导 G 实际上与外电压频率无关;如果这些电荷是被符号相反的电荷所束缚,如振动偶极子的情况,则 G 为频率的函数。

这时,可以把实际电容器的电流 I 分解为两个电流分量 I_1 和 I_2,如图 6.8(b) 所示,其中,I_1 的相位角超前电压 90°,这部分电流不损耗功率,称为无功电流;I_2 与电压同相位,该电流是损耗功率的,故称为有功电流。这两个电流分量与电压之间的关系可以用下面的式子表示:

$$I = I_1 + I_2 = (i\omega C + G)V \tag{6.29}$$

式中,G 为介质的电导,这个电导并不一定代表由于载流子的迁移而产生的直流电导,而是代表介质中存在有损耗机制,使电容器上的能量部分地消耗为热的物理过程。

把 $G = \sigma \dfrac{S}{d}$,$C = \dfrac{\varepsilon_r \varepsilon_0 S}{d}$(式中,$S$ 为极板面积;d 为介质厚度;σ 为电导率) 代入式 (6.29),即可求得电流密度与材料的电导率 σ、介电系数 ε 之间的关系

$$j = (i\omega \varepsilon_r \varepsilon_0 + \sigma)E \tag{6.30}$$

式中,第一项 $i\omega \varepsilon_r \varepsilon_0 E$ 称为位移电流密度;第二项 σE 称为传导电流密度。

由 $j = i\omega \varepsilon^* E$ 定义复介电常数 ε^*,即

$$\varepsilon^* = \frac{i\omega \varepsilon_r \varepsilon_0 + \sigma}{i\omega} = \varepsilon_r \varepsilon_0 - i\frac{\sigma}{\omega} = \varepsilon - i\frac{\sigma}{\omega} \tag{6.31}$$

式中,ε 为绝对介电常数。由于电导(或损耗) 不完全由自由电荷产生,也由束缚电荷产生,那么电导率 σ 本身就是一个依赖于频率的复变量,所以 ε^* 的实部不是严格地等于 ε,虚部也不是精确地等于 $\dfrac{|\sigma|}{\omega}$。

复介电常数最普遍地表示式是

$$\varepsilon^* = \varepsilon' - i\varepsilon'' \tag{6.32}$$

这里 ε' 和 ε'' 为依赖于频率的量。

损耗角(图 6.8 中的 δ) 由下式定义:

$$\tan \delta = \frac{损耗项\ \varepsilon''}{电容项\ \varepsilon'} = \frac{\sigma}{\omega \varepsilon} \tag{6.33}$$

则电导率为

$$\sigma = \omega \varepsilon \tan \delta \tag{6.34}$$

式中,$\varepsilon \tan \delta$ 仅与介质有关,称为介质的损耗因子,其大小可以作为绝缘材料的判据。

二、介电弛豫的物理意义

介质在交变电场中通常发生弛豫现象。在一个实际介质的样品上突然加一电场所产

生的极化过程不是瞬间完成的,有一定的滞后,这种在外电场施加或移去后,介质系统弛滞达到平衡状态的过程称为介质弛豫。弛豫这个概念是从宏观的热力学唯象理论抽象出来的,它的定义是:一个宏观系统,由于周围环境的变化,或它经受了一个外界的作用,而变成非热平衡状态,这个系统经过一定时间由非热平衡状态过渡到新的热平衡状态的整个过程就称为弛豫。

介电体在恒定电场作用下,从开始极化到稳定状态需要一定的时间,其中有的极化形式,如电子位移极化和离子位移极化,到达稳态所需的时间非常短(一般在 10^{-16} ～ 10^{-12} s),相对于无线电频率(小于 5×10^{12} Hz)仍可认为是极短的,因此这类极化又称为"瞬间位移极化",这类极化建立的时间可以忽略不计;而另外一些极化需要的时间较长,例如偶极子转向极化和热转化极化,到达极化稳定状态的时间较长(10^{-8} s 以上),同时去掉电场,极化强度也不会马上消失,这类极化称为"松弛极化",在外加电场频率较高时,就有可能来不及跟随电场的变化,表现出极化的滞后性。如果电介质中同时存在两类极化形式,那么表征电介质极化强度的参数 P 可以写成如下形式:

$$P(t) = P_0 + P_r(t) \tag{6.35}$$

式中,P_0 为快极化或瞬间极化强度;$P_r(t)$ 为缓慢极化或松弛极化强度。

位移极化强度 P_0 是瞬时建立的,与时间无关。松弛极化强度 $P_r(t)$ 与时间的关系比较复杂。

当介质中只有一种松弛极化时,若 $t = 0$,$P_r = 0$,并在此瞬时施加一个恒定电场,松弛极化强度与时间的关系可近似地表示为

$$P_r(t) = P_{rm}(1 - e^{-\frac{t}{\tau}}) \tag{6.36}$$

式中,P_{rm} 为稳态(即 $t \to \infty$)时的松弛极化强度;t 为电场加上以后经过的时间;τ 为松弛时间常数(也称为弛豫时间),它与时间无关,但与温度有关。图 6.9(a)中的曲线描述了式(6.36)的弛豫规律。

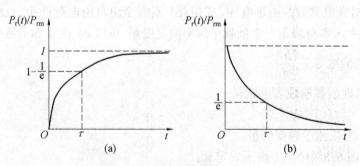

图 6.9　弛豫规律

当极化强度达到稳态以后,移去电场,$P_r(t)$ 将随时间的增加而呈指数式下降,经过相当长的时间之后,$P_r(t)$ 实际上降低至零。

$$P_r(t) = P_{rm} e^{-\frac{t}{\tau}} \tag{6.37}$$

图 6.9(b)中的曲线描述了式(6.37)的弛豫规律,弛豫时间 τ 是松弛极化强度 $P_r(t)$ 减小至稳态时的极化强度 P_{rm} 的 $1/e$ 倍所需的时间。

简单地用一个时间常数来表征的弛豫规律[式(6.36)和式(6.37)],在介电弛豫现象中还远远不够,下面将从这种基本的规律开始进行论述。

三、德拜弛豫方程

总的介电响应宏观效果可用相对介电常数 ε 来描述。在频率为 ω 的正弦波交变电场作用下,电介质的极化弛豫现象一般可用如下的 ε 与 ω 的普遍关系来描述:

$$\varepsilon(\omega) = \varepsilon_\infty + \int_0^\infty \alpha(t) e^{i\omega t} dt \qquad (6.38)$$

式中, $\alpha(t)$ 为衰减因子,它描述了突然除去外电场后,介质极化衰减的规律,以及迅速加上恒定外电场时,介质极化趋向于平衡态的规律。这一弛豫的过程宏观表现为一种损耗,前面指出可以用复介电常数的虚部 ε'' 来描述介电损耗。在关系式(6.38)中,当 $\omega \to \infty$ 时,必有 $\varepsilon(\infty) = \varepsilon_\infty$,因此式(6.38)所描述的弛豫理论只研究频率较低的现象,光频弛豫效应被略去了。

在特殊情况下,可以令

$$\alpha(t) = \alpha_0 e^{-t/\tau} \qquad (6.39)$$

将式(6.39)代入式(6.38),积分得到

$$\varepsilon(\omega) = \varepsilon_\infty + \frac{\alpha_0}{\dfrac{1}{\tau} - i\omega} \qquad (6.40)$$

记作

$$\varepsilon(0) = \varepsilon_s \qquad (6.41)$$

则

$$\varepsilon_s = \varepsilon_\infty + \tau \alpha_0 \qquad (6.42)$$

ε_s 为静态相对介电常数,于是式(6.39)可写为

$$\alpha(t) = \frac{\varepsilon_s - \varepsilon_\infty}{\tau} e^{-t/\tau} \qquad (6.43)$$

而

$$\varepsilon(\omega) = \varepsilon' - i\varepsilon'' = \varepsilon_\infty + \frac{\varepsilon_s - \varepsilon_\infty}{1 - i\omega\tau} \qquad (6.44)$$

由式(6.44)可以得到复介电常数 ε 的实部 ε'、虚部 ε'' 和损耗角正切 $\tan\delta$ 的表示式为

$$\begin{cases} \varepsilon' = \varepsilon_\infty + \dfrac{\varepsilon_s - \varepsilon_\infty}{1 + \omega^2\tau^2} \\[3mm] \varepsilon'' = \dfrac{(\varepsilon_s - \varepsilon_\infty)\omega\tau}{1 + \omega^2\tau^2} \\[3mm] \tan\delta = \dfrac{\varepsilon''}{\varepsilon'} = \dfrac{(\varepsilon_s - \varepsilon_\infty)\omega\tau}{\varepsilon_s + \varepsilon_\infty\omega^2\tau^2} \end{cases} \qquad (6.45)$$

式(6.45)常被称为德拜方程。

图6.10所示为根据德拜方程画出的 ε'、ε''、$\tan\delta$ 与 $\omega\tau$ 的关系曲线示意图。

当 $\omega\tau = 1$ 时, ε'' 具有极大值, $\tan\delta$ 在略大于该频率值时也将达到最大值;当 $\omega\tau$ 大于或小于 1 时, ε'' 都小,即当弛豫时间和所加电场的频率相比较大时,偶极子来不及转移定向, ε'' 的值小; $\omega \to \infty$ 时, $\varepsilon'' \to 0$,当弛豫时间比所加电场的频率还要迅速时, ε'' 也小。

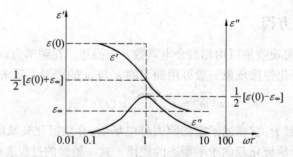

图 6.10　ε'、ε'' 和 $\tan\delta$ 与 $\omega\tau$ 的关系

当频率 ω 趋于零时，ε' 趋于静态介电系数 ε_s；当交变电场频率很高时，如当 $\omega\to\infty$ 时，由德拜方程可以得到 $\varepsilon'\to\varepsilon_\infty$，$\varepsilon_\infty$ 对应的是光频介电系数，此时的极化机制只有电子位移极化的贡献。

事实上，光频电场使介质极化时也有损耗，表现为介质对光的吸收。此时，光频介电常数也可表示为复数。光频损耗在德拜弛豫理论中被略去了。在较低频率下电介质的弛豫现象比光频的要复杂很多，德拜弛豫理论在实验和技术工作中有十分重要的应用。

在德拜方程 (6.45) 中消去 $\omega\tau$，得到

$$\left[\varepsilon'-\frac{1}{2}(\varepsilon_s+\varepsilon_\infty)\right]^2+(\varepsilon'')^2=\frac{1}{4}(\varepsilon_s-\varepsilon_\infty)^2 \tag{6.46}$$

如果以 ε' 为横坐标，ε'' 为纵坐标作图，则方程 (6.46) 给出了一条半圆周曲线，称这样的图为 Cole – Cole 图。德拜方程 (6.45) 在数学意义上就是图中半圆周曲线的参数方程，参数就是 ω。$\omega=0$ 和 ∞ 给出的两点在横坐标轴上，$\omega=\dfrac{1}{\tau}$ 给出的点恰好是半圆的最高点。当 ω 由零连续增大至 ∞ 时，曲线上的点按图中箭头方向扫过半圆周。遵从式 (6.45) 规律的弛豫现象属于德拜型。有许多电介质的介电弛豫并不属于德拜型。

Cole – Cole 图在处理实验数据时很有用。在不同的频率下，测出复介电常数的实部和虚部，将测量点标在复平面上，若实验点组成一个半圆弧，则属于德拜型弛豫；同时，个别实验点对圆弧的偏离程度表明了这些实验点的精确程度。

如果是德拜型介电弛豫，则由德拜方程可以得到

$$\varepsilon'=\frac{\varepsilon''}{\omega\tau}+\varepsilon_\infty \tag{6.47}$$

或

$$\varepsilon'=-\omega\tau\varepsilon''+\varepsilon_s \tag{6.48}$$

此式表明，若将测量结果分别按 $(\varepsilon',\varepsilon''/\omega)$ 和 $(\varepsilon',\omega\varepsilon'')$ 作图，则可得到两条直线。由直线的斜率和截距可以得到德拜方程中出现的各个参数 τ、ε_∞ 和 ε_s。

对于偏离德拜型的介电弛豫，有一个很有用的经验公式，把复介电常数写成

$$\varepsilon(\omega)=\varepsilon'-\mathrm{i}\varepsilon''=\varepsilon_\infty+\frac{\varepsilon_s-\varepsilon_\infty}{1-(\mathrm{i}\omega\tau_\alpha)^{(1-\alpha)}} \tag{6.49}$$

式中，τ_α 为平均弛豫时间；α 为小于 1 的正数或零，参数 α 可以衡量德拜方程的适用程度。

以上在讨论介电弛豫时只限于弛豫型介电响应，这是一种微观相互作用特别强、响应

曲线特别宽的极限现象,还有一种共振型介电响应也反映弛豫过程。

四、谐振吸收和色散

谐振型介电响应通常出现于红外或更高频率的范围内。离子位移极化和电子位移极化被想象为用弹性力联结在一起的正负电荷,即弹性振子,具有系统本身的固有振动频率 ω_0,在低频以下其弹性是瞬间完成的,不消耗能量。但当外加电场的频率 ω 大于 ω_0 时,则这样的振子来不及跟随电场变化,根据物理学经典振动理论得出相对复介电常数 ε' 和虚部 ε'',即

$$\varepsilon' = 1 + \frac{Nq^2}{\varepsilon_0 m} \cdot \frac{\omega_0^2 - \omega^2}{(\omega_0^2 - \omega^2)^2 + 4\eta^2\omega^2} \tag{6.50}$$

$$\varepsilon'' = \frac{Nq^2}{\varepsilon_0 m} \cdot \frac{2\eta\omega}{(\omega_0^2 - \omega^2)^2 + 4\eta^2\omega^2} \tag{6.51}$$

式中,N 为单位体积电介质中含有的结构粒子数;m 为粒子的质量;η 为阻尼系数;ω_0 为振子的固有频率。式(6.50)和式(6.51)给出了谐振型色散和吸收曲线。通常,相对介电常数的实部 ε' 随频率增高而略微增大,这种现象称为正常色散现象。但是在共振频率 ω_0 附近,ε' 随 ω 增高而迅速下降,这一现象称为共振吸收或反常色散现象。产生共振吸收的原因是共振使电流与电压同相位。

五、介质损耗

任何电介质在电场(直流、交流)的作用下,总有部分电能转化为热能等其他形式的能,统称为介质损耗,它是导致电介质发生热击穿的根源。电介质在单位时间内消耗的能量称为电介质损耗功率,简称电介质损耗。

(一)介质损耗的形式和微观机理

电介质在恒定电场的作用下所损耗的能量与通过其内部的电流有关。加上电场后通过介质的全部电流包括以下3部分。

(1)由样品几何电容的充电所造成的位移电流或电容电流,这部分电流不损耗能量。

(2)由各种介质极化的建立引起的电流,此电流与松弛极化或惯性极化、共振等有关,引起的损耗称为极化损耗。

(3)由介质的电导(漏导)造成的电流,这一电流与自由电荷有关,引起的损耗称为电导损耗。

由电介质极化机理可知,电介质损耗主要有电导(漏导)损耗、极化损耗、共振吸收损耗。其他形式的损耗还有:电离损耗(游离损耗)、结构损耗和宏观结构不均匀的介质损耗,这部分内容将在下面材料的介质损耗一节中具体介绍。

1. 电导(或漏导)损耗

电介质由于缺陷的存在,或多或少存在一些束缚较弱的带电质点(载流子,包括空位)。这些带电质点在外电场的作用下沿着与电场平行的方向做贯穿电极之间的运动,结果产生了漏导电流,使能量直接损耗。这种由电介质中的带电质点的宏观运动引起的能量损耗称为"漏导损耗"。实质相当于交流、直流电流流过电阻做功,一切实用工程介

质材料不论是在直流还是在交流电场的作用下,都会发生漏导损耗。

2. 极化损耗

由于各种电介质极化的建立所造成的电流引起的损耗称为极化损耗,这里的极化一般是指弛豫型的。极化损耗主要与极化的弛豫(松弛)过程有关,是缓慢极化过程引起的能量损耗,在交变电场作用下,电偶极矩的取向跟不上电场变化,产生电介质损耗。这种损耗和频率、温度密切相关。在某个温度或某个频率下,损耗达到最大值。德拜研究了电介质的介电常数 ε 及反映介电损耗的 $\varepsilon\tan\delta$ 与所施加的外电场的角频率 ω、弛豫时间 τ 的关系,得到式(6.45)的德拜方程。由此可得到以下结论。

(1)当外场频率很低,即 $\omega \to 0$ 时,各种极化都能跟上电场的变化,即所有极化都能完全建立,介电常数达到最大,而不造成损耗。

(2)当外场频率逐渐升高时,松弛极化从某一频率开始跟不上外电场变化,此时松弛极化对介电常数的贡献减小,使 ε 随频率升高而显著下降,同时产生介质损耗,当 $\omega = 1/\tau$ 时,损耗达到最大。

(3)当外场频率达到很高时,松弛极化来不及建立,对介电常数无贡献,介电常数仅由位移极化决定,$\omega \to \infty$ 时,$\tan\delta \to \infty$,此时无极化损耗。

不同情况下引起介电损耗的机制是不同的。当外加电场频率很低,即 $\omega \to 0$ 时,电介质的各种极化都能跟上外加电场的变化,此时不存在极化损耗,介电常数达到最大值,介电损耗主要由漏导引起。气体的电导损耗很小,而液体、固体中的电导损耗则与它们的结构有关。非极性的液体的电介质、无机晶体和非极性有机电介质的介质损耗主要是电导损耗。而在极性电介质及结构不紧密的离子固体电介质中,则主要由极化损耗和电导损耗组成,它们的介质损耗较大,并在一定温度和频率上出现峰值。

3. 共振吸收损耗

对于离子晶体,晶格振动的光频波代表原胞内离子的相对运动,若外电场的频率等于晶格振动光频波的频率,则发生共振吸收。带电质点吸收外电场能量,振幅越来越大,电介质极化强度逐渐增加,最后通过质点间的碰撞和电磁波的辐射把能量耗散掉,并一直进行到从电场中吸收的能量与耗散掉的能量相等时,达到平衡。室温下,共振吸收损耗在频率 10^8 Hz 以上时发生。由于介电常数和折射率有关,因此这种损失就是光学材料的光吸收的本质。

(二)介质损耗的表示法

在直流电压下,介质损耗仅由电导引起,损耗功率为

$$W = IU = GU^2 \tag{6.52}$$

式中,G 为介质的电导,单位为西门子(S)。定义单位体积的介质损耗为介质损耗率 P,则

$$P = \frac{W}{V} = \frac{GU^2}{V} = \sigma E^2 \tag{6.53}$$

式中,V 为介质体积;σ 为纯自由电荷产生的电导率,S/m。由此可见,在一定的直流电场下,介质损耗率取决于材料的电导率。

在交变电场下,除电导损耗外,还有因介质极化(尤其是取向极化)而引起的能耗。这里,介质损耗是电介质在交变电场下很重要的品质指标之一。因为电介质在电工或电子工业上的重要职能是隔直流绝缘和储存能量,所以介质损耗不但消耗了能量,而且由于

温度上升可能影响元器件的正常工作。用于谐振回路中的电容器,其介质损耗过大时,将影响整个回路的调节锐度,从而影响整机的灵敏度和选择性。介质损耗严重时甚至会引起介质的过热而破坏绝缘,从这种意义上,对于电子陶瓷,电介质损耗越小越好。

根据电工学原理,交变电压产生电流的功率

$$W = UI\cos\phi$$

式中,U 和 I 为交变电压和电流的幅值;ϕ 为两者的相位差。

这一功率对介电材料而言是功率损失。对于理想电介质,电流相位超前电压相位 $\pi/2$(即 $\phi = \pi/2$),因此 $W = 0$,不产生电介质损耗;但对于实际电介质,相位角都略小于 $\pi/2$,即 $\phi = (\pi/2) - \delta$,两者之差为 δ。当 δ 很小时,有

$$W = UI\cos\left(\frac{\pi}{2} - \delta\right) = UI\sin\delta \approx UI\tan\delta \tag{6.54}$$

式(6.54)右边用 $\tan\delta$ 代替 $\sin\delta$ 的意义在于:电流可分解为垂直于电压和平行于电压的两部分,垂直于电压的部分(无功电流)不消耗能量,而平行于电压的部分(有功电流)要消耗能量,即产生介质损耗。$\tan\delta$ 就是有功电流密度和无功电流密度之比。

记 ω 为角频率,C 为电容,K 为电容器形状系数,A 为电容器极板面积,d 为电介质厚度。由于 $U = I/(\omega C)$,$C = K\varepsilon A/d$,电场强度 $E = U/d$,根据式(6.53),单位体积电介质的功率损耗可表示为

$$P = \frac{W}{Ad} = \omega K \cdot \varepsilon\tan\delta \cdot E^2 \tag{6.55}$$

当外界条件(外加电压)一定时,介质损耗只与 $\varepsilon\tan\delta$ 有关。$\varepsilon\tan\delta$ 是反映电介质本身性质影响功率损失的因素,其大小直接影响电介质损失的大小,也是判断电介质是否可作为绝缘材料的初步标准,故称 $\varepsilon\tan\delta$ 为损耗因素。$\tan\delta$ 的倒数称为"品质因素",或称为 Q 值。显然 Q 值大,电介质损耗小,表示电介质品质好。Q 值可直接用实验测定,它是材料的一个本征性质。

已经证明,综合电导损耗和极化损耗两部分,可得到介质损耗为

$$W = \frac{A}{d}\left[\sigma + \frac{\varepsilon_0(\varepsilon_s - \varepsilon_\infty)}{1 + \omega^2\tau^2} \cdot \omega^2\tau\right] \cdot U^2 \tag{6.56}$$

介质损耗率 P 为

$$P = \left[\sigma + \frac{\varepsilon_0(\varepsilon_s - \varepsilon_\infty)}{1 + \omega^2\tau^2} \cdot \omega^2\tau\right] \cdot E^2 \tag{6.57}$$

六、影响介质损耗的因素

影响材料介质损耗的因素可分为两类,一类是材料结构本身的影响,如不同材料的漏导电流不同,由此引起的损耗也各不相同,不同材料的极化机制不同,也使极化损耗各不相同,对此这里不详加讨论。这里主要讨论第二类情况,也就是外界环境或试验条件对材料介电损耗的影响。

(一)介质损耗与频率的关系

由式(6.55)、式(6.56)和式(6.57)可以看出当松弛时间一定时,介质损耗与 σ 的关系如下。

1. 当 $\omega \to 0$

类似恒定电场作用时,松弛极化经过一定时间还是能够充分完成而达到稳定状态,极化损耗可以忽略,介质损耗只有电导损耗,则有

$$\begin{cases} \varepsilon' = \varepsilon_s \\ W = \sigma \dfrac{A}{d} U^2, \quad P = \sigma E^2 \\ \tan \delta \to \infty \end{cases} \tag{6.58}$$

2. 低频区

当 $\omega\tau \leqslant 1$ 时,由于交变电场的频率升高,开始出现极化滞后电场变化的情况,松弛极化已开始不能充分建立,$\varepsilon' E'$ 将要下降;松弛极化产生的损耗开始出现,$W(P)$ 开始上升;$\tan \delta$ 则因无功电流正比于 ω 而增加,所以与 ω 成反比例而急剧下降,则有

$$\begin{cases} \varepsilon' = \varepsilon_\infty + \dfrac{\varepsilon_s - \varepsilon_\infty}{1 + \omega^2 \tau^2} \\ W \approx \dfrac{A}{d} \cdot [\sigma + \varepsilon_0(\varepsilon_s - \varepsilon_\infty)\omega^2\tau] \cdot U^2 \\ P \approx [\sigma + \varepsilon_0(\varepsilon_s - \varepsilon_\infty)\omega^2\tau] \cdot E^2 \\ \tan \delta \approx \dfrac{\sigma}{\omega \varepsilon_0 \varepsilon_s} \end{cases} \tag{6.59}$$

3. 反常弥散区

当 $\omega\tau = 1$ 时,交变电场的变化周期与松弛时间 τ 相接近,松弛极化随电场频率的变化最敏感,因此,ε' 随频率变化很快,变化最显著的位置是当 $\dfrac{\mathrm{d}\varepsilon'}{\mathrm{d}\omega}$ 值最大时;根据 $\dfrac{\mathrm{d}^2\varepsilon'}{\mathrm{d}\omega^2} = 0$,得到 $\omega\tau = \dfrac{1}{\sqrt{3}} \approx 1$ 时,ε' 随频率 ω 变化最快;而由于极化损耗显著上升,因此 $W(P)$ 也在此处增加得最快;极化损耗的增加使得有功电流增长的速率超过无功电流增长的速率,所以 $\tan \delta$ 随 ω 增加而上升;当 $\omega > \dfrac{1}{\tau\sqrt{3}}$ 以后,极化损耗上升的速率减慢,无功电流仍然基本上随 ω 增加而成正比例增加;当有功电流的增长速率开始比无功电流增长的速率慢时,$\tan \delta$ 达最大值,此最大值出现的位置可根据 $\dfrac{\mathrm{d}(\tan \delta)}{\mathrm{d}\omega} = 0$ 求出,在 $\omega\tau = \sqrt{\dfrac{\varepsilon_s}{\varepsilon_\infty}}$ 时,$\tan \delta$ 出现最大值。

这种由极化滞后于电场的变化引起 ε'、$W(P)$ 随 ω 的迅速变化以及 $\tan \delta$ 最大值的出现,是具有松弛极化的电介质的明显特征,它可以作为极性电介质的判断依据。发生这种变化的位置是在 $\omega\tau \approx 1$ 处,此区域称为"介质反常弥散区"。

4. 高频区

当 $\omega\tau \geqslant 1$ 时,松弛极化远远滞后于电场的变化,以至于松弛极化等慢极化形式完全来不及建立,只有位移极化,$\varepsilon' \to \varepsilon_\infty$。$W \to \dfrac{A}{d} \cdot \left[\sigma + \dfrac{\varepsilon_0(\varepsilon_s - \varepsilon_\infty)}{\tau}\right] \cdot U^2$,若以等效电导

率 $g = \varepsilon_0(\varepsilon_s - \varepsilon_\infty)/\tau$ 代入,可改写成 $P \to (\sigma + g) \cdot E^2$,一般情况下,$g \geq \sigma$,故 $P \approx gE^2$ 亦趋于一定值,而且这比电导损耗要大。因为在高频下,缓慢式极化虽然来不及进行,每周期的损耗比极化能充分建立时要小,但由于单位时间内周期数增加,故损耗 P 还是比极化能够充分建立时要大。当 P 逐渐趋于定值时,快极化造成的纯电容电流仍不断地正比于频率增加,所以 $\tan\delta \to 0$,因此

$$\begin{cases} \varepsilon' \to \varepsilon_\infty \\ W \to \dfrac{A}{d} \cdot \left[\sigma + \dfrac{\varepsilon_0(\varepsilon_s - \varepsilon_\infty)}{\tau} \right] \cdot U^2 \\ P \to [\sigma + g] \cdot E^2 \approx gE^2 \\ \tan\delta \to 0 \end{cases} \tag{6.60}$$

具有松弛极化的介质的 ε'、W、$\tan\delta$ 的频率特征曲线如图 6.11 所示。

对同一介质,当温度增加时,松弛时间 τ 减小,极化建立的速率更快,因此,温度越高,对应出现反常弥散区的频率也越高,$\tan\delta$ 最大值出现时的频率也相应向高频方向移动,如图 6.12 所示。

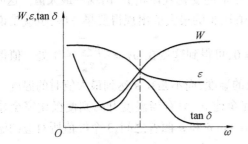

图 6.11　具有松弛极化和贯穿电导时介
质的频率特性

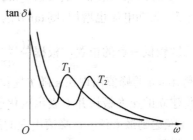

图 6.12　不同温度下 $\tan\delta$ 的频率
特性

(二) 介质损耗与温度的关系

在德拜公式、式(6.56)、式(6.57)中虽未直接表明介质损耗与温度的关系,但是在式中,ε'、W、$\tan\delta$ 都与松弛时间有关。松弛时间 τ 与温度呈指数式关系,随温度的上升呈指数式下降。

1. 低温区

即 τ 很大,$\omega\tau \geq 1$,此时由于分子热运动很弱,与热运动有关的松弛极化建立的速率很慢,以致在相应的频率下,松弛极化远远滞后于电场的变化,松弛极化对介电系数的贡献很小,主要由快极化提供。在低温区,虽然单位体积中的极化粒子数 N 少,使 ε_∞ 减少,但随着温度的上升,松弛时间 τ 缩短,又有使松弛极化增加的趋势。所以总体来说,ε 的变化不大。低温时,电导损耗很小,与松弛极化损耗相比可以忽略,介质损耗主要由松弛极化损耗来决定。而松弛极化损耗与 g(即 $e^{U/kT}$)成正比,随着温度的增加,介质损耗呈指数规律上升。由于 ε 随温度变化不大,故 $\tan\delta$ 亦正比于等效电导率 g 随温度呈指数式上升。若不考虑电导损耗,根据德拜公式、式(6.56)、式(6.57)可得

$$\begin{cases} \varepsilon' \approx \varepsilon_\infty + \dfrac{\varepsilon_s - \varepsilon_\infty}{1 + \omega^2 \tau^2} \\[3mm] W \approx \dfrac{gA}{d} U^2 = \dfrac{\varepsilon_0 (\varepsilon_s - \varepsilon_\infty) A}{\tau d} U^2 \\[3mm] P \approx g E^2 = \dfrac{\varepsilon_0 (\varepsilon_s - \varepsilon_\infty)}{\tau} E^2 \\[3mm] \tan\delta \approx \dfrac{g}{\omega \varepsilon_0 \varepsilon} = \dfrac{\varepsilon_s - \varepsilon_\infty}{\omega \tau \varepsilon} \end{cases} \tag{6.61}$$

2. 反常分散区

温度继续升高,当 τ 下降到 $\omega\tau = 1$ 时,松弛极化时间与电场变化周期相接近,松弛极化处于最敏感的位置,所以介电系数 ε 随温度 T 的变化而迅速上升,同时在 $\omega\tau = \dfrac{1}{\sqrt{3}} \approx 1$ 最大,出现 ε 随温度变化很快的情形。这时介电损耗 W、P 仍随温度的增加呈指数规律上升,直至极化已无滞后于电场的变化时,极化损耗开始减小。根据 $\dfrac{\mathrm{d}W}{\mathrm{d}\tau}$(或 $\dfrac{\mathrm{d}P}{\mathrm{d}\tau}$)$= 0$,可求得当 $\alpha\tau = 1$ 时,W、P 出现一最大值。$\tan\delta$ 也与 W 的变化规律相似,出现一最大值。这时 ε 迅速上升,无功电流也增加,则 $\tan\delta$ 的最大值比 W 的最大值出现得要早一些,也就是说出现在温度较低一点的位置。根据 $\dfrac{\mathrm{d}(\tan\delta)}{\mathrm{d}\tau} = 0$,可得到这点在 $\omega\tau = \sqrt{\dfrac{\varepsilon_s}{\varepsilon_\infty}} \approx 1$ 处。值得指出的是,$\tan\delta$ 的峰值出现在 ε 随 T 变化很快的温度,而不是在 ε 达到最大值时的温度。因为极化建立的速率最快并不表示极化已经完全建立,只有当温度升高到使极化完全建立时,ε 才能达到最大值。P 峰值出现的温度在 $\tan\delta$ 和 ε 两者之间,3 个峰值所对应的温度是不一样的。

3. 高温区

温度继续升高,使 τ 很小,即 $\omega\tau \leqslant 1$ 时,极化已无滞后于电场变化的现象,极化全部能充分地建立。所以 ε 随温度的升高而增加,直到最大值 ε_s。但另一方面,温度的升高将使得分子的热运动加剧,定向极化发生困难。同时,温度升高也使得单位体积中的粒子数减小,因此在 ε 升到最大值以后又缓慢下降。在极化不滞后于电场的变化时,极化损耗小到可以忽略。相反,高温下的电导损耗却大大地增加,这时的介质损耗主要由电导损耗决定,P、$\tan\delta$ 随温度的升高呈指数规律上升。另外,$\tan\delta$ 还由于 ε 的降低使无功电流减小,比 P 上升得还要快一些。

$$P = \sigma E^2 = A \mathrm{e}^{-B/T} \cdot E^2 \tag{6.62}$$

$$\tan\delta = \frac{\sigma}{\omega \varepsilon_0 \varepsilon_r} = \frac{A}{\omega \varepsilon_0 \varepsilon_r} \mathrm{e}^{-B/T} \cdot E^2 \tag{6.63}$$

式中,$\sigma = A \mathrm{e}^{-B/T}$ 为电介质的电导率与温度的关系式;A、B 为常数。

具有松弛极化的介质其温度特性曲线如图 6.13 所示。对于同一介质,工作频率越高,则对应的反常分散区的温度也越高,ε、P、$\tan\delta$ 的最大值随频率的升高向高温方向移动。如果介质中电导损耗比较大,松弛极化损耗相对来说比较小,以致松弛极化的特征可能被电导损耗的特性所掩盖。随着电导损耗的增加,$\tan\delta$ 的频率、温度特性曲线中的峰值将变得平缓,甚至看不到有峰值出现,如图 6.14 所示。如图 6.13 所示,W 出现一最大值,tan δ 也与 W 的变化规律相似,也出现一最大值。这时 ε 迅速上升,无功电流也增加时,则 tan δ 的最大值比 W 的最大值出现得要早一些,也就是说出现在温度较低一点的位置。

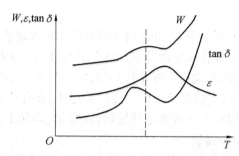

图 6.13　具有松弛极化和贯穿电导时介质的温度特性

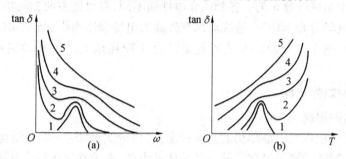

图 6.14　电导率不同的介质的 tan δ 和 ω、T 的关系

曲线 1— 电导率很小的介质;曲线 5— 电导率较高的介质

(三)介质损耗与湿度的关系

介质吸潮后,介电常数会增加,但比电导的增加要慢,由于电导损耗增大以及松弛极化损耗增加,因此 tan δ 增大。对于极性电介质或多孔材料来说,这种影响特别突出。

七、材料的介质损耗

以上介绍的介质损耗所针对的是单相的材料,而实际的材料往往是显微结构不均匀的多相体,尤为突出的是应用广泛的固体无机材料,这些材料损耗的主要形式是电导损耗和松弛极化损耗,但还有两种其他损耗形式:电离损耗和结构损耗。

(一)无机材料中的两种损耗形式

1.电离损耗

电离损耗又称游离损耗,主要发生在含有气相的材料中。它们在外电场的强度超过了气孔内气体电离所需要的电场强度时,因气体电离而吸收能量,造成损耗,即电离损耗。其损耗功率可以用下式近似计算:

$$P = A\omega(U - U_0) \tag{6.64}$$

式中,A 为常数;ω 为频率;U 为外施电压;U_0 为气体的电离电压。该式只有在 $U > U_0$ 时才适用,此时 tan δ 剧烈增大。

当固态绝缘物中含有气孔时,由于在正常条件下气体的耐受电压能力一般比固态绝缘物的低,而且电容率也比固态小,气孔中的气体往往容易产生游离。由于电介质损耗引发热膨胀,可能导致整个固态介质的热破坏和促使介质的化学性破坏而造成老化,因此必须尽量减小介质中的气孔。

2. 结构损耗

结构损耗是指在高频、低温下,与介质内部结构的紧密程度密切相关的介质损耗。结构损耗与温度的关系很小,损耗功率随频率升高而增大,但 $\tan \delta$ 和频率无关。实验表明,结构紧密的晶体或玻璃体的结构损耗都是很小的,但是当某些原因(如杂质的掺入、试样经淬火急冷的热处理等)使它的内部结构变松散了,会使结构损耗大大提高。

一般材料,在高温、低频下,主要为电导损耗;在常温、高频下,主要为松弛极化损耗;在高频、低温下,主要为结构损耗。

工程介质材料大多数是不均匀的介质,例如陶瓷材料,它通常包含晶相、玻璃相和气相,各相在介质中是统计分布的。各相的介电性质不同,有可能在两相间积聚较多的自由电荷,使介质的电场分布不均匀,造成局部有较高的电场强度而引起较高的损耗。但作为电介质整体来看,整个电介质的介质损耗必然介于损耗最大的一相和损耗最小的一相之间。

(二) 无机材料的损耗

1. 离子晶体的损耗

各种离子晶体根据其内部结构的紧密程度,可以分为两类:一类是结构紧密的晶体;另一类是结构不紧密的离子晶体。前一类晶体的内部,离子都堆积得十分紧密,排列很有规则,离子键强度比较大,如 $\alpha - Al_2O_3$、镁橄榄石晶体,在外电场作用下很难发生离子松弛极化(除非有严重的点缺陷存在),只有电子式和离子式的弹性位移极化,所以无极化损耗,仅有的一点损耗是由漏导引起的(包括本征电导和少量杂质引起的杂质电导)。在常温下热缺陷很少,因而损耗也很少,这类晶体的介质损耗功率与频率无关,$\tan \delta$ 随频率的升高而降低。因此以这类晶体为主晶相的陶瓷往往用在高频的场合,如刚玉瓷、滑石瓷、金红石瓷、镁橄榄石瓷等,它们的 $\tan \delta$ 随温度的变化呈现出电导损耗的特征。

另一类是结构不紧密的离子晶体,如电瓷中的莫来石、耐热性瓷中的堇青石等,这类晶体的内部有较大的空隙或晶格畸变,含有缺陷或较多的杂质,离子的活动范围扩大了。在外电场作用下,晶体中的弱联系离子有可能贯穿电极运动(包括接力式的运动),产生电导损耗。弱联系离子也可能在一定范围内来回运动,形成热离子松弛,出现损耗。所以这类晶体的损耗较大,由这类晶体作为主晶相的陶瓷材料不适用于高频,只能应用于低频。另外,如果两种晶体生成固溶体,则或多或少带来各种点阵畸变和结构缺陷,这通常有较大的损耗,并且有可能在某一比例时达到很大的数值,远远超过两种原始组分的损耗。例如 ZrO_2 和 MgO 的原始性能都很好,但将两者混合烧结,MgO 溶进 ZrO_2 中生成氧离子不足的缺位固溶体后,使损耗大大增加,当摩尔分数约为 25% 时,损耗有极大值。

2. 玻璃的损耗

无机材料中除了结晶相外,还有玻璃,一般可含 $20\% \sim 40\%$,有的甚至可达 60%(如电工陶瓷),通常电子陶瓷含的玻璃相不多。无机材料的玻璃相是造成介质损耗的一个重要原因。复杂玻璃中的介质损耗主要包括 3 个部分:电导损耗、松弛损耗和结构损耗。

哪种损耗占优势,决定于外界因素 —— 温度和外加电压的频率。在工程频率和很高的温度下,电导损耗占优势;在高频下,主要是由联系弱的离子在有限范围内的移动造成的松弛损耗;在高频和低温下,主要是结构损耗。

一般简单纯玻璃的损耗都是很小的,例如石英玻璃在 $50 \sim 10^6$ Hz 时,$\tan \delta$ 为 $(2 \sim 3) \times 10^{-1}$,硼玻璃的损耗也相当低。这是因为简单玻璃中"分子"接近规则的排列,结构紧密,没有联系弱的松弛离子。在纯玻璃中加入碱金属氧化物后,介质损耗大大增加,并且损耗随碱性氧化物浓度的增大呈指数增大。这是因为碱性氧化物进入玻璃的点阵结构后,所以离子所在处点阵受到破坏。玻璃中碱性氧化物浓度越大,玻璃结构就越疏松,离子就有可能发生移动,造成电导损耗和松弛损耗,使总的损耗增大。

在玻璃的介质损耗方面出现"双碱效应"(中和效应),即当碱离子的总浓度不变时,由两种碱性氧化物组成的玻璃,$\tan \delta$ 大大降低,而且有一最佳的比值。如($Na_2O - K_2O - B_2O_3$)系玻璃中,B_2O_3 的质量分数为 62.5%,Na^+ 和 K^+ 等摩尔比时,$\tan \delta$ 降为最低。同时,在含碱玻璃中加入二价金属氧化物,特别是重金属氧化物时,"压碱效应"(压抑效应)特别明显。因为二价离子有两个键能使松弛的碱金属的结构网巩固起来,减少松弛极化作用,因而使 $\tan \delta$ 降低。例如含有大量 PbO 及 BaO 和少量碱的电容器玻璃,在 10^6 Hz 时,$\tan \delta$ 为 $(6 \sim 9) \times 10^{-4}$。制造玻璃釉电容器的玻璃含有大量 PbO 和 BaO,$\tan \delta$ 可降低到 4×10^{-4},并且可使用高达 250 ℃ 的高温。

3. 陶瓷材料的损耗

陶瓷材料的损耗主要来源于电导损耗、松弛损耗和结构损耗。此外表面气孔吸附水分、油污及灰尘等造成表面电导也会引起较大的损耗。

以结构紧密的离子晶体为主晶相的陶瓷材料,损耗主要来源于玻璃相。为了改善某些陶瓷的工艺性能,往往在配方中引入一些易熔物质(如黏土),形成玻璃相,这样就使损耗增大。如滑石瓷、尖晶石瓷随黏土含量的增大,其损耗也增大。因此一般高频瓷,如氧化铝瓷、金红石瓷等很少含有玻璃相。大多数电工陶瓷的离子松弛极化损耗较大,主要是因为主晶相结构松散、生成了缺陷固溶体、多晶型转变等。如果陶瓷材料中含有可变价离子,如含钛陶瓷,往往具有显著的电子松弛极化损耗。

因此,陶瓷材料的介质损耗是不能只按照陶瓷材料成分中纯化合物的性能来推测的。在陶瓷烧结过程中,除了基本物理化学过程外,还会形成玻璃相和各种固溶体。固溶体的电性能可能不亚于、也可能不如各组成成分,这是在估计陶瓷材料的损耗时必须考虑的。降低材料的介质损耗应从考虑降低材料的电导损耗和极化损耗入手。首先,选择结构紧密的晶体作为主晶相;在改善主晶相性能时,尽量避免产生缺位固溶体或填隙固溶体,最好形成连续固溶体,这样弱联系离子少,可避免损耗显著增大;尽量减少玻璃相,如为了改善工艺性能,应采用"中和效应"和"压抑效应",以降低玻璃相的损耗;防止产生多晶转变,因为多晶转变时晶格缺陷多,损耗增加;注意焙烧气氛;控制好最终烧结温度;在工艺过程中应防止杂质的混入,坯体要致密。

(三)高聚物材料的介电性能与损耗

高聚物在电子、电工领域最常见的用途是作为电绝缘材料。由于它们不仅具有优异的介电性能,又具有良好的力学性能、耐化学品性能及易成型加工性能,因此它们比其他绝缘材料具有更大的使用价值,迄今已成为电气工业不可缺少的材料。

高聚物在外电场作用下出现的对电能的储存和损耗的性质,称为高聚物的介电性,其介电性都是由分子在外场中极化引起的,产生极化的方式主要包括电子极化、原子极化和取向极化,这与前面的介绍类似。高聚物的介电损耗是指在交流电场中电介质会损耗部分能量而发热,产生介电损耗的原因有两个:一是电介质所含的微量导电载流子在电场作用下流动时,由于克服内摩擦力需要消耗部分电能,称为电导损耗,对非极性高聚物来说,电导损耗可能是主要的;二是偶极的取向极化,取向极化有一个松弛的过程,电场使偶极子转向时,一部分电能损耗于克服介质的内黏性力上,这种损耗是极性高聚物介电损耗的主要部分。当高聚物作为电工绝缘材料或电容器材料使用时,其介电损耗越小越好,否则,不仅会消耗较多的电能,还会引起材料本身发热,加速材料老化。反之,在高聚物的高频干燥、塑料薄膜高频焊接以及大型高聚物制件的高频热处理时,则要求有较大的 $\tan\delta$ 值。

介电性是分子极化的宏观反映,在 3 种形式的极化中,偶极取向极化对介电性的影响最大,因此,介电性与高分子的极性有密切的关系。高聚物按单体单元偶极矩的大小可划分为极性和非极性两类,偶极矩在 $0\sim0.5D$(德拜) 范围内是非极性的,偶极矩在 $0.5D$ 以上是极性的。分子的偶极矩为组成分子的各个化学键的偶极矩(亦称键矩) 的向量和。聚乙烯分子中 C—H 键的偶极距短,为 $0.4D$,因分子是对称的,键矩的向量和为零,故聚乙烯是非极性的。聚四氟乙烯中虽然有 C—F 键,其偶极矩较大($1.83D$),但 C—F 是对称分布的,键矩的向量和也为零,整个分子还是非极性的。聚氯乙烯中的 C—Cl($2.05D$) 和 C—H 键矩不同,不能互相抵消,故分子是极性的。

非极性高聚物具有较低的介电系数和介电损耗,ε 约为 2,$\tan\delta$ 小于 10^{-4}。极性高聚物具有较高的介电常数和介电损耗,极性越大这两项越高。

极性高聚物在外场作用下偶极取向的过程也是分子运动的过程。分子的活动性将影响其偶极取向程度,从而影响高聚物的介电性能。例如,高聚物交联会妨碍极性基团取向,因而使其介电常数降低。典型的例子是酚醛树脂,虽然这种高聚物的极性很强,但介电系数和介电损耗并不很高。相反,支化会使高聚物分子间作用力减弱,分子链活动性增加,因而使介电常数增大。

高聚物的聚集态结构和物理状态也影响着偶极的取向程度。在玻璃态下,链运动被冻结,结构单元上的极性基团的取向受链段的牵制。但在高弹态下,极性基团的取向受链段牵制较小,所以,同一高聚物在高弹态下的介电损耗要比玻璃态下的大。例如聚氯乙烯的介电系数从玻璃态的3.5,到高弹态增加到约15;聚酰胺从玻璃态的4.0,到高弹态增加到近50。

分子结构的对称性对介电系数也有很大的影响,对称性越高,介电常数越小,对同一高聚物来说,全同立构介电系数高,间同立构介电系数低,无规立构介于两者之间。此外,具有复合结构(泡沫结构) 的高聚物较之常态结构有较低的介电常数。

第三节　固体电介质的电导与击穿

一、固体电介质的电导

(一) 概述

理想的电介质,在外电场作用下应该是没有传导电流的。但是任何实际的电介质,或多或少都具有一定数量的弱联系的带电质点。在没有外电场作用时,这些弱联系的带电质点(正、负离子和离子空位、电子和空穴等载流子) 做不规则的热运动。加上外电场以后,弱联系的带电质点便会受到电场力的作用,在不规则的热运动上增加了沿外电场方向的定向漂移。正电荷顺电场方向移动,负电荷逆电场方向移动,形成贯穿介质的传导电流。

这种弱联系的带电质点在电场的作用下做定向漂移从而构成传导电流的过程,称为电介质的电导,这个电流称为泄漏电流。构成电介质传导电流的弱联系的带电质点称为导电载流子。由导电载流子的漂移构成的传导电流密度是与弱联系的带电质点(导电载流子) 的浓度有关的。

假设单位体积电介质内导电载流子的数目为 N,每个载流子所带电荷为 q,载流子沿电场方向漂移的平均速率为 $\bar{v}$,则单位时间内通过垂直于电场方向、面积为 A(图 6.15) 的平面的电荷,即电流强度为

$$I = Nq\bar{v}A \qquad (6.65)$$

单位时间内通过 1 m^2 面积的电荷,即电流密度为

$$j = \frac{I}{A} = Nq\bar{v} \qquad (6.66)$$

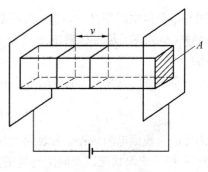

图 6.15　载流子的导电图

当电场不是很强时,电流密度 j 与电场强度成正比,电介质的电导服从欧姆定律,即

$$j = \sigma E \qquad (6.67)$$

式中,σ 为电介质的体积电导率。

对于电介质材料来说,通常用体积电导率的倒数来表征材料绝缘性能的好坏,即体积电阻率为

$$\rho = \frac{1}{\sigma} \qquad (6.68)$$

其单位为 $\Omega \cdot m$。对于理想的绝缘体,$\rho = \infty$,而实际上,一般认为 $\rho = 10^8 \Omega \cdot m$ 以上的电介质就是绝缘体了。

单位电场作用下的载流子沿电场方向的平均漂移速率称为载流子的迁移率,即

$$\mu = \frac{U}{E} \qquad (6.69)$$

结合式(6.66)、式(6.67) 和式(6.68),可以得到电导率的普遍表述式为

$$\sigma = Nq\mu \tag{6.70}$$

式 (6.70) 表示了电介质的宏观参数电导率 σ 与微观参数——电介质单位体积内载流子数 N、载流子电荷 q、载流子的迁移率 μ 之间的关系。根据物质的结构得出 N、q、μ，就可以求得电介质的电导率。同时可以看出，提高电介质的绝缘性能可以从两个方面着手：一是减少电介质单位体积的载流子数；二是降低迁移率。对于固体电介质，要尽量减少杂质、热缺陷的数目。

当固体电介质加上电压后，电流一部分将从介质的表面流过，称为表面电流 I_S；一部分从介质的体内流过，称为体电流 I_V。相应的电导 (电阻) 又称为表面电导 G_S (表面电阻 R_S) 和体电导 G_V (体电阻 R_V)，而且

$$R_\mathrm{S} = \frac{U}{I_\mathrm{S}}, \quad G_\mathrm{S} = \frac{1}{R_\mathrm{S}} = \frac{I_\mathrm{S}}{U} \tag{6.71}$$

$$R_\mathrm{V} = \frac{U}{I_\mathrm{V}}, \quad G_\mathrm{V} = \frac{1}{R_\mathrm{V}} = \frac{I_\mathrm{V}}{U} \tag{6.72}$$

$$I = I_\mathrm{S} + I_\mathrm{V} \tag{6.73}$$

体电阻 (电导) 的大小不仅由材料的本质决定，而且还与试样尺寸有关，即

$$R_\mathrm{V} = \rho_\mathrm{V} \frac{d}{S}, \quad G_\mathrm{V} = \sigma_\mathrm{V} \frac{S}{d} \tag{6.74}$$

式中，ρ_V 为体电阻率，$\Omega \cdot \mathrm{m}$；σ_V 为体电导率，$\mathrm{S/m}$；d 为试样厚度，m；S 为试样面积，$\mathrm{m^2}$。体电导率 (电阻率) 是由材料本质决定的，与试样尺寸无关，它表示介质抵抗体积漏电的性能。

表面电阻 (电导) 与电极的距离 d 成正比，与电极长度 L 成反比，即

$$R_\mathrm{S} = \rho_\mathrm{S} \frac{d}{L}, \quad G_\mathrm{S} = \sigma_\mathrm{S} \frac{L}{d} \tag{6.75}$$

式中，ρ_S 为表面电阻率；σ_S 为表面电导率。它们表示介质抵抗沿表面漏电的性能，因此它们与材料的表面状况以及周围环境的关系很大，若环境潮湿，则因材料表面湿度大而使表面电导变大，易漏电。

材料的体电阻率是最重要的电学性质之一，绝缘体的体电阻率 ρ_V 为 $10^8 \sim 10^{18}\ \Omega \cdot \mathrm{cm}$ (或 $> 10^{18}\ \Omega \cdot \mathrm{cm}$)。依据形成固体电导的载流子不同，固体电介质的电导可以分为两种：电子电导和离子电导。

(二) 固体电介质的电子电导

电子电导其载流子是电子和空穴，在电介质中，价电子将能带填满成满带后，仍然还有完全空着的导带。满带与导带之间由禁带隔开。外电场的作用只能使电子从能带中的一个能级跃迁到另一个能级，不足以使它越过禁带到导带，所以这种形式的电导表现得比较微弱，只有在一定的条件下才明显。

如在某一温度下，由于电子的热运动，可将一部分电子由满带激发到导带上去，同时出现空穴载流子。这样在外电场作用下，就使得晶体电介质具有一定的电导。然而，在常温下激发到导带上去的电子是极其微弱的，特别是在固体电介质中，从满带激发到导带上去的电子微乎其微，可以忽略不计。

但在实际晶体电介质中，由于杂质的存在，以及晶体中存在的缺陷、位错等，在禁带中

将引入中间能级－杂质能级,接近于导带,如图6.16所示。它们在热激发的作用下,容易产生导电的载流子。

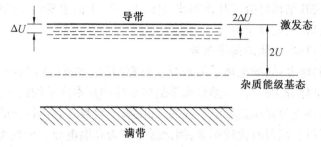

图6.16　含杂电介质的能带结构

又如含钛陶瓷以银作为电极时,高温下将发生以下反应:

$$Ag + Ti^{4+} \longrightarrow Ag^+ + Ti^{3+} \tag{6.76}$$

$$Ti^{3+} \longrightarrow Ti^{3+} + e \tag{6.77}$$

高温时,银将失去电子变成银离子,四价钛离子还原成三价钛离子,三价钛离子是不稳定的,容易失去一个电子又变回四价钛离子。在电场作用下,银离子顺电场方向移动,电子沿逆电场方向移动,在电介质中形成电子电导。

另外,当电子的能量低于阻碍它运动的势垒高度不是很大,而势垒厚度又比较薄时,在强电场作用下,电子就可能因隧道效应而穿过势垒到达导带或阳极,构成隧道电流。电介质可能存在的几种隧道效应,如图6.17所示。金属电极中具有大量电子,也可能向电介质中发射(或注入)电子,如热电子发射,也可以为电介质提供导电载流子。

但是以上各种机构提供的电子,在电场不太强时,数量极少,固体电介质的电子电流是极其微弱的。随着外加电场的增加,杂质能级上的电子、隧道效应以及热电子发射等因素的作用加大了,电子电流才相应地增加。所以固体电介质中的电子电导比离子电导要复杂得多。大部分固体电介质的电子电导率与温度的关系遵循指数规律

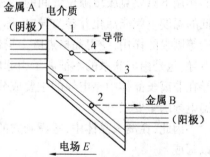

图6.17　固体电介质中可能存在的几种隧道效应

1—阴极→导带;2—电介质价带→阳极;3—电介质价带→导带;4—杂质能级→导带

$$\sigma = A_e e^{-\frac{U_e}{kT}} \tag{6.78}$$

因为导电的电子(或空穴)也是从各种不同的电离中心经过热激发而产生的,并且对于过渡元素金属氧化物,通常它的活化能都比较小,载流子数又多,所以,在低温和室温下,电子电导常起主要作用,许多金属氧化物实际上是氧化物半导体,其原因也在于此,这类金属氧化物在传感器方面的应用就是很好的例子。

(三) 固体电介质的离子电导

离子电导其载流子是正、负离子或离子空位,这是固体电介质中最主要的导电形式。它与电子电导的机理有质的不同,传递的不单是电荷,而是构成物质的粒子。在弱电场中

主要是离子电导,但是对于某些材料,如钛酸钡、钛酸钙和钛酸锶等钛酸盐类,在常温下除了离子电导以外还会呈现出电子电导的特性。

固体电介质按其结构可分成晶体和非晶体两大类,下面主要讨论晶体、非晶体无机电介质和高聚物非晶材料的离子电导。

1. 无机晶体材料电介质的离子电导

对于无机材料电介质,导电离子的来源主要有两种:本征(或固有)离子和弱联系离子。晶体的离子电导分为两类,一类是源于晶体点阵中基本离子的运动,称为离子固有电导或本征电导,这种电导是由热缺陷形成的,即由离子自身随着热振动的加剧而离开晶格阵点所形成的,所以在高温时比较明显,因此通常称为高温电导。少数离子热运动离开原来的位置,如果进入点阵间形成填隙离子,同时产生空位,这种缺陷称为弗仑克尔缺陷;如果到达晶体表面,晶体内部只留下离子空穴,这种缺陷称为肖特基缺陷。显然,离子晶体本征电导的载流子浓度与晶体结构的紧密程度和离子半径的大小有关。离子晶体的电导率与温度的变化规律与电子电导的类似,满足指数规律。

另一类称为弱联系离子电导,是与晶格点阵联系较弱的离子活化而形成导电载流子,主要是由杂质离子和晶体位错与宏观缺陷处的离子引起的电导,它往往决定了晶体的低温电导。在实际晶体中,总会含有一些杂质,当外来杂质进入填隙位置时,它们在外电场的作用下只要克服填隙位置间的势垒高度 U 即可,也就是说它们所需的活化能较小,在较低的温度下就能活化并参与导电,称为"杂质离子电导"。在离子晶体中还由于有晶格位错等因素的作用,使得晶格点阵上局部离子的活化能下降,这部分离子也易于活化而参与电导,这是由弱联系的本征离子引起的。以上两种电导统称为弱联系离子电导。这种电导在非离子晶体中是电导的主要成分。在离子晶体中低温热缺陷数目很少的情况下是低温电导的主要成分。

因此,在离子晶体中,考虑到它的本征电导和弱联系电导,σ 随温度变化的关系式可以写成

$$\sigma = A_1 e^{-\frac{U_1}{kT}} + A_2 e^{-\frac{U_2}{kT}} \qquad (6.79)$$

式中,第一项表示本征离子电导,第二项表示弱联系离子电导。由于弱联系离子浓度比本征离子浓度小很多,一般 $A_1 > A_2$,$B_1 > B_2$(A、B 为常数,其中 $B = U/k$)。求对数后,由 $\ln \sigma(1/T)$ 作图,可以求得势垒 U。在很宽的温度范围内,实验所得到的 $\ln \sigma - f(1/T)$ 的关系是两条具有不同斜率的直线,如图 6.18 所示。斜率较小的直线 1 对应于弱联系离子电导,斜率较大的直线 2 对应于本征离子电导。

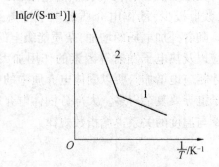

图 6.18　晶体电导率与温度的关系

2. 无机玻璃态电介质的离子电导

纯净玻璃的电导一般较小,但如果含有少量的碱金属离子,碱金属离子不能与两个氧原子联系以延长点阵网络,从而造成弱联系离子,因而电导大大增加,基本上表现为离子电导。玻璃体的结构比晶体疏松,碱金属离子能够穿过大于其原子大小的距离而迁移,同

时克服一些位垒。玻璃与晶体不同,玻璃中碱金属离子的位垒不是单一的数值。有高有低,如图6.19所示。这些位垒的体积平均值就是载流子的活化能。

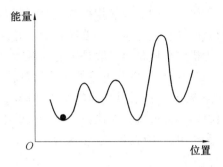

图6.19   一价正离子在玻璃中的位垒

在碱金属氧化物含量不多的情况下,电导率与碱金属离子浓度呈直线关系。到一定限度时,电导率呈指数增长。这是因为碱金属离子首先填充在玻璃结构的松散处,此时碱金属离子的增加只是增加电导载流子数。当孔隙被填满之后继续增加碱金属离子,就开始破坏原来结构紧密的部位,使整个玻璃体结构进一步松散,因而活化能降低,电导率呈指数式上升。

在实际生产中发现,利用双碱效应和压碱效应可以减少玻璃的电导率,甚至可以使玻璃的电导率降低4 ~ 5个数量级。

双碱效应是指当玻璃中碱金属离子总浓度较大时(占玻璃组成的25% ~ 30%),在碱金属离子总浓度相同的情况下,含两种碱金属离子的玻璃比含一种碱金属离子的玻璃电导率要小。当两种碱金属浓度比例适当时,电导率可以降到很低(图6.20)。这种现象的解释如下:在K_2O、Li_2O氧化物中,K^+和Li^+占据的空间与其半径有关。因为$r_{K^+} > r_{Li^+}$,在外电场作用下,一价金属离子移动时,Li^+留下的空位比K^+留下的空位小,这样K^+只能通过本身的空位。Li^+进入体积大的K^+空位中,产生应力,不稳定,因为进入同种离子空位较为稳定,这样互相干扰的结果使电导率大大下降。此外大离子K^+不能进入小空位,使通路堵塞,妨碍小离子的运动,迁移率也降低。

压碱效应是指在含碱玻璃中加入二价金属氧化物,特别是重金属氧化物,使玻璃的电导率降低。相应的阳离子半径越大,这种效应越强。这是因为二价离子与玻璃中氧离子结合比较牢固,能嵌入玻璃网络结构,以致堵住了迁移通道,使碱金属离子移动困难,因而电导率降低。当然,如用二价离子取代碱金属离子,也能得到同样的效果。图6.21所示为在$0.18Na_2O - 0.82SiO_2$玻璃中SiO_2被各种氧化物置换后其电阻率的变化情况,这表明CaO提高电阻率的作用最为显著。

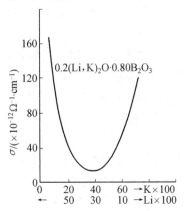

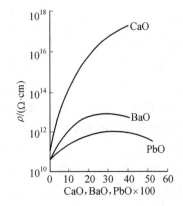

图6.20   硼钾锂玻璃电导率与锂、钾含量的关系

图6.21 $0.18Na_2O - 0.82SiO_2$玻璃中SiO_2被其他氧化物置换后的效应

　　无机材料中的玻璃相往往也含有复杂的组成,一般,玻璃相的电导率比晶体相高,因此对介质材料应尽量减小玻璃相的电导。

　　无机电介质材料一般是由晶相颗粒、玻璃相、晶界和气孔等组成的具有复杂显微结构的多晶多相体,所以其电导的理论计算较为复杂。为简化起见,假设无机电介质材料由晶粒和晶界组成,并且其界面的影响和局部电场的变化等因素可以忽略不计,则总电导率为无机材料中的玻璃相往往也含有复杂的组成。

　　无机电介质材料总电导率为

$$\sigma_T^n = V_G \sigma_G^n + V_B \sigma_B^n \tag{6.80}$$

式中,σ_G、σ_B 分别为晶粒、晶界的电导率;V_G、V_B 分别为晶粒、晶界的体积分数。$n = -1$,相当于如图 6.22(a) 所示的串联状态;$n = 1$ 为如图 6.22(b) 所示的并联状态;图 6.22(c) 所示为晶粒均匀分散在晶界中的混合状态,可以认为 n 趋近于零。

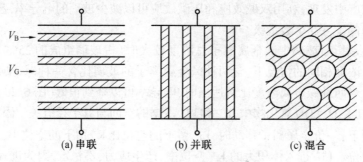

(a) 串联　　　　　　(b) 并联　　　　　　(c) 混合

图 6.22　　层状与混合模式

将式(6.80) 微分,得

$$n\sigma_T^{n-1} d\sigma_T = nV_G \sigma_G^{n-1} d\sigma_G + nV_B \sigma_B^{n-1} d\sigma_B \tag{6.81}$$

因为 $n \to 0$,则

$$\frac{d\sigma_T}{\sigma_T} = V_G \frac{d\sigma_G}{\sigma_G} + V_B \frac{d\sigma_B}{\sigma_B} \tag{6.82}$$

即

$$\ln \sigma_T = V_G \ln \sigma_G + V_B \ln \sigma_B \tag{6.83}$$

这就是无机材料电导的对数混合法则。通常,由于陶瓷烧结体中 V_B 的值非常小,所以电导率 σ_T 随 σ_B 和 V_B 值的变化较大。

　　但是,在实际无机电介质材料中,当各相之间的电导率、介电常数、多数载流子差异很大时,各组成相之间往往产生相互作用,引起特殊的物理效应。特别是晶粒和晶界之间的相互作用使各种陶瓷材料具有特有的晶界效应。例如 $ZnO - Bi_2O_3$ 系陶瓷的压敏效应、半导体 $BaTiO_3$ 的 PTC 效应、晶界层电容器的高介电特性等。

3. 高聚物电介质的离子电导

　　在高聚物的分子结构中,原子的最外层电子是以共价键与相邻原子键接的。完整结构的纯高聚物材料在弱电场作用下理应没有电流通过(具有特定结构的高聚物例外)。理论计算结果表明,作为绝缘体的高聚物,其电导率仅为 $10^{-25} \ \Omega^{-1} \cdot cm^{-1}$,而实际高聚物的电导率往往比它大几个数量级。高聚物绝缘体中的载流子主要来自材料的外部,是由高聚物中的杂质引起的。这些杂质是在高聚物合成和加工的过程中产生的,包括少量没有反应的单体、残留的引发剂和其他各种助剂以及高聚物吸附的微量水分。水对高聚物的导电性影响最大,特别是当高聚物材料是多孔状或有极性时,吸水量较多,复合材料的电导率在大多数情况下取决于填料的亲水程度。例如,以橡胶填充的聚苯乙烯材料在水中浸渍前后电导率相差两个数量级,而用木屑填充的聚苯乙烯材料在同样情况下其电导率可猛增 8 个数量级。

在一些特殊的情况下,某些外部因素也能引起高聚物非离子型的电导。例如,当测试电压较高时,从电极中可以发射出电子注入高聚物而成为载流子。

高聚物的电导也与温度、分子结构有关,研究表明,在高聚物中载流子的浓度和迁移率均随温度的升高而增加。电导率与绝对温度之间有如下关系:

$$\sigma = \sigma_0 e^{-\frac{E_C}{RT}} \tag{6.84}$$

式中,σ_0 为常数;E_C 为电导活化能。当高聚物出现玻璃化转变时,电导率或电阻率曲线将发生突然的转折,利用这一原理可测定高聚物的玻璃化温度。

结晶、取向以及交联均会使绝缘高聚物的电导率下降,因为在这些高聚物中,主要是离子电导。结晶、取向和交联会使分子紧密堆砌,并降低分子链段的活性,这就减少了自由体积,使离子迁移率下降,因而电导率下降。例如,聚三氟氯乙烯结晶度从 10% 增加至 50% 时,电导率下降 10 ~ 1 000 倍。

(四) 固体电介质的表面电导

以上所讨论的电导,都是指电介质的体积电导,它是电介质的一个物理特性参数,主要取决于电介质本身的组成、结构、杂质含量及电介质所处的工作条件(如温度、气压、辐射等)。这种体积电导的电流流经整个电介质,同时流经固体电介质表面的还有表面电导电流,如图 6.23 所示。

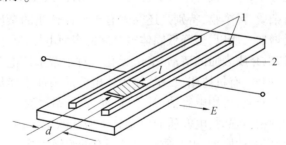

图 6.23　电介质的表面电导
1— 电极;2— 电介质

电介质的表面电导不仅与电介质本身的性质有关,而且还与周围的环境温度、湿度、表面结构以及形状、表面沾污等情况密切相关。

1. 空气湿度对表面电导的影响

电介质的表面电导受空气湿度的影响极大,而且,电介质表面吸附空气中的水蒸气的现象亦最为常见。任何电介质,当处于相对湿度为 0 的干燥空气中时,电介质表面的电导率 σ_s 很小,但是当电介质在潮湿的环境中受潮以后,其 σ_s 将明显上升。电介质吸附水分以后,在其表面形成一层很薄的水膜,引起较大的表面电流,因此,σ_s 明显地增加。

2. 电介质表面的分子结构

电介质表面不同的分子结构使水在其表面的分布状态有着明显的区别,如图 6.24 所示。

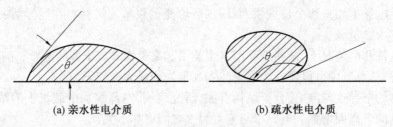

(a) 亲水性电介质　　　　　　　　(b) 疏水性电介质

图 6.24　水在电介质表面的分布

依据水在其表面分布状态的明显区别,电介质可分为亲水性和疏水性电介质。

(1) 亲水性电介质。亲水性电介质包括离子晶体、含碱玻璃以及由极性分子构成的电介质等,如有机玻璃、聚氯乙烯、碱玻璃、陶瓷和云母。其中含碱金属离子的电介质(碱卤晶体、含碱玻璃等)中的碱金属离子还会进入水膜,降低水的电阻率,使表面电导进一步升高,甚至丧失绝缘性能。亲水性电介质对水分子的吸附力大于水分子的内聚力,水在电介质的表面上将弥散开来,形成连续的水膜,其与电介质表面所成的润湿角 $\theta < 90°$。所以,电介质的电导率特别大。

(2) 疏水性电介质。这类电介质由非极性分子所组成,它们对水的吸附力小于水分子的内聚力,水在电介质表面上不能形成连续的水膜而只能凝聚成水珠,其润湿角 $\theta > 90°$。这类电介质的电导率很小,大气湿度对它的影响也较小。

3. 电介质表面的状况

电介质表面的电导率 σ_s 不仅与空气的湿度有关,而且其表面清洁度和光洁度对其都有影响。表面黏附有杂质、污染物,特别是还黏附有半导体性质的杂质,即使是在干燥的环境中表面电导也会增加。所以,要降低固体电介质的表面电导,除了尽可能地采用疏水性电介质外,还要保持电介质表面的清洁、平滑无孔。对于亲水性电介质,则可在其表面涂覆疏水性电介质层,如硅、有机树脂、石蜡,使固体电介质表面不能形成水膜,提高表面电阻率。对于多孔性电介质,可用电容油、凡士林、沥青、石蜡浸渍,以填充孔隙。

当外加电场增加到相当强时,电介质的电导就不服从欧姆定律了。当场强继续增加到某一临界值时,电导率突然剧增,电介质丧失其固有的绝缘性能。

二、固体电介质的介电强度与击穿

(一)介质在电场中的破坏和介电强度

当施加于电介质上的电场强度或电压增大到一定程度时,电介质就由介电状态变为导电状态,这一突变现象称为介电强度的破坏,或称为电介质的击穿。相应的电场强度称为介电强度,或称为击穿电场强度,用 $E_穿$ 表示,此时所加电压称为击穿电压,用 $V_穿$ 表示。在均电介质击穿强度受许多因素的影响,因此变化很大。这些影响因素有材料厚度、环境温度和气氛、电极形状、材料表面状态、电场频率和波形、材料成分和孔隙度、晶体各向异性、非晶态结构等。在电极板之间填充电介质的目的就是要使极板间可承受的电位差比空气介质承受的电位差更高些。

对于凝聚态绝缘体,通常所观测到的击穿电场范围为$(1 \times 10^5 \sim 5 \times 10^6)$ V/cm。从宏观的尺度看,这些电场属于高电场,但从原子的尺度看,这些电场是非常低的,10^6 V/cm可表示为10^{12}V/Å。这清楚地表明,除了在非常特殊的实验条件下,击穿绝不是由电场对原子或分子的直接作用导致的。

根据电介质绝缘性能破坏的原因,电介质击穿的形式可以分为三类,即热击穿、电击穿和电化学击穿。对于任何一种材料,这三种形式的击穿都有可能发生,主要取决于试样的缺陷情况及电场的特性(交流和直流、高频和低频、脉冲电场等)以及器件的工作条件。介质在电场中的击穿现象相当复杂,一个器件的击穿可能有多种击穿形式,但往往有一种是主要的、决定的形式。

(二) 固体电介质的击穿

1. 电击穿

材料的电击穿是一个"电过程",即仅有电子参加。在强电场的作用下原来处于热运动状态的少数"自由电子"将沿电场反方向做定向运动。在其运动过程中不断撞击介质内的离子,同时将其部分能量传给这些离子。当外加电压足够高时,自由电子定向运动的速率超过一定临界值(即获得一定电场能)可使介质内的离子电离出一些新的电子——次级电子。无论是失去部分能量的电子还是刚冲击出的次级电子都会从电场中吸取能量而加速,有了一定的速率后又撞击第三级电子。这样的连锁反应,将造成大量自由电子形成"电子潮",这个现象也称为"雪崩"。它使贯穿介质的电流迅速增大,导致介质的击穿。所以固体电介质发生电击穿的判据是电子从电场获得的能量速率大于电子与晶格碰撞消耗的能量速率。

从能带理论出发,可以认为,电场强度增大,电子能量增加,当有足够的电子获得能量而能够越过禁带进入上层导带时,绝缘材料就会被击穿而导电。

2. 热击穿

电介质在电场的作用下工作时由于各种形式的损耗,部分电能转变为热能,使介质发热,若外加电压足够高,将出现器件内部产生的热量大于器件散发出去的热量这种不平衡状态,热量就在器件内部积聚,使器件温度升高。升温的结构又进一步增大损耗,使发热量进一步增多。这样的恶性循环使器件温度不断上升。当温度超过一定限度时介质会出现烧裂、熔融等现象,形成永久性的破坏而完全丧失绝缘能力,这就是电介质的热击穿。此外,电介质的环境条件,如周围媒质的温度、散热条件等对热击穿场强具有重要的影响,因此,热击穿场强并不是电介质的本征性质,但在实际工作中,热击穿往往是最常见的介质击穿形式。

3. 化学击穿

长期运行在高温、潮湿、高电压或腐蚀性气体环境下的电介质往往会发生化学击穿。它与材料内部的电解、腐蚀、氧化、还原、气孔中气体电离等一系列不可逆变化有很大的关系,并且需要相当长的时间,工程上常把属于这一类的电击穿现象称为老化,亦称为电化学击穿。

高聚物绝缘体在高压下长期工作后会出现化学击穿,这是由于高电压的作用能在高聚物表面或缺陷、小孔处引起局部的空气碰撞电离,从而生成 O_3 或 NO_2 等氧化物,这些化合物都能使高聚物老化,引起电导的增加直至发生击穿。在电场长期作用下,有机电介质发生的变硬、变黏等都是化学性质变化的宏观表现。

陶瓷介质材料的化学性质比较稳定,但是对于以银作为电极的含钛陶瓷,如果长期在直流电场下使用,也将产生不可逆的变化。因为阳极上的银原子容易失去电子变成银离子,银离子进入电介质沿电场方向从阳极移到阴极,然后在阴极上获得电子而沉积在阴极附近,如果直流电场作用的时间很长,沉积的银越来越多,形成枝蔓状向电介质内部延伸,这相当于缩短了电极之间的距离,使电介质的击穿电压下降。

(三) 影响固体电介质介电强度的因素

以上介绍的几种击穿机理远不能概括电介质所有的实际击穿过程。在实际工作中,由于受电介质本身的结构因素和环境因素的影响,因此电介质的介电击穿过程异常复杂,迄今为止,还没有一种理论能够准确、清晰地阐明所有的电击穿过程。对电介质材料电击穿破坏的失效分析,可以从两个方面进行考虑:一方面是物质结构的影响;另一方面是环境和测试条件的影响。

1. 结构因素

固体介质的击穿理论适用于宏观、均匀的单一介质的击穿现象,但在实际应用中,经常遇到复合介质,即使是单一材料也会因材料不均匀、含有杂质、有气隙等原因而不能看作单一均匀的介质,因此研究复合介质的击穿具有重要的实际意义。

事实上,气泡也是介质结构的组成成分之一,材料中气泡的介电常数和电导率都很小,在受到电压作用时,其所承受的电场强度很高,而气泡本身的抗电强度远低于固体介质。在电场的作用下,气泡首先击穿,引起气体放电(内电离)。这种内电离过程产生大量的热,使气孔附近的局部区域强烈过热,因而在材料内部形成相当高的内应力,当这种热应力超过一定限度时,材料丧失机械强度而发生破坏,表现为电击穿现象。这种击穿现象常被称为电 – 机械 – 热击穿。气泡对于在高频、高压条件下使用的电容器陶瓷介质或者电容器聚合物介质都是十分严重的问题,因为实际上气泡的放电是不连续的。理论分析表明,在交流频率为 50 Hz 的情况下,介质中的气泡放电次数可达200次/s。可见,在高频高压条件下,介质中的气泡产生的内电离是何等的严重。由于内电离在介质内引起不可逆的物理化学变化,从而造成介质击穿电压下降。

材料的表面状态包括介质自身的表面加工情况、表面的清洁程度、表面周围的介质及其之间的接触情况。固体介质的表面,尤其是附有电极的表面,在电场的作用下常常发生介质的表面击穿,这种击穿通常属于气体放电。固体电介质常处于周围气体媒质中,击穿时常常发现固体介质并未破坏失效,只是火花掠过介质的表面,这种现象称为固体介质的表面放电。固体介质表面放电电压常低于没有固体介质时的空气击穿电压,其降低的情况常决定于以下三个条件:① 固体介质不同,表面放电电压也不同,铁电陶瓷介质由于介电常数较大,再加上表面吸湿等原因,存在空间电荷极化机制,使表面电场发生畸变,降低了表面放电电压;② 固体介质与电极接触不好,则表面放电电压降低,原因是空气孔隙的介电系数低,根据夹层介质原理,电场发生畸变,孔隙容易放电,介质的介电常数越大,影响越显著;③ 电场频率不同,表面放电电压也不同,一般情况下,随着频率的升高,表面放电电压降低。在此要特别提出的是,因为电极边缘常发生电场畸变,即所谓边缘电场,使电极边缘的局部电场强度升高,导致此处的击穿场强下降。发生边缘击穿主要与以下因素有关:电极周围媒质的性质;电极的形状、相互位置;材料的介电参数和抗电强度;等等。

表面放电和边缘击穿电压并不能表征材料本身的抗电强度,因为通过对介质周围媒质的选择和对电极边缘形状的合理设计。这两个指标都能够得到提高。为了防止上表面放电和边缘击穿现象的发生,以发挥材料抗电强度的作用,可以选取电导率和介电常数较高的媒质,并且媒质自身应有较高的抗电强度。例如,在介质抗电强度测试的实验中,常选用硅油或变压器油作为媒质。另外,对于在高频高压条件下使用的陶瓷电介质来说,根据额定工作电压的不同,通常采用浸渍、灌注、包封、涂覆以及在电极边缘施以半导体釉等方法提高电极边缘电场的均匀性,消除由于空气的存在而产生的表面放电的因素,从而提高表面的放电电压。

总之,对于在高频、高压条件下工作的电介质材料来说,除了注重提高材料本身的抗电强度以外,加强对其结构和电极的合理设计也是至关重要的。

2. 外部条件因素

首先,是温度的影响,温度对电击穿影响不大,因为在电击穿过程中,电子的运动速率、粒子的电离能力等均与温度无关。但温度对热击穿影响较大,温度的升高使材料的漏导电流增大,这使材料的损耗增大,发热量增加,促进了热击穿的产生。此外,环境的温度升高使元器件内部的热量不容易散发,进一步加大了热击穿的倾向。另外,温度的升高使材料的化学反应加速,促使材料老化,从而加快了化学击穿的过程。

从前面对介质损耗的讨论可知,频率对介质的损耗有很大的影响,而介质损耗是热击穿产生的主要原因,因此,频率对热击穿有很大的影响。

第四节　电介质的实验测量研究

一、介电常数和损耗的测量

(一)测量准备与影响因素

1. 测试频率的选择

只有少数材料,如聚苯乙烯、聚丙烯、聚四氟乙烯等,在很宽的频率范围内介电常数是基本恒定的,而不同的电介质材料被极化的主要结构都互不相同,一般的电介质材料必须在它所使用的频率下测量介电参数。同时,不同的测试方法所适用的测量范围是不同的,采用仪器测量时,这一点必须注意。

2. 温度

损耗因数在某一频率下可以出现最大值,这个频率值与绝缘材料的温度有关。介质损耗因数和相对介电常数的温度系数可以是正的也可以是负的,这由测量温度下的损耗因数与其最大值的相对位置来决定。

3. 湿度

极化的程度随水分的吸收量或绝缘材料表面水膜的形成而增加,其结果是使相对介电常数、介质损耗因数和直流电导率增大。

4. 电场强度

存在界面极化时,自由离子的数目随电场强度的增加而增加,其损耗指数最大值的大小和位置也随电场强度而变化。在较高的频率下,只要绝缘材料不出现局部放电现象,相对介电常数和介质损耗因数与电场强度无关。

5. 测试试样

为了得到可靠的数据,测量材料的介电参数必须采用安放介质样品的电极系统。在更高频率下,被研究的介质则成为整个装置的有机部分,它们是一个有条件性的概念。

样品形状的选择应考虑到能够方便地计算出它的真空电容。最好的形状是两面平行的圆片或方片,也可以采用管状试样。当要求高精度测量介电常数时,最大误差来自试样尺寸的误差,尤其是厚度的误差。对于 1% 的精度来说,1.5 mm 的厚度就足够了,对于更高的精度要求则试样应更厚些。测定 $\tan\delta$ 时,导线的串联电阻与试样电容的乘积应尽可能地小,同时,又要求试样电容在总电容中的比值尽可能地大。试样的大小应适合所采用的电极系统。

6. 测试电极

上述样品与测试仪器电极之间存在空气间隙,相当于在试样上串联一个空气电容器,它既降低了被测试样的电容值,也降低了测出的介质损耗。这个误差反比于样品的厚度,对于薄膜样品来说,可达到很大值。所以为了准确测量介电参数,在把样品放到测量电极系统中之前,必须在它的表面施以某些类型的薄金属电极。对于表面电导率很低的试样可以不用电极材料而将它直接插入电极系统。

电极形式有三电极系统和两电极系统两种。当使用两电极系统使上下两个电极对准有困难时,则下电极应比上电极稍大些,金属电极应稍小或等于试样上的电极。

为避免边缘效应引起相对介电常数的测量误差,电极系统应加进一个保护电极,保护电极的宽度必须至少两倍于样品厚度,不保护电极的直径必须达到保护电极的外径。而保护电极和测量电极间的间隙应小于试样厚度。

电极材料的选择对于获得可靠的测量结果极为重要,它必须满足下列要求:① 电极应该与样品表面有良好的接触,其间无空气间隙或气泡;② 电极材料在试验条件下不起变化,而且不影响被测介质的性能,更不能与介质起化学作用;③ 电极材料应具有良好的导电性;④ 制造容易、安装方便,且工作安全。常用的电极材料有金属箔、导电涂料、沉积金属和水银等。表 6.3 为常见的电极材料。

表 6.3　常用电极材料

电极材料	规格要求	适用范围
锡箔、铅箔、铝箔和金箔	铝箔和锡箔应退火,厚度为 0.01 ~ 0.1 mm,用低损耗胶状油(如凡士林、变压器油、硅油等)作为黏结剂无气隙地粘贴在样品表面	不适用于高介电常数的材料和薄膜样品
导电银膏	在空气中干燥或低温烘干	适用于较低频率测量
银浆、铂浆、金浆	通过"烧电极"处理,金属浆料中的金属烧在(沉积)测试样品的表面,烧银的温度取决于银浆的配方,铂浆适用于极高温度下测量的样品,金浆比较稳定,在烧电极过程中不向样品内部迁移	陶瓷、玻璃、云母等耐高温材料

续表 6.3

电极材料	规格要求	适用范围
真空镀膜电极	在真空下将银或铝或其他金属喷镀到试样表面形成的电极,金属喷镀电极是低熔点的金属喷镀到试样表面形成的电极;在制作电极时,真空和喷镀温度对材料性能应不产生永久性的损害。这些电极是多孔的,因此可以再加上电极后进行预处理和条件处理	特别适用于潮湿条件下的测试

测量复介电常数有多种方法。如何选择测量方法,要取决于以下因素:① 频率范围;② 材料性能(ε' 与 ε'' 的大小);③ 材料样品的加工、尺寸等。

(二) 各种测量实验方法

1. 直流法

在低频段内采用加保护电极的平行板电容法,分别测量以一个平行板电容器在有固体电介质存在时和无介质存在时通过一个标准电阻放电的时间常数,从而求出介电常数的实部 ε',虚部则用介质的电阻率(或电导率)来表示。

2. 电桥法

电桥法是测量 ε'、$\tan \delta$ 使用最为广泛的方法之一。其主要优点是测量电容和损耗的范围广、精度高、频带宽,以及还可以采用三电极系统来消除表面电导和边缘效应所带来的测量误差。用各种不同结构的电桥,覆盖频率范围可以从 0.01 Hz ~ 150 MHz。按频率范围可以分为超低频电桥(0.01 ~ 200 Hz)、音频电桥(20 Hz ~ 3 MHz)和双 T 电桥(1 MHz 以上)等。音频电桥最典型的电路是施林电桥,用施林电桥测量可以同时读出电容量 C 和 $\tan \delta$,由此而计算出 ε' 和 ε''。现在已有较完善的数字化低频阳抗分析仪,测量的参数可达 10 余个,使用十分方便。

3. 谐振电路法

频率范围到达 10 ~ 100 MHz 时,用普通的电桥法测量介电常数就有一定困难,因为高频会使杂散电容的效应增加,从而显著地影响测量结果的精确性。在高频测量中往往使用谐振电路法。用 Q 表测量便是谐振电路法的一种典型方法。现在较好的高频数字化阳抗分析仪的频率范围已高达 10 GHz。

4. 传输线法(测量线法)

在超高频范围(100 ~ 1 000 MHz)以上时,由于辐射效应和趋肤效应,调谐电路技术就不好应用了。这时就要使用分布电路,通常多采用传输线(同轴线)和波导,还有可以采用带状线(微带)等。波导测量宜在高频率(微波),否则尺寸太大;而且每一种波导只能在平均波长两侧的 20% ~ 25% 范围内传输电磁波,不能覆盖整个频段,要扩大频率范围,还必须建立一系列装置。同轴线测量的频率范围为 100 ~ 6 000 MHz,它能覆盖宽广得多的频段,300 ~ 3 000 MHz 只需用一条测量线就能实现。这个频段正是用同轴线测量介质最适宜的区域。

根据电磁波与物质相互作用的原理,传输线法又分为驻波场法、反射波法和透射波法三种。

5. 微波法

微波频段的介电常数测量可使用波导或谐振腔技术。波导传播的电磁波可以是高阶型的。若测量固体电介质,具体的测量方法取决于被测材料的性质与数量。如果有足够大尺寸的材料,就可用波导法;如果材料的尺寸很小,可用谐振腔法。

二、电介质介电强度的测定

介电强度是绝缘材料的一个重要性能指标,由于其数值受多种因素的影响,为便于比较,必须在特定的条件下进行。国标 GB 1408—78《固体电工绝缘材料工频击穿电压、击穿强度和耐电压试验方法》规定了固体电工材料工频击穿电压、击穿强度和耐电压的试验方法,对试样的尺寸、电极形状、加压方式等都做出了规定,其中,击穿电压采用"连续均匀升压法" 或 "一分钟逐级升压法",电压由低至高,使试样被击穿的电压即为击穿电压 $V_穿$,击穿强度为 $E_穿$。

连续升压是试验电压从零开始,按规定的速率连续匀速上升,直至试样被击穿得到击穿电压值。逐级升压是按连续升压所测得试样击穿电压值的 50% 作为起始电压,停留 1 min 后如试样未被击穿,则按规定的电压值逐级升压,并在两级电压停留 1 min,直至试样被击穿为止。若在升压过程中发生击穿,应读取前一级的电压值;若击穿发生在保持不变的电压级上,则以该级电压作为击穿电压。

三、电介质的铁电性和电滞回线的测量

各种固体电介质中,只有属于 10 种点群对称性的物质才具有铁电性和热电性。电滞回线是铁电体的主要特征之一,往往通过电滞回线的测量去检验物质是否为铁电体、反铁电体或顺电体。在较强的交变电场作用下,铁电材料的极化强度随外电场呈非线性变化,而且在一定的温度范围内,极化强度表现为电场强度 E 的双值函数,呈现出滞后现象,形成了极化强度与电场强度 E 的关系曲线,通常称为电滞回线。

测量电滞回线的基本电路是 Sawyer – Tower 电路,测试电滞回线时,交变电场由超低频高压源供给,电滞回线用 $X – Y$ 函数记录仪记录,并由测得的电滞回线,再测定铁电体的矫顽电场强度 E_C、剩余极化强度 P_r 和自发极化强度 P_S。

测试条件如下。

(1) 环境条件。测量电滞回线时试样必须浸入硅油中,根据不同的材料和要求可在不同的温度下测量。当需要升温时,试样应在该温度下保温,时间不少于 1 h。

(2) 试样尺寸及要求。试样为未极化的薄片,厚度 t 不大于 1 mm。两主平面全部被覆上金属层作为电极。试样应保持清洁、干燥。

(3) 测试信号要求。测试信号采用频率不高于 0.1 Hz 的正弦波。

[小历史]

随着科学技术日新月异的发展,通信信息量的迅猛增加,以及人们对无线通信的要求,使用卫星通信和卫星直播电视等微波通信系统成为当前通信技术发展的必然趋势。这就使得微波材料在民用方面的需求逐渐增多,如手机、汽车电话、蜂窝无绳电话等移动

通信和卫星直播电视等新的应用装置。

　　微波介电陶瓷是应用于微波频段(主要是 UHF、SHF 频段,300 MHz ~ 300 GHz)电路中作为介质材料并完成一种或多种功能的陶瓷。与金属空腔谐振器相比,微波介质陶瓷具有小型化(高介电常数 ε_r)、高稳定性、低损耗(高品质因子 Q)。目前微波介质陶瓷已在便携式移动电话、汽车电话、无绳电话、电视卫星接收器、军事雷达等方面被用来广泛制造谐振器、滤波器、介质天线、介质导波回路等微波元器件,在现代通信工具的小型化、集成化过程中正发挥着越来越大的作用。

[小启发]

　　在描述非磁性电介质在电场下的性能时,通常可用以下物理量。电介质的相对介电常数 ε_r,它是 ω 的函数,如果介质材料有损耗(包括漏电),ε_r 就需要用复数来表示,即

$$\varepsilon_r^*(\omega) = \varepsilon'(\omega) + i\varepsilon''(\omega)$$

式中,$\varepsilon'(\omega)$ 为介电常数的实部;$\varepsilon''(\omega)$ 为介电常数的虚部,代表介质损耗。在工程上通常使用介电损耗角 $\delta(\omega)$ 的正切 $\tan\delta$,即

$$\tan\delta = \frac{\varepsilon''}{\varepsilon'}$$

电介质的电导率 σ,即

$$\sigma(\omega) = \omega\varepsilon_0\varepsilon''(\omega)$$

　　$\varepsilon(\omega)$ 概括了电介质的全部损耗机构的总和。对于任何频率,用 ε',另外再加上 ε''、$\tan\delta$ 和 σ 这 3 个量中的任何一个量与 ε' 相配,便可以完整地描述电介质在电场中的介电行为。它们可以在强电场下(测试时,加在样品上的电场强度接近于击穿场强 $E_穿$)或弱电场下(测试时的电场强度远低于击穿场强)进行测量。前者涉及电介质的另一基本参数 —— 击穿电场强度 $E_穿$,而本章讨论的介电常数、损耗角正切 $\tan\delta$ 和电导率 σ 仅限于弱电场下的测量。

[小研究]

可设计的高介电陶瓷材料

　　自然界大部分材料是广义的复合材料,即具有一定显微结构特征的非均匀或均质材料,也称为多尺度材料或多层次结构材料。它们的宏观性能不是结构中不同组元(相、颗粒、畴等)性能的简单加和平均,有时其宏观性能完全不同于组元的性能。更为重要的是,材料宏观性能可以根据要求(通过改变组分、显微结构的几何和拓扑)加以调节,即可通过改变组成物质的种类和组合方式(显微结构)来改变所产生的材料的性能,因此,可利用已有的物质来发现和设计新材料。这里介绍一种设计新材料的途径,即利用非常规复合效应产生新型材料,其中之一是"1 + 1 > 2"复合效应。这个效应意味着两种不同的常规物质的组合 / 复合可导致其复合材料性能显著增强,远远大于原常规物质的性能。

　　高介电材料作为用于制备重要的电容器、存储器等的材料,在微电子器件中扮演着重要的角色。钙钛矿结构材料(如弛豫铁电氧化物 $PbMg_{1/3}Nb_{2/3}O_3$)具有高介电常数,是目

前主流高介电材料。随着微电子元器件的微型化,进一步增强材料的介电常数是非常重要的。利用已有的介电常数获得更大的介电性,可以通过金属(导体)－介电体(绝缘体)的合理组合产生的"1 + 1 > 2"复合效应来实现。

目前广泛研究和获得成功应用的独石多层电容器(MIC)是一种由陶瓷介电层和金属内电极层交替的2－2型叠层组合。现在,可以制备包含 N100 的陶瓷层的 MIC,因此,同单纯的陶瓷相比,MIC 的介电性可被增强 10^2 数量级以上。根据这个间接关系,通过减少陶瓷介电层厚度、增加层数来获得显著的介电强度,已成为这类 MLC 目前一个重要的发展趋势。但随着电介质厚度的降低,其他问题(如机械强度,包括制备技术问题)变得尤为突出,故不可能将其做得太薄。另一个比较切实可行的办法就是尽可能地提高介电层材料的介电常数。

介电常数的提高可以进一步利用金属(导体)－介电体(绝缘体)的其他结合形式来达到。研究最多的是把导体颗粒弥散在电介质中的组合。这种组合方式导致一个重要的金属－绝缘体的转变,即随着金属颗粒含量的增加,在一临界金属体积分数(渗流阈值)处发生渗流转变。这种渗流转变的一个特别有意义的特征是复合材料的介电常数在渗流阈值 f_c 处发散,即

$$\varepsilon \infty \varepsilon_c (f_c - f)^{-s}$$

式中,f 为金属颗粒的体积分数;ε_c 为介电临界指数,$\varepsilon_c \approx 1$。在 f_c 附近,这种复合材料异常大,远远大于介电基体的介电常数 ε_r。这种非常规复合效应是由于在渗流阈值附近许多多金属颗粒被薄的介电层所隔离,形成了许多微电容,从而导致了材料在宏观上的高介电性。在渗流阈值附近的金属绝缘体组合可以成为具有优异电荷储存功能的电容器。

当导体颗粒的体积分数趋近于1,但每个颗粒仍被一层非常薄的介电边界层所隔离,这样便形成了像 $BaTiO_3$ 基陶瓷电容器那样的边界层电容器。在这种情况下,有效介电常数为

$$\varepsilon \infty \varepsilon_c \frac{d}{t}$$

式中,d 为颗粒尺寸;t 为边界层厚度。通常,$d/t > 1$,例如,当 $d = 10\ \mu m$,$t = 10\ nm$ 时,则 $d/t = 1\ 000$,这意味着介电常数增强了 1 000 倍。根据这个"1 + 1 > 2"非常规复合效应,新近发现的一种新型高介电 NiO 基陶瓷,与目前已知的最好的高介电钙钛矿结构陶瓷相比,NiO 基陶瓷是非钙钛矿的、非铁电的、无铅的,具有简单结构的陶瓷。在这种新型高介电 NiO 基陶瓷中,Li 掺杂的 NiO 颗粒内核是半导体,而边界层是电介质,它们构成了 BLC(多层电容器)组合结构,赋予了这种材料宏观上的高介电特性。

[习题]

6.1　解释下列名词:电极化、偶极子、电偶极矩、质点的极化率、局部电场、极化强度、电介质的电极化率、介电强度、击穿强度、绝缘强度。

6.2　什么称为极化强度?写出它的几种表达式及其物理意义。

6.3　一平行板真空电容器,极板上的电荷面密度 $\sigma = 1.77 \times 10^{-6} C/m^2$。现充以 $\varepsilon_r = 9$ 的介质,若极板上的自由电荷保持不变,计算真空和介质中的 E、P、D 各为多少,束缚电

荷产生的场强是多少?

6.4　边长为 10 mm、厚度为 1 mm 的方形平板电容器的电介质相对介电系数为 2 000,计算相应的电容量。若在平板上外加 200 V 的电压,计算:① 电介质中的电场;② 每个平板上的总电量;③ 电介质的极化强度;④ 储存在介质电容器中的能量。

6.5　电介质的极化机制有哪些,分别在什么频率范围响应?

6.6　如果 A 原子的原子半径为 B 原子的两倍,那么在其他条件都相同的情况下,原子 A 的电子极化率大约是 B 原子的多少倍?

6.7　在交变电场的作用下,实际电介质的介电常数为什么要用复介电系数来描述?

6.8　测量高频陶瓷介质的 ε 及 $\tan \delta$ 的原理及条件是什么,要测量哪些数据? 写出计算 ε 及 $\tan \delta$ 的公式及式中各量的物理意义。

6.9　一个厚度 d = 0.025 cm,直径为 2 cm 的滑石瓷圆片,经测定发现电容 C = 7.2 μF,损耗因子 $\tan \delta$ = 72。试计算:① 介电常数;② 电损耗因子;③ 电极化率。

6.10　固体电介质热击穿的原因是什么,固体电介质热击穿电压与哪些因素有关,关系如何,如何提高固体电介质的热击穿电压?

第七章　铁电体物理性能

第一节　铁电体的基本概念

一、铁电体的定义

铁电体是指在某一温度范围内具有自发极化特性且极化强度可以因外电场的作用而反向的晶体。极化是一种极性矢量,自发极化的出现在晶体中造成了一个特殊方向。每个晶胞中原子的构型使正负电荷重心沿该方向发生相对位移,形成电偶极矩,整个晶体在该方向上呈现极性,一端为正,一端为负。另外,也可以根据铁电体具有电滞回线和具有许多电畴的特点进行定义,即凡具有电畴和电滞回线的介电材料都称为铁电体。所谓电畴或畴就是指晶体中的若干个小区域,在每个小区域内部永久偶极矩的取向都一致,在不同区域内的永久偶极矩的取向不一致,而电畴的边界也称为畴壁。其实铁电体晶体中并不含铁,铁电体又常被称为息格毁特晶体,这是因为第一个铁电体(罗息盐)是在1672年由罗息的药剂师息格毁特制备出来的。

二、铁电体的特性

(一) 铁电体的自发极化

许多电介质只有在电场下才会发生极化。电场去除后,极化强度迅速衰减到零。对于液体和无定型的固体,由于分子排列的无序性,当外电场为零时,其表现出的宏观极化强度仍然为零。对于晶体而言,如果某些晶体中每个晶胞中原子的构型使正负电荷重心不重合或者在某个方向存在相对位移,形成电偶极矩,那么整个晶体在该方向上呈现极性,一端为正,一端为负,导致晶体处于高度的极化状态,而这种极化状态是在外电场为零时建立起来的,因此称之为自发极化。自发极化的出现在晶体中造成了一个特殊方向。该方向与晶体的其他任何方向都不是对称等效的,称为特殊极性方向,即晶胞具有极性。换言之,特殊极性方向是在晶体所属点群的任何对称操作下都保持不动的方向。显然,这对晶体的点群对称性加以限制。

因为原子的构型是温度的函数,所以极化状态将随温度的变化而变化,这种性质称为热释电性。热释电性是所有呈现自发极化晶体的共性,这类晶体称为热释电晶体。但对于铁电性来说,存在自发极化并不是充分条件。铁电体是这样的晶体:其中存在自发极化,且自发极化有两个或多个可能的取向,在电场作用下,其取向可以改变。压电性对晶体对称性的要求是没有对称中心。显然,极性点群都是非中心对称的,反之则不然。这表明,所有的铁电体都具有压电性,但压电体不一定都是铁电体。

（二）铁电体的电畴

铁电体在整体上体现出自发极化特性,这意味着在其正负端分别有一层正的和负的束缚电荷。在晶体内部,束缚电荷产生的电场与极化反向(称为退极化电场)使静电能升高。在受机械约束时,伴随着自发极化的应变还将使应变能增加,均匀极化的状态是不稳定的,晶体将分成若干个小区域,每个小区域内部电偶极子具有同一方向,但各个小区域之间电偶极子方向有可能不同,这些小区域称为电畴或畴。畴的边界称为畴壁。畴的出现使晶体的静电能和应变能降低,但畴壁的存在引入了畴壁能。总自由能取极小值的条件决定了电畴的稳定构型。当无外电场时,电畴无规则,所以净极化强度为零。而当施加外电场时,与电场方向一致的电畴长大,而其他电畴变小,因此,极化强度随电场强度的变大而变大。

铁电体的电畴结构按照相邻电畴自发极化强度之间的夹角可分为反平行电畴和互相垂直的电畴,还有除此之外的其他夹角。例如,在钛酸钡三方铁电相中,则有 70° 和 109°。铁电体的畴结构是很复杂的,各种类型的电畴往往同时并存。实际晶体中的畴结构取决于一系列复杂的因素,例如晶体的对称性、晶体中的杂质和缺陷、晶体的电导率、晶体的弹性和自发极化的数值等,此外,畴结构还受到晶体制备过程中的热处理、机械加工以及样品几何形状等因素的影响。

铁电体在外加电场的作用下自发极化可以反转,在此过程中,晶体的电畴结构也要发生相应的变化,这种电畴结构在外场的作用下发生改变的过程称之为电畴运动。电畴运动的过程也就是新畴的形核和长大的过程。

（三）铁电体与外加电场形成的电滞回线

铁电体的极化随外电场的变化而变化,其重新定向并不是连续发生的,而是在外电场超过某一临界电场强度时发生的,极化和电场之间呈非线性关系,这和一般电介质的电场与极化强度呈线性关系不同。电场的周期变化导致了极化强度 P 与外加电场 E 形成了电滞回线,如图 7.1 所示。

假设试验铁电体在外电场为零时,晶体中的电畴互相补偿,对外宏观极化强度为零,此时晶体状态处在 O 点。当外电场 E 增加时,极化强度 P 按 $OABC$ 增加,增至 C 时,电畴变成单一取向电畴(和 E 取向一致),此时 P 达到饱和状态。当 E 下降时,P 按 CBD 曲线下降,到 $E = 0$ 时,$P = P_r$,P_r 称为剩余极化。而当 $P = 0$ 时,$E = -E_C$,E_C 称为矫顽电场强度,到 D 时达到饱和。再增加 E,P 按 DC 线增加而形成 CBD 回线,即 P 和 E 有滞后效应。C 点处的切线和 P 轴的交点 P_S 称为饱和极化强度,是相当于 $E = 0$ 时单畴的自发极化强度,$P_S BC$ 相当于 P 与 E 呈线性关系时的 $P - E$ 曲线。

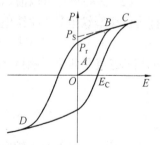

图 7.1　铁电体的电滞回线

（四）铁电相和顺电相转变温度

晶体的铁电性通常只存在于一定的范围之内,居里温度 T_C 是铁电相与顺电相的相转变温度,当铁电体温度 $T > T_C$ 时,铁电现象消失,处于顺电相;当 $T < T_C$ 时,铁电体处于铁电相;当 $T = T_C$ 时发生铁电相与顺电相的转变,称之为铁电相变。铁电相是极化有序状

态,顺电相则是极化无序状态,T_C 称为居里点。由于铁电性的出现或消失总伴随着晶格结构的改变,所以这是个相变过程。当晶体从非铁电相向铁电相过渡时,晶体的许多物理性质都有反常现象。对于一级相变,伴随有潜热发生;对于二级相变,则出现比热容的突变。铁电相中,自发极化强度是和晶体的自发电致形变相关的,所以铁电相晶格结构的对称性要比非铁电相低。如果晶体具有两个或多个铁电相,表征顺电相与铁电相之间的一个相变温度才是居里点,而把铁电体发生相变时的另一个温度称为过渡温度或转变温度。

(五) 介电系数 ε

由于极化的非线性,铁电体的介电常数不是常数,而是依赖于外加电场。一般以 OA 曲线在原点的斜率来表示介电常数,即在测量介电常数 ε 时,所加的外电场很小。铁电体在发生相变的过渡温度附近时,介电常数 ε 具有很大的值,数量将达到 $10^4 \sim 10^5$。当 $T > T_C$ 时,介电常数随温度变化的关系遵守居里 – 外斯定律,即

$$\varepsilon = \frac{C}{T - \Theta} + \varepsilon_{\infty} \tag{7.1}$$

式中,Θ 为特征温度,一般低于居里点;C 为居里常数;ε_{∞} 为电子极化对介电常数的贡献,在过渡温度时,ε_{∞} 可以忽略不计。

三、铁电体的种类

按照铁电体极化轴的多少,可将铁电体分为以下两类。

(1) 一类是只能沿一个晶轴方向极化(沿某轴上下极化) 的铁电体,这也是无序 – 有序型铁电体(软铁电体),它从顺电相到铁电相的过渡是从无序到有序的相变。其中有罗息盐($NaKC_4H_4O_6 \cdot 4H_2O$) 及其他有关的酒石酸盐;磷酸二氢钾(KH_2PO_4) 型的铁电体;硫酸铵[($NH_4)_2SO_4$] 和四氟铍酸氨[($NH_4)2BeF_4$];三硼酸氢钙[$CaB_3O_4(OH)_3 \cdot H_2O$];硫脲[($NH_2)_2CS$];一水甲酸锂[($HCOO)Li \cdot H_2O$)];等等。

(2) 另一类是可以沿几个晶轴极化的铁电体,这些晶轴在非铁电相中都是等价的,也称为位移型铁电体(硬铁电体)。这类铁电体以钛酸钡($BaTiO_3$) 为代表,还有铌酸盐($LiNbO_3$、$KNbO_3$)、钽酸盐($LiTaO_3$、$KTaO_3$) 以及 $SbSI$(锑 – 硫 – 碘) 等。从顺电相到铁电相的过渡是两个子晶格之间发生位移。

第二节　　铁电相变

当晶体的温度高于铁电体的居里点时,晶体的铁电性消失,晶格结构同时也发生相应的变化。由于铁电性的出现或消失总是伴随着晶格结构的改变,因此这是个相变的过程。下面根据铁电体分类中的无序 – 有序型相变铁电体和位移型相变铁电体来讨论其相变时结构变化的特点,以及相变对自发极化和铁电性的关系。

一、无序 – 有序型相变铁电体

KDP 为磷酸二氢钾的简称,其居里温度为 123 K。室温下为顺电相,属于四方晶系 42m 点群;低于居里温度,其转变为正交晶系 mm^2 点群,它的极化轴沿着原四方晶系的 c

轴。KDP 是这类晶体中结构比较简单、研究得较为透彻的铁电体材料。

　　KDP 在室温下的结构如图 7.2 所示，其结构可以看成是由 2 套磷酸根四面体组成的体心四方点阵和 2 套钾离子阵心四方点阵套构在一起形成的。2 套磷酸根点阵的套构关系为沿着 c 轴错开 c/4，沿着 a 轴错开 a/2。2 套钾离子点阵的套构关系和磷酸根点阵相同。而磷酸根点阵与钾离子点阵则沿着 c 轴方向错开 c/2。按照这种方式结合，磷酸根四面体呈层状排列，每一层内磷酸根排成正方形，层间距离为 c/4。磷酸根中 4 个 O^{2-} 在四面体的顶角上，P^{5+} 在四面体的中心。沿着 c 轴观察时，2 个氧在上，2 个氧在下。这样，每个磷酸根四面体又与上层和下层的各 2 个磷酸根四面体通过顶角上的氧离子借氢键联结起来。所以每个磷酸根又在其他 4 个磷酸根所形成的四面体的中心。联结 2 个氧的氢键几乎垂直于 c 轴，每个磷酸根的 4 个顶角上存在 4 个氢键，中心磷酸根上部的 2 个氧与上层相邻 2 个磷酸根下部的 2 个氧由氢键相连。中心磷酸根下部的 2 个氧则与下层相邻 2 个磷酸根上部的 2 个氧以氢键相联结。平均来说，每个磷酸根拥有 2 个质子 H^+，形成 $(H_2PO_4)^-$，而形成 $(H_2PO_4)^{2-}$ 和 H_2PO_4 所需要的能量很大，因此可以认为出现这两种构型的概率很小，无须考虑。

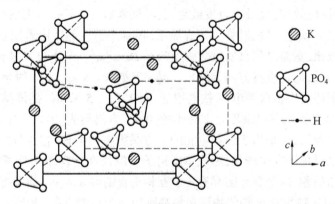

图 7.2　KDP 的晶体结构

　　斯莱特(Slater) 认为，KDP 的铁电性是由质子的有序化造成的。他假定氢键中的质子在两个氧离子的连续之间具有两个平衡位置。一个磷酸根吸引两个 H^+ 质子形成 $(H_2PO_4)^-$，一共可能有 6 种方式，其中两种方式是两个质子同时靠近磷酸根的上部和下部，这时四面体中心的 P^{5+} 便沿 c 轴下移或上移，使 $(H_2PO_4)^-$ 产生平行于 c 轴的电偶极矩。另外 4 种方式是一个 H^+ 质子靠近磷酸根的上部，另一个 H^+ 质子则在磷酸根的下部，这时产生的电偶极矩垂直于 c 轴。

　　质子的这 6 种排列方式在能量上是不等价的。斯莱特假设，当两个质子同时靠近上部或下部的两个氧时，这两种结构的能量相同，可将其归一化为零能量；其余一上一下 4 种排列方式能量较高。在高温顺电相中，质子在氧连线上的两个平衡位置之间运动。在某一瞬间，氢与一个氧以氢键相连，另一瞬间则与另一氧以氢键相连，对平均时间来说，氢分布在两个氧连线的中间。就某一瞬间而言，质子的分布是无序的。在低温铁电相中，氢键中的质子总是偏向于两个氧中的一个，氢与一个氧以氢键相连，与另一个氧以静电相连。就整体而言，质子的分布取能量最低的方式，即按图 7.3 的方式形成有序的排列，因而使磷酸根中的 P^{5+} 同时沿着 c 轴方向位移，形成自发极化。发生相变时，晶体中的质子从无序结构转变为有序结构。应该指出,由于氢键垂直于 c 轴,氢键本身对自发极化强度并无贡献,质子的有序化只是起了协调作用,因此形变的磷酸根中产生的电偶极矩自发地排齐。另外,斯莱特对 KDP 中的顺电铁电相变的热力学条件也进行了分析,得出的结论为:当温度低于居里转变温度时,系统的稳定状态为完全极化态。

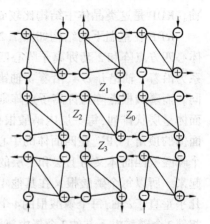

图 7.3　KDP 晶体中与 c 轴垂直平面内质子的运动方向

二、位移型相变铁电体

许多氧化物铁电体都是位移型铁电体。钛酸钡就属于这类铁电体,并且研究得也比较透彻。下面就对钛酸钡铁电体发生铁电相变时晶体结构变化的特点加以阐述。

钛酸钡的居里温度为 120 ℃,在居里点以上为立方钙钛矿结构,m3m 点群,具有对称中心,因此没有压电效应,也没有自发极化,其晶格常数 $a = b = c = 4.009$ Å。钛酸钡在居里点处发生顺电 – 铁电相变,转变到四方晶系,4mm 点群。晶体沿着原立方体的[001] 方向产生了自发极化,室温时的自发极化强度为 0.26 C/m²。产生自发极化时,晶体沿着自发极化轴方向伸长,而在垂直方向上缩短。晶格常数 $a = b < c$,c/a 约为 1.01。钛酸钡晶体在居里点以下还发生多次顺电 – 铁电相变,在 0 ℃ ±5 ℃ 时,晶体结构转变为正交晶系,mm2 点群,自发极化方向由原立方晶体的[001] 方向转为[011] 方向。晶体同样也在自发极化方向上伸长,这相当于原顺电相的立方晶胞在两个轴向上同时产生了自发极化,因而晶胞沿着原对角线方向伸长,形成单斜格子。但是在这种单斜格子中选取体积两倍于单斜晶胞的新晶胞,这个新晶胞具有 3 个互相垂直的轴 a、b、c。通常把 a 轴取在自发极化方向上,b 轴与 a 轴垂直,c 轴仍为原单斜晶胞的一个边的方向,并与 a、b 轴相垂直。这种正交结构具有较高的对称性,从晶体的对称性来看,这种构造属于正交晶系。但从铁电性的转化来看,采用单斜晶胞进行分析更直接些。单斜晶胞参数 $a = b'$,c' 和 β 与正交晶胞 a、b、c 之间的关系如图 7.4 所示,这两组量之间的转换关系为

$$\begin{cases} a = 2a'\sin(\beta/2) \\ b = 2a'\cos(\beta/2) \\ c = c' \end{cases} \tag{7.2}$$

当温度继续下降到 – 90 ℃ ±9 ℃ 时,晶体结构转变为三方晶系,3m 点群。自发极化方向转向原立晶胞的[111] 方向,这相当于原顺电相的立方晶胞沿着 3 个轴向都同时产生了自发极化,晶胞沿着体对角线方向伸长,三方晶胞的 3 个边 $a = b = c$,各边之间的夹角 $\alpha = 89°52'$。上述晶格结构的变化还可以通过晶格常数随温度变化曲线看出,介电常数随温度变化曲线以及自发极化随温度变化的曲线得到证实。

上面我们对钛酸钡在不同温度下的晶胞结构有了一些认识,其晶胞示意图如图 7.5 所示。根据结构分析,目前的研究普遍认为,钛酸钡的自发极化是由晶胞中钛离子的位移造成的。如图 7.5 所示,在晶胞中 Ti^{4+} 处在由 6 个氧组成的氧八面体的中心。

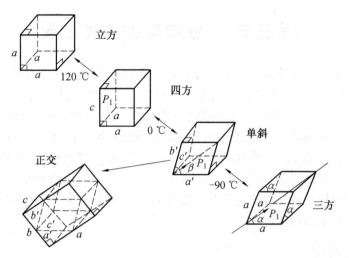

图 7.4　钛酸钡不同温度下的晶胞结构变化示意图

　　根据 X 射线衍射测定的结果,在稍高于居里点时,立方钛酸钡的晶格常数 $a = 0.401$ nm,晶体中氧八面体内部的空隙要比钛离子大,钛离子在其中运动时所受到的恢复力很小。在居里点以上,钛离子的平均热运动能量比较大,足以克服钛离子位移后形成的内电场对钛离子的定向作用,因此,钛离子向周围 6 个氧离子靠近的概率是相等的。按照平均时间来说,钛离子仍位于氧八面体的中心,不会稳定地偏向某一氧离子,整个晶胞的等效电偶极矩为零,所以不出现自发极化。

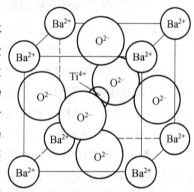

图 7.5　钛酸钡晶胞结构示意图

　　但是,当温度较低时,钛离子的平均热运动能量下降,那些由热涨落所形成的势运动能量特别低的钛离子,就不足以克服钛离子位移后因钛氧离子间的相互作用所形成的内电场,因此就向着某一个氧离子,例如,[001] 方向的氧离子靠近,产生自发位移,从而使这个晶胞出现电偶极矩。这时如果周围晶胞中钛离子的热运动能量也比较低,这种自发位移便能波及周围晶胞中的所有钛离子,使它们同时都沿着同一方向发生位移,因而形成一个自发极化的小区域,这就是电畴。与此同时,晶胞的形状发生了畸变,晶胞沿着钛离子移动的方向伸长,在其他两个垂直方向上缩短,从而转变成四方晶系结构。由于晶体中热运动能量特别低的钛离子是随机产生的,同一晶体中可能出现好几个电畴中心,因此晶体从高温冷却通过居里点时通常都将形成多畴结构。此外,由于氧八面体中的 6 个氧离子位于互相垂直的 3 个轴上,因此钛离子的自发位移方向只能是反平行的 180° 和正交的 90° 两类电畴。

　　上述分析也可以通过试验证明,试验结果表明,在居里温度以下,不仅钛离子发生了位移,晶体中的其他离子也发生了位移。斯莱特的钛 – 氧强耦合理论定性地说明了钛离子的位移形成的电偶极矩使氧离子的电子云发生强烈的畸变,发生了电子位移极化;而氧离子的电 – 位移极化又反馈来促使钛离子发生强烈的位移,这种强烈的契合导致了自发极化的形成。

第三节　　铁电体的物理效应

铁电体的本质特征是具有自发极化特性和自动控制且自发极化可在电场作用下转向。据此,研究人员开发出许多在实际中得到广泛应用的产品。例如信号处理、存储显示、接收发射和用于计测的产品等,都是利用铁电体的压电特性研制成功的;根据热释电性能制成的单个探测器和矩阵,在红外探测和热成像系统中得到了广泛的应用;利用铁电陶瓷材料具有较强的电致伸缩效应制成的微位移计,在精密机械、光学显微镜、天文望远镜等方面有着重要的用途。除此之外,铁电体作为光学材料也得到了广泛的应用。铁电体在实际中的应用与其物理效应有着密切的联系,下面针对其各自效应的基本概念和实际产品的应用分别加以叙述。

一、压电效应

(一) 压电效应的基本概念和机理

没有对称中心的材料在受到机械应力的作用发生变形时,材料内部会引起电极化和电场,其值与应力的大小成比例,其符号取决于应力的方向,这种现象称为正压电效应。如果将一块晶体置于外电场中,由于电场的作用,晶体内部正、负电荷重心产生位移,这一位移又导致晶体发生变形,这个效应为逆压电效应。具有压电效应的材料称为压电材料,由此可见,通过压电材料可将机械能和电能相互转换。

压电效应产生的根源取决于晶体构造的对称性。在晶体 32 种点群中,具有对称中心的 11 个点群不会有压电效应。在 21 种不存在对称中心的点群中,除了 432 点群因其对称性很高,压电效应退化以外,其余的 20 个点群都有可能产生压电效应。

图 7.6 所示为产生压电效应的示意图。当不存在应变时电荷在晶格位置上的分布是对称的,所以其内部电场为零。但是当给晶体施加应力则电荷发生位移,如果电荷分布不再保持对称就会出现净极化,并将产生一个电场,这个电场就表现为压电效应。

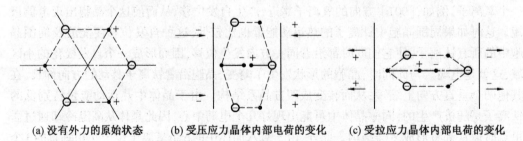

(a) 没有外力的原始状态　　(b) 受压应力晶体内部电荷的变化　　(c) 受拉应力晶体内部电荷的变化

图 7.6　　晶体受外应力产生的压电效应示意图

所有晶体在铁电态下都具有压电性,即对晶体施加应力,将改变晶体的电极化。但是压电晶体不一定都具有铁电性。石英是压电晶体,但并非铁电体;而钛酸钡既是压电晶体又是铁电体。

(二) 介电常数

介电常数反映了材料的介电性质(或极化性质),通常用 ε 表示。当压电材料的电行

为用电场强度 E 和电位移 D 作为变量来描述时,有

$$D = \varepsilon \cdot E \tag{7.3}$$

考虑到均为矢量,在直角坐标系中,式(7.3)可以表示为以下的矩阵形式:

$$\begin{pmatrix} D_1 \\ D_2 \\ D_3 \end{pmatrix} = \begin{pmatrix} \varepsilon_{11} & \varepsilon_{12} & \varepsilon_{13} \\ \varepsilon_{21} & \varepsilon_{22} & \varepsilon_{23} \\ \varepsilon_{31} & \varepsilon_{32} & \varepsilon_{33} \end{pmatrix} \begin{pmatrix} E_1 \\ E_2 \\ E_3 \end{pmatrix} \tag{7.4}$$

由于对称关系,介电常数 ε_{ij} 的9个分量中最多只有6个是独立的,其中 $\varepsilon_{12} = \varepsilon_{21}$, $\varepsilon_{13} = \varepsilon_{31}$, $\varepsilon_{23} = \varepsilon_{32}$,其单位是 F/m。

(三) 压电振子

在使用和测量压电材料时,常常要将其做成压电振子,压电振子是被覆有电极的压电体。当施加其上的激励电信号频率等于其固有谐振频率时,逆压电效应使之发生机械谐振,后者又借助于正压电效应,使之输出电信号。这里通过分析一种简单的压电振子——横向长度伸缩振子来认识压电振子的特性和有关参量。

图7.7所示为所讨论的压电振子。它的长度为 l,宽度为 ω,厚度为 t,并满足 $l \geqslant \omega \geqslant t$,上下主表面被覆有电极以施加并输出电信号。当电信号频率适当时,振子沿长度方向振动。因为振动方向与施加电信号的方向垂直,故称为横向长度伸缩振动。从压电振子尺寸特点来看,所讨论的长度伸缩振动实际上可以认为是个一维问题,即只有一个方向上的应力和应变不为零。电场施加在3方向上,电位移也只有在此方向上存在分量。

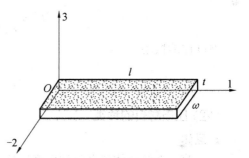

图7.7　横向长度伸缩压电振子

表征压电振子的参数有谐振频率、反谐振频率、频率常数和机电耦合系数。

1. 谐振频率和反谐振频率

若压电振子是具有固有振动频率 f_r 的弹性体,当施加于压电振子的激励信号频率等于 f_r 时,压电振子由于逆压电效应产生机械谐振,这种机械谐振又借助于正压电效应而输出电信号。根据谐振理论和阻抗特性可确定压电振子的谐振和反谐振频率,亦即,阻抗为零的频率为谐振频率,阻抗为无穷大的频率为反谐振频率 f_a。根据谐振电路理论,压电振子在受激励时,可以画出其等效电路,这里不再讲述。

2. 频率常数

压电元件的谐振频率与沿振动方向的长度之积为一常数,称为频率常数 N (kHz·m)。频率常数与该方向上的声速 v 成正比。

3. 机电耦合系数

机电耦合系数 k 是一个无量纲的物理量,是综合反映压电晶体机械性能与电能之间耦合的物理量,所以它是衡量压电材性能的一个重要参数。其定义为

$$k^2 = \frac{\text{转化的机械能}}{\text{静电场下输入的电能}} \qquad (7.5)$$

或

$$k^2 = \frac{\text{机械能转变的电能}}{\text{输入的机械能}} \qquad (7.6)$$

下面给出几种模式压电振子的机电耦合系数,这些公式将在以后通过实验求解压电常数时起着非常重要的作用。

横向长度伸缩振动

$$k_{31}^2 = \frac{d_{31}^2}{\varepsilon_{33}^X S_{11}^E} \qquad (7.7)$$

纵向长度伸缩振动

$$k_{33}^2 = \frac{d_{33}^2}{\varepsilon_{33}^X S_{33}^E} \qquad (7.8)$$

径向伸缩振动

$$k_p^2 = \frac{2d_{31}^2}{\varepsilon_{33}^X (S_{11}^E - S_{12}^E)} \qquad (7.9)$$

厚度伸缩振动

$$k_t^2 = \frac{h_{33}^2}{\lambda_{33}^X C_{33}^D} \qquad (7.10)$$

(四) 压电材料的种类

1. 晶体

自从第一个铁电体罗息盐被发现以后,铁电体就作为重要的压电材料得到了广泛的应用。虽然非铁电性的压电晶体 α 石英以其高稳定、低损耗特性在频率选择和控制方面占很大优势,但从总体来看,实用的压电材料大部分是铁电体,尤其压电陶瓷的用量最大,具有铁电性的晶体很多,其分类如下。

(1) 一类以磷酸二氢钾(KH_2PO_4,KDP) 为代表,具有氢键,它们从顺电相过渡到铁电相是无序到有序的相变。以 KDP 为代表的氢键型铁晶体管,其中子绕射的数据显示,在居里温度以上,质子沿氢键的分布是成对称沿展的形状;在低于居里温度时,质子的分布较为集中且与邻近的离子不对称,质子会比较靠近氢键的一端。

(2) 另一类则以钛酸钡为代表,它们从顺电相到铁电相的过渡是由其中两个子晶格发生相对位移。对于以钛酸钡为代表的钙钛矿型铁电体,绕射实验证明,自发极化的出现是由于正离子的子晶格与负离子的子晶格发生相对位移引起的。

(3) 作为压电材料,大量使用的铁电单晶主要是 $LiNbO_3$ 和 $LiTaO_3$,用定向凝固法可以生长出大尺寸的光学质量单晶。作为压电材料,它们的特点之一是机电耦合系数大。

2. 压电陶瓷

(1) 钛酸钡陶瓷。

钛酸钡陶瓷是第一个被发现可以制成陶瓷的铁电体。在弱场下 $X_x - E_x$ 有线性关系,在强电场下 $X_x - E_x$ 有滞后现象。其在温度高于 120 ℃ 时为立方结构,属于顺电相;在温度低于 120 ℃ 时为四方晶系,属于铁电相。钛酸钡陶瓷可以通过在其化学组成中用其他离子置换以形成固溶体的方法来改性。

（2）锆钛酸铅陶瓷。

锆钛酸铅陶瓷是 $PbTiCO_3$ 与 $PbZrO_3$ 的二元固溶体。其改性主要是通过离子置换形成固溶体或添加少量杂质实现的，以获得所要求的电学性能和压电性能。它在压电陶瓷领域应用很广。

（3）薄膜。

体材料压电器件因受尺寸限制频率一般不超过数百兆赫，压电薄膜可大大提高工作频率，并为压电器件的微型化和集成化创造条件。虽然迄今使用较多的压电薄膜是 ZnO 等非铁电材料，但比铁电薄膜的压电效应强得多，是非铁电材料不可替代的。例如在 $SrTiO$ 的（100）基底上用离子刻蚀形成一些沟槽，在沟槽内沉积 R 膜，再在 Pt 膜上用射频磁控溅射沉积 $PbTiO_3$ 膜，当膜厚超出沟槽以后，侧向生长得到的是外延膜，根据膜的阻抗特性得知，其机电耦合系数 k 达 0.8，这是非铁电体所不能达到的。

（4）铁电聚合物。

人们早已发现，以聚偏氟乙烯（PVDF）为代表的一些聚合物有压电性和热电性，但对于它们是否是铁电体，长期以来就有争论。20 世纪 70 年代以后，已有确切的证据，衍射红外吸收和电滞回线表明，PVDF 是铁电体，即具有自发极化。而且自发极化可在电场作用下转向，另外一类已由电滞回线等确证为铁电体的聚合物是奇数尼龙，如尼龙 – 11、尼龙 – 9、尼龙 – 7 和尼龙 – 5 自熔体淬火并经拉伸后，这些尼龙与 PVDF 相似。

（五）压电材料的应用

压电材料已广泛应用于电子学（信号处理、存储显示、接收发射及信号发生器等）和传感器（压敏、声敏、热敏及光敏等）领域。石英、铌酸锂、钼酸锂、钛酸钡、锆钛酸铅（PZT）、$PCM（PbZrO_3 – PbTiO_3 – Pb(Mg_{1/3}Nb_{2/3})O_3）$、$PMS（Pb(Mn_{1/3}Sb_{2/3})O_3 – PbZrO_3 – PbTiO_3）$ 和 PVDF 用得最多。另外，铁电材料可用来制造声波换能器，如高分子薄膜、聚双氟亚乙烯（简称 PVF_2 或 PVDF）和氧化锂铌（$LiNbO_3$）。

聚双氟亚乙烯经拉伸及加高直流电压后呈强压电性，它具有许多优点：其声波特性阳阻抗和水很近，阻抗自然匹配，容易获得宽带操作，适合非破坏检测、医学诊断及声呐与水中听音器使用，尤其是它具有很高的声波接收系数，用来制作被动式声呐之水听器数组。除此之外，它还具有柔软性，又可耐高电压（其崩溃电压比 PZT 高约 100 倍）。氧化锂铌单晶具有高机电耦合及极低的声波衰减系数，容易激发高频表面声波，是用来制作表面声波（简称 SAW）组件的最佳材料。这些组件在信号处理系统与通信系统中具有不可取代的地位。下面以压电点火器和压电加速度计来说明压电效应在实际中的应用。

压电点火器种类繁多，目前流行的一次性塑料打火机，有相当一部分就是采用压电陶瓷器件来打火的。现以家用灶具压电点火器为例来说明它的结构和工作原理，如图 7.8 所示，转动凸轮开关 1，利用凸轮凸出部分推动冲击块 3，并压缩冲击块后面的弹簧 2，当凸轮凸出部分脱离冲击块后，由于弹簧弹力的作用，冲击块给陶瓷压电元件 4 一个冲击力，便在压电元件两端产生高压，并从中间电极 5 输出高压，产生电火花点燃气体。

压电加速度计是一种重要的计测仪器，图 7.9 为其示意图。当被测物体加速运动时，位于上部的质量为 m 的质量块对中间夹的压电陶瓷片产生压力 F，由于压电效应，在陶瓷片的上下电极有电压输出，此电压与应力成正比，而应力又与加速度（即被测物体的加速度）成正比,因此可以测得输出电压进而求得运动物体的加速度。

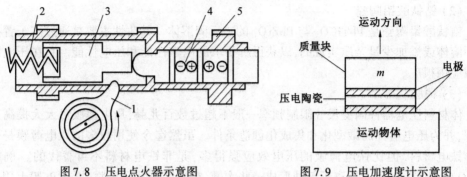

图 7.8　压电点火器示意图　　　　　　图 7.9　压电加速度计示意图
1— 凸轮开关;2— 弹簧;3— 冲击块;
4— 陶瓷压电元件;5— 中间电极

二、热释电效应

(一)热释电效应基本概念

当某些晶体受温度变化的影响时,由于自发极化的相应变化而在晶体的定方向上产生表面电荷,这一效应称为热释电效应。它是不具有对称中心的晶体。晶体受热时,膨胀是在各个方向同时发生的,所以只有那些具有与其他方向不同的、唯一的、极轴的晶体,才有热释电性。热释电效应反映了晶体的电量与温度之间的关系,可用下式简单地表达:

$$dP_i = p_i dT, \quad i = 1, 2, 3 \tag{7.11}$$

式中,P_i 为自发极化强度;p_i 为热释电常数,C/（$m^2 \cdot K$）;dT 为温度的变化。

这里需要说明的是,晶体的热释电效应存在的前提是具有自发极化特性,那些具有对称中心的晶体不可能具有热释电效应,这点与压电晶体是一致的,但压电晶体不一定都具有自发极化特性。晶体的热释电效应也可以这样来理解,即在热释电材料受到热辐射后,晶体的自发极化强度随温度的变化而变化,因此材料的表面电荷也发生变化。如果在晶体材料的两端连接一负载电阻,则会产生电位差 ΔV,这样,热和电的转换关系就建立起来了。

(二)热释电材料的特征值

1. 热释电系数 $\dfrac{dP_i}{dT}$

热释电系数反映热释电材料受到热辐射后产生自发极化的强度随温度变化的大小,热释电系数越大越好。

2. 吸热流量 Φ

代表单位时间内吸热的多少,热释电的 Φ 要大。

3. 居里点或矫顽场

热释电材料有一大类是铁氧体,对于这类热释电材料,居里点要高或矫顽场要大。

(三)热释电材料的应用

具有热释电效应的材料约有上千种,但广泛应用的不过十几种,主要有硫酸三甘肽（（NH_2CH_2COOH）$_3H_2SO_4$,TGS）、锆钛酸铅镧（（Pb,La）（Zr,Ti）O_3,PL2T）、透明陶瓷和聚合物薄膜(PVF_2),工业上它们可用作红外探测器件、热摄像管,国防上它们还具有某些特殊的用途。优点是不用低温冷却,但灵敏度比相应的半导体器件低。下面以红外传感器为例来介绍热释电效应在实际中的应用。

图 7.10 所示为热释电传感器的构造,光线从(1)窗进入,经过(2)滤光片到达(3)热释电元件,从而产生电信号,电信号经过(4)引线输出。

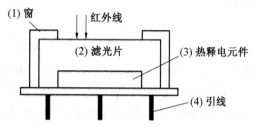

图7.10　热释电红外传感器构造图

工作原理:热释电红外传感器的窗口接收光线,滤波片对自然界中的白光信号具有抑制作用,因此,只有特定波长的红外信号才能透过滤波片照射在热释电元件上。热释电元件被光照射后,产生电子,并且形成电流,由于热释电元件的上下表面受到的光照不同,因此两块黑色涂膜产生不同的热释电。电流经过场效应管后放大并输出电压信号。

热释电红外传感器的波长灵敏度特性在 0.2 ~ 20 μm 范围内几乎稳定不变。也就是说,钛酸钡红外传感器对光敏感的区域相当宽,为了对某些特定的光进行捕获以防止干扰,必须加上滤光片,把不需要的光谱滤掉。假设要捕获人的红外光线,根据人体正常体温为 36 ~ 37 ℃(309 ~ 310 K),便可获知从人体中辐射出的红外光线波长为 9 ~ 10 μm。因此要使用一块带通滤光片,波长范围是 8 ~ 11 μm,从而可以确保把不需要的光谱滤掉。同理,如果选择不同的带通滤波片,就可以检测不同的对象,达到不同的目的,比如监测火源、安全检查、防盗防窃以及在军事上的应用。

三、电致伸缩效应

(一)电解质在电场中产生的体积力

电解质受到外电场的作用时,微观上结构的各个单元将出现电偶极矩,这个电偶极矩将受到在此微观区域内微观电场的作用,反映到宏观上可以表达为下式:

$$f = P \cdot \Delta E \tag{7.12}$$

式中,P 为介质的极化强度;ΔE 为宏观上的电场梯度。

在实际应用中,如果考虑到电介质的可压缩性,介电常数 ε 将不再是一个常数,它是密度 ρ 的函数,那么电场产生的体积力可表达为

$$f = \frac{1}{2}\varepsilon_0 \nabla\left(E^2 \frac{\partial \varepsilon}{\partial \rho}\rho\right) - \frac{1}{2}\varepsilon_0 E^2 \nabla\varepsilon \tag{7.13}$$

由于体积力和应力之间可以相互转换,式(7.12)则表明任何电介质在受到电场的作用时都会出现应力,这个应力将使电介质产生相应的应变。由式(7.13)可见,这个应力与电场的平方成正比,根据应力和应变之间的关系,产生的应变也与电场的平方成正比,这种在外电场作用下电介质所产生的与场强二次方成正比的应变,称为电致伸缩。这种效应是由电场中电介质的极化引起的,并可以发生在所有的电介质中。其特征是应变的正负与外电场的方向无关。在压电体中,外电场还可以引起另一种类型的应变,其大小与场强成比例,当外电场反向时应变的正负亦反号。但后者是压电效应的逆效应,不是电致伸缩。外电场所引起的压电体的总应变为逆压电效应与电致伸缩效应之和。

（二）电致伸缩系数

对于没有压电效应的晶体，如果将应力 X_i 和应变看成是外加电场 E 的函数，可以得到下式：

$$\begin{cases} X_i = C_{ij}^E x_j + m_{ia\beta} E_a E_\beta \\ X_j = S_{ij}^E x_j + M_{ia\beta} E_a E_\beta \end{cases} \tag{7.14}$$

式中，m、M 为电致伸缩系数；C_{ij}^E 和 S_{ij}^E 分别为电场弹性刚度和电场弹性柔度。

在实际测量中，样品一般处于自由状态，亦即 $X_j = 0$，用系数 $Q_{ia\beta}$ 表示电致伸缩也比较方便，因此极化强度引起的应变可以用下式表示：

$$X_j = Q_{ia\beta} P_a P_\beta \tag{7.15}$$

实际上，当晶体具有对称中心时，电致伸缩系数的非零独立量只有 3 个，即 Q_{11}、Q_{12}、Q_{44}。

针对只有一个电场（E_1）方向的作用时，未经人工极化的铁电晶体或压电陶瓷，由电场引起的应变表达式为

$$x_1 = M_{11} E_1^2, \quad x_2 = x_3 = M_{12} E_1^2 \tag{7.16}$$

或

$$x_1 = Q_{11} P_1^2, \quad x_2 = x_3 = Q_{12} P_1^2 \tag{7.17}$$

（三）常用铁电体电致伸缩材料及应用

除铁电体中钛酸钡、锆钛酸铅（PZT）及其复合物等少数晶态材料外，一般电致伸缩效应是很小的。利用这种效应做成的微位移计在精密机械、光学显微镜、天文望远镜和自动控制等方面有着重要的用途。下面以 WTDS - I 型微位移器的工作原理为例来说明电致伸缩效应产生微位移的原理。在实际应用中，电致伸缩微位移器有梁式和层叠式两种结构，为了获得较大的变形量和良好的输出特性，一般多选择层叠式结构，即将许多陶瓷片叠起来使用，机械上串联、电路上并联层叠式电致伸缩微位移器的总伸缩量可按下式求出：

$$L = \frac{nMU^2}{h} \tag{7.18}$$

式中，L 为点致伸缩材料的总伸缩量；n 为陶瓷片数；M 为电致伸缩系数；U 为外加控制电压；h 为每片陶瓷厚度。

对于外加控制电压来说，每片陶瓷相当于一只平行板电容器，因此，电致伸缩微位移器相当于一个电容性元件。

图 7.11 所示为微位移执行器充电过程的简化模型，U_i 为输入电压，U_o 为实际作用电压，C 为执行器的等效电容，R_c 为电压放大电路的等效充放电电阻。根据以上条件可以建立微位移和电压的关系式

$$X = K_m U_o^2 \tag{7.19}$$

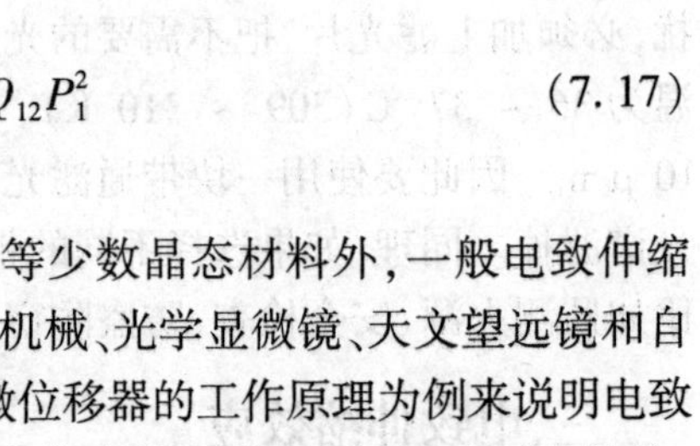

图 7.11　微位移器示意图

式中，K_m 为微位移执行器的电压 - 位移转换系数。上述原理在实际工作中响应速率慢，一般为数毫秒到数十毫秒，电致伸缩微位移器要达到的性能指标是提高其响应速率，为提高其响应速率、改善其动态特性可以采用数字 PD 调节

器校正方法来改善电致伸缩微位移动态特性。

四、光学效应

在强的光频电场或低频(直流)电场的作用下,铁电体显示出一系列有趣的现象,即电光效应、非线性光学效应、反常光生伏特效应和光折变效应。这些效应的发现和研究不但加深了对铁电体中极化机制和电子运动过程的了解,而且使铁电体在非线性光学等新的科技领域得到了重要的应用。本节主要介绍上述光学效应的基本概念,以及常用的铁电体光学材料及其应用。

(一) 电光效应

晶体在外加电场作用下,介质折射率发生变化的现象称为电光效应,具有电光效应的介质称为电光材料。产生电光效应的实质是在外电场作用下,构成物质的分子产生了极化,使分子的固有电矩发生变化,从而使介质的折射率发生了改变。

设外加偏置电场为 E,介质折射率为 n,它们之间的关系一般可以展开为级数形式

$$n - n' = aE + bE^2 + \cdots \tag{7.20}$$

式中,a、b 为常数;n' 为 $E = 0$ 时的折射率;aE 为一次项,由此项引起折射率的变化称为一级电光效应或称泡克尔斯效应,一级电光效应只能出现在不具有中心对称的一类材料中,如 KDP 和 $LiNbO_3$;bE^2 引起的电光效应称为二级电光效应或称克尔效应,二级电光效应发生在一些各向异性的介质中,如硝基苯等有机液体。泡克尔斯效应在具体应用时精确表示折射率的公式为

$$\Delta n = n_0 - n_e = n_0^3 \gamma E \tag{7.21}$$

式中,n_0 为常光的折射率;n_e 为非常光的折射率(施加电场后的折射率);γ 为介质的电光系数;E 为电场强度。

对于克尔效应,由于晶体的各向异性,这里只考虑介质与外加电场方向平行和垂直的两束偏振光的折射率的变化,公式为

$$\Delta n = n_1 - n_2 = KE \tag{7.22}$$

式中,n_1、n_2 分别为与电场方向平行和垂直的偏振光的折射率;K 为介质的电光系数;E 为电场强度。

(二) 非线性光学效应

1. 非线性光学效应的基本概念和原理

非线性光学效应是指介质在强相干光的作用下,显示二次以上非线性光学性质的现象。

在激光问世之前,人们基本上只研究弱光束在介质中的传播,确定介质光学性质的折射率或极化率是与光强无关的常量,介质的极化强度与光波的电场强度成正比,光波叠加时遵守线性叠加原理,在上述条件下研究的光学问题称为线性光学。对于很强的激光,例如当光波的电场强度可与原子内部的库仑场相比拟时,光与介质的相互作用将产生非线性效应,反映介质性质的物理量(如极化强度等)不仅与场强 E 的一次方有关,而且还决定于 E 的更高幂次项,从而导致在线性光学中存在不明显的许多新现象。非线性光学效应起源于介质的极化。透明介质材料在一般光线的作用下,折射率与光强无关。光是一

种电磁波,普通光的电场强度约为 10^2 V/m。当光电场 E 较弱时,诱导的极化强度 P 表示为

$$P = \chi E \tag{7.23}$$

式中,χ 为物质的线性光学极化率;E 为外加电场强度。

当采用高功率激光强电场时,其电场强度可达 10^6 甚至 10^9 V/m 以上,则某些物质的折射率便不再是常数了。材料中的束缚电子在激光的高强电场作用下,将产生很大的非线性,物质的极化强度将不再与电场强度成正比,所诱导的极化可以用下式来表示:

$$P = \chi E + \chi^2 E^2 + \chi^3 E^3 + \cdots + \chi^{(n)} E^{(n)} \tag{7.24}$$

式中,χ^2 为物质的二阶非线性极化率;χ^3 为物质的三阶非线性极化率;$\chi^{(n)}$ 为物质的 n 阶非线性极化率。E、P 为矢量;$\chi^{(n)}$ 为 $n + 1$ 阶张量。

式(7.25)中的第一项是线性极化项,第二项以后是非线性极化项。把含有 $\chi^{(n)}$ 项($n \geq 2$)的效应称为 n 阶非线性光学效应。目前式(7.24)中的第二项代表的二阶非线性效应研究得比较透彻、应用也比较广泛,二阶非线性光学材料是一类具有大的二阶非线性极化率、能产生强的二阶非线性光学效应的材料,它在激光频率变换等实际应用中占有十分重要的地位,下面对其相关术语和具体材料及其应用进行简单介绍。

2. 二阶非线性光学材料的特征值

(1)二阶非线性光学系数 d_{ij}。

根据方程(7.7),在三维空间情况下,光电场 E 在直角坐标系中每一个分量 $E_j[j = (x、y、z)]$ 在 3 个坐标轴方向均产生感应极化。所以,介质极化强度的 3 个分量 $P_i[i = (x、y、z)]$ 是由光电场的各个分量 E_j 产生的极化所组成的。三维空间的二次极化率可表达为

$$P_i = \sum_{jk} \chi_{ijk} E_j E_k \tag{7.25}$$

式中,j、k 为求和指标。

例如,在 x 方向上的极化分量可表达为

$$P_{xi} = \chi_{xxx} E_x E_x + \chi_{xyy} E_y E_y + \chi_{xzz} E_z E_z + 2\chi_{xzy} E_z E_y + 2\chi_{xzx} E_z E_x + 2\chi_{xyx} E_y E_x \tag{7.26}$$

二次极化率 χ_{ijk} 是一组数的集合,共有 27 个分量。式(7.27)中 χ_{ijk} 和 χ_{ikj} 表示的是同一个内容,故通常可用同一个脚标 l 来代替 j、k,即用 d_{il} 代替 χ_{ijk},并把 d_{il} 称为二阶非线性光学系数,它们之间的关系表示如下:

$$\begin{cases} \chi_{ixx}, \chi_{iyy}, \chi_{izz} = d_{i1}, d_{i2}, d_{i3} \\ \chi_{iyz} = \chi_{izy} = d_{i4} \\ \chi_{izx} = \chi_{ixz} = d_{i5} \\ \chi_{ixy} = \chi_{iyx} = d_{i6}, \quad i = 1, 2, 3 \end{cases} \tag{7.27}$$

二阶非线性光学系数 d_{il} 由晶体材料所属晶系和均匀性决定。在非线性光学材料中,不同的光波(如基频光波与倍频光波)的相互影响和能量转移是通过 d_{il} 来耦合的,d_{il} 值越大,它们之间的耦合作用就越强。

(2)二次谐波的倍频效率 η_{SHG}。

当两个入射波场的频率相同时,它们和频率作用将产生一频率为两倍于入射波场的电磁波,这就是倍频效应,入射波称为基波,产生的倍频波称为二次谐波。在倍频技术中,倍频光输出功率 $P^{2\omega}$ 与基频光输入功率 P^{ω} 之比称为二次谐波的倍频效率 η_{SHG},即

$$\eta_{SHG} = \frac{P^{2\omega}}{P^\omega} \tag{7.28}$$

倍频效率是表征非线性光学介质中能量转换特性的一个重要物理量,又称为二次谐波的转换效率,它可以通过解光波在非线性介质中传播的耦合方程来表达

$$\eta_{SHG} = \frac{P^{2\omega}}{P^\omega} = \frac{512\pi^5 L^2 d^2 P\omega}{(n^\omega)^2 (n^{2\omega})^2 (\lambda^{2\omega})^2 Ac} \left(\frac{\sin L\Delta k/2}{L\Delta k/2}\right)^2 \tag{7.29}$$

式中,P^ω 为频率为 ω 时入射光的功率,W;$P^{2\omega}$ 为频率为 2ω 时倍频光输出的功率,W;L 为非线性晶体长度,cm;d 为非线性光学系数,pm/V;$\lambda^{2\omega}$ 为倍频光波长,cm;A 为入射光的截面积,cm^2;n^ω、$n^{2\omega}$ 分别为介质对基频光和倍频光的折射率;c 为真空中的光速,cm/s;k 为波矢量,$|k| = \frac{2\pi}{\lambda}\cdot n = \frac{\omega}{c}\cdot n$;$\Delta k$ 为倍频光与基频光在介质中经过某一点时的相位差,即 $\Delta k = k^{2\omega} - 2k^\omega$。

(3) 相位匹配因子和相位匹配。

① 相位匹配因子。如前所述,式(7.29)中的 $\left(\frac{\sin L\Delta k/2}{L\Delta k/2}\right)^2$ 称为相位匹配因子。对于一定的介质,在一定的基频光频率下,影响 η_{SHG} 的因素还应考虑相位匹配因子的以下取值条件。

(a) 当 $\Delta k = 0$ 时,$\left(\frac{\sin L\Delta k/2}{L\Delta k/2}\right)^2 = 1$,$\eta_{SHG}$ 达到最大值。

(b) 当 $\Delta k \neq 0$ 时,η_{SHG} 由最大值下降 $\left(\frac{\sin L\Delta k/2}{L\Delta k/2}\right)^2$ 倍。

(c) 当 $\Delta k = \frac{2\pi}{L}$,即 $\frac{L\Delta k}{2} = \pi$ 时,$\left(\frac{\sin L\Delta k/2}{L\Delta k/2}\right)^2 = 0$,故 $\eta_{SHG} = 0$,这时无倍频光输出。

② 相位匹配。相位匹配是指光在介质中传播引起介质极化所发射的非线性倍频波的相位匹配,是光的加强,而不引起干涉,否则就不能有效地辐射出倍频光。

(三) 反常光生伏特效应

非极性晶体受到光照射时产生的光生伏特效应早已被人们所熟知。在均匀介质中,沿某方向的强烈光被吸收时,该方向将出现一个电场。在宏观非均匀的材料(如 p - n 结或金属半导体整流接触区) 中,均匀吸收入射光时将产生非平衡载流子并在结合区或金属 - 半导体接触区出现一电动势。在这些情况下,单一元件两端的光生伏特电压都不会超过电子能隙与电子电荷之比(一般为几伏)。

在研究铁电体的光电子学性质时,人们发现了另类性质不同的光生伏特效应。其主要特点是:均匀的铁电晶体受到波长在晶体本征吸收区或杂质吸收区的光均匀照射时,若晶体处于短路状态,在晶体和外电路中将出现稳态电流,即晶体成为光生伏特电动势源;若晶体处于开路状态,晶体两端将产生相当高的光生伏特电压,此电压不受晶体电子能隙的限制,可比电子能隙大 2 ~ 4 个数量级;光生伏特电压的值正比于所测方向上晶体的厚度,因而它是一种体效应;光生伏特电流的大小和符号与入射光的频率及偏振方向有关。这些特点表明,铁电体中的光生伏特效应完全不同于已知的光生伏特效应,人们把这种物理现象称为反常光生伏特效应。

(四) 光折变效应

1965 年,阿斯布金(Asbkin)等人发现,当强激光通过 $LiNbO_3$ 或 $LiTaO_3$ 晶体时,光的波前发生畸变,光束不再准直,并伴随有较强的光散射。这种现象限制了材料在强光方面的应用,被称为光损伤。然而,这一效应与通常情况下强光导致的永久性破坏不同,将晶体加热到适当的温度(如约 200 ℃),又可以恢复到原先的状态。这种光引起双折射变化的现象被称为光折变效应或光致折射效应。

继 $LiNbO_3$ 或 $LiTaO_3$ 之后,在许多其他晶体中也发现了这种现象,例如 $BaTiO_3$、$KNbO_3$、SBN、$Bi_{12}SiO_{20}$、$Bi_{12}GeO_{20}$ 和 PIZT 等。1991 年以来,人们还发现了有机聚合物中的光折变效应。目前,光折变效应已被认为是电光材料的通性,所观测到的折射率改变主要是非常光折射率的改变。在有些铁电体($LiNbO_3$ 或 $LiTaO_3$)中,双折射的变化可大到 10^{-4} ~ 10^{-3}。

虽然光折变对晶体的某些光学应用造成了限制,但人们又发现这种效应可能有许多重要的应用。光折变效应的研究在实用上和理论上都受到了高度的重视。人们已经提出并经实验验证的重要应用包括:光信息存储、动态全息、光相位共轭消除光束畸变,借助二波耦合实现全光学图像处理等,不过迄今尚无商品化的光折变器件。目前,其主要研究方向是:① 深入了解光折变效应的微观机制;② 改进和研制高性能的光折变材料;③ 发现与光折变效应相关的非线性光学和电光过程;④ 利用光折变效应研制新器件。

(五) 常用的铁电体光学材料及其应用

常用的铁电体电光材料包括 $KDP(KH_2PO_4)$、$KDP(KD_2PO_4)$、$KDA(KH_2AsO_4)$、$BaTiO_3$、$LiNbO_3$、$LiTaO_3$ 等。电光材料主要应用于激光技术中的激光调制器、扫描器和激光 Q 开关以产生巨脉冲激光。另外,电光材料在大屏幕激光显示、汉字信息处理以及光通信方面具有良好的应用前景。常见的二阶非线性铁电体材料有磷酸二氢钾(KDP)、磷酸二氢铵(ADP)、砷酸二氢铷(RAD)等,这类材料非线性光学系数大、能量转换效率高;另外,铌酸锂($LiNbO_3$)、铌酸钡钠(BNN)等晶体与上述晶体比较,其 d_{il} 约高个数量级。在实际应用方面,二阶非线性光学材料可作为激光频率转换材料,除此之外还可以作为光调制材料,即利用外加的电场、磁场、力场或直接利用透过光波的电磁场来产生二阶非线性光学相互作用,实现对透过光波的强度、波长和相位的调制。常见的反常光生伏特效应铁电材料有 $LiNbO_3$、Fe 和 PLZT 等。光折变效应首先是在 $LiNbO_3$ 晶体上发现的,$LiNbO_3$ 及其同型晶体是迄今研究的最多的光折变晶体,从中获得了大量关于光折变机制的信息,对光折变的基础研究和应用研究都起到了重要的作用。除此之外,$LiNbO_3$、Fe 也是优良的光折变材料,它们的光电导较小,反常光的伏特效应很强;$BaTiO_3$ 的光电系数特别大,并且光折变灵敏度高于 $LiNbO_3$;PLZT 陶瓷的光折变效应比较弱,但是在离子注入后其效应可以大幅度提高。

下面就以掺镧锆钛酸铅电光材料在光学相控阵中的应用为例给予机理上的分析。光学相控阵是一种使光束波面的光相位产生周期性调制的光学器件。目前光学相控阵的研究主要采用液晶、电光晶体(如 $LiTaO_3$)、半导体波导和电光陶瓷掺镧锆钛酸铅(PLZT)等材料。其中掺镧锆钛酸铅是一种具有电光效应的透明陶瓷,它具有大的电光系数、宽的透射光谱、低的损耗和便宜的价格,因此被广泛应用于光学相控阵中。图 7.12 所示为基于电光材料的光学相控阵光束扫描器的基本原理示意图。它是由多个等周期的独立调相阵列单元组成的。一束波前为平面的光束入射到光学相控阵器件的前端面上,经过不同调相单元的光束在电光效应的作用下获得不同的相移,其出射的相位面将变为台阶状,其包络形状取决于在不同调相单元上施加电压的分布情况。通过外加电压的控制使光束整体相位面呈现为线性分布的台阶。这一分布等价于相位面的偏转,从而可以实现光束的扫描。

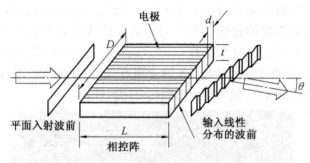

图 7.12　光学相控阵示意图

第四节　铁电性基本参数和压电系数的测量

一、铁电性基本参数的实验研究

(一) 电滞回线的测量

电滞回线是铁电性的一个最重要的标志,通过对电滞回线的测量可以检验物质是否为铁电体、反铁电体或者顺电体,同时也可以测定铁电体的剩余极化强度、自发极化强度以及矫顽电场。

测量电滞回线的基本电路是 Sawyer – Tower 电路,经迪亚芒(Diamant) 等人改进之后,其基本电路原理如图 7.13 所示。C_F 是待测样品(铁电晶体) 的电容,它与一个已知的电容 C_0 串联,$C_0 > C_F$。加在示波管垂直偏转板上的电压正比于样品的极化强度 P,加在水平偏转板上的电压正比于加在样品上的电场 E。$V_1 = \dfrac{Q}{C_0} = \dfrac{AP}{C_0}$($A$ 为样品电极面积)。电容 C_0 用来收集样品电极释放出来的电荷,故这种方法也称为“电容积分法”。通常由于铁电体的电阻并不是无穷大,故要用一个相移电阻 R 来做补偿。交流电源可用正弦波或三

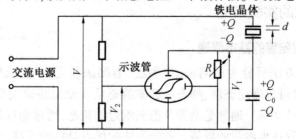

图 7.13　测量电滞回线电路原理示意图

角波,每变化一周,便在示波管荧光屏上显现出电滞回线。如果频率足够低,也可以用 X - Y 记录仪直接记录电滞回线。

Sawyer - Tower电路经过多年的发展和科学研究工作者对它的改进,测量的精确性也不断提高。其中一方面的改进是测量的频率已由 50 Hz 向低频方向发展,原因是铁电体会因介电损耗而发热,测得的回线便不能反映真实的温度关系,若想测到第一次施加电场时的起始回线,这需要十分缓慢地扫描才能记录到。目前回线的频率已可以低至 0.05 Hz 以下。图 7.14 所示为由 0.04 Hz 的三角波电压扫描所记录到的 KNSBN 铁电晶体的起始回线和以后几周的蜕化现象。另一方面的改进是考虑到铁电体的微分电容 $C_F(E)$ 事实上相当大,往往不能保证 $C_0 > C_F$。改进的方法是将 C_0 去掉,只留 R,并将 R 固定为一个很小的值,R 两端输出的电压大约为零点几伏,可以精确地测出,然后再用计算机按照一定的程序进行修正,便可得出精确的电滞回线。

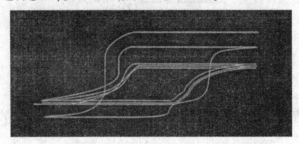

图 7.14　KNSBN 单晶起始和蜕化电滞回线

(二) 铁电体居里温度的测定

铁电体从低温升到高温,当到达某个特定的温度时,便会发生结构相变,由对称性较低的铁电相变为对称性较高的顺电相。该特定温度称为该铁电体的居里温度 T_C。铁电体在 T_C 附近会出现各种物理性质的反常,如介电常数、弹性系数、比热容、光学双折射等的突变;自发极化趋于零;以及由顺电相转变为铁电相时某种晶格振动模式的频率趋于零等。因此,从原则上说,利用铁电体的物理性质突变的现象可以确定居里温度。通常,最普遍的是由介电常数的突变点和比热容的突变点来确定 T_C。介电常数、比热容以及其他一些物理量的测量,往往都只需要用常规方法来进行测量即可。除此之外,铁电相变也可以通过上节所述的电滞回线的测量方法来进行研究。当升温达到居里温度点时,铁电相转变为顺电相,电滞回线消失。如果是扩散相变类型,电滞回线就不会在介电常数峰值所对应的温度下消失。

二、压电系数的实验研究

(一) 压电系数测量的基本原理

压电性的测量方法可分为电测法、声测法、力测法和光测法,其中以电测法最为普遍。在电测法中,又可分为动态法、静态法和准静态法。动态法是用交流信号激励样品,使之处于特定的运动状态。通常是谐振及谐振附近的状态,通过测量其特征频率,并进行适当的计算便可获得压电量的数值。这个方法的优点是精确度高,而且比较简单,这里仅对动态法做一下介绍。

对于电容率,通常是把样品制成一个平板电容器,在远低于样品最低固有谐振频率下测其电容,算出自由(恒应力)电容率;在远高于样品最高固有谐振频率下测其电容,算出夹持(恒应变)电容率。对于弹性模量,通常是把样品制成一个薄片,通电激发其某一振动模式,测量谐振频率,根据谐振频率与弹性模量的关系算出弹性模量。对于机电耦合系数,要根据振动模式选择样品,通电激发其某一振动模式,测出两个特征频率,算出相应的因数。对于压电常量,可利用已测得的机电耦合系数、弹性模量和电容率求算出来。在测量时,需要把材料制成若干个所谓的标准样品。"标准"的含义是指样品的取向、形状、尺寸和电极的配置都符合理论要求。因为在测量和计算中用到的关系式是求解压电振动方程的结果,所以只有在一定的边界条件下才能成立,当激励电场的方向垂直于样品的主平面时,称为垂直场激发,平行时称为平行场激发。不同点群的材料,它们的压电参量的独立分量不同,测量方法也随之不同。

(二) 压电系数的测量步骤

压电陶瓷是一大类铁电性压电材料,它们的电容率、压电系数和弹性系数矩阵与 $6\ mm$ 点群晶体的相同。需要测定的压电参量有:压电系数,e_{mi}、d_{mi}、g_{mi}、h_{mi},$mi = 15,11,13$;弹性系数,C_{ij}^{D}、C_{ij}^{E}、S_{ij}^{D}、S_{ij}^{E},$ij = 11,12,13,33,44,46$;电容率和介电隔离率,ε_{mn}^{x}、ε_{mn}^{X}、λ_{mn}^{x}、λ_{mn}^{X},$mn = 11,33$;机电耦合系数,k_1、k_{15}、k_{31}、k_{33}、k_p。

测量用的样品如图 7.15 所示。第一种样品是圆片,利用的是径向伸缩振动和厚度伸缩振动,要求直径远大于厚度。第二种样品是细长棒,利用的是纵向长度伸缩振动,要求长度远大于宽度和厚度。第三种样品是薄板,利用的是厚度切变振动,要求长度远大于宽度,宽度远大于厚度。图中箭头代表六重轴或压电陶瓷的剩余极化轴,阴影区代表电极。晶体物理坐标轴与晶轴的关系是:z 轴(3 轴)平行于 c 轴,x 轴(1 轴)平行于 a 轴,y 轴(2 轴)由已知的 x 轴和 y 轴根据右手法则确定。具体测量步骤如下。

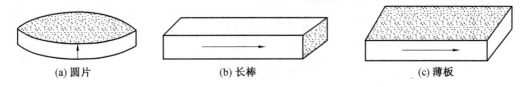

(a) 圆片　　　　　　　(b) 长棒　　　　　　　(c) 薄板

图 7.15　测量压电常数标准样品示意图

(1) 对于第一种样品,根据激发径向伸缩振动可计算出基音和一次泛音的谐振频率,求出 S_{11}^{E};然后再测出径向伸缩模的基音反谐振频率,求出平面机电耦合系数 k_p;最后激发厚度伸缩模,根据测得的反谐振频率计算出 C_{33}^{D};机电耦合系数 k_1 一般不容易计算,可通过查现成的表格得出。

(2) 对于第二种样品,根据激发纵向长度伸缩模可计算出反谐振频率,求出 S_{33}^{D};然后再利用伸缩模的基音反谐振频率,求出纵向长度机电耦合系数 k_{33}。

(3) 对于第三种样品,激发厚度切变模,测出其反谐振频率,求出 S_{33}^{D};对于这种切变模,可通过查表得出厚度切变机电耦合系数 k_{15}。

(4) 对于第一和第三种样品,在很低和很高的频率下测量其电容,根据测量结果可计算出相应的电容率 ε_{11}^{x}、ε_{33}^{x}、ε_{11}^{X}、ε_{33}^{X},然后根据介电隔离率和电容率之间的换算关系可以求出相应的介电隔离率 λ_{11}^{x}、λ_{33}^{x}、λ_{11}^{X}、λ_{33}^{X}。

（5）根据压电系数之间的换算关系以及其他换算关系可以求出压电系数。

$$
\begin{cases}
d_{15} = k_{15}\,(\varepsilon_{11}^{x} S_{44}^{E})^{1/2} \\
d_{31} = k_{31}\,(\varepsilon_{33}^{X} S_{11}^{E})^{1/2} \\
d_{33} = k_{33}\,(\varepsilon_{33}^{X} S_{33}^{E})^{1/2}
\end{cases}
\tag{7.30}
$$

$$
\begin{cases}
g_{15} = d_{15}/\varepsilon_{11}^{X} \\
g_{33} = d_{33}/\varepsilon_{33}^{X} \\
g_{31} = d_{31}/\varepsilon_{33}^{X}
\end{cases}
\tag{7.31}
$$

$$
\begin{cases}
e_{15} = d_{15} C_{44}^{E} \\
e_{31} = d_{31}(C_{11}^{E} + C_{12}^{E}) + d_{33} C_{13}^{E} \\
e_{33} = 2 d_{31} C_{13}^{E} + d_{33} C_{13}^{E}
\end{cases}
\tag{7.32}
$$

$$
\begin{cases}
h_{15} = e_{15}\lambda_{11}^{x} \\
h_{31} = e_{13}\lambda_{33}^{x} \\
h_{33} = e_{33}\lambda_{33}^{x}
\end{cases}
\tag{7.33}
$$

（6）弹性系数的求解。

$$
\begin{cases}
S_{12}^{E} = -\sigma^{E} S_{11}^{E} \\
S_{13}^{E} = \left[\dfrac{S_{33}^{E}(S_{11}^{E} + S_{12}^{E})}{2} - \dfrac{S_{11}^{E} + S_{12}^{E}}{2 C_{33}^{E}}\right]^{1/2} \\
S_{33}^{E} = S_{33}^{D}/(1 - k_{33}^{2}) \\
S_{44}^{E} = S_{44}^{D}/(1 - k_{15}^{2}) \\
S_{66}^{E} = 2(S_{11}^{E} - S_{12}^{E})
\end{cases}
\tag{7.34}
$$

$$
\begin{cases}
S_{11}^{D} = S_{11}^{E}/(1 - k_{31}^{2}) \\
S_{12}^{D} = S_{12}^{E} - d_{31} g_{31} \\
S_{13}^{D} = S_{13}^{E} - d_{33} g_{31} \\
S_{66}^{D} = S_{66}^{E}
\end{cases}
\tag{7.35}
$$

分别将 S_{ij}^{D}、S_{ij}^{E} 代入式(7.35)即可求得相应的 C_{ij}^{D} 和 C_{ij}^{E}。

$$
\begin{cases}
C_{11}^{E} = \dfrac{S_{11}^{E} S_{33}^{E} - (S_{13}^{E})^{2}}{(S_{11}^{E} - S_{13}^{E})[S_{33}^{E}(S_{11}^{E} + S_{12}^{E}) - 2(S_{13}^{E})]} \\
C_{12}^{E} = -\dfrac{[S_{12}^{E} S_{33}^{E} + (S_{13}^{E})^{2}]}{(S_{11}^{E} - S_{13}^{E})[S_{33}^{E}(S_{11}^{E} + S_{12}^{E}) - 2(S_{13}^{E})^{2}]} \\
C_{33}^{E} = C_{33}^{D}(1 - k_{1}^{2}) \\
C_{44}^{E} = 1/S_{44}^{E} \\
C_{66}^{E} = 1/S_{66}^{E}
\end{cases}
\tag{7.36}
$$

$$\begin{cases} C_{11}^D = h_{31}e_{31} + C_{11}^E \\ C_{13}^D = h_{31}e_{33} + C_{13}^E \\ C_{12}^D = h_{31}e_{31} + C_{12}^E \\ C_{66}^D = C_{66}^E \end{cases} \tag{7.37}$$

（7）机电耦合系数的求解。

$$k_{31}^2 = d_{31}^2 / (S_{11}^E \varepsilon_{33}^X) \tag{7.38}$$

以上就是测量压电参数的具体步骤。其他点群材料压电系数的测定方法,类似于上述例子,也可一一导出,推导的依据是压电振动理论。应该指出的是,以上例子中给出的测量方法也并不是唯一的。一般来说,应使用尽可能少的样品,以减小样品不一致造成误差的可能性。但对于同一点群的材料,样品种类少则直接测量的参数减少,计算的参数增多。有的计算公式可能对计算结果带来严重的误差,如遇到这种情况,则宁可增加样品。样品用量的选择应以保证测量结果的准确度和精密度为原则。

［小历史］

一般认为,铁电体的研究始于1920年,1920年法国人瓦拉塞克(Valasek)发现了罗息盐特异的介电性能,促使了"铁电性"概念的出现,但近年来布希(Busch)提出,铁电性的历史应该以罗息盐的问世为开端。这比瓦拉塞克的发现早200多年,因为罗息盐是法国人塞涅特(Seignette)在1665年前后首次试制成功的。

关于铁电研究的历史,近年来许多杂志陆续发表了不少文章,其中,有的是系统的论述,有的是对某个阶段或某个重大发展的回顾。这些文章读来饶有兴味,颇多启发。迄今,铁电研究大体可分为四个阶段。第一阶段是1920～1939年,在这一阶段发现了两种铁电结构,即罗息盐和KH_2PO_4系列。第二阶段是1940～1958年,铁电唯象理论开始建立,并趋于成熟。第三阶段是1959年到20世纪70年代,这是铁电软模理论出现和基本完善的时期,称为软模阶段。第四阶段是20世纪80年代至今,主要研究各种非均匀系统。

20世纪50年代以来,铁电体的总数急剧增加,现在已知的铁电体已达200多种(每种化合物或固溶体只算一种,以掺杂或取代改变成分者不算新铁电体)。铁电研究论文数目逐年呈指数上升,目前每年论文数都在3 000篇以上。国际上定期召开的主要学术会议有国际铁电会议(IMF)、欧洲铁电会议(EMF)、铁电应用国际讨论会(ISAF)、集成铁电体国际讨论会(ISIF)和亚洲铁电会议(AMF)等。专业杂志有Ferroelectrics、Ferroelectrics Letters、Integrated Ferroelectrics、IEEE Transaction on Utrasonics Ferroelectrics and Frequency Control等。

［小启发］

铁电体的调制结构包括相变形成的调制结构和人工调制结构。

相变形成的调制结构有"偶极玻璃"(dipole glass)和无公度相。偶极玻璃包括多种材料,其共同特点是,在一个基本上正规的晶格中偶极矩的取向仅有短程有序而无长程有序。$KTaO_3$ 是一种"先兆性铁电体",低温电容率显示类似居里 – 外斯定律的行为,但直到 0 K 仍无铁电性。$LiTaO_3$ 和 $KNbO_3$ 则是熟知的铁电体。$K_{1-x}LiTaO_3$ 和 $KTa_{1-x}NbO_3$ 的相变行为很令人感兴趣。当取代量在一定的范围时,得到的是局域偶极子无规则分布的偶极玻璃。铁电体 KH_2PO_4 和反铁电体 $(NH_4)H_2PO_4$ 的混合晶体也呈现局域偶极子无规则分布。这些系统的共同特征之一是在温度 T_m 呈现电容率极大值而 T_m 本身随测试频率升高而升高,在 T_m 并不发生对称破缺。当晶体在电场中冷却时在 T_m 以下可诱发与温度有关的极化。普遍接受的模型是在 T_m 以下"冻结"的相互作用的偶极子形成尺寸为几个纳米的团簇(cluster),它们无规则取向,如果在电场中冷却,这些团簇可以整齐排列,但随后并不能由电场重取向。这种图像实际上是自旋玻璃的图像,与真正的铁电性相去甚远。

相似的行为在一些复合离子占相同晶格位置的化合物或固溶体中也观测到了。当偶极子稀少时形成偶极玻璃,偶子浓度增大时呈现弥散性铁电相变。$KTa_{1-x}Nb_xO_3$ 在 $x > 0.02$ 时有铁电相变,$x < 0.02$ 时则呈现玻璃式的行为。$K_{1-x}LiTaO_3$ 在 $0 < x \leqslant 0.063$ 范围内的场致二次谐波表明,x 小时近于偶极玻璃,x 大时近于铁电体。温度是另一个重要的参量,值得注意的是,在某些系统(如 PIZT)中,在高于铁电相变温度 T_c 数百度时就开始出现尺寸为几个晶胞常数的局域极性团簇,这可从 T_c 以上折射率的温度依赖性推断出来。研究偶极玻璃和弛豫铁电体的意义在于,一方面它们有一些可实用的性质,另一方面有助于揭示铁电有序的演化过程。

这里应该提及非晶态铁电性的问题。"偶极玻璃"这个名词是与自旋玻璃类比而来的,实际上并不是传统意义上的玻璃,所以即使在其中出现类似铁电性的行为或铁电性,也不是非晶态的铁电性。事实上有人早已指出,最好不要称它们为偶极玻璃。理论分析认为,如果位置无序的偶极子之间有适当的长程相互作用,则非晶态可以有铁电性。但在实验上要确证非晶态的铁电性(即观测到的铁电性的确是来自非晶态)却远非易事。虽然有的实验似乎提供了非晶态铁电性的迹象,但暂时还是只把它看成一种可能性较为妥当。

无公度相也是相变形成的调制结构。具有无公度相的铁电体,其自由能中包含序参量空间的各向异性项,这可说明在无公度相的低温侧出现正规或非正规的铁电相。在接近锁定相变时,无公度相的一部分出现规则的结构,可看成是被"畴壁"分开的极化交替取向的一些铁电层的排列,与普通铁电体不同,这里的畴壁是序参量空间的相孤子,其能量为负。

现在已知不少铁电体具有无公度相,例如 $NaNO_2$、$SC(NH_2)_2$ 和 A_2BX_4 系列化合物。在 A_2BX_4 化合物中已确定了描述类似电畴的无公度织构的参量。Rb_2ZnCl 的类似电畴的无公度织构中,极化 P_S 的值与普通非正规铁电体的相近,当很靠近锁定相变温度时,其周期约为 10 nm。

第二类调制结构是人工的规则织构,制备这种织构是以应用为背景的。如果在铁电体中形成周期性畴结构,且周期与介质中光或声过程的特征长度相适应,则在光或声过程中将出现特别有趣并有用的现象,例如在准相位匹配条件下实现激光倍频等。近年来已在 $LiNbO_3$ 等晶体中实现了周期性畴结构,并对其结构和性能进行了深入的研究,在这些畴结构中,典型的调制周期是微米数量级,所以也称为微米超晶格。调制周期更短(纳米数量级）的铁电超晶格也已在实验和理论方面开展了一些探索性的工作。

　　另一种人工规则织构的材料是以铁电体为活性组元的复合材料。通常，其中的铁电体是陶瓷（如 PZT），已实用化的该类复合材料中的特征线度是 $100~\mu m$ 以上。为了在亚微米甚至纳米尺度上实现极化的调制结构，人们正致力于精细复合功能材料的研究。周期在此范围内的极化调制结构预期将呈现出有趣的电光和非线性光学现象。

［小研究］

　　从物理学的角度看，对铁电研究起到最重要作用的有 3 种理论，即德文希尔（Devonshire）等的热力学理论、斯莱特（Slater）的模型理论、科克伦（Cochran）和安德森（Anderson）的软模理论。

　　米勒（Mueller）首先把热力学理论应用于铁电体，基本思想是将自由能写成极化和应变的各次幂之和，在不同的温度下求自由能极小值，从而确定相变温度。金茨堡（Ginzburg）和德文希尔进一步发展了这种处理方法，特别是德文希尔的一系列论文使之得以完善。德文希尔等人的热力学理论是朗道（Landau）相变理论在铁电体上的应用和发展，所以也称为朗道－德文希尔理论。直到今天它仍然是处理铁电体问题的一种有效的方法。

　　微观理论方面，在软模理论出现以前，人们针对各种铁电体提出过多种模型理论。大多数后来已被淡忘，但斯莱特提出的两个模型对后来的发展起到了重要的作用。关于 KH_2PO_4 铁电性的起源，斯莱特认为是氢键中质子的有序化。虽然他不能说明自发极化为什么会与氢键所在的平面相垂直，但他首先提出了质子有序化的观点，后来证明是完全正确的。关于 $BaTiO_3$ 的铁电性，斯莱特认为是起源于长程偶极力。局域作用力倾向于高对称构型，长程库仑力倾向于低对称构型，后者使 Ti 离子偏离高对称性位置。这一模型体现了位移型铁电体的基本特征。

　　近年来，铁电体的研究取得了不少新的进展，其中最重要的有以下几方面。

　　（1）第一性原理的计算。

　　对真正追求铁电性起因的物理学家来说，现在仍然有许多没有解决的问题。例如，为什么 $BaTiO_3$ 和 $PbTiO_3$ 都有铁电性，而在晶体结构和化学方面看来都与它们相同的 $SrTiO_3$ 却没有铁电性？对固体这样一个由原子核和电子组成的多体系统，如果能从第一性原理出发进行计算，则有可能得到解答。这种计算难度很大，现代能带结构方法和高速计算机的发展才使之有了可能。

　　（2）尺寸效应的研究。

　　随着铁电薄膜和铁电超微粉的发展，铁电尺寸效应成为一个迫切需要研究的实际问题。近年来，人们从实验方面、宏观理论和微观理论方面开展了深入的研究。从理论上预言了自发极化、相变温度和介电极化率等随尺寸变化的规律，并计算了典型铁电体的铁电临界尺寸。这些结果得到了实验的证实，它们不但对集成铁电器件和精细复合材料的设计有指导作用，而且是铁电理论在有限尺寸条件下的发展。

　　（3）铁电液晶和铁电聚合物的基础和应用研究。

　　在液晶中寻找铁电性没有获得成功，因为大多数液晶结构对称性不够低，偶极相互作用小于热能,或者形成了与偶极子反平行排列的二聚物使有效偶极矩等于零。

聚合物的铁电性也是在 20 世纪 70 年代末期才得到确证的。虽然 PVDF 的热电性和压电性早已被发现,但它由晶态和非晶态组成,且具有多种晶形,压电性和热电性都是经直流电场处理后才出现的,人们难以确定其中的极化是电场注入的电荷被陷获造成的亚稳极化,还是由晶体结构的非对称性决定的自发极化。这个问题在20世纪70年代末期得到解决。现在人们不但证实了 PVDF 的铁电性,而且发现了一些新的铁电聚合物,如奇数尼龙(尼龙 – 11、尼龙 – 7 和尼龙 – 5 等) 聚合物组分繁多,结构多样化,预期从中可发掘出更多的铁电体,从而扩展铁电体物理学的研究领域,并开发新的应用。

(4) 集成铁电体的研究。

铁电薄膜与半导体的集成称为集成铁电体,以铁电存储器等实际应用为目标,近年来广泛开展了铁电薄膜及其与半导体集成的研究。铁电存储器的基本形式是铁电随机存取存储器(FRAM),是基于极化反转的一种应用。人们在 20 世纪 50 年代就以 $BaTiO_3$ 为主要对象进行过研究。当时由于三个原因未能实现:一是块体材料要求反转电压太高;二是电滞回线矩形度不好,使元件发生误写误读;三是疲劳显著,经多次反转后,可反转的极化减小。20 世纪 80 年代以来,由于铁电薄膜制造技术的进步和材料的改进,铁电存储器的研究重新活跃起来,而且在 1988 年出现了实用的 FRMA。与 20 世纪五六十年代比较,目前的材料和技术解决了几个重要问题:一是采用薄膜,极化反转电压易于减小到 5 V 或更低,可以和标准的硅 CMOS 或 GaAs 电路集成;二是在提高电滞回线矩形度的同时,在电路设计上采取措施,防止误写误读;三是疲劳特性大有改善,现已制备出反转 5×10^{12} 次仍不显示任何疲劳的铁电薄膜,并用它制成了工作电压低于 3 V、反转时间仅 100 ns 的 256 KB 存储器。

铁电体的本质特征是具有自发极化,且自发极化可在电场作用下转向,因此,狭义地说,只有基于极化反转的应用才真正属于铁电性的应用。多年来,能实现这种应用的只有透明铁电陶瓷光阀等极个别器件,形成了铁电研究工作者很不愿接受的现实。现在看来,以铁电薄膜存储器为代表,这方面重大应用有可能在铁电薄膜上最终实现,这反过来又将推动铁电研究和提出新的研究课题。铁电薄膜在存储器中的应用不限于 FRAM,还有铁电场效应晶体管(FFET) 和铁电动态随机存取存储器(FDRAM)。在 FEET 中,铁电薄膜作为源极和漏极之间的栅极材料,其极化状态使源极 – 漏极之间的电流明显变化,故可由源极 – 漏极间的电流读出所存储的信息,而无须使栅极材料的极化反转。这种非破坏性读出特别适合于可以用电擦除的可编程只读存储器 FTOAM 是基于电荷积累的半导体存储器,在 FTOAM 中,采用高电容率的铁电薄膜超小型电容器使存储容量得以大幅度提高。除存储器外,集成铁电体还可用于红外探测与成像器件,超声与声表面波器件以及光电子器件等。正是在这些实际应用的推动下,集成铁电体的研究成为铁电研究中最重要的热点和前沿。可将块状铁电材料向铁电薄膜的转移跟半导体分立器件向集成电路的转移相类比,从中可以看出,集成薄膜器件在铁电体中的位置和作用是极为重要的,而且其应用前景也是不可估量的。

在铁电体物理学中,当前的研究方向主要有两个:一是铁电体的低维特性;二是铁电体的调制结构。

铁电体低维特性的研究首先是薄膜铁电元件提出的要求。铁电体的尺寸效应早已引起人们的注意,但只有在薄膜等低维系统中,尺寸效应才变得不可忽略。深入了解尺寸效应需要研究表面的晶体结构、电子结构和偶极相互作用。极化在表面处的不均匀分布将产生退极化场,对整个系统的极化状态产生影响。表面区域内的偶极相互作用与体内的不同,将导致居里温度随膜厚而变化。薄膜中还不可避免地存在界面效应,这包括铁电膜与基底间的界面、铁电膜与电极间的界面以及晶粒间界。薄膜厚度变化时,矫顽场、电容率和自发极化都随之变化,需要探明其变化规律并从微观机制上加以解释,以指导材料和器件的设计,另外极化反转的疲劳的起因和改进方法,更是理论和实用上的重要问题。目前,铁电薄膜理论的宏观方法主要是在自由能中引入表面能项,仿照铁电体材料的研究方法求自由能极小值。微观方法则主要是在横场 Ising 模型中引入不同于体内的表面层赝自旋相互作用系数和表面层隧道贯穿频率。该方法本身虽与膜厚无关,但计算表明,它仅对超薄膜才给出有重要意义的结果。

除薄膜外,铁电超微粉(ultrafine particles)也很有吸引力。在这种三维尺寸都有限的系统中,块体材料中那种导致铁电相变的布里渊区中心振模可能无法维持,也许全部声子色散关系都要改变。长程库仑作用显然将随尺寸减小而减弱,当它不能平衡短程力的作用时,铁电有序将不能建立。随着尺寸的减小,预期将顺序呈现铁电性、超顺电性和顺电性。目前,关于铁电微粉相变尺寸效应的实验研究和理论研究都在迅速地取得进展。实验工作中采用了包括 X 射线衍射、Raman 散射、比热容、二次谐波发生等多种手段,理论方法主要是在自由能中加入表面项,并计入表面自旋配位数和外推长度对尺寸的依赖关系。

[习题]

7.1　什么是铁电体,铁电体一定含有铁原子吗?

7.2　绘出铁电体电滞回线的示意图,说明其形成过程,在图中标出自发极化强度、剩余极化强度和矫顽电场强度。

7.3　铁电相变可分为哪两种?指出这两种相变的本质区别是什么。

7.4　铁电体压电效应中的压电系数有几种表示方法?说明这些系数的本质含义。

7.5　逆压电效应和电致伸缩的区别是什么?

7.6　说明"电子警察"的工作原理。

第八章　材料磁性能

磁性是物质的一种基本属性,从微观粒子到宏观物体,乃至宇宙天体,都具有某种程度的磁性。宏观物体的磁性有多种形式。从弱磁性质的抗磁性、顺磁性和反铁磁性到强磁性质的铁磁性和亚铁磁性,它们具有不同的形成机理。研究物质的磁性及其形成机理是现代物理学的一项重要内容。此外,物质的磁性在工农业生产、日常生活和现代科学技术各个领域中都有着重要的应用,磁性材料已经成为功能材料的一个重要分支。从研究物质磁性及其形成原理出发,探讨提高磁性材料性能的途径、开拓磁性材料新的应用领域已经成为当代磁学的主要研究方法和内容。众所周知,宏观物质由原子组成,原子由原子核及核外电子组成,由于电子及组成原子核的质子和中子都有一定的磁矩,因此宏观物质毫无例外都是磁性物质。本章针对磁性的相关概念及物质形成磁性加以介绍。

第一节　磁学基础

一、磁学基本概念

(一) 磁场

和重力场一样,磁场既看不见也摸不着。对于地球重力场来说,可以通过引力直接感知其存在;而对于磁场,只有当它作用于一些磁性物体(如某些被磁化的金属、天然磁石或者通电的线圈) 时,才能确定其存在。例如,把一个磁化的针头放在漂于水面的软木塞上,它会缓慢地指向其周围的磁场方向;通电的线圈会产生磁场,从而引起其附近的磁针转动。磁场的概念正是根据这些现象建立起来的。电流能够产生磁场,因此,可以借助于电场来定义由其产生的磁场。图 8.1(a) 展示了当导线通以电流 I 时,其四周铁屑分布的情形。根据右手法则,右手的大拇指指向电流方向(即正方向,与电子流动方向相反),其他呈环状的四指则指示了相应的磁场方向,如图 8.1(b) 所示。

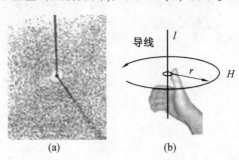

图 8.1　磁场

(二) 磁矩

描述载流线圈或微观粒子磁性的物理量称为磁矩。

在原子中,电子因绕原子核运动而具有轨道磁矩;电子还因自旋具有自旋磁矩;原子核、质子、中子以及其他基本粒子也都具有各自的自旋磁矩。已知电流在其四周会产生环绕的磁场,如果把通电导线圈成一个面积为 πr^2 的圆环,如图 8.2(a) 所示,其周围的铁屑则展示了其产生的磁场的形态。这个磁场等效于一个磁矩为 $\boldsymbol{m}$ 的磁铁产生的磁场,如图 8.2(b) 所示。由电流 i 产生的磁场,其强度和圆环的面积相关(圆环越大,磁矩就越大),由 n 个圆环产生的总磁矩是由这些单一圆环产生的磁矩的叠加,即

$$m = ni\pi r^2 \tag{8.1}$$

磁矩 $\boldsymbol{m}$ 的单位为 $A \cdot m^2$。

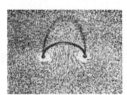 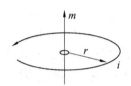 

(a) 铁屑显示了由环状　　　(b) 由一个电流强度为 i,面积　　　(c) 由多个圆环产生的
电流产生的磁场形态　　　为 πr^2 的圆环产生的磁场等效于　　总磁场等于所有单个
　　　　　　　　　　　一个磁矩为 m 的磁铁产生的磁场　　圆环产生磁场的叠加

图 8.2　磁矩

(三) 磁偶极子

磁偶极子是指强度相等、极性相反并且其距离无限接近的一对"磁荷"。如果以 $+m$ 表示正磁荷的强度,以 $-m$ 表示负磁荷的强度,以 $\boldsymbol{l}$ 表示两个磁荷间的长度矢量(从负磁荷指向正磁荷),则该元磁偶极子可用磁偶极矩矢量 $\boldsymbol{j}$ 来表示,计算式为

$$j = ml \tag{8.2}$$

$\boldsymbol{j}$ 的方向从 $-m$ 到 $+m$。在对磁偶极子相互作用的研究中,提出了磁场的概念,即认为磁偶极子间的作用是通过磁场进行的。一个磁偶极矩为 $\boldsymbol{j}$,当取磁偶极子的中点为坐标原点时,在距原点 $\boldsymbol{r}$ 处($|\boldsymbol{r}|$ 远大于磁偶极子的长度 $\boldsymbol{l}$) 产生的磁场强度 $\boldsymbol{H}$ 为

$$H = \frac{1}{4\pi\mu_0}\left[-\frac{j}{r^3} + \frac{3(j \cdot r)r}{r^5} \right] \tag{8.3}$$

式中,μ_0 为真空磁导率,$\mu_0 = 4\pi \times 10^{-7}$ H/m;$\boldsymbol{H}$ 的单位为 A/m。

1820 ~ 1825 年安培在完成了他的电流与电流、电流与磁体、磁体与磁体相互作用的研究后,提出了磁偶极子与电流回路元在磁性上的相当性原理,并且根据这一原理提出了宏观物体的磁性起源于"分子电流"的假说。根据相当性原理,电流回路元的磁矩 $\mu = iA$(式中,i 为电流强度;A 为电流回路元的面积,A 的方向按电流流动方向的右手螺旋法则确定) 等效于磁偶极子的磁偶极矩。

二、磁学基本量

(一) 磁化强度 M

磁化强度是描述宏观磁性体磁性强弱的物理量。如果在磁性体内取一个宏观体积元 ΔV，在这个体积元内包含了大量的磁偶极矩或磁矩，分别用 $\sum j_m$ 和 $\sum \mu_m$ 来表示；定义单位体积内具有的磁偶极矩矢量和为磁极化强度，用 J 表示；单位体积内具有的磁矩矢量和称为磁化强度，用 M 表示，即

$$J = \frac{\sum j_m}{\Delta V} \tag{8.4}$$

和

$$M = \frac{\sum \mu_m}{\Delta V} \tag{8.5}$$

两者之间存在以下关系：

$$J = \mu_0 M \tag{8.6}$$

J 和 M 都是矢量，数值上两者之间相差 μ_0，物理意义上都是用来描述磁体被磁化的方向和强度。当磁场很大时，磁化方向可以和磁场方向一致，一般情况下不一定一致。

(二) 磁场强度 H 和磁感应强度 B

实验证明，导体中的电流或一块永磁体都会产生磁场，符号 H 和 B 都是描述空间任一点的磁场参量。按照习惯，H 称为磁场强度，B 称为磁感应强度，它们都是矢量，有大小和方向。依照静电学，静磁学定义磁场强度 H 等于单位点磁荷在该处所受的磁场力的大小，其方向与正磁荷在该处所受磁场力的方向一致。设试探磁极的点磁荷为 m，它在磁场中某处受力为 F，则该处的磁场强度矢量 H 为

$$H = \frac{F}{m} \tag{8.7}$$

式中，F 由磁的库仑定律决定，即两个点磁荷之间的相互作用力沿着它们之间连线方向，与它们之间距离的平方成反比，与每个磁荷的数量(磁极强度 m)m_1 和 m_2 成正比，即

$$F = k \frac{m_1 \cdot m_2}{r^2} \tag{8.8}$$

式中，比例系数 k 与磁荷周围介质和式中各量的单位有关。设点磁荷处于真空中，F 的单位为 N，k 的选择如下：

$$k = \frac{1}{4\pi\mu_0} \tag{8.9}$$

式中，μ_0 为真空磁导率。

实际应用中，常常由电流来产生磁场，并用稳定电流在空间产生的磁场的强度来规定磁场强度的单位。在 ST 制中，用电流 $I = 1$ A 通过直导线，在距导线为 $r = 1/2\pi$ 米处得到的磁场强度规定为磁场强度的单位，即 A/m。电流产生磁场最常见的几种形式如下。

（1）无限长载流直导线的磁场强度。

$$H = \frac{I}{2\pi r} \tag{8.10}$$

式中，I 为通过直导线的电流；r 为计算点至导线的距离；H 的方向是切于与导线垂直且以导线为轴的圆周。

（2）载流环形线圈圆心上的磁场强度。

$$H = \frac{I}{2r} \tag{8.11}$$

式中，I 为流经环形线圈的电流；r 为环形线线圈的半径；H 方向按右手螺旋法则确定。

（3）无限长载流螺线管的磁场强度。

$$H = nI \tag{8.12}$$

式中，I 为流经环形线圈的电流；n 为螺线管上单位长度的线圈师数；H 的方向为沿螺线管的轴线方向。

B 和 H 的确切关系为

$$B = \mu_0(H + M) \tag{8.13}$$

（三）磁导率 μ 和磁化率 χ

磁导率 μ 和磁化率 χ 是反映物质磁性强弱的物理量，它们反映的是磁场强度、磁感应强度和磁化强度的关系，即

$$\mu = \frac{B}{H} \tag{8.14}$$

$$\chi = \frac{M}{H} \tag{8.15}$$

从应用的角度考虑，人们对具有大的磁感应强度和大的磁化强度的材料感兴趣。

第二节　磁性的微观解释

组成磁介质的最小结构单元称为分子。事实上，分子环流磁矩是分子内原子中电子的各种轨道运动磁矩和自旋磁矩的总效果。下面针对两种效果加以描述。

一、电子轨道磁矩

以电子的圆周运动为例（电子的运动轨道一般为椭圆），设原子核带电 Ze，电子带为 e，如图 8.3 所示。根据经典理论，电子在半径为 r 的圆周上运动，其向心力由库仑力提供，有

$$f_e = \frac{1}{4\pi\varepsilon_0} \cdot \frac{Ze^2}{r^2} \tag{8.16}$$

电子的轨道运动角速度由下式解出：

$$f_e = m\omega^2 r \tag{8.17}$$

$$\omega = \left(\frac{Ze^2}{4\pi\varepsilon_0 m r^3}\right)^{1/2} \tag{8.18}$$

电子轨道运动的周期为

$$T = \frac{2\pi}{\omega} \tag{8.19}$$

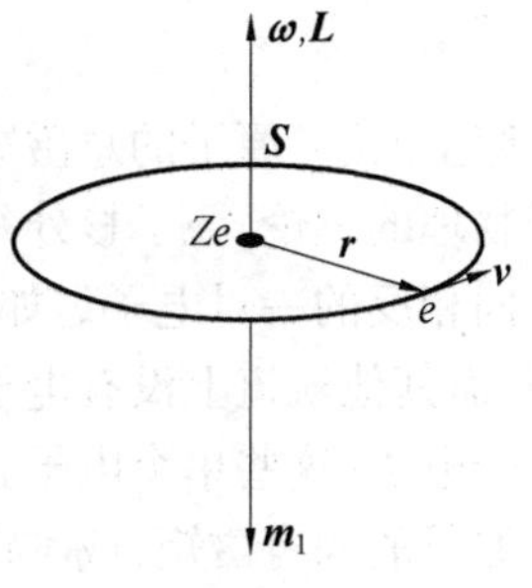

图 8.3　电子轨道磁矩示意图

轨道运动形成的环形电流强度为

$$I = \frac{-e}{T} = \frac{-e\omega}{2\pi} \qquad (8.20)$$

轨道环流的面积为

$$S = \pi r^2 \qquad (8.21)$$

电子轨道环流的磁矩为

$$m_1 = IS = \frac{-e\omega}{2\pi} \cdot \pi r^2 = -\frac{er^2}{2}\omega \qquad (8.22)$$

或矢量表示为

$$m_1 = -\frac{er^2}{2}\boldsymbol{\omega} \qquad (8.23)$$

因为磁矩 $\boldsymbol{m}_1$ 的方向与正电流成右手螺旋关系,而 $\boldsymbol{\omega}$ 与电子旋转方向成右手螺旋关系,所以,$\boldsymbol{m}_1$ 和 $\boldsymbol{\omega}$ 方向相反。轨道角动量 $\boldsymbol{L}$ 可表示为

$$L = r \times P = mr \times \nu \qquad (8.24)$$

式中,m 为电子的质量,在圆周运动的情况下

$$L = mr^2\omega \qquad (8.25)$$

与式(8.23)比较可知

$$m_1 = -\frac{e}{2m}L \qquad (8.26)$$

即电子的轨道磁矩和轨道角动量方向相反,参看图8.3,说明绕轨道旋转的电子将产生一个 $\boldsymbol{m}_1$ 的磁矩。

二、电子自旋磁矩

电子自旋运动是量子力学效应,在宏观物体中还找不出一种运动与之对应。实验和量子力学已经证明电子在做轨道运动的同时还绕自身的轴做自旋运动,自旋运动产生的磁矩为

$$m_s = -\frac{e}{m}S \qquad (8.27)$$

式中,S 是电子的自旋角动量,可由实验得出

$$S = \frac{3}{4}\eta, \quad \eta = \frac{h}{2\pi}$$

而

$$h = 6.626 \times 10^{-34} \text{ J} \cdot \text{s}$$

综上所述,原子的总磁矩是原子内所有电子的轨道磁矩和自旋磁矩的矢量和。按照原子物理的理论,原子核外每一个电子轨道上都可以,也最多只能容纳轨道运动方向和自旋方向相反的一对电子。如果一种元素它的原子轨道上所有电子的轨道都被成对的电子占满,而其他轨道上没有电子,这种元素的原子总磁矩必然为零。反之,若原子轨道上具有单个电子,这些单个电子就对原子的总磁矩有贡献,即原子的总磁矩不为零。这个磁矩称为原子的固有磁矩,或本征磁矩。有些原子没有本征磁矩,但在组成晶体时它们以离子的形式出现,这时它失去或获得电子,因而也就有了本征磁矩,因此,本征磁矩是物质磁性的主要来源。

第三节 材料的磁化

一、磁化的相关概念

(一) 自发磁化和磁畴

磁有序物质在无外加磁场的情况下,由于近邻原子间电子的交换作用或其他相互作用,因此物质中各原子的磁矩在一定空间范围内呈现有序排列而达到的磁化,称为自发磁化,自发磁化的小区域称为磁畴。

(二) 磁化过程

磁化过程是指处于磁中性状态的强磁性体在外磁场的作用下,其磁化状态随外磁场发生变化的过程。反磁化过程是指强磁性体沿一个方向磁化饱和后,当外磁场逐渐减小或沿相反方向逐渐增加时,其磁化状态随外磁场发生变化的过程。对磁化过程的宏观描述是磁化曲线,对反磁化过程的宏观描述是磁滞回线。磁化曲线和磁滞回线代表了磁性材料在外磁场中的基本特性。根据对磁性材料的不同用途,通常对磁性材料的性能提出不同要求,从而对磁化曲线和磁滞回线的形状提出不同要求。施加磁场于磁性体,当磁场的值逐渐增大时磁性体的磁化强度随之增大的过程称为磁化过程。当磁场做准静态变化时称为静态磁化过程;当磁场做动态变化时称为动态磁化过程。静态磁化包括技术磁化和内禀磁化。所谓技术磁化是指施加准静态变化磁场于强磁体(含铁磁体与亚铁磁体),使其自发磁化的方向通过磁化矢量的转动或畴壁移动而指向磁场方向的过程。

二、磁化曲线的基本特征

磁性体从磁中性状态开始,受到一个从零起单调增加的磁场作用时,其磁化强度 M(或磁感应强度 B)随外磁场强度 H 变化的曲线称为起(初) 始磁化曲线,通常简称为磁化曲线,写成 $M = f(H)$ 的函数形式。抗磁性、顺磁性和反铁磁性磁体的磁化曲线为一直线;铁磁性、亚铁磁性磁体的磁化曲线显示复杂的函数关系,如图 8.4 所示。

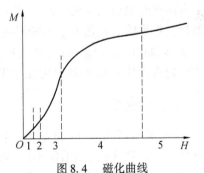

图 8.4　磁化曲线

有两种方法可以获得磁体的磁中性状态:① 交流退磁法,即在没有直流磁场情况下,对磁体施加一个强交变磁场,将其振幅逐渐地减小到零;② 热退磁法,即将磁体加热到居里点以上,然后在无磁场情况下冷却下来,磁化曲线可以分为以下 5 个特征区域。

(1) 起始或可逆区域(磁场很弱;图中的 1 区)。

磁化强度(或磁感应强度) 与外磁场保持线性关系,磁化过程是可逆的。

(2) 瑞利(Rayleigh) 区域(磁场略强;图中的 2 区)。

M(或 B) 与 H 不再保持线性关系,磁化开始出现不可逆过程,M(或 B) 之间有如下规律:

$$M = \chi_i H + bH^2 \tag{8.28}$$

式中，χ_i 为起始磁化率；b 为瑞利常数。

（3）最大磁导率区域（中等磁场；图中的 3 区）。

磁化强度 M 和磁感应强度 B 急速地增加，磁化率或磁导率经过其最大值 χ_m，在这个区域里可能出现剧烈的不可逆畴壁位移过程。

（4）趋近饱和区域（强磁场；图中的 4 区）。

磁化曲线缓慢地升高，最后趋近于一水平线（技术饱和）。这一段过程具有比较普遍的规律性，称为趋近饱和定律（对多晶铁磁体而言）。

（5）顺磁区域（更强磁场；图中的 5 区）。

技术磁化饱和后，进一步增加磁场，铁磁体的自发磁化强度本身变大。由于外磁场远小于分子磁场，因此，自发磁化强度随外磁场的增加是极其有限的，与之对应的顺磁磁化率一般都很小。顺磁区域之前的 4 个磁化阶段称为技术磁化过程。

三、磁性的分类

磁学把物质的磁性按磁化率的大小分为抗磁性、顺磁性、反铁磁性、铁磁性和亚铁磁性等不同的磁性，在本章后续的小节中将详细进行描述。

第四节　　抗磁性与顺磁性

一、抗磁性

抗磁性物质是 19 世纪后半叶发现和研究的一类弱磁性物质。这类物质的主要特点是 $\chi < 0$，即它在外磁场中产生的磁化强度与磁场反向。如果磁场不均匀，这类物质的受力方向指向磁场减弱的方向。其次，这类物质的磁化率绝对值非常小，为 $10^{-7} \sim 10^{-6}$。典型抗磁物质的磁化率 χ 不随温度的变化而变化。惰性气体（如 He、Ne、Ar、Kr、Xe）、某些金属（如 Bi、Zn、Ag、Mg）、某些非金属（如 Si、P、S）、水以及许多有机化合物等都属于抗磁性物质。其中 Bi 的抗磁磁化率不但与温度有关，还与状态有关。

二、顺磁性

顺磁性物质也是 19 世纪后半叶发现和研究的一类弱磁性物质。这类物质的主要特点是 $\chi > 0$，并且 χ 的数值很小（一般为 $10^{-6} \sim 10^{-5}$）。多数顺磁性物质的磁化率 χ 随温度升高而下降。某些铁族金属（如 Sc、Ti、Ba、Cr）、某些稀土金属（如 Ia、Ce、Pr、Nd、Sm）、某些过渡族元素的化合物（如 $MnSO_4 \cdot 4H_2O$）、金属 Pa、金属 Pt 以及某些气体（如 O_2、NO、NO_2）等都属于顺磁性物质。一些碱金属（如 Li、Na、K 等）也属于顺磁性物质，但其 χ 值比一般顺磁性物质小且基本与温度无关，它们产生顺磁性的机理和前者不同。

三、抗磁性与顺磁性的物理本质

抗磁性是因电子的轨道运动速率在外磁场作用下发生变化而产生感应附加磁矩的一种效应。考虑在一个圆形轨道上有两个运动方向相反的电子（图 8.5），在无外场时，这两个电子的轨道总磁矩为零。设每个电子轨道运动的角速度和轨道磁矩分别为 ω_0 和 m_1。

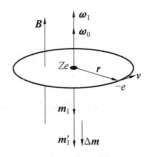

在加入磁场 B 的瞬间,空间要产生涡旋电场 $E_{旋}$,在涡旋电场的作用下,电子的转动速率发生变化。这一变化对应着一个附加磁矩的产生,通过下面的分析看出,这个附加磁矩 Δm 总是与外加磁场的方向相反。

图 8.5　抗磁效应示意图

设沿电子轨道的法线方向加入一均匀磁场 $B(H)$,在图 8.3 的情况下,涡旋电场的方向与电子运动方向相同,电子的运动速率将减小(电子带负电,受力方向与 $E_{旋}$ 相反)。这意味着电子的轨道角速度和轨道磁矩 m_1 都要减小,变为 ω_1 和 m_1',附加磁矩 $\Delta m = m' - m$ 与外场 $B(H)$ 方向相反,这就是抗磁效应。在图 8.5 的情况下具有同样的效应。这时电子的速率和轨道磁矩要增加,附加磁矩仍然与外磁场 $B(H)$ 方向相反。

以上分析说明了抗磁性物质的机理,一般情况下抗磁性物质磁化率的绝对值很小,并且与磁场和温度无关。

对于顺磁性材料来说,顺磁性物质的原子具有本征磁矩。顺磁性物质磁化时、原子的本征磁矩(或由原子组成的分子的本征磁矩)在磁场中取向排列,磁化强度矢量 $M = \chi_m H$ 与磁场强度的方向 H 一致。顺磁质的另一个特点是在磁化过程中。当磁场 H 减小到零时,介质中的磁化强度 M 和磁感应强度 B 也减小到零,即顺磁性材料没有剩余磁化现象。一般情况下顺磁性物质的磁化强度随磁场变化的磁化曲线是直线。

磁介质的磁化率 $\chi_m = \dfrac{M}{H}$ 代表施加单位磁场时,在单位体积中产生的净余磁矩。它与每一个原子(或分子)本征磁矩的大小,原子(分子)浓度以及介质温度都有关系。

一般的顺磁物质都能很好地与实验符合。但对于一些简单的金属,磁化率与温度无关,而且顺磁性非常微弱,最明显的例子就是碱金属。这是因为这些金属没有轨道磁矩,只有自旋磁矩对 M 有贡献。

第五节　反铁磁性

一、反铁磁性材料性质

在反铁磁性材料中,近邻离子自旋反平行排列,它们的磁矩相互抵消,因此,反铁磁体不产生自发磁化磁矩,只显现微弱的磁性。反铁磁的相对磁化率 χ 的数值为 $10^{-5} \sim 10^{-3}$。与顺磁性不同的是自旋结构的有序化,图 8.6 所示为 MnO 晶体结构和磁结构,由图中可以看出,Mn^{2+} 之间存在反平行自旋结构。

当施加外磁场时,由于自旋间反平行耦合的作用,正负自旋转向磁场方向的转矩很小,因而,磁化率比顺磁磁化率小。随着温度升高,有

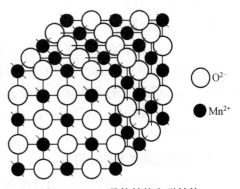

图 8.6　MnO 晶体结构和磁结构

序的自旋结构逐渐被破坏,磁化率增加,这与正常顺磁体的情况相反。然而在某个临界温度以上,自旋有序结构完全消失,反铁磁体变成通常的顺磁体。

过渡金属的氧化物、卤化物和硫化物(如 MnO、FeO、CoO、NiO、Cr_2O_3、MnF_2、FeF_2、$FeCl_2$、$NiCl_2$、MnS 等)均属于反铁磁物质。

二、反铁磁性材料特征

(1)存在临界温度,称为奈尔温度 T_N。当 $T > T_N$ 时,反铁磁性转变为顺磁性,磁化率服从居里 – 外斯定律,多数反铁磁性物质的顺磁奈尔温度为正值,也有的为负值。

(2)当 $T < T_N$ 时,表现为反铁磁性。最大特征是磁化率随温度降低反而减小,因此在 T_N 点 χ 具有极大值,如图 8.7 所示。

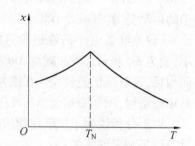

图 8.7　反铁磁性材料磁化率和温度之间的关系

(3)在 T_N 点附近,除磁化率 χ 的反常变化外,比热和热膨胀系数也将出现反常高峰,某些物质的弹性模量也将发生反常变化,这表明 T_N 是二级相变温度。

(4)存在磁晶各向异性。当样品为单晶时,沿不同晶轴方向测量的磁化率明显不同。

第六节　　铁磁性

一、铁磁性的基本特征

铁磁性物质是最早研究并得到应用的一类强磁性物质。早在 18 世纪 50 年代就有人做过磁化钢针的实验,19 世纪末居里完成了对铁磁物质的磁性随温度变化的测量。这类物质的主要特点是 $\chi > 0$,并且 χ 的数值很大,一般为 $10^1 \sim 10^6$。金属 Fe、Co、Ni、Cd 以及这些金属与其他元素的合金(如 Fe – Si 合金),少数铁族元素的化合物(如 CrO_2、$CrBr_3$ 等),少数稀土元素的化合物(如 EuO、$GdCl_3$ 等)均属于铁磁性物质。在宏观磁性上,铁磁性物质具有以下特征。

(一)具有自发磁化

铁磁性物质内存在按磁畴分布的自发磁化。铁磁性物质内的原子磁矩通过某种作用,克服热运动的无序效应,都能有序地取向,按不同的小区域分布。磁畴内的各原子磁矩取向一致即形成了自发磁化。宏观上一个磁畴内自发磁化强度的平均值以 M_s 来表示。各磁畴之间的 M_s 方向不是一致的。因而,整个宏观铁磁体在无外磁场作用下是不表现出磁化强度的。

(二)具有高饱和磁化强度

具有高饱和磁化强度是一切铁磁性物质的共同特点。例如,铁的饱和磁化强度为 1.707×10^6 A/m,钴的饱和磁化强度为 1.430×10^6 A/m。正因为饱和磁化强度高,所以当其磁化饱和后,能在内部形成非常高的磁通量密度。对于大多数铁磁性物质来说,在不太强的磁场($10^3 \sim 10^4$ A/m)中就可以磁化到饱和状态(技术饱和状态),但也有一些铁磁性物质的饱和磁场高达 10^6 A/m,此即所谓的永磁性材料。

(三)存在铁磁性消失的温度 —— 居里温度

所有铁磁性物质都存在铁磁性消失的温度,称为居里温度,以 T_C 表示。当温度低于 T_C 时,它呈现铁磁性;当温度高于 T_C 时,则呈现顺磁性。居里温度是铁磁性物质由铁磁性转变为顺磁性的临界温度。进一步研究表明,当温度通过居里点时,某些物理量表现出反常行为,如比热容突变、热膨胀系数突变、电阻的温度系数突变等。按照相变分类,上述变化属于二级相变,居里点则为二级相变点。

(四)存在磁滞现象

铁磁性物质的磁化强度与磁场强度之间不是单值函数关系,显示磁滞现象,具有剩余磁化强度,其磁化率都是磁场强度的函数。

(五)饱和磁化强度与温度的关系

随温度的升高,饱和磁化强度减小,其变化如图 8.8 所示,该图为 Ni 的 M_s 变化曲线。

当温度升高时,最初变化缓慢,不久就降低得很快,最后与横轴相接近将曲线末端延长,与横轴相交,其交点即为铁磁居里点 T_C。

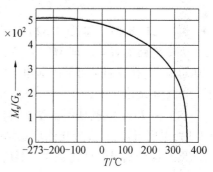

图 8.8　Ni 的饱和磁化强度 M_s 和温度 T 的关系

(六)磁晶各向异性和磁致伸缩现象

铁磁性物质在磁化过程中表现出磁晶各向异性和磁致伸缩现象。

二、外斯"分子场"理论

外斯(P. Weiss)在 1907 年首先提出"分子场"理论,为了说明铁磁性物质的基本特性,特别是在弱磁场中容易达到饱和磁化的特性,外斯提出了以下两个理论假说。

(一)"分子场"假说

铁磁性物质内部存在着强大的"分子场",约 10^9 A/m,因此,即使无外加磁场,其内部各区域也已经自发地被磁化。外磁场的作用是把各区域磁矩的方向调整到外磁场的方向,在较弱外磁场下即可达到磁化饱和。

可以用以下事实估计"分子场"的大小:在居里温度时,一个电子自旋的热能 $k_B T_C$ 可以抵消分子场 H_m 加于电子自旋的磁场能使其失去铁磁性,故有这一磁场是实验室内目前无法达到的静磁场。计算式为

$$H_m \approx \frac{k_B T_C}{\mu_B} \approx \frac{1.38 \times 10^{-23} \times 10^3 \text{ J}}{1.17 \times 10^{-29} \times \text{Wb} \cdot \text{m}} \approx 10^9 \text{ A/m} \tag{8.29}$$

(二)磁畴假说

铁磁体内部的自发磁化分为若干区域(磁畴),每个区域都自发磁化到饱和。未加磁场时,各区域磁矩的方向紊乱分布,互相抵消,所以在宏观上不显示磁性。

外斯的这两个理论假说为后来研究铁磁性奠定了基础。本节用"分子场"假说说明自发磁化的形成。

按照外斯的"分子场"假说,在铁磁体内部存在着"分子场","分子场"H_m的大小与铁磁体内磁化强度M成比例,即

$$H_m = WM \tag{8.30}$$

式中,W为"分子场"常数,设单位体积内的磁性原子数为N,当外加磁场强度为H时,铁磁体内原子磁矩实际受到的磁场为$H + WM$,借助于朗之万的顺磁理论,可得

$$M = NgJ\mu_B B_J(a) = M_0 B_J(a) \tag{8.31}$$

$$a = \frac{gJ\mu_B(H + WM)}{k_B T} \tag{8.32}$$

式中,M_0为外加磁场为零时的绝对饱和磁化强度;k_B为玻尔兹曼常数;g为磁力比例常数;J为总角动量子数;$B_J(a)$为布里渊函数,其形式为

$$B_J(a) = \frac{2J + 1}{2J}\coth\frac{2J + 1}{2J} - \frac{1}{2J}\coth\frac{a}{2J} \tag{8.33}$$

解　式(8.31)和式(8.32)的联立方程,可以求出在一定磁场和温度下的磁化强度。如令外磁场$H = 0$,即$M(0) = Ng\mu_B$,可以求出在一定温度下的自发极化强度,并可算出居里温度,在高温下可导出居里 – 外斯定律。通过求解上述的联立方程,可以得出以下三个主要结论。

(1) 在$T < T_C$的任何温度下,自发极化总是存在的,因此材料表现出铁磁性;当$T > 0$ K时,温度升高,自发极化强度逐渐降低;在$T > T_C$时,自发极化强度为零,材料表现出顺磁性。这个临界温度就是居里温度T_C。

(2) 当$T \geq T_C$后,材料的磁化率服从居里 – 外斯定律,即$\chi = \dfrac{C}{T - \Theta_p}$,$C$是居里常数,$\Theta_p$为居里温度。$T = \Theta_p$时,铁磁性转变为顺磁性,这些结果与实验结果符合得很好。

(3) 交换积分常数A与居里温度成正比,即

$$T_C = \frac{2ZAJ(J + 1)}{3k_B} \tag{8.34}$$

式中,Z为一个原子的近邻原子数;A为交换积分常数,和"分子场"系数成正比,其物理意义为:A越大,交换作用越强,要破坏原子磁矩的整齐排列所需要的热能就越大,因而居里温度也越高。

以上就是外斯"分子场"的理论,它定性地描述了铁磁体的自发极化,但该理论还没有说明"分子场"的本质。关于"分子场"本质来源于相邻原子间电子自旋的交换作用理论,这里不再进行描述,读者可参考相关的资料。

三、磁晶各向异性、磁致伸缩

(一) 相互作用能

在铁磁体内表现为5种主要的相互作用,分别是交换能F_{ex}(电子自旋间的交换相互作用产生的能量)、磁晶各向异性能F_k与磁弹性能、应力能F_σ、退磁场能F_d(铁磁体与其自身的退磁场之间的相互作用能) 和外磁场能F_H(铁磁体与外磁场之间的相互作用能)。

1. 外磁场能

在外磁场作用下磁体由于本身的磁偶极矩 J_m 与 H 间的相互作用,产生力矩,计算式为

$$L = -Fl\sin\theta \quad (逆时针方向为正) \quad (8.35)$$

$\theta = 0$,L 最小,处于稳定状态;$\theta \neq 0$,不稳定,会使磁体转到与 H 方向一致,这就要做功,相当于使磁体在 H 中位能降低。设磁体在 L 的作用下转角为 $d\theta$,所做的功为 u,则有

$$u = -\int L d\theta \quad (8.36)$$

因此磁体在磁场中位能为

$$u = -mlH\cos\theta = -J_m H\cos\theta \quad (8.37)$$

当引入磁化强度 M 时,上述公式变为磁体在外磁场作用下的单位体积的外磁场能,即

$$F_H = -\mu_0 J_m H\cos\theta \quad (8.38)$$

由式(8.38)可知,外场对磁化强度的取向有重要作用,所以外磁场能是各向异性的。$H = 0$ 时,$F = 0$,铁磁体处于宏观退磁状态,对外不显示磁性,此时铁磁体内部的 M 分布完全受其他能量,如磁晶各向异性能、应力各向异性能、交换能以及退磁场能的最小值条件决定。当 $H \neq 0$ 时,铁磁体被磁化,宏观上显示出磁性,所以外磁场是铁磁体磁化的动力。

2. 退磁场能

被磁化的非闭合磁体将在磁体两端产生磁荷,如果磁性体内部磁化不均匀,还将产生体磁荷,面磁荷和体磁荷都会在磁性体内部产生磁场,其方向和磁化强度方向相反,有减弱磁化的作用,我们称这一磁场为退磁场 H_d,如图8.9所示。

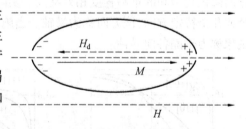

图8.9 表面的自由磁极及产生的退磁场

若磁性体磁化是均匀的,则退磁场也是均匀的,可以表示为

$$H_d = -NM \quad (8.39)$$

式中,N 为退磁因子,它的大小与 M 无关,只依赖于样品的几何形状和大小。

对于形状规则的样品,N 由样品的几何形状和大小决定。对于一个椭球样品,在直角坐标系中,磁化强度在3个主轴方向上的分量为 M_x、M_y、M_z,则 H_d 在3个主轴方向上的分量可表示为

$$\begin{cases} H_{dx} = -N_x M_x \\ H_{dy} = -N_y M_y \\ H_{dz} = -N_z M_z \end{cases}$$

则退磁因子 N 有如下关系:

$$N_x + N_y + N_z = 1$$

对于球形样品:

$$a = b = c, \quad N_x = N_y = N_z = N_0 = \frac{1}{3}$$

对于长圆柱样品：

$$a \geqslant b = c, \quad N_x = 0, \quad N_y = N_z = \frac{1}{2}$$

对于极薄圆盘样品：

$$a \leqslant b = c, \quad N_x = 1, \quad N_y = N_z = 0$$

显然,磁性体在磁化过程中,也将受到自身退磁场的作用,产生退磁场能,它是在磁化强度逐步增加的过程中逐步积累起来的,单位体积内退磁场能为

$$F_d = - \int_0^M \mu_0 H_d dM = \frac{\mu_0 N M^2}{2} \tag{8.40}$$

对于式(8.40),应说明以下几点。

(1) 适用条件:材料内部均匀一致,在均匀外场中被均匀磁化。

(2) 形状不同,N 不同,F_d 也不同,则 F_d 是形状各向异性。

(3) 对磁化均匀的磁体,若已知 N 和 M,就可求出 F_d。

(二) 磁晶各向异性

1. 磁晶各向异性的宏观描述

Fe、Ni、Co 单晶的磁化曲线如图 8.10、图 8.11 和图 8.12 所示。3 种单晶体沿不同晶轴方向磁化可以得到不同的磁化曲线,这是铁磁体单晶的一种普遍属性,而且沿不同的晶轴方向磁化到饱和的难易程度相差甚大。实际上在磁性材料中,自发磁化强度总是处于一个或几个特定方向,该方向称为易轴。当施加外场时,磁化强度才能从易轴方向转出,此现象称为磁晶各向异性。

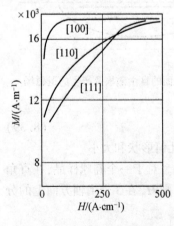
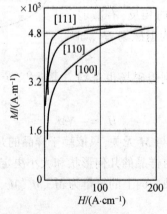
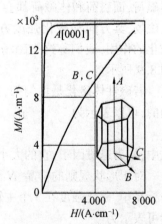

图 8.10　Fe 单晶的磁化曲线　　图 8.11　Ni 单晶的磁化曲线　　图 8.12　Co 单晶的磁化曲线

易磁化方向与难磁化方向:易磁化方向是能量最低的方向,所以自发磁化形成磁畴的磁矩取这些方向,在较弱的 H 下,磁化就很强甚至饱和。难磁化方向是铁磁性元素由于磁晶各向异性的作用,在磁化时最难磁化达到饱和的方向。

易磁化轴与难磁化轴如下。

Fe:易轴[100],难轴[111]。

Ni:易轴[111],难轴[100]。

Co:易轴[0001],难轴[1010]。

2. 磁晶各向异性能

饱和磁化强度矢量在铁磁体中取不同方向而改变的能称为磁晶各向异性能。它只与磁化强度矢量在晶体中相对的取向有关。在易磁化轴上,磁晶各向异性能最小。

磁晶各向异性常数用以表示单晶体磁各向异性的强弱。对于立方晶体,定义为:单位体积的铁磁体沿[111]轴与沿[100]轴饱和磁化所耗费的能量差。

1933 年,阿库诺夫首先从晶体的对称性出发将磁晶各向异性能用磁化矢量的方向余弦表示出来,即

$$F_k = f(a_i) \tag{8.41}$$

由于晶体的宏观对称性,当 $\boldsymbol{M}_s$ 处于晶体对称位置时 a_i 可能改变符号,但 F_k 在对称位置不变。设 a_1、a_2 和 a_3 分别是磁化强度与立方晶体的3个晶轴方向的余弦,即 $a_1 = \cos\theta_1$、$a_2 = \cos\theta_2$ 和 $a_3 = \cos\theta_3$,将立方晶体(Fe、Ni尖晶石)的磁晶各向异性能按泰勒级数展开,并用晶体的对称性和三角函数的关系式演算,可得磁晶各向异性能 $\boldsymbol{F}_k$ 表达式为

$$F_k = K_1(a_1^2 a_2^2 + a_2^2 a_3^2 + a_3^2 a_1^2) + K_2(a_1^2 a_2^2 a_3^2) \tag{8.42}$$

式中,K_1、K_2 为磁晶各向异性常数,是磁性材料特性参数之一,其大小表征磁性材料沿不同方向磁化至饱和时磁化功的差异。通过式(8.42)就可以求出以下几个特征方向的各向异性能。

$[100]$:$a_1 = 1, a_2 = a_3 = 0, F_k = 0$。

$[110]$:$a_1 = 0, a_2 = a_3 = \dfrac{1}{\sqrt{2}} F_k = \dfrac{K_1}{4}$。

$[111]$:$a_1 = a_2 = a_3 = \dfrac{1}{\sqrt{3}}, F_k = \dfrac{K_1}{3} + \dfrac{2K_2}{27}$。

例如:

Fe:$K_1 = 4.72 \times 10^4 \text{ J/m}^3, K_2 = 7.5 \times 10^2 \text{ J/m}^3$。

Ni:$K_1 = 5.7 \times 10^3 \text{ J/m}^3, K_2 = 2.3 \times 10^3 \text{ J/m}^3$。

所以对于铁来说[100]是易极化方向;对于镍来说[111]是易极化方向。

(三) 磁致伸缩

铁磁性物质的形状在磁化过程中发生改变的现象称为磁致伸缩。通常用磁致伸缩系数 $\lambda = \dfrac{\delta \cdot l}{l}$ 来描述铁磁体尺寸大小的相对变化,它的取值一般比较小,范围在 $10^{-6} \sim 10^{-5}$ 之间。虽然磁致伸缩引起的形变比较小,但它在控制磁畴结构和技术磁化过程中,仍是一个很重要的因素。

磁致伸缩系数 $\lambda = \dfrac{\delta \cdot l}{l}$ 随外磁场增加而变化,最终达到饱和,这时的磁致伸缩系数称为饱和磁致伸缩系数 λ_s,如图 8.13 所示。

产生这种行为的原因是材料中磁畴在外场作用下发生了变化。每个磁畴内的晶格沿磁畴的磁化强度方向产生自发的形变,且应变轴随着磁畴磁化强度的转动而转动,从而导致样品整体上的形

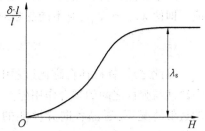

图 8.13　磁致伸缩与外加磁场的关系

变,如图 8.14 所示。

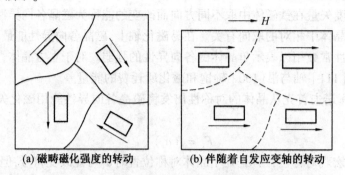

(a) 磁畴磁化强度的转动　　　　(b) 伴随着自发应变轴的转动

图 8.14　应变轴随磁畴磁化强度的转动而转动

　　磁致伸缩有以下 3 种表现。沿外磁场方向(磁化方向) 磁体尺寸的相对变化称为纵向磁致伸缩。垂直于外磁场方向磁体尺寸的相对变化称为横向磁致伸缩。磁体磁化时其体积的相对变化 $\dfrac{\Delta V}{V}$ 称为体积磁致伸缩,在磁化过程中体积磁致伸缩一般很小,约为 10^{-10},可以忽略。

　　纵向和横向磁致伸缩又称为线性磁致伸缩,只是磁化过程中的线度变化。除特别说明以外,我们讨论的磁致伸缩是指线性磁致伸缩。

　　反过来,通过对材料施加拉应力或压缩应力,材料尺寸的变化也会引起材料磁性能的变化,即所谓压磁效应。它是磁致伸缩的逆效应。

　　根据单晶体的各向异性和对称性,可以得出立方晶系的磁致伸缩系数的表达式为

$$\lambda_s = \frac{3}{2}\lambda_{100}\left(\alpha_1^2\beta_1^2 + \alpha_2^2\beta_2^2 + \alpha_3^2\beta_3^2 - \frac{1}{3}\right) + 3\lambda_{111}\left(\alpha_1\alpha_2\beta_1\beta_2 + \alpha_2\alpha_3\beta_2\beta_3 + \alpha_3\alpha_1\beta_3\beta_1\right)$$

(8.43)

式中,磁化强度方向(α_1、α_2、α_3)、测量方向(β_1、β_2、β_3) 分别为与晶体 3 个晶轴夹角的方向余弦;λ_{100} 和 λ_{111} 分别为沿[100] 和[111] 晶轴方向的饱和磁致伸缩系数。

　　在各向同性或者多晶情形下,令测量方向和磁化方向夹角为 θ 时,$\lambda_{100} = \lambda_{111} = \lambda_0$,式(8.43) 可以表示为

$$\lambda_s = \lambda_0 \frac{3}{2}\left(\cos^2\theta - \frac{1}{3}\right)$$

(8.44)

　　例如:当 $\theta = 0$,$\lambda_s = \lambda_0$;$\theta = \dfrac{\pi}{2}$,$\lambda_s = -\lambda_0/2$ 说明纵向伸长时横向缩短。

　　对于多晶材料的磁致伸缩是各向同性的,因为总的磁致伸缩是每个晶粒形变的平均值。即使 $\lambda_{100} \neq \lambda_{111}$,对不同晶粒取向求平均,也可得平均纵向磁致伸缩为

$$\bar{\lambda} = \frac{2}{5}\lambda_{100} + \frac{3}{5}\lambda_{111}$$

(8.45)

　　除此之外,铁磁体在磁化过程中还会有磁弹性能产生,磁弹性能是指在磁致伸缩过程中磁性与弹性之间的耦合作用能。分析表明,计入磁致伸缩后,在对形变张量只取线性项的近似情况下,磁晶各向异性能的形式并未发生变化,所变化的仅是各向异性常数的数值。

　　当铁磁晶体受到外应力作用或其内部存在内应力时,还将产生由应力引起的形变,从

而出现应力能 F_σ，立方晶系磁致伸缩各向同性的情形，应力能 F_σ 为

$$F_\sigma = -\frac{3}{2}\lambda_s \sigma \cos^2\theta \qquad (8.46)$$

式中，σ 为应力；θ 为磁化方向和应力方向的夹角。

需要指出，应力能比磁弹性能大得多，在计算磁体总能量的过程中，式(8.46)经常要用到，对于张力(拉力)，σ 取正值；对于压力，σ 取负值。

四、畴壁与磁畴结构

铁磁性物质的基本特征是物质内部存在自发磁化与磁畴结构。磁畴理论已成为现代磁化理论的主要理论基础。

(一)磁畴形成的原因

铁磁体内有5种相互作用能：F_H、F_d、F_{ex}、F_k 和 F_σ，根据热力学平衡原理，稳定的磁状态其总自由能必定极小。产生磁畴也就是 M_s 平衡分布要满足此条件的结果。

若无外磁场与应力作用时，M_s 应分布在由 F_d、F_{ex} 和 F_k 三者所决定的总自由能极小的方向。F_{ex} 使磁体内自发磁化至饱和，而自发磁化的方向是由 F_k 决定的最易磁化方向。由此可见 F_{ex} 和 F_k 只是决定了磁畴内 M_s 矢量的大小以及磁畴在磁体内的分布取向，而不是形成磁畴的原因。由于铁磁体有一定的几何尺寸，M_s 的一致均匀分布必将导致表面磁极的出现而产生 H_d，从而使总能量增大，不再处于能量极小的状态，因此必须降低 F_d。只有改变其 M_s 矢量分布方向形成多磁畴才能使 F_d 降低，因此，F_d 才是使有限尺寸的磁体形成多畴结构的最根本原因。例如对一个单轴各向异性的钴单晶，图8.15(a)中整个晶体均匀磁化，退磁场能最大(如果设 $M_s \approx 10^3$ Gs，则退磁场能 $\approx 10^6$ erg/cm³)。从能量的观点出发，分为两个或4个平行反向的自发磁化的区域，如图8.15(b)、(c)所示，这可以大大减少退磁场能。如果分为 n 个区域(即 n 个磁畴)，能量约可减少 $1/n$，但是两个相邻磁畴间畴壁的存在又增加了一部分畴壁能。自发磁化区域(磁畴)的形成不可能是无限的，而是以畴壁能与退磁场能之和达到极小值为条件，形成图8.15(d)所示的封闭畴，进一步降低退磁能，但是，封闭畴中的磁化强度方向垂直单轴各向异性方向，这样将增加各向异性能。产生的磁畴决定了整个系统自由能最小。

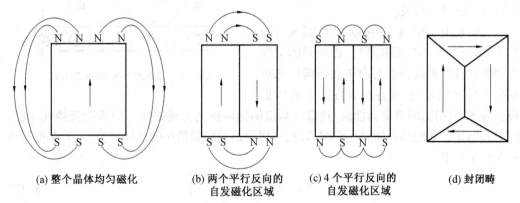

(a)整个晶体均匀磁化　　(b)两个平行反向的自发磁化区域　　(c)4个平行反向的自发磁化区域　　(d)封闭畴

图8.15　单轴晶体磁畴的形成

(二) 磁畴壁

1. 按畴壁两侧磁矩方向的差别分

(1) 磁体中每一个易磁化轴上有两个相反的易磁化方向,若相邻二磁畴的磁化方向恰好相反,则其之间的畴壁即为 180° 畴壁。

(2) 立方晶体中 $K_1 > 0$,易磁化方向相互垂直,相邻磁畴的磁化方向也可能垂直,这样的结构为 90° 畴壁;$K_1 < 0$,易磁化方向在 [111] 方向,两个这样的方向相交 109° 或 71°,此时,两个相邻磁畴的方向可能相差 109° 或 71°(与 90° 相差不远),这样的畴壁也称为 90° 畴壁。

2. 按畴壁中磁矩转向的方式分

(1) 布洛赫(Bloch) 壁(图 8.16)。

磁矩过渡方式始终保持平行于畴壁平面,其特点是在畴壁面上无自由磁极出现,故畴壁上不会产生 H_d,也能保持畴壁能密度 γ_ω(畴壁单位面积的能量) 极小,晶体上下表面却会出现磁极。对大块晶体材料而言,因尺寸大,表面 F_d 极小。

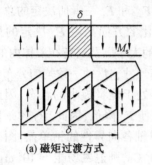

(a) 磁矩过渡方式

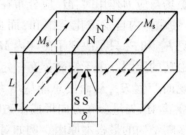

(b) 晶体表面磁极分布

图 8.16　布洛赫壁

(2) 奈尔(Neel) 壁(图 8.17)。

在很薄的材料中,畴壁中磁矩平行于薄膜表面逐渐过渡。其特点是畴壁两侧表面会出现磁极而产生退磁场,只有当奈尔壁厚度 $\delta \geq L$(薄膜厚度) 时,F_d 较小,故奈尔壁稳定程度与薄膜厚度有关。

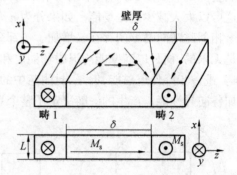

图 8.17　奈尔壁中磁矩过渡方式

由图 8.16 和图 8.17 可以看出,畴壁内的原子、原子磁矩不再相互平行,磁矩间的交换作用能就有所提高;同时,由于在磁畴内磁矩偏离了易磁化方向,磁各向异性能也有所提高。和磁畴内比,畴壁是高能区,这部分高出的能量称之为畴壁能。如果把交换作用能、应力各向异性和磁晶各向异性一起考虑,可以得出总能量最小时的畴壁能 γ_ω 和畴壁厚度 δ 的表达式,即

$$\gamma_\omega = 2\pi \sqrt{A_1 \left(K_1 + \frac{3}{2} \lambda_s \sigma \right)} \tag{8.47}$$

$$\delta = \pi \sqrt{\dfrac{A_1}{K_1 + \dfrac{3}{2}\lambda_s \sigma}} \tag{8.48}$$

式中, $A_1 = \dfrac{AS^2}{a}$, a 为点阵常数, S 为相邻原子间的自旋角动量。

(三) 磁畴结构

1. 均匀铁磁体的磁畴结构

完整的理想晶体称为均匀铁磁体,其内部磁畴结构通常表现为排列整齐且均匀分布于晶体内各个易磁化轴的方向上。

磁畴结构:片型畴、封闭畴(闭流畴)、表面畴。

(1) 片型畴。样品内的磁畴为片型,相邻两畴的 M_s 成 180°,如图 8.15(b)、(c) 所示。

(2) 封闭畴。样品端面上出现了三角形磁畴,封闭了主畴的两端,如图 8.15(d) 所示。

(3) 表面畴。为降低晶体表面总的退磁场能,将会在晶体表面出现各种各样的表面精细畴结构或附加次级畴。表面畴的形成与分布和晶体表面取向有关,故其形式较为复杂。

2. 非均匀铁磁体的磁畴结构

非均匀铁磁体的磁结构受材料内部存在的不均匀性分布及其引起的内部退磁场作用的影响,其主畴结构虽然与均匀体一样也与样品形状有关,但主要还是受不均匀性的影响。

(1) 掺杂与空隙(空穴) 对畴壁的影响。

可以通过计算图 8.18 和图 8.19 两种情况下产生退磁场能的大小来分析其稳定状态。很明显,两种情况下磁畴经过掺杂物或空隙的面积小于磁畴在掺杂物或空隙附近的面积,所以前者的退磁场能小于后者,亦即前者的能量处于更稳定的状态。要将畴壁从横跨掺杂物或空隙位置挪开必须外磁场做功,所以材料总掺杂物或空隙越多,畴壁磁化越困难,材料磁导率 μ 越低(比如铁氧体的 μ 很大程度上取决于内部结构的均匀性、掺杂物与空隙的多少)。

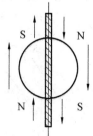
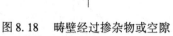
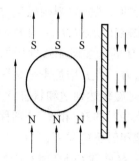

图 8.18　畴壁经过掺杂物或空隙　　　图 8.19　畴壁在掺杂物或空隙附近

(2) 多晶体的磁畴结构。

多晶体中,晶粒的方向是杂乱的,通常每一晶粒中有多个磁畴(也有一个磁畴跨越两个晶粒的),它们的大小与结构同晶粒的大小有关。在同一晶粒内,各磁畴的磁化方向有一定关系,但在不同晶粒之间由于易磁化轴方向的不同,磁畴的磁化方向就没有一定的关系。就整块材料而言,磁畴有各种方向,材料对外显示各向同性。

多晶体中磁畴结构的稳定状态是相邻晶粒中磁畴取向尽可能使晶界面上少出现自由磁荷,使退磁场能极小(图8.20)。由图可见,跨过晶粒边界时,磁化方向虽转了一个角度,磁力线大多仍是连续的,这样晶粒边界上出现的磁荷极少。

图 8.20　多晶中磁畴的分布

3. 单磁结构

有些材料是由很小的颗粒组成的。若颗粒足够小,整个颗粒可以在一个方向自发磁化到饱和,成为一个磁畴,这样的小颗粒称为单畴结构。对于不同的材料有不同的临界值,在临界值以上的颗粒出现多畴,在临界值以下的颗粒出现单畴。临界尺寸是单畴与其他畴结构的分界点。这个尺寸的能量既可按单畴结构计算,如图8.21(a)所示,也可按图8.21(b)、(c)之一来计算。只是在临界尺寸时,两种结构的能量应该相等,由此可推算出球形颗粒的临界半径。

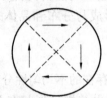

(a) 单畴结构　　　(b) 磁晶各向异性较强的立方晶体　　(c) 磁晶各向异性较强的单轴晶体

图 8.21　立方单晶铁磁体球状颗粒

单畴结构内无畴壁,不会有畴壁位移磁化过程,只有磁畴转动磁化过程。这样的材料其磁化与退磁均不容易,具有较低的磁导率与较高的 H_d,即永磁材料。

五、磁化曲线与磁滞回线

(一) 初始磁化曲线和磁滞回线

研究铁磁材料的磁化规律,一般是通过测量磁化场的磁场强度 H 与磁感应强度 B 之间的关系来进行的。铁磁材料的磁化过程非常复杂,B 与 H 之间的关系如图8.22所示。

当铁磁材料从未磁化状态($H=0$ 且 $B=0$)开始磁化时,B 随 H 的增加而非线性增加。当 H 增大到一定值 H_m 后,B 增加十分缓慢或基本不再增加,这时磁化达到饱和状态,称为磁饱和。达到磁饱和时的 H_m 和 B_m 分别称为饱和磁场强度和饱和磁感应强度(对应图8.22中的 Q 点)。$B-H$ 曲线 $OabQ$ 称为初始磁化曲线。当 H 从 Q 点减小时,B 也随之减小,但不沿原曲线返回,而是沿另一曲线 QQ' 下

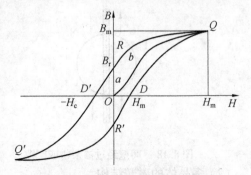

图 8.22　初始磁化曲线和磁滞回线

降。当 H 逐步较小至 Q 时,B 不为0,而是 B_r,说明铁磁材料中仍然保留一定的磁性,这种现象称为磁滞效应。B_r 称为剩余磁感应强度,简称剩磁。要消除剩磁,必须加一反向的磁场,直到反向磁场强度 $H=-H_c$,B 才恢复为0,H_c 称为矫顽力。继续反向增加 H,曲线达到反向饱和(Q' 点),对应的饱和磁场强度为 $-H_m$,饱和磁感应强度为 $-B_m$。再正向增大 H,曲线经过 D 点回到起点 Q。从铁磁材料的磁化过程可知,当磁化场 H 按 $H_m \to 0 \to -H_c \to -H_m \to 0 \to H_c \to H_m$ 依次变化时,B 所经历的相应变化依次为 $B_m \to B_r \to 0 \to -B_m \to -B_r \to 0 \to B_m$,这一过程形成的闭合 $B-H$ 曲线称为磁滞回线。采用直流励磁电流产生磁化场对材料样品反复磁化测出的磁滞回线称为静态(直流)磁滞回线;采用交变励磁电流产生磁化场对材料样品反复磁化测出的磁滞回线称为动态(交流)磁滞回线。

不同的铁磁材料具有不同形状的磁滞回线,按矫顽力的大小,铁磁材料可分为以下几种。

(1)软磁材料。

μ_r 大,易磁化、易退磁(起始磁化率大),饱和磁感应强度大,矫顽力(H_c)小,磁滞回线的面积窄而长,损耗小,如图8.23(a)所示,如纯铁、硅钢、坡莫合金(Fe、Ni)和铁氧体等,适用于继电器、电机以及各种高频电磁元件的磁芯、磁棒。矫顽磁力很小,适合于做变压器、电动机中的铁芯等。

(2)硬磁材料。

矫顽力(H_c)大(大于 10^2 A/m),剩磁 B_r 大,磁滞回线的面积大,损耗大,如图8.23(b)所示,如钨钢、碳钢、铝镍钴合金等。磁滞回线宽,磁化后可长久保持很强的磁性,适于制成磁电式电表中的永磁铁、耳机中的永久磁铁、永磁扬声器等,用在电表、收音机、扬声器中,矫顽磁力很大,常用作永磁体。

(3)矩磁材料。

它的磁滞回线接近于矩形,H_c 不大,如图8.23(c)所示,如锰镁铁氧体、锂锰铁氧体等。磁滞回线呈矩形,两个方向上的剩磁可用于表示计算机二进制的“0”和“1”,故适合于制成“记忆”元件。

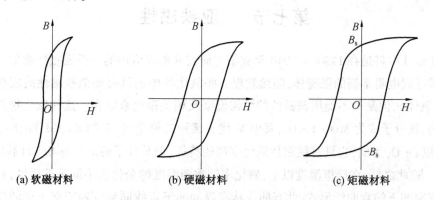

(a)软磁材料　　　　　(b)硬磁材料　　　　　(c)矩磁材料

图8.23　不同铁磁材料的磁滞回线形状

(二) $\mu-H$ 曲线

对同一铁磁材料,选择不同的磁场强度进行反复磁化,可得到一系列大小不同的磁滞回线,将各磁滞回线的顶点连接起来所得的曲线称为基本磁化曲线,如图8.24所示。

根据基本磁化曲线可以近似确定铁磁材料的磁导率 μ。从基本磁化曲线上一点到原点段 O 连线的斜率定义为该磁化状态下的磁导率 $\mu = \dfrac{B}{H}$。由于磁化曲线不是线性的，当 H 由 0 开始增加时，μ 也逐步增加，然后达到一最大值。当 H 再增加时，由于磁感应强度达到饱和，μ 开始急剧减小。μ 随 H 的变化曲线如图 8.25 所示。磁导率 μ 非常高是铁磁材料的主要特性，也是铁磁材料用途广泛的主要原因之一。

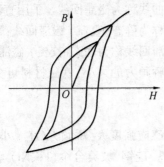
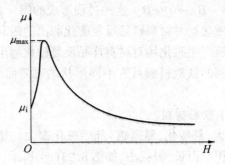

图 8.24　　基本磁化曲线　　　　　　　　　图 8.25　μ 与 H 的关系曲线

（三）磁滞损耗

当铁磁材料沿着磁滞回线经历磁化 → 去磁 → 反向磁化 → 反向去磁的循环过程时，由于磁滞效应要消耗额外的能量，并且以热量的形式耗散掉，这部分因磁滞效应而消耗的能量称为磁滞损耗。一个循环过程中单位体积磁性材料的磁滞损耗正比于磁滞回线所围的面积。在交流电路中磁滞损耗是十分有害的，必须尽量减小。要减小磁滞损耗就应选择磁滞回线狭长、包围面积小的铁磁材料。工程上把磁滞回线细而窄、矫顽力很小[$H_c = 1 \text{ A/m}(10^{-2} \text{ Oe})$]的铁磁材料称为软磁材料；把磁滞回线宽、矫顽力很大[$H_c = 10^4 \sim 10^6 \text{ A/m}(10^2 \sim 10^4 \text{ Oe})$]的铁磁材料称为硬磁材料。

第七节　　亚铁磁性

亚铁磁性材料是在 1930 ~ 1940 年被集中研究并加以应用的一类强磁性物质。科研人员为了寻找电阻率高的强磁体，陆续发现一些氧化物中也具有类似铁磁性的宏观表现（通称铁氧体），但是却不能用铁磁性的结构模型及相关理论来解释。这些氧化物具有尖晶石结构，其分子式为 $MO \cdot Fe_2O_3$，其中 M 代表某种二价金属，例如 Zn、Cd、Fe、Ni、Co 和 Mn 等。以 Fe_3O_4 为例，它具有铁磁性磁化率高的特征，但其分子磁矩只有 $4\mu_B$ 而不是预期的 $14\mu_B$。除此之外，在居里温度以上，磁化率倒数随温度的变化也不同于铁磁性，具有沿温度轴方向凹下的双曲线形式，此双曲线从高温起的渐近线同温度轴相交于负的绝对温度值。

一、亚铁磁性的基本特征

亚铁磁性物质在宏观磁性上 $\chi > 0$，χ 的数值为 $1 \sim 10^3$。如果两组或多组次晶格的离子磁矩反平行排列,但因离子磁矩的大小不同或磁矩反向的离子数目不同而未能使两者完全抵消,其余磁矩便不为零,因而存在着自发磁化,奈尔称这种磁性为亚铁磁性。从微观磁结构上看,亚铁磁性类似于反铁磁性。从宏观磁性上看,亚铁磁性又类似于铁磁性,表现为:①$\chi > 0$,并且χ的数值较大;②χ是H和T的函数并与磁化历史有关;③存在临界温度——居里温度(T_C),当$T < T_C$时为亚铁磁性,当$T > T_C$时为顺磁性。各种类型的铁氧体材料均属于亚铁磁性物质,其中常见的有以下几种。

(1) 尖晶石型铁氧体,如Fe_3O_4、$NiFe_2O_4$等。

(2) 磁铅石型铁氧体,如$BaFe_{12}O_{19}$、$SrFe_{12}O_{19}$等。

(3) 石榴石型铁氧体,如$Y_3Fe_5O_{12}$、$Sm_3Fe_5O_{12}$等。

(4) 钙钛石型铁氧体,如$LaFeO_3$等。

二、尖晶石铁氧体的晶体结构

下面以尖晶石$MgAl_2O_4$来分析尖晶石铁氧体的晶体结构。

图8.26所示为尖晶石$MgAl_2O_4$的晶体结构,它属于立方晶系。一个晶胞中含有8个$MgAl_2O_4$分子,共含有32个氧离子O^{2-},16个铝离子Al^{3+},8个镁离子Mg^{2+}。

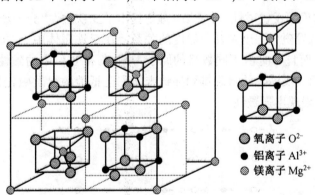

　　　　　　　　　　　　　　　　　　　　○ 氧离子 O^{2-}
　　　　　　　　　　　　　　　　　　　　● 铝离子 Al^{3+}
　　　　　　　　　　　　　　　　　　　　◎ 镁离子 Mg^{2+}

图8.26　$MgAl_2O_4$的晶体结构

尖晶石中的原子分布:一个晶胞可以分成两组8个小单位,相间排列,图8.27更清楚地表现出尖晶石中存在着两种不同的阳原子位置,32个氧离子构成的64个四面体间隙(A位) 和32个八面体间隙(B位)。

$MgAl_2O_4$尖晶石中,Mg^{2+}和Al^{3+}分别占据四面体和八面体的位置,这种金属离子的分布一般可表示为$(Mg)[Al_2]O_4$,式中圆括号表示A位,方括号表示B位,这种分布形式称为正尖晶石结构。还有一种形式就是,如果用D表示一个 + 2价的金属离子,T表示一个 + 3价的金属离子,则有表达式:$(T)[DT]O_4$,这种分布形式称为反尖晶石结构。例如Fe_3O_4的分布是2 + 铁离子占据了B位。

一般来说,正尖晶石结构的铁氧体不具有亚铁磁性。很多铁氧体是具有反尖晶石结构的磁性氧化物,其化学式可以表示为$MO \cdot Fe_2O_3$,其中M代表二价阳离子,一般是Zn、Cd、Fe、Ni、Cu、Co、Mg等,例如$CoFe_2O_4$、$NiFe_2O_4$、$CuFe_2O_4$等。

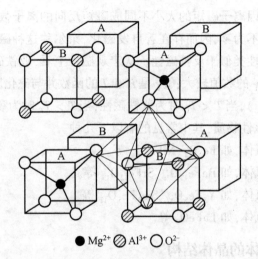

● Mg^{2+}　⊘ Al^{3+}　○ O^{2-}

图 8.27　尖晶石铁氧体的晶体结构中的四面体和八面体

（只画出前面 4 个单位的原子位置）

三、奈尔亚铁磁性"分子场"理论

1948 年,奈尔根据反铁磁性"分子场"理论提出了亚铁磁性"分子场"理论,用来分析尖晶石铁氧体的自发磁化强度及其与温度的关系。在亚铁磁体中,A 和 B 次晶格由不同的磁性原子占据,而且有时由不同数目的原子占据,A 和 B 位中的磁性原子呈反平行耦合,如图 8.28 所示。反铁磁的自旋排列导致未能完全抵消的自发磁化强度,这个自发的磁化强度相当大,表现出强磁性。

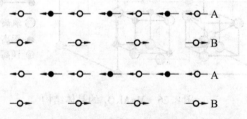

图 8.28　亚铁磁体的自旋结构

从铁氧体晶格分析可以看出,相邻金属离子间距离较大,直接的交互作用较小。相邻原子间通过氧这一非磁性中间离子产生了间接的相互作用,或者说是超交互作用。

把"分子场"理论推广到两套不等价的次晶格,由于结构不等价而存在以下 4 种不同的分子场。

（1）$H_{ab} = \gamma_{AB}M_b$,H_{ab} 为 B 位离子作用在 A 位离子上的"分子场",M_b 为 B 位上 1 g 分子磁性离子具有的磁矩,γ_{AB} 为 B – A 作用"分子场"系数,它只表示大小而不计入方向（以下的"分子场"系数都只表示数值）。

（2）$H_{bb} = \gamma_{BB}M_b$（γ_{BB} 为 B – B"分子场"系数）。

（3）$H_{aa} = \gamma_{AA}M_a$（γ_{AA} 为 A – A"分子场"系数,M_a 为 A 位上 1 g 分子磁性离子具有的磁矩）。

（4）$H_{ba} = \gamma_{BA}M_a$（γ_{BA} 为 A – B"分子场"系数）。

由于大多数情况下,A 和 B 位离子磁矩是反平行的,A 和 B 位的"分子场"可表示为

$$\begin{cases} H_a = H + \gamma_{AA} M_a - \gamma_{AB} M_b \\ H_b = H + \gamma_{BB} M_b - \gamma_{AB} M_a \end{cases} \tag{8.49}$$

令

$$\begin{cases} \alpha = \dfrac{\gamma_{AA}}{\gamma_{AB}} \\ \beta = \dfrac{\gamma_{BB}}{\gamma_{AB}} \end{cases} \tag{8.50}$$

则"分子场"可写成

$$\begin{cases} H_a = H + \gamma_{AB}(\alpha\lambda M_a - \mu M_b) \\ H_b = H + \gamma_{AB}(\beta\mu M_b - \lambda M_a) \end{cases} \tag{8.51}$$

式中,λ 和 μ 分别为 A 位和 B 位磁性离子的比例,$\lambda + \mu = 1$。式(8.51)对于 $T < T_C$ 和 $T > T_C$ 都适用。

(一) 温度高于居里温度 $T > T_C$

在温度高于居里温度时,$\alpha \leqslant 1$,布里渊函数展开成级数,并取第一项

$$B(\alpha) = \frac{J+1}{3J}\alpha \tag{8.52}$$

由此,式(8.51)变形为

$$\begin{cases} H_a = \dfrac{Ng^2 J(J+1)\mu_B^2}{3k_B T} H_a = \dfrac{C}{T}H_a = \dfrac{C}{T}[H + \gamma_{AB}(\alpha\lambda M_a - \mu M_b)] \\ H_b = \dfrac{Ng^2 J(J+1)\mu_B^2}{3k_B T} H_b = \dfrac{C}{T}H_b = \dfrac{C}{T}[H + \gamma_{AB}(\beta\mu M_b - \lambda M_a)] \end{cases} \tag{8.53}$$

式中,C 为居里常数,$C = \dfrac{Ng^2 J(J+1)\mu_B}{3k_B T}$。

当角量子数 J 用被自旋量子数 S 代替时,总磁化强度 M_H 可以用下式表达:

$$M_H = \lambda M_a + \mu M_b \tag{8.54}$$

因此,磁化率 χ 的表达式为

$$\chi_m = \frac{M}{H} = \lambda\frac{M_a}{H} + \mu\frac{M_b}{H} \tag{8.55}$$

通过运算,可以得到高于居里温度下亚铁磁性磁化率

$$\frac{1}{\chi_m} = \frac{T}{C} + \frac{1}{\chi_0} - \frac{\xi}{T - \Theta} \tag{8.56}$$

式中

$$\frac{1}{\chi_0} = C\gamma_{AB}(2\lambda\mu - a\lambda^2 - \beta\mu^2)$$

$$\Theta = C\gamma_{AB}\lambda\mu(2 + \alpha + \beta)$$

$$\xi = C\gamma_{AB}^2 \lambda\mu[\lambda(\alpha+1) - \mu(\beta+1)]^2$$

式(8.56)是一个双曲函数,如图8.29所示,其渐近线是 $\dfrac{1}{\chi_m} = \dfrac{T}{C} + \dfrac{1}{x_0}$ 它与温度轴的交

点在 $\Theta'_p = -\dfrac{C}{x_0}$ 处,当在高温时,式(8.56)中的最后一项可以忽略,该式还原成居里 – 外斯定律,即

$$\chi_m = \frac{C}{T - \Theta'_p} \tag{8.57}$$

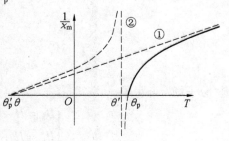

从图 8.29 中可以看出明显的弯曲形式,在顺磁性居里温度(或亚铁磁性居里温度)Θ'_p,$\dfrac{1}{\chi_m} = 0$,说明温度由高温降至 Θ_p 后出现自发磁化,这也反映了与铁磁性的不同。由此,奈尔明确指出这是一类不同于铁磁性的另一类新磁性,命名为亚铁磁性,或者说 T 高于某临界值时亚铁磁性转变为顺磁性。$\dfrac{1}{\chi_m} - T$ 之间的关系除在居里点附近以外,亚铁磁性物质的实验结果与理论基本相符。

图 8.29　$\dfrac{1}{\chi_m} - T$ 曲线

(二)温度低于居里温度 $T < T_C$

根据奈尔"分子场"理论,亚铁磁性区域内,A、B 次晶格相互作用是主要的,在 0 K 时,A、B 位上所有的离子磁矩 $\boldsymbol{M}_a$ 与 $\boldsymbol{M}_b$ 分别各自平行,但 $\boldsymbol{M}_a$ 与 $\boldsymbol{M}_b$ 方向相反,数量不等。

$$M = |\boldsymbol{M}_a| - |\boldsymbol{M}_b|$$

考虑到自发极化强度是在外场为零时的结果,亦即将式(8.52)代入式(8.30)和式(8.31),就可以得到 A 位和 B 位两个次晶格的自发磁化强度,即

$$M_{sa} = NgJ\mu_B B_J(\alpha) = M_0 B_J(\alpha_A) \tag{8.58}$$

$$M_{sb} = NgJ\mu_B B_J(\alpha) = M_0 B_J(\alpha_B) \tag{8.59}$$

$$\alpha_A = \frac{gJ\mu_B \gamma_{AB}(\alpha\lambda M_a - \mu M_b)}{k_B T} \tag{8.60}$$

$$\alpha_B = \frac{gJ\mu_B \gamma_{AB}(\beta\mu M_b - \lambda M_a)}{k_B T} \tag{8.61}$$

低于居里温度的自发磁化情况与铁磁性情况相类似,可以通过作图法求出两个方程一般的求解结果,如图 8.30 所示。

通过求解过程和求解结果可以得出以下结论。

(1)两个次晶格有相同的居里点,即图 8.30 中的 Θ_p。

(2)$M_s - T$ 曲线的类型与 γ_{AA}、γ_{BB}、λ 和 μ 有关。

(3)亚铁磁性呈现与铁磁性相似的宏观磁性,但其自发磁化强度低。

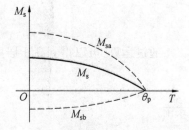

图 8.30　低于居里温度时的自发极化强度随温度变化特性

第八节　磁性材料的应用

一、磁性位移传感器

位移传感器由两部分组成:一部分是套有活动磁铁的测量杆;另一部分是位于测量杆上的测量电路。磁致伸缩位移传感器主要包括以下几部分:波导丝、保护管套、移动磁铁、电路板。测量管是整个传感器的核心部分,这一部分又包括偏置磁铁、波导丝、保护管套、末端衰减阻尼装置、非接触磁环和转换器输出等。

磁致伸缩位移传感器的敏感元件是利用某些铁磁性物质(如 Fe 和 Ni)在磁场作用下具有伸缩能力的特性设计而成的。通常铁镍合金的磁致伸缩效果是非常微弱的,铁镍合金磁致伸缩系数约为 30,在其中掺杂稀土元素可使磁致伸缩效果有效提升。敏感元件的研制是开发传感器的关键所在。

磁致伸缩位移传感器基本结构由信号检测系统、波导管、磁致伸缩导丝以及内含磁铁的浮子组成。

工作时,传感头中的脉冲发生器首先在磁致伸缩波导丝上施加一个电脉冲信号,根据电磁场理论,此电脉冲同时伴随一个环形磁场以光速沿磁致伸缩波导丝向下传递。当该环形磁场遇到浮子中磁铁产生的纵向磁场时,将与之进行矢量叠加,形成一个螺旋形的磁场。当磁致伸缩材料所处的磁场发生变化时,磁致伸缩材料本身的物理尺寸也会跟着发生变化。因此当合成磁场发生变化形成螺旋形磁场时,磁致伸缩波导丝会产生伸缩变形,而沿螺旋形磁场的伸缩将导致波导丝产生扭曲形变,从而激发扭转波。该扭转波导丝以超声波的形式回传到信号检测系统中的感应线圈时,将转换成横向应力。根据发射脉冲与回波信号的时间差计算活动磁铁的位置,就可得到目标位置的位移量。

二、磁光调制器

磁光调制器利用偏振光通过磁光介质发生偏振面旋转来调制光束。磁光调制器有广泛的应用,可作为红外检测器的斩波器,可制成红外辐射高温计和高灵敏度偏振计,还可用于显示电视信号的传输、测距装置以及各种光学检测和传输系统。

磁光调制器的原理如图 8.31 所示,在没有调制信号时磁光材料中无外场,输出的光强随起偏器与检偏器光轴之间的夹角 α 变化。在磁光材料外的磁化线圈加上调制的交流信号时,由此而产生的交变磁场使光的振动面发生交变旋转。由于法拉第效应,信号电流使光振动面的旋转转化成光的强度调制,出射光以强度变化的形式携带调制信息。调制

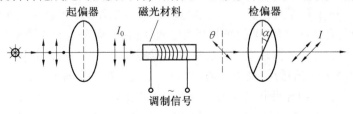

图 8.31　磁光调制器原理图

信号,如转变成电信号的声音信号,经磁光调制,声信息便载于光束上,光束沿光导纤维传到远处,再经光电转换器,把光强变化转变为电信号,再经电声转换器(如扬声器)还原成声信号。

三、压磁式压力传感器

目前的压力传感器主要有电阻应变式压力传感器和压电式压力传感器。对压磁式压力传感器的研究和开发较少。但压磁式压力传感器与上述两种压力传感器相比具有输出功率大、抗干扰能力强、寿命长、维护方便、适应恶劣工作环境等优点,特别是寿命长、运行条件要求低的优点,与一般传感器相比显得更为突出。在工业领域的自动化控制系统中,压磁式压力传感器有着良好的应用前景。对于压磁式压力传感器,为了保证传感器具有长期稳定性和良好的重复性,必须具有合理的机械结构,图 8.32 所示为一种典型的压磁式压力传感器的结构图。

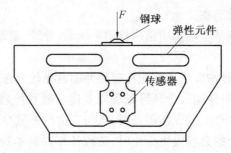

图 8.32　压磁式压力传感器的结构图

压磁元件是由磁性材料构成产生压磁效应的元件,目前主要采用正磁致伸缩特性的硅钢片粘叠而成。

弹性元件由弹簧钢制成,弹性体两边的形状使力垂直作用于压磁元件上,并且要求弹性体与压磁元件的接触面有一定的平面度和表面粗糙度,同时保证给压磁元件施加一定的预压力。这样弹性体基本不承力,从而保证在长期使用过程中压磁元件的受力点作用位置不变。钢球用来保证被测力能垂直集中的作用于传感器上并具有良好的复现性。

[小历史]

磁悬浮列车是利用磁学性质中磁－力和电－磁效应制造出的高科技交通工具。排斥力使列车悬起来,吸引力让列车开动。磁悬浮列车车厢上装有超导磁铁,铁路底部安装线圈。通电后,地面线圈产生的磁场极性与车厢的电磁体极性总保持相同,两者"同性相斥"。排斥力使列车悬浮起来,常规机车的动力来自机车头,磁悬浮列车的动力来自轨道。轨道两侧装有线圈,交流电使线圈变为电磁体,它与列车上的磁铁相互作用。列车行驶时,车头的磁铁(N 极)被轨道上靠前一点的电磁体(S 极)所吸引,同时被轨道上稍后一点的电磁体(N 极)所排斥,结果是前面"拉",后面"推",使列车前进。

磁悬浮列车分为超导型和常导型两大类。简单地说,从内部技术而言,两者在系统上存在着是利用磁斥力,还是利用磁吸力的区别。从外部表象而言,两者存在着速率上的区别:超导型磁悬浮列车最高时速可达 500 km 以上(高速轮轨列车的最高时速一般为

300 ～ 350 km），在 1 000 ～ 1 500 km 的距离内堪与航空竞争；而常导型磁悬浮列车时速为400 ～ 500 km，它的中低速则比较适合于城市间的长距离快速运输。

［小启发］

非晶态合金是指内部原子排列不存在长程有序的金属和合金，也称为金属玻璃或玻璃态合金。非晶态磁性合金指的是原子呈无长程有序排布并具有优异磁特性的合金。

所谓非晶态是相对于晶态而言的，在晶体材料中，当磁晶各向异性常数 K 和磁致伸缩系数 λ 同时趋近于零时，能得到非常大的磁导率。在非晶态合金材料中，不存在磁晶各向异性的问题，因此，只要把材料的磁致伸缩系数做到零，就可以得到高磁导率的材料。这样，只要找到那些磁致伸缩系数 λ 接近零的成分就可以获得优良的磁特性，确切地说是软磁特性。

非晶态磁性合金的关键技术是制备工艺。液态金属中的原子处于无序状态，只要将此无序状态保存到固体状态，就可获得非晶态合金。在制备时，为防止合金的有序化过程发生，往往在合金中加入能阻止晶化的元素，通常加入类金属元素 B、Si、C、P 等，其质量分数在 0.2 左右。

非晶态磁性合金有如下特性。

（1）磁导率和矫顽力与铁镍合金基本相同，在某些情况下，其中一些指标优于铁镍合金。

（2）电阻率比一般软磁合金材料大。

（3）磁致伸缩特性好。

（4）具有良好的抗腐蚀特性，机械抗拉强度好，韧性好。

（5）容易得到比铁镍合金还要薄的薄膜。

非晶态磁性合金的问题是温度对磁的不稳定性影响比较大，高磁导率性能只是停留在铁镍合金的水平上，饱和磁感应强度比硅钢低等。

在技术上得到重要应用的非晶态磁性合金主要有过渡金属与类金属合金、稀土元素与过渡金属合金及过渡金属与过渡金属合金 3 类。

稀土元素与过渡族合金主要由稀土元素 Gd、Tb、Dy 和 Co、Fe、Ni 等过渡金属所组成。这类材料室温下呈现亚铁磁性，应用时多以薄膜形式出现。

过渡金属与过渡金属合金是指 Fe – Zr、Co – Zr 等二元合金。这类材料磁性较弱，但添加 B 等元素后，可以扩展非晶态的形成范围，而且呈现强铁磁性。

非晶态磁性合金的一个很重要的特征值是饱和磁致伸缩系数。所谓磁致伸缩就是磁性材料磁化日发生线度的变化。饱和磁致伸缩系数是该变化程度的量度。一般来说饱和磁致伸缩系数越小，非晶态合金的磁性能越好。例如对过渡金属与类金属合金而言，铁基非晶态合金的饱和磁致伸缩系数值都较高，而且为正值。用镍置换铁后，饱和磁致伸缩系数值下降。钴基非晶态合金的饱和磁致伸缩系数值为负值，通过添加 Fe、Mn、Ti、Cr 等可以达到零值。但合金成分、饱和磁感应强度、居里温度和饱和磁致伸缩系数之间有着密切关系。如过多的镍置换铁基非晶态合金中的铁后，由于镍含量较高，居里温度和饱和磁致伸缩系数下降过多，因此材料失去磁性质。

非晶态磁性合金的应用,目前在国内外都有较快的进展。根据非晶态磁性合金磁性能的不同,其可以广泛应用于电力供应、磁芯、电感元件、传感器、磁屏蔽等诸多方面。例如用非晶态合金制作的电机可使铁芯损耗降低 90% 左右;用非晶态合金制作的开关电源,其质量和体积可大大减小。

[小研究]

压磁效应是力学变形和磁性状态之间存在的机械能和磁能之间的转换效应,其逆效应称为磁致伸缩效应,具有此种效应的材料称为压磁材料和磁致伸缩材料,这类似于压电材料或电致伸缩材料。磁致伸缩效应早在19世纪30年代就被发现了,随着磁学研究和高技术的进展,压磁材料的种类和应用也有了很大的发展,利用压磁材料的磁致伸缩效应、磁致弹性模量变化效应、温度变化引起的热膨胀效应和弹性模量变化效应可分别制成热膨胀系数接近于零的不胀型材料和恒弹性材料。

压磁材料的主要特征值如下。

(1) 饱和磁致伸缩系数。饱和磁致伸缩系数指的是磁场强度加到一定数值后,材料不再继续伸长或缩短时的伸缩比。

(2) 灵敏度常数。灵敏度常数指的是在恒定压力下单位磁场产生的磁致伸缩,或在恒定磁场作用下,单位应力产生的磁感应强度的变化。

(3) 压磁耦合系数。通常压磁耦合系数的平方表示能够转换为机械能的磁能与材料总能量之比。

[习题]

8.1　物质宏观磁性如何分类?如何从磁化率数值及其和温度关系上来区分物质磁性的类别?

8.2　自发磁化的物理本质是什么?物质具备铁磁性需要满足什么条件?

8.3　铁磁性物质的基本特征有哪些?

8.4　外斯分子场理论的核心是什么?

8.5　铁磁性物质自发磁化强度和温度之间的关系如何?

8.6　磁化曲线在其磁化过程中可以分为几个阶段?

8.7　绘出磁滞回线,图中包括哪些特殊点?并说明其含义。

8.8　描述布洛赫(Bloch)型畴壁和奈尔(Neel)型畴壁的各自特点。

8.9　单畴粒子临界尺寸如何估算?

8.10　磁化状态下磁体中的能量有哪些?写出外磁场作用能 E 和退磁能。

8.11　说明压磁传感器的工作原理。

第九章　　非晶态物理

第一节　　非晶态物理概述

自然界中物质的存在状态一般可以分为固态、液态、气态三种形式。从组成物质的原子角度又可以分为有序结构和无序结构两大类。晶体是有序结构的典型代表,而液体、气体和非晶态固体则属于无序结构。固体材料就存在着晶态和非晶态两种不同的物理状态。

非晶态固体与晶体相比有两个最基本的区别:其一,非晶态固体中原子的取向和位置不具有长程有序而具有短程有序;其二,非晶态固体属于热力学亚稳态。

非晶态固体中,由于原子间的相互关联作用,在 $1 \sim 2$ nm 范围内,原子分布有一定的配位关系,原子间距离和成键的键角等都有一定的特征,即保持着某些有序的特征,存在短程有序。正因为具有短程有序,非晶态固体具有许多与相同组成的晶态固体相似的物理、化学性质,但又由于不具有晶体结构的周期性而显示出其特有的优异性能。

非晶态固体形成后在热力学上属于亚稳态,亚稳相容易在外界条件(如加热)影响下发生微观结构的各种变化,如相分离、结构弛豫和非晶态晶化等。这些结构上的变化必然导致性能的改变。例如,非晶态的结构弛豫过程以及由亚稳态向晶态的转化都会影响材料的稳定性和使用寿命。对任何有应用价值的非晶态材料,都必须研究其稳定性。

非晶态固体与晶体也有着内在联系。从结构上看,非晶态固体具有短程有序,这种短程有序一般与晶体中的短程结构相似。在非晶态固体的形成过程中,可以看作是成核率很小、晶体生长速率极慢的过程,因此,晶体生长的理论可直接用于对非晶态固体形成和晶化的研究。从性能上看,非晶态固体具有许多与相同组成的晶体相似的物理、化学性质。

通过连续的转变,可以从气态或液态获得非晶态固体。例如,一般氧化物玻璃可以从其熔体中以较低的冷却速率($10^{-4} \sim 10^{-1}$ K/s)冷却形成;金属玻璃则是从其熔体中以极高的冷却速率($\geq 10^6$ K/s)淬冷形成;利用激光玻璃化技术制备非晶态固体,其冷却速率高达 $10^{10} \sim 10^{12}$ K/s;通常的非晶硅是用气相沉积的方法来制备的;溶液反应经过前驱体结构(例如凝胶)也能用来制造玻璃等。

非晶态固体(无定型材料、玻璃、非晶态半导体、非晶态金属、非晶态高分子等)在科学研究、现代技术和工业中起着越来越重要的作用。传统的普通玻璃是当代经济建设中不可缺少的材料,在建筑、运输、照明、环境调节等方面被广泛应用。除此之外,还有大量的玻璃、无定型材料等非晶态材料已进入尖端的应用领域,如光学、微电子学、光电子学、生物技术、光纤通信等。

非晶态固体的种类很多,一般可以分为如下三类:① 氧化物和非氧化物玻璃;② 普通低分子非晶态固体,它以非晶态半导体和非晶态金属为主;③非晶态高分子聚合物。

非晶态物理所涉及的问题和领域十分广泛,本章简要介绍其中的一些物理基础内容,包括所涉及的准晶、液晶和非晶态的结构,非晶态固体的形成,非晶态材料的研究现状等。

第二节　　准晶、液晶和非晶态的结构

一、准晶

准晶和超导体曾经一起被列为 20 世纪 80 年代凝聚态物理的两大进展,经过近 30 年的研究,人们已经基本了解了该材料的结构、制备方法和相关性能,初步认识到其具有很好的应用潜力,如法国学者研制出准晶不粘锅,近期的研究成果又揭示出准晶作为隔热、储氢和吸收太阳能材料的前景。关于准晶制备,除了急冷外,目前还开展了用真空镀膜、离子注入、激光处理、电子轰击、电镀等方法制备准晶膜的研究。

1984 年中科院沈阳金属研究所郭可信院士领导的研究小组在 $Ti_2(Ni,V)$ 急冷合金中就发现了二十面体准晶,这是首例非 Al 基准晶相。随后,又发现了一系列新准晶种类,如 Ti_2Fe 二十面体准晶、硅化物准晶等。

(一) 准晶的结构

准晶是具有准周期平移格子构造的固体,其中的原子常呈定向有序排列,但不做周期性平移重复,其对称要素包含于晶体空间格子不相容的对称。准晶的结构既不同于晶体,也不同于非晶态。准晶结构有多种形式,就目前所知可分成下列几种类型。

(1) 一维准晶,这类准晶常发生于二十面体相或十面体相与结晶相之间发生相互转变的中间状态,故属亚稳态。

(2) 二维准晶,它们是由准周期有序的原子层周期地堆垛而构成的,将准晶态和晶态的结构特征结合在一起。

(3) 二十面体准晶,可分为 A 和 B 两类。A 类以含有 54 个原子的二十面体作为结构单元;B 类则以含有 137 个原子的多面体作为结构单元。A 类二十面体多数是铝 —— 过渡族元素化合物,而 B 类极少含有过渡族元素。

准晶态合金的研究较多,其制备原理为:从凝固速率与准晶形成的关系来看,由于准晶是一种亚稳相,所以必须在冷却速率大于一定的临界速率时才有可能形成准晶。同时准晶的形成与非晶的凝固不同,需要经历形核和长大过程,而这都是受原子的扩散控制的,所以当凝固冷速过高时将来不及形成而凝固成非晶。准晶形成时的凝固冷却速率应该足够大,以便抑制静态相的形成或者避免已经凝固形成的准晶在冷却过程中再转变成晶相,同时准晶形成时的冷却速率又应该足够小,以便准晶来得及从熔体中形核和长大。

(二) 准晶的形成

准晶的形成过程包括形核和生长两个过程,故采用快冷法时其冷速要适当控制,冷速过慢则不能抑制结晶过程而会形成结晶相;冷速过快则准晶的形核生长也被抑制而形成非晶态。此外,其形成条件还与合金成分、晶体结构类型等多种因素有关,并非所有的合金都能形成准晶,这方面的规律还有待进一步探索和掌握。

(三) 准晶的性能

到目前为止,人们尚难以制成大块的准晶态材料,最大的也只是几个毫米直径,故对准晶的研究多集中在其结构方面,对性能的研究测试很少报道。但从已获得的准晶都很脆的特点来看,作为结构材料使用尚无前景。

准晶的密度低于其晶态时的密度,这是由于其原子排列的规则性不及晶态严密,但其密度高于非晶态,说明其准周期性排列仍是较密集的。准晶的比热容比晶态大,准晶合金的电阻率高而电阻温度系数很小,其电阻随温度的变化规律也各不相同。

二、液晶

在数字石英表、小型计算器、手机、电视、电脑、MP3、MP4 等的显示上,大家都看到了液晶显示屏。那么,什么是液晶呢? 简言之,液晶是液态的晶体。也就是说,物质的液晶态是介于三维有序晶态与无序晶态之间的一种中间态。在热力学上是稳定的,它既具有液体的易流动性,又具有晶体的双折射等各向异性的特征。处于液晶态的物质,其分子排列存在位置上的无序性,但在取向上仍有一维或二维的长程有序性,因此液晶又可称为"位置无序晶体"或"取向有序液体"。液晶材料都是有机化合物,有小分子也有高分子,其数量已近万种,通常将其分为两大类:热致液晶和溶致液晶。热致液晶只在一定温度范围内呈现液晶态,即这种物质的晶体在加热熔化形成各向同性的液体之前形成液晶相。热致液晶又有许多类型,主要有向列型、近晶型和胆甾型(图 9.1)。

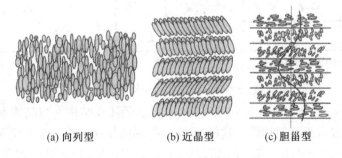

(a) 向列型　　　　　(b) 近晶型　　　　　(c) 胆甾型

图 9.1　3 种典型液晶结构示意图

向列型液晶也称丝状液晶,其分子是刚性棒状,这种棒状分子沿同一方向取向,但各分子重心的分布无长程有序性。

近晶型液晶也称层状液晶,其分子也为刚性棒状,其分子排列除了取向有序外,还有由分子重心组成的层状结构,分子是二维有序排列。由于层内分子的排布不同还可分为A、B、C 等若干种,其中 A 型为各层分子的取向方向与层面垂直;B 型中有些分子在各层中呈六角形排布;C 型中分子的轴向与每一层的法线方向之间有一定的倾斜等。

胆甾型液晶具有扭转分子层结构。在每一分子平面上分子以向列型方向排列,有取向有序而无位置有序,而各分子层又按周期扭转或螺旋的方式上下重叠在一起,使相邻各层分子取向方向之间形成一定的夹角。

液晶是一种只有在溶于某种溶剂时才呈现液晶态的物质。液晶最显著的特征是其结构及性质的各向异性,并且其结构会随外场(电、磁、热、力等) 的变化而变化,从而导致其各向异性性质的变化。液晶材料中的高分子液晶又可分为天然高分子液晶和合成高分子液晶。液晶广泛存在于生物体内,液晶态结构的变化对生命现象有重大影响。另外,肥皂水溶液也是一种溶致液晶。芳香族聚酰胺纤维就是合成高分子液晶制成的。

三、非晶态

非晶态固体,特别是近年来发展的一些非晶材料,显示出了不少新的特性和优异性能,有必要对它们进行深入的研究,非晶态固体的结构研究是最重要的基础研究课题之一。然而,非晶态固体的结构比晶体的要复杂得多。虽然经过多年研究,对非晶态固体的结构有一定的了解,也取得了可喜的成果,但就目前而言,对它的认识还很局限,许多问题尚待深入研究。

(一)非晶态固体的结构特点

对于非晶态固体,采用"长程无序""短程有序"来概括其结构共性,这是非晶态固体结构的基本特征。为直观起见,图9.2示出了晶态固体、非晶态固体和气体的原子排列示意图。图9.2(a)和图9.2(b)中的实心圆点表示这些原子振动的平衡位置,而图9.2(c)中的圆点则表示瞬时气体原子位置的一个位形的快照。

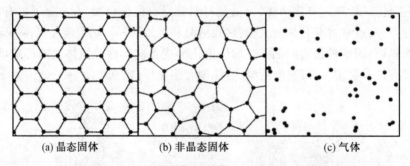

(a) 晶态固体　　　　　　(b) 非晶态固体　　　　　　(c) 气体

图9.2　3种不同状态物质中原子排列示意图

比较图9.2(a)与图9.2(b)可以看出,非晶态固体在结构上与晶体本质的区别是不存在长程有序,没有平移对称性。这样,研究晶体时所使用的许多基本概念,诸如用阵点、原胞、点群、空间群等概念来描写晶体结构,在非晶态固体中讨论其结构就不适用了。

另一方面,玻璃中原子位置空间分布不是完全无规则的,在图9.2(b)中可以看到一种高度的局域关联性。每个原子有3个与其距离几乎相等的最近邻原子,并且键角也几乎是相等的。所以,玻璃和晶体在短程上是一样的,即都存在短程有序。而图9.2(c)中所示的气体则没有这种局域有序性,气体原子排列是一个真正的无序排列,并且会随时间而改变。在图9.2(a)和图9.2(b)中,原子围绕它们的平衡位置做短距离的振动,而在图9.2(c)中,原子可以自由地、不停地做长距离平移运动。

非晶态固体的结构特征还可以通过气体、液体、非晶态固体和晶体这4种状态物质的双体相关函数做进一步说明。图9.3给出了气体、液体、非晶态固体和晶体的双体相关函数$g(r)$及它们相对应于某一时刻的原子分布状态。可以看出,晶体的$g(r)$是敏锐的峰,而气体是平坦的直线;非晶态固体和液体则介于其间,在短程范围内是振荡式的,到长程范围就趋于平坦。晶体的原子都位于晶格的格点上,形成周期性排列的长程有序,如图9.3(d')所示。气体的原子(或分子)分布完全无序,平均自由程很大,如图9.3(a')所示。液体中原子的分布仍处于无序运动状态,平均自由程较短,原子间相互作用较强(相当于气体而言),如图9.3(b′)所示。非晶态固体中的原子只能在平衡位置附近做热运动,不像液体中的原子那样可以在较大范围内自由运动,如图9.3(c′)所示。

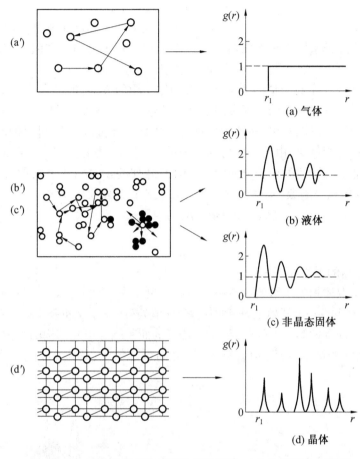

图9.3 4种状态的物质双体相关函数 $g(r)$ 和原子分布状态

(二)非晶态固体结构的描述

在理想完整的单晶体中,原子和分子具有周期性的排布规律,形成了晶体结构。就是说,晶体结构的基本性质是原子排布具有平移对称性。描述晶体,只要给出单个晶胞中原子的位置,以及3个平移矢量,重复应用这些矢量,就可以由晶胞得出全部结构。由于非晶态固体的原子排列缺乏周期性,因此对其进行类似于晶体那样的完全描述是不可能的。对非晶态固体结构的描述必须满足于对点阵的不完整性,一般具有统计特征的信息,通常是采用如下几种方式:径向分布函数(Radial Distribution Function,RDF);短程有序结构参数,包括配位数、近邻距 r_i(即中心原子与第一近邻原子的键长)、键角;中程有序参数。

1. 径向分布函数

在非晶态固体中,原子分布不存在周期性,描述其微观结构的方法,最常用的是借用统计物理学中的分布函数,即用原子分布的径向分布函数来描述。

原子分布的径向分布函数的定义是:在许多原子组成的系统中任取一个原子为球心,

求半径为 r 到 $r + dr$ 的球壳的平均原子数;再将分别以系统中每个原子取作球心时所得的结果进行平均,用函数 $4\pi r^2\rho(r)\mathrm{d}r$ 表示,则 $4\pi r^2\rho(r)$ 称为原子分布的径向分布函数,记为 RDF,即

$$RDF = 4\pi r^2\rho(r) \tag{9.1}$$

式中,$\rho(r)$ 为以任何一个原子为球心、半径为 r 的球面上的平均原子密度。由此可知,径向分布函数表示多原子系统中距离任何一个原子为 r 处,原子分布状态的平均图像,即给出任何一个原子周围,其他原子在空间沿径向的统计平均分布。

RDF 无疑提供了一个有价值的表征非晶态固体结构的方法,即径向分布函数可以给出非晶态固体中原子近邻分布的状况和原子平均的近邻数。例如,图 9.4 给出 SiO_2 玻璃的 RDF 曲线(实验值),可以看出,在图中出现清晰的第一峰和第二峰,可以确定玻璃中原子的最近邻和次近邻配位层,由此可以得到两个重要参数:一是配位数;二是原子间距。

通常在描述非晶态固体的原子分布时,与 RDF 并列的还采用两个函数:约化径向分布函数 $G(r)$ 与双体相关函数(双体概率函数)$g(r)$,它们的定义如下:

$$G(r) = 4\pi r^2[\rho(r) - \rho_0] \tag{9.2}$$

$$g(r) = \frac{\rho(r)}{\rho_0} \tag{9.3}$$

式中,ρ_0 为整个样品的平均原子密度。

图 9.5 给出了双体相关函数的示意图。可以看出,$r < r_0$ 处(r_0 为一个原子的硬球直径),$g(r) = 0$;从 r_0 起,$g(r)$ 开始上升,到第一个峰值处($r = r_1$)又重新下降,$g(r)$ 的第一峰对应于中心原子周围的第一个配位层,第一峰下的面积就等于此结构的配位数 z。类似地,可以定出次近邻的第二壳层,但峰展宽了,峰高也降低了,逐渐和其他的峰合并,在 $r \to \infty$ 处,$g(r) = 1$。

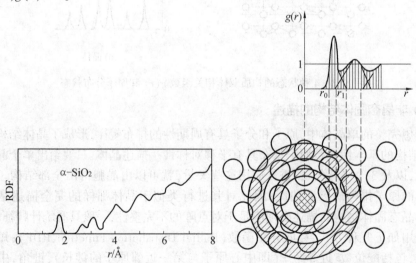

图 9.4 SiO_2 玻璃的 RDF 曲线   图 9.5   双体相关函数 $g(r)$ 示意图

由式(9.1)RDF 的定义可以看出,RDF 具有如下的基本性质:统计性和球对称性。RDF 的统计性是表征每个原子周围分布的统计平均状况,但没有指出某一个原子周围的状况。RDF 的球对称性可以把三维空间的原子分布组态压缩到一维空间,但它不能给出原子角分布的信息。一方面,RDF 的统计性和球对称性使得它能给出的有关非晶态固体

结构的信息十分有限;但是另一方面,RDF 又是目前为止人们能够由实验中获得的最直接、最主要的有关非晶态固体结构的信息。例如,当采用模型化方法进一步深入了解非晶态固体结构时,模型是否合理的必要条件之一就是由模型计算出的径向分布函数(RDF)应与实验中获得的结果基本相符。

2. 短程有序结构参量

在非晶态固体中。在一个原子附近的几个原子间距范围内,原子分布具有某种规律性,称为短程有序。RDF 只是描述了非晶态固体结构的总的特征,而对于非晶态固体短程有序结构的精确描述,需要给出如下几个短程有序结构参量。

(1) 配位数 z_i:第 i 配位层上的原子数。

(2) 近邻原子间的键角 β:表示任何一个原子的两个最近邻原子之间的相对取向。其定义为:两个最近邻原子分别与中心原子连线之间的夹角。

(3) 近邻距 r_i:以任何一个原子为球心,将其周围的原子划分为不同的配位球层 i。r_i 表示中心原子与第 i 配位层上的原子之间的平均距离,尤其是中心原子与第一近邻原子的键长 r_1。

(4) 近邻原子的类别:多元体系需要指示近邻原子的类别,并对每一类别的原子分别给出上述 3 个参量的相应值。

3. 中程有序结构参量

中程有序结构是非晶态固体结构研究中十分重要的问题,近年来受到人们极大的关注。

中程有序结构的范围,大致对应于原子间距由第 3 近邻距到 2 nm 左右。这个范围正是涉及非晶态固体中最近邻或次近邻的结构单元之间如何联结及其较大范围内原子排列的有序与不断变化的情况。无疑,这是深入认识非晶态固体结构的关键。高分辨电子显微镜实验技术的发展,提供了研究非晶态固体中程有序结构的有效手段。例如,由连续无规则网络结构模型描述非晶态半导体的结构时,需要两大类结构参量:一类是局域原子团,由短程有序结构参量确定;另一类结构参量应当表征局域原子团相互联结以致形成网络的拓扑学特点。这类参量包括:平均二面角的数值以及二面角的分布,结构中存在的原子环类型(最可能的是 6 原子环,其他可能的有 5、7 和 8 原子环) 或原子链的形状,原子环或原子链在相互连接时的特点(相互独立或相互交叉) 等。这一类参量就是描述非晶态固体中有序的结构参量。

第三节　　非晶态固体的形成

研究材料都必须研究材料的性能与制备条件的关系,以及研究材料在不同外界条件下的稳定性。非晶态固体其形成过程十分复杂,其制备过程也有多种途径。除传统上从熔体冷凝的方法外,还可采用气相沉积、电沉积、真空蒸发、溅射以及凝胶烧结等方法。熔体冷凝法是通过对熔体冷却速率的控制,使晶核的产生和长大受到限制,过冷而成为非晶态固体。氧化物、氟化物、硫化物、硒化物等无机非金属玻璃都可用这种方法来制造。

一、结晶与非晶态的形成

非晶态固体在热力学上属于亚稳态,其自由能比相应晶体的要高,并且在一定条件下,有转变成为晶体的可能。非晶态固体的形成问题,实质上是物质在冷凝凝过程中如何不转变成为晶体的问题。为了弄清非晶态固体的形成,首先了解一下结晶过程的特点。

(一) 结晶过程

晶体可以用多种方法形成,如从熔体中冷凝结晶、气相沉积、水溶液中生长及从各种溶剂中结晶等。从相变角度看,结晶过程有以下特点。

1. 结晶是从亚稳相向稳定相的转变

从晶体生长的理论可知,结晶过程分为晶核形成和晶体生长两个阶段。当从熔体中结晶时。把过热状态的熔体逐渐冷却,当熔体温度降低到达熔点时,固液相达到平衡点,熔体温度低于熔点,成为过冷状态。$\Delta T = T_{\mathrm{m}} - T$,$\Delta T$ 称为过冷度(其中 T_{m} 为熔点;T 为熔体温度)。过冷熔体为亚稳相。这时,体系中 1 mol 液体的吉布斯自由能与晶体的吉布斯自由能之差为

$$\Delta G = \frac{(T_{\mathrm{m}} - T) \Delta H_{\mathrm{m}}}{T_{\mathrm{m}}} (当 \Delta T = T_{\mathrm{m}} - T 不大时) \tag{9.4}$$

式中,ΔH_{m} 为摩尔相变潜热,即焓变。

当熔体处于过冷状态时即处于亚稳态,有 $\Delta T = T_{\mathrm{m}} - T > 0$,这时,$\Delta G > 0$,$\Delta G$ 称为由过冷熔体向晶体发生相变时的相变驱动力。$\Delta G > 0$ 是发生结晶的必要条件之一。由过冷熔体向晶体发生转变的过程是从亚稳相向稳定相的转变过程,即为结晶过程,如下:

过热熔体(稳定相) → 过冷熔体(亚稳相) → 晶体(稳定相)

当然,结晶是否发生取决于成核和生长两个阶段。这里可以从结晶过程中关于晶核形成和晶体生长速率的公式入手,根据相变动力学的形式理论,求出熔体形成非晶态固体所需要的最小冷却速率。

(1) 成核速率。

在存在杂质的情况下,总的成核速率 I_{v} 应等于均相成核速率 I'_{v} 与非均相成核速率 I''_{v} 之和。

$$I_{\mathrm{v}} = I'_{\mathrm{v}} + I''_{\mathrm{v}} \tag{9.5}$$

而

$$I'_{\mathrm{v}} = N_V^0 \nu \exp\left(- \frac{1.229}{\Delta T_{\mathrm{r}}^2 T_{\mathrm{r}}^3}\right) \tag{9.6}$$

式中,N_V^0 为单位体积的分子数;$T_{\mathrm{r}} = \frac{T}{T_{\mathrm{m}}}$;$\Delta T_{\mathrm{r}} = \frac{\Delta T}{T_{\mathrm{m}}}$;$\nu$ 为频率因子,$\nu = \frac{k_{\mathrm{B}} T}{3 \pi a_0^3 \eta}$,$a_0$ 为分子直径,η 为熔体黏度。

$$I''_v = A_V N_S^0 \nu \exp\left[\left(- \frac{1.229}{\Delta T_{\mathrm{r}}^2 T_{\mathrm{r}}^3}\right) f(\theta)\right] \tag{9.7}$$

式中,A_V 为单位体积杂质所具有的比表面积;N_S^0 为单位面积基质上的分子数;$f(\theta)$ 可表示为

$$f(\theta) = \frac{2 - 3\cos\theta + \cos^3\theta}{4} (\theta 为接触角) \tag{9.8}$$

$$\cos\theta = \frac{\gamma_{\mathrm{HC}} - \gamma_{\mathrm{HL}}}{\gamma_{\mathrm{CL}}} \tag{9.9}$$

式中，γ_{CL}、γ_{HC}、γ_{HL} 分别为晶体–液体、杂质–液体和杂质–晶体的界面能。

（2）晶体生长速率。

若熔体结晶前后的组成、密度不变，则晶体生长速率 I_u 为

$$I_u = b\nu a_0\left[1 - \exp\left(-\frac{\Delta H_{fm}\Delta T_r}{RT}\right)\right] \tag{9.10}$$

式中，b 为界面上生长点与总质点之比；ΔH_{fm} 为摩尔熔化热。

有了成核速率 I_v 和晶体生长速率 I_u 就可以利用下式算出 t 时间内结晶的体积率 $\frac{V_c}{V}$：

$$\frac{V_c}{V} = \frac{\pi}{3}I_v I_u^3 t^4 \tag{9.11}$$

取 $\frac{V_c}{V} = 10^{-6}$，即认为达到此值，析出的晶体就可以被检测出来，将 I_v 和 I_u 值代入式（9.11），就可得到析出指定数量的晶体的温度与时间的关系式，利用这个关系式，只要知道一些数据，就可作出时间、温度、转变的 3T 曲线，图 9.6 所示为析晶体积分数为 10^{-6} 时具有不同熔点物质的 3T 曲线，从而可估算出为避免析出指定数量晶体所需要的冷却速率。

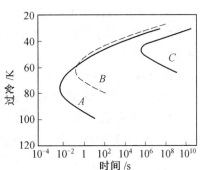

图 9.6　析晶体积分数为 10^{-6} 时具有不同熔点物质的 3T 曲线

A—$T_m = 356.6$ K；B—$T_m = 316.6$ K；C—$T_m = 276.6$ K

2. 结晶是一级相变

在结晶时，体系的吉布斯自由能的一阶偏导数发生了不连续的变化，所以是一级相变，即

$$S = -\left(\frac{\partial G}{\partial T}\right)_p \tag{9.12}$$

$$V = \left(\frac{\partial G}{\partial p}\right)_T \tag{9.13}$$

可知熵 S 和体积 V 也发生了不连续的变化。

体积的变化，有的物质结晶时收缩，如铜、铁等；有的物质结晶时膨胀，如水、半导体硅材料等。熵的变化表现为结晶时放出热量。

（二）非晶态固体形成过程

与结晶过程相比，非晶态固体的形成过程有以下特点：当熔体冷却时，不同材料发生结晶的过程差别很大，而形成非晶态固体，其冷却速率差别也很大。有的物质，易于发生结晶，如一般金属。若要形成非晶态合金（金属玻璃），需要很高的冷却速率。有的物质，当熔体冷却时，不易发生结晶，如 SiO_2，其在熔化之后冷却时，熔体黏度逐渐增大，最后固化，形成石英玻璃，而不易结晶形成 α-SiO_2 晶体。形成石英玻璃只需一般的冷却速率即可。从相变的角度看，从熔体中形成非晶态固体的过程是：过热熔体（稳定相）→ 过冷熔体（亚稳相）→ 非晶态固体（亚稳相）。也就是说，非晶态固体的形成是亚稳相之间的转变。

形成非晶固相后,也可能发生非晶固相的晶化。同时,非晶固相之间也会发生转化,即发生相分离或结构弛豫。

二、玻璃化转变

晶体在结构上是有序的,原子停留在晶格格点位置附近,具有定域性。而熔体具有流动性,在结构上是无序的,原子是非定域的。原子的定域性是固体的特征。玻璃化转变对应于熔体原子非定域性的丧失,原子被冻结在无序结构中,这就是玻璃化转变的实质,即结构无序的熔体变成了结构无序的固体。这个过程和结晶过程是不同的。熔体结晶过程存在两种类型的转变:结构无序向结构有序的转变和原子非定域化向定域化的转变,这两种转变是耦合在一起同时实现的。而在玻璃化转变过程中,这两种转变却脱耦了,只实现了原子非定域化向原子定域化的转变,结构无序却仍然存在。

玻璃化转变造成了黏性系数的急剧变化,在 T_g 附近黏性系数急剧上升超过 10^{12} Pa·s。黏性系数的急剧上升使熔体流动性丧失,从而转变成为非晶态固体。

第四节　　非晶态固体结构模型

相对于晶体而言,非晶态固体是亚稳态,从熔体或蒸汽通过快速淬冷的方法能够得到非晶态固体。上述这些简单的实验事实有助于改善人们的一些关于结构的观点。非晶态也许可以被认为是一种近似于晶体的状态,或者作为一种对液体状态的偏离。非晶态固体的极限模型——微观模型或无序堆积模型(包括无序密堆硬球模型和无规则网络结构模型)就分别对应于这两种看法。本节就微晶模型、无规则网络结构模型和无序密堆硬球模型做一简要介绍。

一、微晶模型

苏联学者列别捷夫在 1921 年提出晶子学说。他曾对硅酸盐玻璃进行加热和冷却,并分别测出不同温度下玻璃的折射率。无论是加热还是冷却,玻璃的折射率在 573 ℃ 左右都会发生急剧变化,而 573 ℃ 正是 α 石英与 β 石英的晶型转变温度。这种现象对不同玻璃都有一定的普遍性。他认为玻璃结构中有高分散的石英微晶体(晶子)。

在较低温度范围内,测量玻璃折射率时也发生若干突变。将 SiO_2 质量分数高于 70% 的 $Na_2O \cdot SiO_2$ 与 $K_2O \cdot SiO_2$ 系统的玻璃,在 50 ~ 300 ℃ 范围内加热并测定折射率时,观察到 85 ~ 120 ℃、145 ~ 165 ℃ 和 180 ~ 210 ℃ 温度范围内折射率有明显的变化(图9.7)。这些温度恰巧与鳞石英及方石英的多晶转变温度相符合,且折射率变化的幅度与玻璃中 SiO_2 含量有关。根据这些实验数据,进一步证明在玻璃中含有多种"晶子"。以后又有很多学者借助 X 射线分析法和其他方法为晶子学说取得了新的数据。

瓦连可夫和波拉依－柯希茨研究了成分递变的钠硅双组分玻璃的 X 射线强度曲线。他们发现第一峰石英玻璃衍射线的主峰与石英晶体的特征峰相符,第二峰 $Na_2O \cdot SiO_2$ 玻璃的衍射线主峰与偏硅酸钠晶体的特征峰一致。在钠硅玻璃中上述两个峰均同时出现,随着钠硅玻璃中 SiO_2 含量增加,第一峰越来越明显,而第二峰越来越模糊。他们认为,钠硅玻璃中同时存在方石英晶子和偏硅酸钠晶子,这是 X 射线强度曲线上有两个极大值的

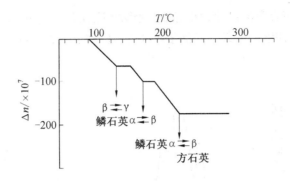

图9.7　一种钠硅酸盐玻璃(SiO$_2$ 的质量分数为 76.4%) 的折射率随温度的变化曲线

原因。他们又研究了升温到 400 ~ 800 ℃ 再淬火、退火和保温几小时的玻璃。结果表明，玻璃 X 射线衍射图不仅与成分有关，而且与玻璃制备条件有关。提高温度，延长加热时间，主峰陡度增加，衍射图也越清晰(图9.8)，他们认为这是晶子长大造成的。由实验数据推论，普通石英玻璃中的方石英晶子尺寸平均为 1.0 nm。

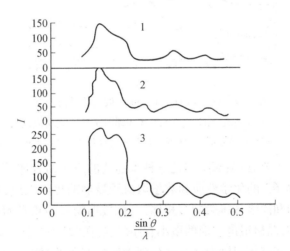

图9.8　27Na$_2$O · 73SiO$_2$ 玻璃的 X 射线强度曲线

1— 未加热;2— 在 618 ℃ 保温 1 h;3— 在 800 ℃ 保温 10 min 和 670 ℃ 保温 20 h

结晶物质和相应玻璃态物质虽然强度曲线极大值的位置大体相似，但不一致的地方也是明显的。许多学者认为这是玻璃中晶子点阵图有变形导致的。并估计玻璃中方石英晶子的固定点阵比方石英晶体的固定点阵大 6.6%。

马托西等研究了结晶氧化硅和玻璃态氧化硅在 3 ~ 26 μm 波长范围内的红外反射光谱。结果表明，玻璃态石英和晶态石英的反射光谱在 12.4 μm 处具有同样的最大值。这种现象可以解释为反射物质结构相同。

弗洛林斯卡妮的研究表明，在许多情况下观察到玻璃和析晶时，析出晶体的红外反射和吸收光谱极大值是一致的。这就是说，玻璃中有局部不均匀区，该区原子排列与相应晶体的原子排列大体一致。图9.9比较了 Na$_2$O · SiO$_2$ 系统在原始玻璃态和析晶态的红外反射光谱。研究结果得出，结构的不均匀性和有序性是所有硅酸盐玻璃的共性，这是晶子学说的成功之处。但是晶子学说尚有一系列重要的原则问题未得到解决。晶子理论的首倡者列别捷夫承认，由于有序区尺寸太小，晶格变形严重，采用X射线、电子射线和中子射线衍射法未能取得令人信服的结果。除晶子尺寸外，还有晶子含量、晶子的化学组成等都还未得到合理的确定。

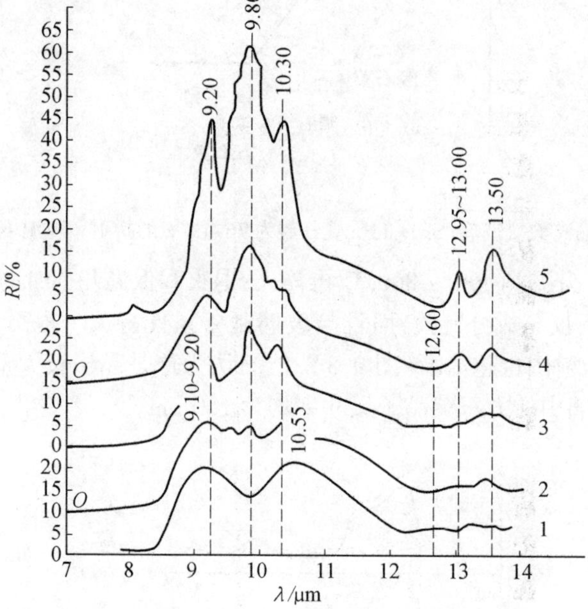

图9.9　33.3Na_2O · 66.7SiO_2 玻璃的反射光谱

1— 原始玻璃；2— 玻璃表层部分，在620 ℃ 保温1 h；3— 玻璃表面有间断薄雾析晶，保温3 h；4— 连续薄雾析晶，保温3 h；5— 析晶玻璃，保温6 h

晶子学说的要点主要有：玻璃结构是一种不连续的原子结合体，即无数"晶子"分散在无定型介质中；"晶子"的化学性质和数量取决于玻璃的化学组成，可以是独立原子团或一定组成的化合物和固溶体等微观多相体，与该玻璃物系的相平衡有关；"晶子"不同于一般微晶，而是带有晶格极度变形的微小有序区域，在"晶子"中心质点排列较有规律，越远离中心则变形程度越大；从"晶子"部分到无定型部分的过渡是逐步完成的，两者之间并无明显界限。

二、无规则网络结构模型

1932 年德国学者查哈里阿生基于玻璃与同组成晶体的机械强度的相似性，应用晶体化学的成就，提出了无规则网络学说，并且慢慢发展成为玻璃结构理论的一种学派。

查哈里阿生认为，玻璃的结构与相应的晶体结构相似，同样形成连续的三维空间网络结构，但玻璃的网络与晶体的网络不同，玻璃的网络是不规则的、非周期的，因此，玻璃的内能比晶体的内能要大。由于玻璃的强度与晶体的强度属于同一个数量级，玻璃的内能与相应晶体的内能相差并不多，因此它们的结构单元（四面体或三角体）应是相同的，不同之处在于排列的周期性。

如石英玻璃和石英晶体的基本结构单元都是硅氧四面体［SiO_4］。各硅氧四面体［SiO_4］都通过顶点连接成为三维空间网络，但在石英晶体中硅氧四面体［SiO_4］有着严格的规则排列,如图9.10(a)所示;而在石英玻璃中,硅氧四面体[SiO₄]的排列是无序的,缺乏对称性和周期性的重复,如图9.10(b)所示。

在无机氧化物所组成的玻璃中,网络是由氧离子多面体构筑起来的。多面体中心总是被多电荷离子网络形成离子(Si^{4+}、B^{3+}、P^{5+})所占有。氧离子有两种类型,凡属两个多面体的称为桥氧离子,凡属一个多面体的称为非桥氧离子。网络中过剩的负电荷则由处于网络间隙中的网络变性离子来补偿。这些离子一般都是低正电荷、半径大的金属离子(如Na^+、K^+、Ca^{2+}等)。无机氧化物玻璃结构的二度空间示意图如图9.11所示。显然,多面体的结合程度甚至整个网络结合程度都取决于桥氧离子的百分数,而网络变性离子均匀而无序地分布在四面体骨架空隙中。

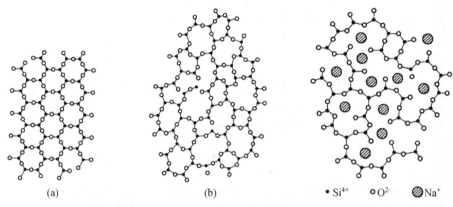

(a)　　　　　　　　(b)　　　　　• Si^{4+}　○ O^{2-}　⦸ Na^+

图9.10　石英晶体结构模型　　　　图9.11　钠玻璃结构示意图

查哈里阿生认为玻璃和其相应的晶体具有相似的内能,并提出形成氧化物玻璃的4条规则:① 每个氧离子最多与两个网络形成离子相连;② 多面体中阳离子的配位数必须是小的,即为4或更小;③ 氧多面体相互共角而不共棱或共面;④ 形成连续的空间结构网要求每个多面体至少有3个角是与相邻多面体公共的。

瓦伦对玻璃的X射线衍射光谱的一系列卓越的研究,使查哈里阿生的理论获得有力的实验证明。瓦伦的石英玻璃、方石英玻璃和硅胶的X射线如图9.12所示。玻璃的衍射线和方石英的特征谱线重合,这使一些学者把石英玻璃联想为含有极小的方石英晶体,同时将漫射归结于晶体的微小尺寸。然而瓦伦认为这只能说明石英玻璃和方石英中原子间的距离大体上是一致的。他按强度 – 角度曲线半高处的宽度计算出石英玻璃内如有晶体,其大小也只有0.77 nm,这与方石英单位晶胞尺寸0.70 nm相似。晶体必须是由晶胞在空间有规则地重复,因此,"晶子"此名称在石英玻璃中失去了其意义。由图9.13还可看出,硅胶有明显的小角度散射,而玻璃中没有。这是由于硅胶是由尺寸为1.0 ~ 10.0 nm不连续的粒子组成。粒子间有间距和空隙,强烈的散射是由于物质具有不均匀性。但石英玻璃小角度没有散射,这说明玻璃是一种密实体,其中没有不连续的粒子或粒子之间没有很大空隙。这个结果与晶子学说的微不均匀性又有矛盾。

瓦伦又用傅里叶分析法将实验获得的玻璃衍射强度曲线在傅里叶积分公式基础上换算成围绕某一原子的径向分布曲线,再利用该物质的晶体结构数据,即可以得到近距离内原子排列的大致图形。在原子径向分布曲线上第一个极大值是该原子与近邻原子间的距离,而极大值曲线下的面积是该原子的配位数。图9.13所示为SiO_2玻璃的径向原子分布曲线。第一个极大值表示出 Si—O 距离为 0.162 nm,这与结晶硅酸盐中发现的 SiO_2 平均间距(0.160 nm) 非常符合。按第一个极大值曲线下的面积计算得出配位数为 4.3,接近硅原子数 4。X 射线分析的结果直接指出,在石英玻璃中的每一个硅原子,平均约为 4 个氧原子以大致 0.162 nm 的距离所围绕。利用傅里叶法,瓦伦研究了 Na_2O – SiO_2、K_2O – SiO_2、Na_2O – B_2O_3、K_2O – B_2O_3 等系统的玻璃结构。随着原子径向距离的增加,分布曲线中极大值逐渐模糊。从瓦伦数据得出,玻璃结构有序部分距离在 1.0 ~ 1.2 nm 附近即接近晶胞大小。

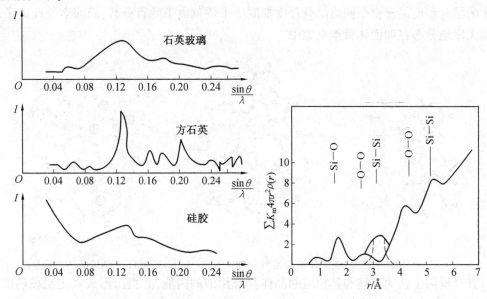

图 9.12　石英等物质的 X 射线衍射图　　　图 9.13　石英玻璃的径向分布函数

　　综上所述,瓦伦的实验证明,玻璃物质的主要部分不可能以方石英晶体的形式存在,而每个原子的周围原子配位,对玻璃和方石英来说都是一样的。

三、无序密堆积硬球模型

　　金属键无方向性,原子具有密堆积的倾向。金属原子间相互作用的这种特点是决定其近程结构的本质因素。目前公认的非晶态金属和合金的结构模型中,效果较好的是无序密堆积硬球模型。将无序密堆积硬球模型的计算结果和实验获得的分布函数做比较,在不少系统,特别是金属一类非晶态合金上得到了很好的一致性。有人根据这个模型计算的分布数与 Ni – P 非晶态合金由散射实验所获得的结果比较,两者具有较好的一致性。

　　在无序密堆积硬球模型中,把原子看作是具有一定直径不可压缩的钢球,“无序”是指在这种堆积中不存在晶格那样的长程有序,“密堆”则是指在这样一种排列中不存在足以容纳一个硬球那样大的间隙。这一模型最早是由贝尔纳(Bernal) 提出,用来研究液态金属结构的。贝尔纳早期实验是将堆积的滚珠轴承放在橡胶软壳模子中,从表面看去,滚珠轴承不呈现规则的周期排列。贝尔纳提出,非晶态聚集体能够通过限制外表成为不规则形状而得到。那么,原子间的排列组合可以通过 5 种三角多面体来分析。如图 9.14 所示,多面体的顶点就是球心位置,其外表面是一些等边三角形,各多面体靠这些三角形互相连接。这些多面体互相连接而填充空间时,允许各边长与理想值有少许偏离。这 5 种多面体是:① 四面体;② 正八面体;③ 带 3 个半八面体的三角棱柱;④ 带两个半八面体的阿基米德反棱柱;⑤ 四角十二面体。

建立该模型的做法是在一定容器中装入钢球,用石蜡类物质固定钢球之间的相对位置,然后测量出各球心的坐标,确定堆积密度,由此建立了硬球无规堆积模型。其特征如下。

（1）各向同性相互作用的同种离子在二维空间紧密排列时,总是得到规则排列的“晶体”,只有在三维空间中才能做无规排列,其具有极大的短程密度。

（2）无规密堆模型可以看作是由四面体、八面体、三角柱（可附 3 个半八面体）、反棱柱（可附两个半八面体）以及四角十二面体（常称 Bernal 多面体）等组成。如果计算其组成中的四面体和八面体,四面体多（86.2%）、八面体少（15.8%）,这是非晶态结构的重要特征。

（3）非晶态结构中四面体有错列型和相掩型两种排列方式,据此进行的理论计算与实验测得的径向分布函数非常接近。

图 9.14 给出了 Bernal 多面体及两种四面体错列型和相掩型排列方式。

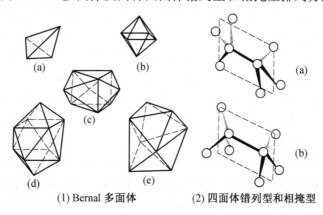

(1) Bernal 多面体　　(2) 四面体错列型和相掩型

图 9.14　Bernal 多面体及四面体错列型和相掩型排列方式

非晶态金属或合金的结构模型接近于贝尔纳的无序密堆积硬球模型,模型的分布函数基本上与实验结果一致,密度也是合理的。几何图像具体,研究方便,这些都是它的优点。其缺点是工作量大,有些因素（如器壁影响、实现高密度的条件等）不易掌握,而且把原子视为硬球。这是一个粗精的假设。在这方面对真实的硬球模型做改进也是困难的。20 世纪 70 年代以来,由于电子计算机的技术的飞速发展,所以用计算机模拟建造模型的工作越来越受到重视。图 9.15 所示为计算机研究得到的无序密堆积的漂亮图像。

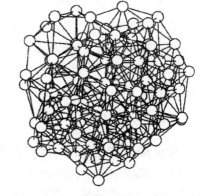

图 9.15　计算机作出的 100 个原子的无序密堆积图形

通过对模型的考查和非晶态结构测定技术的发展,人们已经对非晶态结构的主要特征和概貌有了初步的了解。但是对非晶态结构细节的描述、各类的差别等方面还有大量工作要做。

第五节   非晶态材料

"非晶态"的概念在人们的头脑里是相对于"晶态"而言的。金属和很多固体,它们的结构状态是按一定的几何图形、有规则地周期排列而成,就是曾定义的"有序结构"。而在非晶态材料的结构中,它只有在一定的小范围内,原子才形成一定的几何图形排列,近邻的原子间距、键长才具有一定的规律性。例如非晶合金,在 1.5 ~ 2 nm 范围内,它们的原子排列成四面体的结构,每个原子就占据在四面体棱柱的交点上。但是,在大于 2 nm 的范围内,原子成为各种无规则的堆积,不能形成有规则的几何图形排列。这类材料具有独特的物理、化学性能,有些非晶合金的某些性能要比晶态更为优异。

一、非晶态固体的结构特征

非晶态(amorphous)又称玻璃态。1960 年,杜威兹(P. Duwez)将熔融的 Au – Si 合金喷射到冷的铜板上,以大约每秒一百万摄氏度以上的降温速率快速冷却,使液态合金来不及结晶就凝固,首次获得非晶态合金。不过,这样得到的非晶态合金形状不规则、厚薄不均匀,没有实际应用价值。后来发现,除快速冷却外,再加上一定量的 B、C、Si、P、S、Ga、Ge、As 等元素可以阻止晶化,得到尺寸均匀的条带、细丝和粉末。

非晶态物质的结构特点是短程有序。原子排列既不具备晶态物质那种长程有序性,又不像气体中的原子那样混乱无序,而是在每个原子周围零点几个纳米内,最近邻原子数及化学键的键长、键角与晶态固体相似。

在短程有序的前提下,对非晶态物质的结构又提出了不同的模型,常见的两种是前面介绍的无规网络和微晶粒模型:① 无规网络模型认为非晶态材料中的原子完全无规排列堆积,呈现混乱性和随机性,没有任何小区有序的部分;② 微晶粒模型则认为非晶态材料由纳米量级的微晶(几个到几十个原子间距)组成,在微晶内部的小范围内具有晶态性质,但各个微晶无规取向,不存在长程有序性。

长程无序的特点使得非晶态产生的 X 射线衍射图由较宽的晕和弥散的环组成,对研究结构作用非常有限。一种有力手段是广延 X 射线吸收精细结构技术,能够定出非晶态材料中各种元素的原子周围近邻和次近邻的位置。不过,对非晶态结构的测定,仍远不及晶态那样准确。

二、非晶态合金

20 世纪 60 年代出现的一种新型材料 —— 非晶态合金,也称金属玻璃,外观与金属晶体没有区别,密度略低于相同成分的金属晶体,具有比晶态合金优越得多的机械、物理性能,这方面的研究正引起人们越来越大的兴趣和重视。

一般的金属和合金,其原子在空间作周期排列,均以结晶态出现。但早在 1947 年就有用化学沉积法及电解沉积法获得了 Ni – P 及 Co – P(P 的摩尔分数为24% ~ 30%)的非晶态薄膜的报道。1960 年杜威兹开始发展了从液态合金快冷技术得到 $Au_{70}Si_{30}$ 非晶态合金,1970 年以后又发展了直接从液态金属获得线材及条材的工艺,并发现了非晶态合金的许多突出优异的性能。于是,关于非晶态合金的材料科学的研究就迅速开展起来了。目前生产上比较感兴趣的工艺是离心铸造法(旋转圆筒法)及轧辊淬火法(液体轧制法)。前者是将金属在末端带有 $\phi = 0.2 \sim 0.5$ mm 小孔的石英管内熔融,然后通过气体吹到高速旋转的圆筒内壁,圆筒内壁的转速一般在 5 000 ~ 10 000 r/min 之间。后者是把熔融的合金直接喂入两个轧辊中间,经过轧辊快冷之后便成为厚度在 10 ~ 100 μm 之间的非晶态条带,故亦称为液体轧制法。

非晶态合金的制造工艺比较简单、经济,不像晶态合金往往需要经过非常复杂的工序才能得到良好的特性。但非晶态合金的性能却可与晶态合金相比拟,有的性能还远优于现在的晶态合金。例如 $Fe_{80}B_{20}$ 非晶态合金,屈服强度可高达 3 500 N/mm^2,远远超过常用的超高强度马氏体时效钢(2 000 N/mm^2 左右),硬度 HV 达 1 100,高于超高硬度工具钢的硬度值。有些非晶态合金还具有极高的耐腐蚀性,例如把非晶态 $FeCr_{10}P_{13}C_7$ 合金和晶态 18Cr – SNi 不锈钢共同放在盐酸溶液中浸渍 168 h 以后做比较,利用微量天平未检测出非晶态 $FeCr_{10}P_{13}C_7$ 合金有质量变化,而不锈钢的腐蚀速率约为 10 mm/ 年。非晶态合金的电磁性能也引起人们很大注意,其电阻率为相应的晶态合金的数倍,因此作为电磁元件应用时可以降低损耗和提高使用频率。还发现许多种非晶态合金的软磁特性都可与目前使用的最好的晶态合金相当。总之,非晶态合金的潜在应用是十分广泛的。

非晶态金属为什么具有比晶态金属更优良的性能呢? 这可能与非晶态结构的特点有关。在非晶态合金中,合金成分的分布及结构是无规则的,因而也是十分均匀的,没有偏析、晶界、位错等缺陷,是一种完全各向同性的材料。Fe – Cr 系非晶态合金之所以具有很高的耐蚀性还与合金表面有一层耐蚀性很高而均匀稳定的钝化膜有关。据分析这层膜中几乎完全是氧化铬,而耐蚀性差的铁几乎没有,试验表明 Cr 摩尔分数小于 5% 时,耐腐蚀性就迅速降低。

非晶态合金形成条件是个有待深入研究的问题。正如前面已指出过的那样,液态冷却速率对于非晶态形成有决定性影响。在急冷过程中,温度急剧下降,与温度呈指数关系的黏度陡然上升,原子扩散运动受到阻碍,使熔体中晶核形成及长大受到抑制。但是对单原子纯金属液体在实践中未能急冷形成玻璃。有人试验过,即使冷却速率高达 10^{10} ℃/s,也必须有微量氧存在时才能获得部分的非晶态镍箔。以 10^6 ℃/s 冷却速率获得的非晶态金属大都为靠近共晶组成的过渡金属(Pe、Co、Ni、Pd、Pt、Rh) 及贵金属(Au、Ag、Cu) 与 15% ~ 30% 类金属(B、Si、P、C、N) 的合金。

按这个观点制造非晶态合金需要很高的冷却速率和适当的合金成分这两个条件。显然,如果合金的熔点 T_m 较低而 T_g 较高时就容易形成非晶态。也有人提出可用对比熔点 τ_m 来作为非晶态合金形成条件的定性判据。$\tau_m = kT_m/H_v$,这里 k 为玻尔兹曼常数;T_m 为熔点;H_v 为蒸发热。τ_m 越小越有利于非晶态的形成。

上面的解释与现在大部分非晶态合金成分都是在共晶成分附近这个事实相符。但这不是必要条件,因为很多不处于共晶成分的二元系(如 Co – Zr、Au – Pb、Cu_3Zr_2 等) 同样可以形成非晶态。因此又有人提出合金组元的原子半径差别 $\Delta R/R_1 \geqslant 10\%$ 是必要条件,实际上还是有很多 $\Delta R/R_1 > 10\%$ 的系统(如 Au – Ge、Pd – Si、Pt – Si 等) 也能形成非晶态。我国科学工作者也曾用键参数方法对现有二元系非晶态合金的资料进行归纳总结,认为二元系中非晶态形成条件与两种原子间的相互作用有关。总之,从20世纪60年代以来,虽然在非晶态合金形成条件上做了大量的研究工作,但至今还不能认为这个问题已经有了满意的解答。

金属玻璃具有高磁导率、高磁致伸缩、高磁积能、低居里温度、低铁损、低矫顽力的特性,使它在磁传感器、高性能长寿命记录磁头、磁屏蔽材料等方面的应用成为重要研究课题。以 Fe、Co、Ni 为基质的金属玻璃有优越的软磁特性,用于制造变压器远优于硅钢片,总能量损耗可减少 40% ~ 60%。据一些文献报道,美国 20 世纪 80 年代每年的配电变压器损失能量达 7 亿多美元,若用非晶态铁芯变压器每年的经济效益约为 4 亿美元,同时降低发电燃料消耗,减少 CO_2、SO_2、NO_x 等有害气体的排放量。非晶态合金又被誉为绿色环保材料。

我国的能源消费增长很快,国家非常重视非晶铁芯应用开发技术。目前,美国能生产最大宽度达 217 mm 的非晶带材,我国的千吨级非晶带材生产线成功喷出了 220 mm 宽的带材。

普通的晶态合金电阻温度系数为正,电阻率随温度升高而升高,而金属玻璃有高电阻、低温度系数的电学性能,且电阻温度系数有从正到负的变化。此外,已发现 15 种非晶态急冷超导合金,虽然超导转变温度低于晶态超导体,但耐辐射能力远比晶态为强,因为非晶态本身就是长程无序结构。

非晶态材料也有不足之处。首先,它在热力学上是一种亚稳态,有向晶态转化的趋势(尽管由于动力学原因,转化可能很慢),这将导致非晶态的许多特性严重受损。所以,非晶态材料必须在低于晶化温度下使用。其次,制备非晶态材料所需的苛刻的冷却速率,使得形成的材料通常是很薄的条带或细丝状,限制了研究和开发利用。科学家们一直在探索大块非晶合金的制备方法,20 世纪 90 年代以来,终于取得突破性进展,发现了一些能在很低的冷却速率下获得大块非晶的合金体系,如 Mg – Y – (Cu – Ni)、La – Al – Ni – Cu、Zr – Al – Ni – Cu 等。目前,非晶形成能力最好的是 Zr – Ti – Ni – Cu – Be 合金体系,冷却速率在 1 K/s 左右。

非晶合金,尤其是大块非晶合金,自被发现以来就一直受到材料和物理学家的广泛关注,其根本原因就在于大块非晶合金不仅具有广阔的应用前景,而且在基础研究方面,对玻璃转变、非晶结构等的研究也一直是凝聚态物理研究中的热点。无论是在基础理论研究方面还是在实际应用性能研究方面,目前研究比较深入的主要是 Zr 基大块非晶合金体系,具有经济价值优势的 Cu 基块体非晶合金的研究相对滞后,因此近年来,关于 Cu 基大块非晶合金的非晶形成能力、热稳定性和机械性能备受人们关注。纵观文献报道,尽管 Cu 基大块非晶合金的研究已取得可喜的成果,但仍存在许多未知现象和应用领域有待深入研究,特别是微合金化对其化学性能和电学性能的影响等有待探索,对其形成和机械性能的影响有待深化和系统化。

三、非晶态半导体

非晶态半导体在太阳能电池、复印材料、存储器件等方面都有广泛应用。非晶态半导体优异的防辐射性能使之可用于宇航、核反应堆和受控热核聚变等场合。目前研究最多的是非晶态太阳能电池,因为非晶硅制备工艺简单,易制成大面积器件,薄膜厚度只需约

1 μm，对阳光吸收效率高。非晶硅场效应晶体管用于液晶显示和集成电路也在试验之中。

目前，非晶态半导体的理论和应用研究都在快速发展。已发现的非晶态半导体大致可以分为三大类：① 非晶态单质材料，如锗、硅、碲、硫和硼；② 共价键的非晶态半导体，其中有代表性的是硫系玻璃，所谓硫系玻璃就是以第 V 主族元素硫、硒、碲为基的玻璃；③ 离子键的非晶态半导体，如 Al_2O_3、Ta_2O_5 等为代表的氧化物。

非晶态材料的制备常常比晶态材料要容易和经济，晶态半导体生长需要极精细的技术，尺寸也不可能很大，例如目前利用晶态硅太阳能电池来取得电能，就比火力发电要贵数十倍。这样，大量使用就受到限制。而最近发现的在硅烷（SiH_4）气体中利用辉光放电法制得的非晶态硅，有可能成为廉价和有效的太阳能电池材料。

非晶态半导体中研究得最多的是硫系玻璃（如 85Te – 15Ge），这是因为在这种玻璃中发现了两种新的开关现象，一种称为阈值开关，即在这种玻璃中加的电压超过一定大小（即阈值）之后，玻璃的电导可以增加 10^6 个数量级，当外加电压去除以后，玻璃又从低阻态回到高阻态。产生这个开关特性的原因究竟是电效应还是热效应还没有明确，但电效应的可能性大些。另一种开关现象称为存储开关，它与阈值开关的区别是当外加电压去除以后，低阻态可以仍然保持，只有再加上一个强脉冲电流后才能恢复到高阻态。一般认为产生这种存储的机理是由相变造成的，即电能引起的非晶态和晶态的可逆转变过程构成了硫系玻璃的记忆过程。例如曾经对 $Te_{81}Ge_{15}Sb_2S_2$ 玻璃制成的器件进行研究，发现该材料中可能包括低阻态 Te 晶体及高阻态的玻璃体两相。当电压超过阈值电压时，器件内部产生了温度分布，局部地区的温度上升到了析晶温度 T_C 以上，如图 9.17（a）所示，此时 $Te_{81}Ge_{15}Sb_2S_2$ 组分中的 Te 晶体会呈树枝状向外生长，若从这个温度快冷下来晶体生长就不完全，而慢冷下来析晶就比较完全。如生长完全，低阻态的 Te 晶体会使器件导通，如图 9.17（b）所示，这就是在超过阈值电压时变成低阻态的原因，这种转变称为置位。而后在电流脉冲作用下，由于时间短，电能使局部地区到达熔融温度 T_m［图 9.17（c）］，但器件内部不同部位温差大，因此冷却较快，细小的 Te 晶体只能断断续续地分布在玻璃态基体中，因而复位而变为高阻态［图 9.17（d）］。非晶态半导体的这种特性已作为存储元件在主读存储器中得到应用。

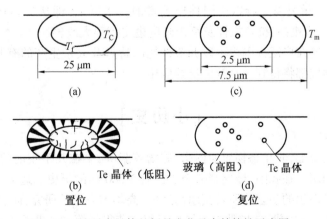

图 9.17　硫系半导体的析晶变化及存储特性示意图

四、玻璃陶瓷

玻璃陶瓷(又称微晶玻璃)是20世纪60年代发展起来的新产品,在它出现以前,若玻璃中出现结晶现象就要导致玻璃透明度的降低,这种现象称为失透或退玻璃化,在传统的玻璃工业中要尽力防止这种现象发生。而微晶玻璃恰好利用这一现象生产出具有比各种玻璃及传统陶瓷的机械物理性能优越得多的产品。这种产品是在玻璃成型基础上获得的,玻璃的熔融成型比起通常的陶瓷成型的方法有很多有利条件,因而工艺上比陶瓷要简单。微晶玻璃的特点是结构非常致密,基本上无气孔,在玻璃相的基体上存在很多非常细小的弥散结晶,它是通过控制玻璃的结晶而生产出来的多晶陶瓷。

微晶玻璃的制造工艺除了与一般玻璃工艺一样要经过原料调配 — 玻璃熔融 — 成型等工序外,还要进行两个阶段的热处理。首先在有利于成核的温度下使之产生大量的晶核,然后再缓慢加热到有利于结晶长大的温度下保温,使晶核得以长大,最后冷却。这样所得的产品除了结晶相外还有剩余的玻璃相。工艺过程要注意防止微裂纹、畸变及晶粒长大。微晶玻璃中的晶粒尺寸约为 1 μm,最小可到 0.02 μm(一般无机多晶材料晶粒为 2 ~ 20 μm)。

由于比普通陶瓷晶粒小得多,所以称为微晶玻璃,以区别于普通玻璃和陶瓷。微晶玻璃的成分和普通的玻璃在成分上也有所不同,它析晶的趋向比普通玻璃要大。为了促使微晶形成,在配料中常常加入各种不同的成核剂。

最早的微晶玻璃是从光敏玻璃发展起来的,这种玻璃的配料中含有0.001% ~ 1% 的金、铜或银,弥散在玻璃基体中,然后用紫外线或X射线照射后再进行热处理,以这些金属胶体为晶核剂析晶。

由于新晶相粒子很细,而且它与剩余玻璃相间折射率不同,因此引起界面散射,玻璃就不再透明。微晶玻璃在热处理时体积变化约为3%,变化很小。不同组成的微晶玻璃的热膨胀系数可以在很大范围(10^{-7} ~ 10^{-5} ℃) 内控制,这样有利于与金属部件的匹配,甚至可以做成热膨胀系数为负的微晶玻璃。微晶玻璃的热导率也较高。另外它的软化点可以有很大的提高,可从普通玻璃的 500 ℃ 提高到 1 000 ℃ 左右。

电性能也有很大变化,一般来说是提高了绝缘性能而且降低了介质损耗。机械性能的变化尤为突出,断裂强度可以比同种玻璃增加一倍以上,即从 7×10^3 N/cm^2 增加到 1.4×10^4 N/cm^2 或更高,抗热振性及莫氏硬度也得到很大改善。

由于微晶玻璃在广泛范围内可以调节性能的特点及大量生产的有利条件,从餐具到电子元件等各领域都将得到越来越广泛的应用。

[小历史]

在人类发展史上,非晶态物质如树脂、矿物胶脂等,早在几千年前的远古时代就已被人类的祖先所利用。在我国,玻璃制造至少已有 2 000 年的历史。近半个世纪以来,人们几乎全部致力于理想的晶态物质及其超高纯度、高均匀方面的研究,而忽略了非晶态物质的开发。20 世纪 30 年代,克拉默尔用气相沉积法获得了第一个非晶态合金。20 世纪 50 年代中期,科洛密兹等人首先发现了非晶态半导体具有特殊的电子特性。1958 年,安德森提出:"组成材料的几何图形(晶格)混乱、无规则地堆积到一定程度,固体中的电子扩散运动几乎停止,导致非晶态材料具有特殊的电、磁、光、热等特性。"这引起了科学家们的极大兴趣。但是,当时如何制造能够应用的非晶态材料的方法尚未解决,金属、合金的生产仍沿用传统的炼金术。

1960年,美国加州理工学院杜威兹教授领导的研究小组发明了用急冷技术制作出进行工业生产的非晶合金的办法。采用这种方法,可以制备出各种宽度的非晶合金条带,条带的带宽已达150 mm以上。另外,这种方法还可制备非晶态的粉末,其粉末粒度直径可达1 μm左右,这种方法也可制备非晶合金丝。此方法在冶金工业生产工序上节省了多道工序,节省了大量能源消耗,被称为冶金工艺的一次革命,也就是"炼金术"的革命。非晶态材料是一个包罗万象、极为富有的材料家族,它已广泛应用于航空、航天、电机、电子工业、化工以及高科技各领域并取得了显著效果,而且,还继续显示着它的不竭功能。非晶态金属比一般金属具有更高的强度,如非晶态合金 $Fe_{80}B_{20}$。

[小启发]

一般非晶态金属的电阻率较同种的普通金属材料要高,在变压器铁芯材料中利用这一特点可降低铁损。在某些特定的温度环境下,非晶的电阻率会急剧下降,利用这一特点可设计特殊用途的功能开关。还可利用其低温超导现象开发非晶超导材料。目前,人们对非晶态合金电学性能及其应用方面的了解相对较少,有待进一步深入研究。

非晶合金具有优异的磁学性能,在非晶的诸多特性中,目前对这方面的研究相对深入,与传统的晶态合金磁性材料相比,其电阻率高,具有高的磁导率,是优良的软磁材料。根据铁基非晶态合金具有高饱和磁感应强度和低损耗的特点,现代工业多用它制造配电变压器,铁芯的空载损耗与硅钢铁芯的空载损耗相比降低60% ~ 80%,具有显著的节能效果。非晶态合金铁芯还广泛地应用在各种高频功率器件和传感器件上,用非晶态合金铁芯变压器制造的高频逆变焊机,大大提高了电源工作频率和效率,焊机的体积成倍减小。如今,电力电子器件正朝着高效、节能、小型化的方向发展,新的科技发展方向对磁性材料也提出了新的要求。一种体积小、质量轻的非晶态软磁材料以损耗低、导磁高的优异特性正逐步代替一部分传统的硅钢、坡莫合金和铁氧体材料,成为目前越来越引人注目的新型功能材料之一。

非晶合金还具有优异的化学性能。研究表明,非晶态合金对某些化学反应具有明显的催化作用,可以用作化工催化剂。某些非晶态合金通过化学反应可以吸收和释放出氢,可以用作储氢材料。非晶态合金比晶态合金更加耐腐蚀,因此,它可以成为化工、海洋等一些易腐蚀的环境中应用设备的首选材料。

[小研究]

块体非晶合金材料的研究

非晶态合金又称金属玻璃,较晶态合金具有许多优异性能,如高硬度、高强度、高电阻、耐蚀及耐磨等。块体非晶合金材料的迅速发展,为材料科研工作者和工业界研究开发高性能的功能材料和结构材料提供了十分重要的机会和巨大的开拓空间。

1960 年,美国人首次采用快速凝固的方法得到了 $Au_{70}Si_{30}$ 非晶合金薄带。此后,人们主要通过提高冷却速率的方法来获得非晶态结构,由于受很高的临界冷却速率的限制,只能获得片、丝或粉末状非晶金属或合金。1969 年陈鹤寿等将含有贵金属元素 Pd 的、具有较高非晶形成能力的合金(Pd – Au – Si、Pd – Ag – Si 等),通过 B_2O_3 反复除杂精炼,得到了直径 1 mm 的球状非晶合金样品。1989 年日本东北大学通过水淬法和铜模铸造法制备出毫米级的 La – Al – Ni 大块非晶合金,随后 Zr 基非晶合金体系也相继问世。20 世纪 90 年代以来,人们在大块非晶合金制备方面取得了突破性进展,成功地制备了 Mg – Y –(Cu,Ni)、La – Al – Ni – Cu、Zr – Al – Ni – Cu 等非晶形成能力很高,直径为 1 ~ 10 mm 的棒、条状大块非晶态合金。目前已开发出 La 基、Zr 基、Mg 基、Al 基、Ti 基、Pd 基、Cu 基、Ce 基等块体非晶合金材料。

目前,块体非晶合金的研究方向主要集中在制备、性能和稳定性等方面。性能研究主要包括块体非晶材料的力学性能、磁性能及物理性能等。力学性能主要有强度、塑性、材料失效机理等方面;磁性能主要包括软磁、硬磁、磁光性能等,其中软磁非晶材料已经进入工业化应用,主要用于变压器和标签上。硬磁非晶材料的研究目前陷入困境,由于非晶结构的无序性,因此剩磁较小,基本不具有实际应用前景;磁光等新型磁应用材料仅处于探索阶段。稳定性研究主要包括非晶形成能力、非晶热稳定性、非晶晶化转变热力学及动力学等。

早期非晶材料的制备中,采用快速凝固法制备非晶粉末,然后用粉末冶金方法将粉末压制或黏结成型。20 世纪 90 年代初发现了具有极低临界冷却速率的合金系列,可以直接从液相获得块体非晶固体。目前,块体非晶合金的制备方法主要有以下几种。

(1)直接凝固法。

直接凝固法包括水淬法、铜模铸造法、吸入铸造法、高压铸造法、磁悬浮熔炼法、单向熔化法等。此法可以制得 Mg 基、Al 基、Fe 基、Zr 基、Ia 基、Ti 基、Cu 基等大块非晶合金。

(2)水淬法。

水淬法将合金置于石英管中,合金熔化后连同石英管一起淬入流动的水中,以实现快速冷却,形成大块非晶合金。这种方法可以达到较高的冷却速率,有利于大块非晶合金的形成。但石英管和合金可能发生反应,造成污染。另外,反应物的生成既影响水淬时液态合金的冷却速率,又容易造成非均匀形核,以致影响大块非晶合金的形成。这种方法具有很大的局限性。

(3)铜模铸造法。

该方法把熔体注入内腔呈各种形状的铜制模具中,可形成外部轮廓与模具内腔相同的块体非晶合金。该工艺所能获得的冷却速率与水淬法相近,为 10^2 ~ 10^3 K/s,关键是要尽量抑制在铜模内壁上生成不均匀晶核并保持良好的液流状态。熔体的熔炼次数对所能获得的临界冷却速率影响很大,重复熔炼数次后,临界冷却速率将明显下降,这是因为反复熔炼提高了熔体的纯度,消除了非均匀形核点。

(4)吸入铸造法。

利用非自耗的电弧加热预合金化的铸锭,待其完全熔化后,利用油缸、汽缸等的吸力驱动活塞以 1 ~ 50 mm/s 的速率快速移动,由此在熔化室与铸造室之间产生压力差把熔体快速吸入铜模,使其得到强制冷却,形成非晶合金。由于该工艺的控制因素比较少(熔体温度、活塞直径、吸入速率等),所以能相对简便地制备出块体非晶合金。

(5) 高压铸造法。

高压铸造是一种利用 50 ～ 200 MPa 的高压使熔体快速注入铜模的工艺。其主要特点是:整个铸造过程只需几毫秒即可完成,因而冷却速率快并且生产效率高;高压使熔体与铜模紧密接触,增大了两者界面处的热流和导热系数,从而提高了熔体的冷却速率并且可以形成近终形合金;可减少在凝固过程中因熔体收缩而造成缩孔之类的铸造缺陷;使熔体的黏度很高,能直接从液态制成复杂的形状;产生高压所需要的设备体积大,结构较复杂,维修费用高。

(6) 单向熔化法。

该方法把原料合金放入呈凹状的水冷铜模内,利用高能量热源使合金熔化。由于铜模和热源至少有一方移动(移动速率大于 10 mm/s),所以加热后形成的固态区之间产生大的温度梯度和大的固/液界面移动速率 v,从而获得高的冷却速率,使熔体快速固化,形成连续的块体非晶合金。

(7) 粉末固结成型法。

该方法利用非晶合金特有的在过冷液相区间的超塑成型能力,将非晶粉末加压固结成型,是一种极有前途的块体非晶合金的制备方法。进行非晶粉末固结成型的粉末冶金技术通常有热压烧结(HP)、热等静压烧结(HIP) 等。除传统的粉末冶金技术外,最近有报道利用放电等离子烧结(Spark Plasma Sintering,SPS) 技术将非晶粉末致密化制备块体非晶合金材料。SPS 技术是利用外加脉冲强电流形成的电场清洁粉末颗粒表面氧化物和吸附的气体,并活化粉末颗粒表面,提高颗粒表面的扩散能力,再在外加压力下利用强电流短时加热粉体进行快速烧结致密化,其消耗的电能仅为传统烧结工艺的 1/5 ～ 1/3。SPS 技术具有烧结温度低、烧结时间短、单件能耗低、烧结体密度高、显微组织均匀、操作简单等优点,是一种近净成型技术。SPS 技术作为一种迅速发展的新兴快速烧结技术,是一种很有前途的非晶粉末固结技术。SPS 技术还可以应用于制备需要抑制晶化形核的非晶块体材料。其烧结机理是在极短的时间内粉末间放电,快速熔化,在压力作用下非晶粉末还没来得及晶化就已经发生烧结,而后通过很快的冷却速率,非晶态结构被保存下来,从而得到致密的块体非晶态合金。有人利用 SPS 技术制备出了直径为 20 mm、厚度为 5 mm 的 $Fe_{65}Co_{10}Ga_5P_{12}C_4B_4$ 大块铁基非晶合金,其相对密度高达 99.7%,且具有良好的软磁性能。

与晶态合金相比,非晶态合金在物理性能(力、热、申、磁) 和化学性能等方面都发生了显著的变化。非晶合金的力学性能及应用非晶合金与普通钢铁材料相比,有相当突出的高强度、高韧性和高耐磨性。根据这些特点利用非晶态材料和其他材料可以制备成优良的复合材料,也可以单独制成高强度耐磨器件。在日常生活中接触的非晶态材料已有很多,如用非晶态合金制作的高耐磨音频视频磁头在高档录音、录像机中的广泛使用;把块体非晶合金应用于高尔夫球击球拍头和微型齿轮中;采用非晶丝复合强化的高尔夫球杆、钓鱼竿已经面市。非晶合金材料已广泛用于轻工业、重工业、军工和航空航天业,在材料表面、特殊部件和结构零件等方面也都得到了较广泛的应用。

[习题]

9.1　比较液体、晶体和非晶态固体的异同。

9.2　试述径向分布函数(RDF)的定义及特点。

9.3　说明无规则网络结构模型和微晶结构模型的异同。

9.4　简述非晶态固体形成过程的特点。

9.5　简要说明非晶态合金的制备方法有哪些。

9.6　简述什么是微晶玻璃。

第十章　高分子材料性能

第一节　高分子的分子结构

高分子是由许多单体单元连接而成,由于各单体单元的连接方式及空间排列不同,便会有各种不同的结构。

一、单体单元的连接方式

对于结构不对称的单体,单体单元在高分子链中的连接方式可有三种基本方式。如单取代乙烯基单体($CH_2 = CHX$)进行链式聚合反应时,所得单体单元结构如下:

相应地,单体单元连接方式可有如下三种:

头－尾连接　　　　　　　　头－头连接　　　　　　　　尾－尾连接

在结构不对称单体的逐步聚合反应中,单体单元之间的连接同样存在类似的三种方式,如 3 - 取代噻吩的氧化脱氢聚合:

头－尾连接　　　　头－头连接　　　　尾－尾连接

二、高分子的立体异构

如果聚合物分子的重复结构单元中含有手性碳原子,根据其连接方式的不同可分为全同立构高分子、间同立构高分子和无规立构高分子。全同立构高分子是指高分子主链上所有重复结构单元中的手性碳原子的立体构型完全相同,全部为 D 型或 L 型,即DDDDDDDDDD 或 LLLLLLLLLLL;间同立构高分子是指高分子主链上相邻重复结构单元中手性碳原子的立体构型各不相同,即 D 型与 L 型相间连接,即 LDLDLDLDLDLDLD;无规立构高分子是指高分子主链上重复结构单元中手性碳原子的立体构型是紊乱不规则的。全同立构高分子和间同立构高分子中手性碳原子的立体构型是有规律地连接的,统称为立构规整性高分子。

三、共轭双烯聚合物的分子结构

共轭双烯进行链式聚合反应时,所得聚合物的分子结构可能非常复杂。以最简单的共轭双烯 —— 丁二烯的聚合为例,可能形成三种不同的单体单元:

1,2 - 加成结构　　　反式 1,4 - 加成结构　　　顺式 1,4 - 加成结构

而异戊二烯聚合时可能形成四种不同的单体单元:

异戊二烯

3,4 - 加成结构　　　1,2 - 加成结构　　　反式 1,4 - 加成结构　　　顺式 1,4 - 加成结构

第二节　　逐步聚合反应

一、逐步聚合反应及其一般性特征

(一) 逐步聚合反应概述

逐步聚合反应在高分子合成中占有非常重要的地位,人类历史上首个实用性的合成高分子便是由苯酚和甲醛通过逐步聚合反应合成的。卡罗瑟斯(Carothers) 等在脂肪族聚酯以及聚酰胺合成方面的研究不仅揭示了逐步聚合反应的基本原理,建立了逐步聚合反应的理论体系,也为现代高分子科学的发展打下了坚实的基础。

逐步聚合反应可用的单体种类非常丰富,适用的化学反应类型多种多样。与乙烯基单体的链式聚合产物相比,绝大部分的逐步聚合产物在其主链上含有杂原子和／或芳香环,逐步聚合产物通常具有更强的机械性能(包括韧性、硬度等) 以及更高的耐热性能。

(二) 逐步聚合反应的一般性特征

在逐步聚合反应中,聚合物分子是由单体分子以及体系中所有聚合中间产物分子之间通过功能基反应生成的。

单体和单体反应生成二聚体,所得二聚体同样带有反应性功能基(—COOH 和—OH),可继续和单体反应生成三聚体,也可相互反应生成四聚体,以此类推,逐步得到高分子量聚合物。由此不难总结出逐步聚合反应具有以下一些基本特征:聚合反应是由单体和单体、单体和聚合中间产物以及聚合中间产物分子之间通过功能基反应逐步进行的;每一步反应都是相同功能基之间的反应,因而每步反应的反应速率常数和活化能都大致相同;单体以及聚合中间产物任意两分子间都能够发生反应生成聚合度更高的产物;聚合产物的聚合度是逐步增大的。其中聚合体系中单体分子以及聚合物分子之间都能相互反应生成聚合度更高的聚合物分子,这是逐步聚合反应最根本的特征,可作为逐步聚合反应的判据。

二、逐步聚合反应功能基反应类型

逐步聚合反应根据其基本的功能基反应类型可分为两大类:功能基之间的反应为缩合反应的称缩合聚合反应,简称为缩聚反应;功能基之间的反应为加成反应的称逐步加成聚合反应。

(一)缩聚反应类型

(1)聚酯化反应包括二元醇与二元羧酸、二元酯或二元酰氯等之间的聚合反应,如:

$$n\text{HOOC—R—COOH} + n\text{HO—R'—OH} \longrightarrow$$

$$\text{HO}\overset{O}{\underset{}{\parallel}}\text{C—R—}\overset{O}{\underset{}{\parallel}}\text{C—OR'O}_{n}\text{H} + (2n-1)\text{H}_2\text{O}$$

(2)聚酰胺化反应包括二元胺与二元羧酸、二元酯或二元酰氯等之间的聚合反应,如:

$$n\text{Cl—}\overset{O}{\underset{}{\parallel}}\text{C—R'—}\overset{O}{\underset{}{\parallel}}\text{C—Cl} + n\text{H}_2\text{N—R'—NH}_2 \longrightarrow$$

$$\text{Cl}\overset{O}{\underset{}{\parallel}}\text{C—R—}\overset{O}{\underset{}{\parallel}}\text{C—NHR'NH}_{n}\text{H} + (2n-1)\text{HCl}$$

(3)聚醚化反应二元醇和二元醇之间的聚合反应,如:

$$n\text{HO—R—OH} \longrightarrow \text{H}\text{—OR}_{n}\text{OH} + (n-1)\text{H}_2\text{O}$$

(4)聚硅氧烷化反应硅醇之间的缩聚反应,如:

$$n\text{HO—}\overset{R}{\underset{R'}{\text{Si}}}\text{—OH} \longrightarrow \text{H}\text{—O—}\overset{R}{\underset{R'}{\text{Si}}}_{n}\text{OH} - (n-1)\text{H}_2\text{O}$$

(5)其他缩聚反应。
①氧化脱氢缩聚反应。如2,6-二甲基苯酚氧化脱氢缩聚生成聚苯醚:

② 过渡金属催化缩聚反应。一些芳香族卤代烃在过渡金属催化剂的作用下,可以和多种化合物发生缩合偶联生成聚合物。该类聚合反应在合成共轭高分子领域具有重要意义。主要的过渡金属催化缩聚反应有:

$$nX{-}Ar{-}X \xrightarrow[\text{b.Ni(II)}]{\text{a.Mg}} X{\left(Ar\right)}_{n}X +(n-1)MgX_2$$

$$nX{-}Ar{-}X+n\diagdown\diagup Ar' \xrightarrow[\text{有机碱}]{Pd(0)} X{\left(Ar\diagdown\diagup Ar'\diagdown\diagup\right)}_{n} H+(2n-1)HX$$

$$nX{-}Ar{-}X+n\equiv Ar'\equiv \xrightarrow[\text{有机碱}]{Pd(PPh_3)_4/CuI} X{\left(Ar\equiv Ar'\equiv\right)}_{n} H+(2n-1)HX$$

$$nX{-}Ar{-}X+n(OH)_2B{-}Ar'{-}B(OH)_2 \xrightarrow{Pd(0)} X{\left(Ar{-}Ar'\right)}_{n} B(OH)_2+(2n-1)B(OH)_2X$$

缩聚反应的一个共同特点是在生成聚合物分子的同时,伴随有小分子副产物的生成,如 H_2O、HCl、ROH 等。在书写这类聚合物的结构式时,一般要求其重复结构单元的表达式必须反映功能基反应机理,如聚酯化反应时,其反应机理是下式所示的羧基和羟基之间的脱水反应,羧基失去的是 —OH,羟基失去的是 —H:

$$HO{-}\overset{O}{\underset{\|}{C}}{-}R{-}\overset{O}{\underset{\|}{C}}{+}OH\ \ HO{-}R'{-}OH$$

因此,聚酯分子结构式更准确的表达式应为式(a),而不是式(b):

$$HO{\left(\overset{O}{\underset{\|}{C}}{-}R{-}\overset{O}{\underset{\|}{C}}{-}OR'O\right)}_{n}H \qquad H{\left(O{-}\overset{O}{\underset{\|}{C}}{-}R{-}\overset{O}{\underset{\|}{C}}{-}OR'\right)}_{n}OH$$
$$\text{(a)} \qquad\qquad\qquad \text{(b)}$$

(二) 逐步加成聚合反应类型

(1) 重键加成逐步聚合反应。

重键加成逐步聚合反应指的是一些含活泼氢功能基的亲核化合物与含亲电不饱和功能基的亲电化合物之间的逐步加成聚合反应。其中含活泼氢的功能基主要有 —NH$_2$、—NH、—OH、—SH、—SO$_2$H、—COOH、—SiH 等;亲电不饱和功能基主要为一些连二双键和三键以及环氧基团等,如 —C=C=O、—N=C=O、—N=C=S、—C≡C—、—C≡N 等。

以二异氰酸酯和二羟基化合物的聚合反应为例,其主要反应通过异氰酸酯基和羟基的加成反应进行:

$$nO{=}C{=}N{-}R{-}N{=}C{=}O + nHO{-}R'{-}OH \longrightarrow$$

$$O{=}C{=}N{-}R{-}\overset{H}{N}{-}\overset{}{C}{\left(OR'O{-}\overset{H}{C}{-}\overset{}{N}{-}R{-}\overset{H}{N}{-}\overset{}{C}\right)}_{n}OR'OH$$

聚氨酯

(2) Diels – Alder 加成聚合。

Diels – Alder 加成聚合,如乙烯基丁二烯的聚合,为了得到高分子量的聚合产物,要求单体分子中至少含有三个双键,其中一对为共轭双键。

除此以外,还有自由基转移逐步聚合反应等,如二苯基甲烷在叔丁基过氧化物作用下的聚合反应历程可示意如下:

与缩聚反应不同,逐步加成聚合反应没有小分子副产物生成。

三、逐步聚合反应的分类

逐步聚合反应的分类可有多种角度。

(1) 根据参与聚合反应的单体数目和种类进行分类,以缩聚反应为例,可分为均缩聚反应、混缩聚反应和共缩聚反应。

均缩聚反应指的是只有一种单体参与的缩聚反应,其重复结构单元只含一种单体单元,其单体结构可以是 X—R—Y,聚合反应通过 X 和 Y 的相互反应进行,如由氨基酸单体合成聚酰胺;也可以是 X—R—X,聚合反应通过 X 之间的相互反应进行,如由二元醇合成聚醚。

混缩聚反应指的是由两种单体参与,但所得聚合物只有一种重复结构单元的缩聚反应,其起始单体通常为对称性双功能基单体,如 X—R—X 和 Y—R′—Y,聚合反应通过 X 和 Y 的相互反应进行,聚合产物的重复结构单元由两种单体单元构成,聚合反应可看作是由两种单体相互反应生成的"隐含"单体 X—R—R′—Y 的均缩聚反应,如二元羧酸和二元醇的聚酯化反应。均缩聚和混缩聚所得聚合物只含有一种重复结构单元,是均聚物。

共缩聚反应指的是由两种以上的单体参与,所得聚合物分子中含有两种以上重复结构单元的缩聚反应。

（2）按聚合产物分子链形态进行分类，可分为线性逐步聚合反应和非线性逐步聚合反应。

线形逐步聚合反应的单体为双功能基单体，聚合产物分子链只会向两个方向增长，生成线性高分子。非线性逐步聚合反应的聚合产物分子链不是线性的，而是支化或交联的，即聚合物分子中含有支化点，要引入支化点必须在聚合体系中加入含三个以上功能基的单体。

（3）根据聚合反应热力学性质进行分类，可分为平衡逐步聚合反应和不平衡逐步聚合反应。

平衡逐步聚合反应是指聚合反应是可逆平衡反应，生成的聚合物分子可被反应中伴生的小分子副产物降解成聚合度减小的聚合物分子，如二元酸和二元醇的聚酯化反应、二元酸和二元胺的聚酰胺化反应等。

不平衡逐步聚合反应是指聚合反应为不可逆反应，聚合反应过程中不存在可逆平衡，如氧化脱氢缩聚反应、重键加成逐步聚合反应等。当平衡逐步聚合反应的平衡常数足够高时（$K \geqslant 10^4$），其降解逆反应相对于聚合反应可以忽略，也可看作是非平衡逐步聚合反应，如二元酰氯和二元胺的聚酰胺化反应。平衡逐步聚合反应依反应条件的不同也可以以不平衡方式进行，如在聚合反应实施过程中随时除去聚合反应伴生的小分子副产物，使可逆反应失去条件。

四、逐步聚合反应的实施方法

（一）熔融聚合

熔融聚合是指聚合体系中只加单体和少量催化剂，不加任何溶剂，聚合过程中原料单体和生成的聚合物始终处于熔融状态下进行的聚合反应。熔融聚合主要应用于平衡缩聚反应，如聚酯、聚酰胺和不饱和聚酯等的生产。

熔融聚合操作较简单，把单体混合物、催化剂、分子量调节剂和稳定剂等投入反应器内，然后加热使物料在熔融状态下进行反应；温度随着聚合反应的进行而逐步提高，保持聚合反应温度始终比反应物的熔点高 10 ~ 20 ℃。为防止反应物在高温下发生氧化副反应，聚合反应常需在惰性气体（如氮气）保护下进行，同时为更彻底地除去小分子副产物，需保持高真空。在熔融聚合体系中，为了精确控制单体功能基摩尔比和达到高反应程度（> 99%），必须使用高纯度单体，同时必须小心控制副反应，以免因此导致功能基不等摩尔比，限制聚合产物的分子量，甚至在聚合物分子中引入不期望的结构。

在熔融聚合反应过程中，随着反应的进行，反应程度的提高，反应体系的理化特性会发生显著变化，与之相适应，工艺上一般可分为以下三个阶段：① 初期阶段，该阶段的反应主要以单体之间、单体与低聚物之间的反应为主。由于体系黏度较低，单体浓度大，逆反应速率小，对反应中生成的小分子副产物的除去程度要求不高，因此可以在较低温度、较低真空度下进行，该阶段应注意的主要问题是防止单体挥发、分解等，保证功能基等摩尔比。② 中期阶段，该阶段的反应主要以低聚物之间的反应为主，伴随有降解、交换等副反应。该阶段的任务在于除去小分子副产物，提高反应程度，从而提高聚合产物分子量。由于该阶段的反应物主要为低聚物，要使之保持熔融状态，同时使低分子副产物易除去，必须采用高温、高真空。③ 终止阶段,当聚合反应条件已达预期指标,或在设定的工艺条件下,由于体系物理化学性质等原因,小分子产物的移除程度已达极限,无法进一步提高反应程度,因此需及时终止反应,避免副反应,节能省时。

熔融聚合的优点是由于体系组成简单,产物后处理容易,可连续生产;缺点是反应温度高,易发生副反应。为获得高分子量产物,必须严格控制单体功能基等摩尔比,对原料纯度要求高,且需高真空,对设备要求高。

(二) 溶液聚合

溶液聚合是指将单体等反应物溶在溶剂中进行聚合反应的一种实施方法。所用溶剂可以是单一的,也可以是几种溶剂的混合物。溶液聚合广泛用于涂料、胶黏剂等的制备,特别适于合成难熔融的耐热聚合物,如聚酰亚胺、聚苯醚、聚芳香酰胺等。溶液聚合可分为高温溶液聚合和低温溶液聚合。高温溶液聚合采用高沸点溶剂,多用于平衡逐步聚合反应。低温溶液聚合一般适于高活性单体,如二元酰氯、异氰酸酯与二元醇、二元胺等的反应。由于在低温下进行,逆反应不明显。

溶液聚合的关键之一是溶剂的选择,合适的聚合反应溶剂通常需具备以下特性:① 对单体和聚合物的溶解性好,以使聚合反应在均相条件下进行;② 溶剂沸点应不低于设定的聚合反应温度;③ 有利于小分子副产物移除,或者与溶剂形成共沸物,在溶剂回流时带出反应体系,或者使用高沸点溶剂,或者可在体系中加入可与小分子副产物反应而对聚合反应没有其他不利影响的化合物。

溶液逐步聚合反应的优点是:① 反应温度低,副反应少;② 传热性好,反应可平稳进行;③ 无须高真空,反应设备较简单;④ 可合成热稳定性低的产品。缺点是:① 反应影响因素增多,工艺复杂;② 若需除去溶剂时,后处理复杂,必须考虑溶剂回收、聚合物的分离以及残留溶剂对聚合物性能、使用等的不良影响。

(三) 界面缩聚

界面缩聚是将两种单体分别溶于两种互不相溶的溶剂中,再将这两种溶液倒在一起,在两液相的界面上进行缩聚反应,聚合产物不溶于溶剂,在界面析出。

以对苯二甲酰氯与己二胺的界面缩聚为例,反应式为

$$n\text{Cl}-\overset{\overset{\text{O}}{\|}}{\text{C}}-\overset{\overset{\text{O}}{\|}}{\text{C}}-\text{Cl} + n\text{H}_2\text{N}(\text{CH}_2)_6\text{NH}_2 \longrightarrow$$

$$\text{Cl}\text{-}\!\!\!\left[\overset{\overset{\text{O}}{\|}}{\text{C}}-\overset{\overset{\text{O}}{\|}}{\text{C}}-\text{NH}(\text{CH}_2)_6\text{NH}\right]_{\!n}\!\!\text{H} + (2n-1)\text{HCl}$$

当反应实施时,将对苯二甲酰氯溶于有机溶剂(如 CCl_4)。己二胺溶于水,且在水相中加入 NaOH 来消除聚合反应生成的小分子副产物 HCl。将两相混合后,聚合反应迅速在界面进行,所生成的聚合物在界面析出成膜,把生成的聚合物膜不断拉出,单体不断向界面扩散,聚合反应在界面持续进行。

界面缩聚能否顺利进行取决于以下几方面的因素。

(1) 聚合产物的机械强度　为保证聚合反应持续进行,一般要求聚合产物具有足够的机械强度,以便将析出的聚合物以连续膜或丝的形式从界面持续地拉出。若不能及时将

析出的聚合物从界面移去,就会妨碍单体的扩散与接触,使聚合反应速率逐渐降低。

(2) 水相中无机碱的浓度　水相中无机碱的加入是必需的,否则聚合反应生成的 HCl 可与二元胺反应使之转化为低活性的二元胺盐酸盐,使反应速率大大下降;但无机碱的浓度必须适中,因为在高无机碱浓度下,酰氯可水解成相应的酸,而酸在界面缩聚的低反应温度下不具反应活性,结果不仅会使聚合反应速率大大下降,而且会大大地限制聚合产物的分子量。

(3) 单体反应活性　要求单体反应活性高,因为如果聚合反应速率太慢,酰氯可有足够的时间从有机相扩散穿过界面进入水相,水解反应严重,导致聚合反应不能顺利进行,因此界面缩聚不适于反应活性较低的二元酰氯和二元脂肪醇的聚酯化反应 $[r \approx 10^{-3} \text{L}/(\text{mol} \cdot \text{s})]$。

(4) 有机溶剂的选择　有机溶剂的选择对控制聚合产物的分子量很重要,因为在大多数情况下,聚合反应主要发生在界面的有机相一侧。如上述例子中,二元胺从水相扩散进入有机相的倾向比二元酰氯从有机相扩散进入水相的倾向大得多,聚合反应实际上发生在界面的有机相一侧。聚合产物的过早沉淀会妨碍高分子量聚合产物的生成,因此为获得高分子量的聚合产物要求有机溶剂对不符要求的低分子量产物具有良好的溶解性。

界面缩聚反应具有如下特点:① 由于单体须扩散到界面才会发生聚合反应,而单体的扩散速率远小于单体的反应速率,因此界面缩聚总的反应速率受单体扩散速率控制;② 聚合反应只发生在界面,产物分子量与体系总的反应程度无关;③ 由于聚合反应只在界面发生,并不总是要求体系中总的功能基摩尔比等于1,因此对单体的纯度要求也不是十分苛刻,但为保证在界面处获得功能基等摩尔比,必须使两单体从两相向界面的扩散速率相等,因此扩散速率相对较慢的单体要求其浓度相对较高;④ 反应温度低,常为 0 ~ 50 ℃,可避免因高温而导致的副反应,有利于高熔点耐热聚合物的合成。

界面缩聚由于需采用高成本的高活性单体,且溶剂消耗量大,设备利用率低,因此虽然有许多优点,但工业上的实际应用并不多。典型的例子是用光气与双酚 A 界面缩聚合成聚碳酸酯以及一些芳香族聚酰胺的合成。

(四) 固相聚合

固相聚合是指单体或预聚物在聚合反应过程中,始终保持在固态条件下进行的聚合反应。主要应用于一些熔点高的单体或部分结晶低聚物的后聚合反应,因为这些单体或结晶低聚物如果用熔融聚合法可能会因反应温度过高而引起显著的分解、降解、氧化等副反应,使聚合反应无法正常进行。

固相聚合的反应温度一般比单体熔点低15 ~ 30 ℃。如果是低聚物,为防止在固相聚合反应过程中固体颗粒间发生黏结,在聚合反应前必须先让低聚物部分结晶,聚合反应温度一般介于非晶区的玻璃化温度和晶区的熔点之间。在这样的温度范围内,一方面由于链段运动可使分子链末端基团具有足够的活动性,以使聚合反应正常进行;另一方面又能保证聚合物始终处于固体状态,而不会发生熔融或黏结。此外,为使聚合反应生成的小分子副产物及时而又充分地从体系中清除,一般需采用惰性气体(如氮气等) 或对单体和聚合物不具溶解性而对聚合反应的小分子副产物具有良好溶解性的溶剂作为清除流体,把小分子副产物从体系中带走,促进聚合反应的进行。

第三节　自由基聚合反应

烯类单体在聚合条件下,碳碳双键被打开,通过链式聚合反应,生成乙烯基聚合物:

$$n\mathrm{H_2C{=}CH} \longrightarrow \quad (\mathrm{CH_2{-}CH})_n$$
$$\qquad\qquad | \qquad\qquad\qquad\quad |$$
$$\qquad\qquad \mathrm{X} \qquad\qquad\qquad\quad \mathrm{X}$$

$\mathrm{X}=\mathrm{H,R,}\ \langle\bigcirc\rangle\ ,\mathrm{Cl,CN,OR,COOR}$ 等。

乙烯基聚合物在高分子合成工业上占据极其重要的地位,其主要品种如聚乙烯、聚氯乙烯、聚苯乙烯、聚丙烯等的产量遥遥领先,主宰整个合成聚合物的市场。

链式聚合的反应根据反应活性中心的性质,可分为自由基聚合、阳离子聚合、阴离子聚合和配位聚合等。其中自由基聚合,在理论研究上已进入较完善的境地,有关活性中心的产生及性质、聚合机理和聚合动力学等都被研究得比较透彻,相关理论已非常成熟,可作为离子型聚合的比较和借鉴。自由基聚合是整个链式聚合的基础。

一、链式聚合反应的一般特征

链式聚合反应一般由链引发、链增长、链终止等基元反应组成。首先由某种称为引发剂的化合物 I 在一定条件下产生引发活性中心(或称引发活性种)R^*,它与单体分子 M 发生加成反应,打开其双键,形成单体活性中心(或称活性单体),而后进一步与单体加成,形成一个新的活性中心,如此重复实现链增长,形成链增长活性中心(或称活性链)。链增长活性中心可通过链终止反应被破坏而失活,链增长反应就会停止,生成稳定的大分子。

在链式聚合反应中,引发活性中心 R^* 一旦形成,就会迅速地(0.01 s 至几秒)与单体重复发生加成,增长成活性链,然后终止成大分子。在任何阶段,聚合反应是通过单体和反应活性中心(包括引发活性中心和链增长活性中心)之间的加成反应来进行的。单体转化率随反应时间不断增加,但是聚合物的平均分子量瞬间达到某定值,与反应时间无关,这些与逐步聚合反应完全相反。

根据以上分析,可将链式聚合反应的基本特征总结如下:① 聚合过程由多个基元反应组成,由于各基元反应机理不同,因此它们的活化能和速率差别较大;② 单体只能与活性中心反应生成新的活性中心,单体之间不能发生聚合反应;③ 聚合体系始终是由单体、聚合物、微量的引发剂及浓度极低的链增长活性中心所组成;④ 聚合产物的分子量一般不随单体转化率而变(活性聚合除外,参见第 7 章),延长聚合时间,单体转化率增加。

二、链式聚合单体

能进行链式聚合的单体主要有烯烃(包括共轭二烯烃)、炔烃、羰基化合物和一些杂环化合物,其中以烯烃最具实际应用意义。评价一个单体的聚合反应性能,应从两个方面考虑:首先是其聚合能力大小,然后是它对不同聚合机理(如自由基、阳离子、阴离子聚合)的选择性。前者由烯烃单体取代基的位阻效应(取代基数量、位置及大小)决定;后者可从取代基的电子效应(诱导效应和共轭效率)的角度判断。

（一）位阻效应决定单体聚合能力

一取代烯烃（$CH_2 = CHX$）和 1,1 - 二取代烯烃（$CH_2 = CXY$）原则上都能进行聚合，原因是活性中心可从无取代基的 β - 碳原子上进攻单体。除非取代基体积太大，如带三元环以上的稠环芳烃取代基的乙烯不能聚合，1,1 - 二苯基乙烯也只能聚合生成二聚体而得不到高聚物。

1,2 - 二取代以及三、四取代烯烃原则上都不能聚合，其原因是这三类取代烯烃的 α - 碳原子和 β - 碳原子都带有取代基，活性中心不论是从 α - 位还是从 β - 位进攻单体时都存在空间障碍，从而无聚合活性。唯一例外的是当取代基为 F 时，它的一、二、三、四取代乙烯都可以聚合，这是因为 F 半径小，与 H 非常接近，从而无空阻效应。

（二）电子效应决定聚合机理的选择性

乙烯基单体（$CH_2 = CH—X$）对聚合机理的选择性，即是否能进行自由基、阴离子、阳离子聚合，取决于取代基 X 的诱导效应和共轭效应（合称为电子效应）。取代基电子效应主要表现在它们对单体双键的电子云密度以及相应活性种（自由基、阴离子、阳离子等）稳定性的影响。

给电子取代基如烷氧基、烷基、苯基、乙烯基等，使双键电子云密度增加，有利于阳离子的进攻和键合：

$$H_2C \overset{\delta-}{=} CH—X^{\delta+}$$

同时，给电子取代基通过共轭效应而使链增长阳离子活性中心稳定，有利其生成，以乙烯醚的聚合为例：

$$\sim\sim CH_2-\overset{H}{\underset{:O:\;R}{C^+}} \;\rightleftharpoons\; \sim\sim CH_2-\overset{H}{\underset{:O^+\;R}{C}}$$

以上两方面的作用结果，使带给电子取代基的乙烯基单体有利于进行阳离子聚合。由于烷基的给电子性、共轭性较弱，所以只有 1,1 - 二烷基取代烯烃（如异丁烯）才能进行阳离子聚合，而单取代烯烃如丙烯则不容易发生阳离子聚合。

吸电子取代基如氰基、羰基（醛、酮、酸、酯）等，则降低了双键上的电子云密度，有利于阴离子的进攻：

$$H_2C \overset{\delta+}{=} CH—X^{\delta-}$$

生成的链增长阴离子活性中心又可被吸电子取代基共轭稳定，以丙烯腈的聚合为例：

$$\sim\sim CH_2-\overset{H}{\underset{C\equiv N}{C:}} \;\rightleftharpoons\; \sim\sim CH_2-\overset{H}{\underset{C\equiv N:^-}{C}}$$

因此带吸电子取代基的单体易进行阴离子聚合。

　　与离子聚合具有较高的选择性相反,由于自由基是电中性的,对单体中取代基的电子效应无严格要求,几乎所有的乙烯基单体都可以进行自由基聚合,即自由基聚合对单体的选择性低。许多带吸电子基团的烯类单体,如丙烯腈、丙烯酸酯类等既可以进行阴离子聚合,也可以进行自由基聚合。只是在取代基的电子效应太强时,才不能进自由基聚合,如偏二腈乙烯、硝基乙烯等只能进行阴离子聚合;而异丁烯、乙烯基醚等只能进行阳离子聚合。

　　有些单体的取代基诱导效应是吸电子,同时也具有 p—π 共轭的给电子性,但两者均较弱,因此不发生离子聚合,只能自由基聚合,氯乙烯、乙酸乙烯酯等属此类情形:

$$H_2C\!=\!\!CH \qquad H_2C\!=\!\!CH$$
$$\quad\quad :Cl \qquad\qquad :O\!-\!C\!-\!CH_3$$
$$\qquad\qquad\qquad\qquad\qquad \parallel$$
$$\qquad\qquad\qquad\qquad\qquad O$$

　　共轭烯烃,例如苯乙烯、丁二烯、异戊二烯等,由于 π 电子云的流动性增加了烯烃单体对于带不同电荷活性中心进攻的适应性,因此视引发条件不同而可进行阴离子型、阳离子型、自由基型等各种链式聚合反应。

第四节　　离子聚合

一、离子聚合特征

　　离子聚合与自由基聚合一样,同属链式聚合反应,但链增长反应活性中心是带电荷的离子而不是自由基。根据活性中心所带电荷的不同,可分为阳(正)离子聚合和阴(负)离子聚合。对于含碳—碳双键的烯烃单体而言,活性中心就是碳正离子或碳负离子。离子聚合反应以阳离子聚合为例,可表示如下:

$$A^+B^- + CH_2\!=\!\!CH \xrightarrow[\text{链引发}]{} A\!-\!CH_2\!-\!\overset{+}{C}HB\!\cdots \xrightarrow[\text{链增长}]{H_2C=CHX} \{CH_2\!-\!CH\}_{n-1}CH_2\!-\!\overset{+}{C}HB$$

$$\xrightarrow{\text{链转移或链终止}} \{CH_2\!-\!CH\}_n$$

　　除了活性中心的性质不同之外,离子聚合与自由基聚合明显不同,主要表现在以下几个方面。

　　(1) 单体结构一般而言,自由基聚合对单体选择性较低,大多数烯烃单体都可以进行自由基聚合。但离子聚合对单体具有严格的选择性,只适合于带能稳定碳正离子或碳负离子取代基的单体。带有给电子取代基的单体,倾向于阳离子聚合;带有吸电子取代基的单体,则容易进行阴离子聚合。由于离子聚合单体选择范围窄,因此已工业化的聚合品种较自由基聚合要少得多。

（2）活性中心的存在形式。

在自由基聚合中,反应活性中心是电中性的自由基,虽然寿命很短,但可独立存在。而离子聚合的链增长活性中心带电荷,为了保持电中性,在离子增长链近旁有一个来自引发剂、带相反电荷的离子与之伴随。这种带相反电荷的离子被称为反离子或抗衡离子,它与离子增长链形成离子对。离子对在反应介质中能以几种形式存在,可以是共价键合、紧密离子对、被溶剂分隔的疏松离子对乃至自由离子,以阳离子聚合为例:

$$\sim\!\!\sim\!\!\sim AB \rightleftharpoons \sim\!\!\sim\!\!\sim A^+\,B^- \rightleftharpoons \sim\!\!\sim\!\!\sim A^+ /\!/ \; B^- \rightleftharpoons \sim\!\!\sim\!\!\sim A^+ + B^-$$

　　　共价键合　　　紧密离子对　　　疏松离子对　　　　自由离子

以上各种形式之间处于动态平衡,从左到右,增长活性链与反离子作用减弱,与单体的加成反应活性增大,聚合速率加快,但聚合过程的立体控制性则有所下降。

共价键合形式一般无反应活性,大多数离子聚合的链增长活性中心是处于平衡状态的离子对和自由离子。离子对中,离子增长链和反离子结合的紧密程度又主要取决于单体、反离子结构以及溶剂和温度等聚合条件,又反过来影响聚合反应速率、聚合物分子量和单体加入的立体化学。由于离子聚合经常存在多种活性中心,因此其聚合机理和反应动力学较自由基聚合复杂,难以定量化。

（3）聚合温度。

离子聚合的活化能较自由基聚合低,可以在低温(如0 ℃)以下,甚至-70 ~ -100 ℃下进行。若温度过高,聚合速率过快,有可能产生爆聚。同时,离子型活性中心具有发生如离子重排、链转移等副反应的倾向,低的聚合温度可减少这些竞争副反应的发生。

（4）聚合机理。

离子聚合的引发活化能较自由基聚合低,因此与自由基聚合的慢引发不同,离子聚合是快引发。自由基聚合中链自由基相互作用可进行双基终止;但离子聚合中,增长链末端带有同性电荷,不会发生双基终止,只能发生单基终止。

（5）聚合方法。

自由基聚合可以在水介质中进行,但水对离子聚合的引发剂和链增长活性中心有失活作用,因此离子聚合一般采用溶液聚合,偶有本体聚合,而不能进行乳液聚合和悬浮聚合。同时由于微量杂质(如水、酸、醇等)都是离子型聚合的阻聚剂,因此离子聚合对低浓度的杂质和其他偶发性物质的存在极为敏感,实验结果重现性差,这也限制了离子聚合在工业上的应用。

二、阳离子聚合

（一）阳离子聚合单体

阳离子聚合单体必须是有利于形成阳离子的亲核性烯类单体,包括以下三大类。

（1）带给电子取代基的烯烃。

$$CH_2\!=\!C\diagup^{CH_3}_{\diagdown CH_3} \qquad CH_2\!=\!\underset{\underset{OR}{|}}{CH} \qquad CH_2\!=\!\!\!\bigotimes$$

　　　　　异丁烯　　　　　　乙烯基醚　　　　β-蒎烯

（2）共轭烯烃。

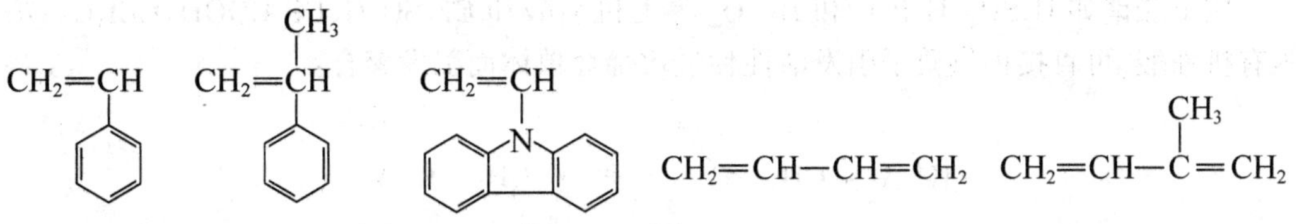

苯乙烯　　α-甲基苯乙烯　　N-乙烯基咔唑　　　　丁二烯　　　　　　　异戊二烯

（3）环氧化合物。

四氢呋喃　　三氧六环　　环氧乙烷　环氧丙烷

上述（1）（2）类单体属烯烃单体，其增长链是碳正离子，为本章重点讨论的对象；（3）类单体的增长链为氧鎓离子。

烯烃单体的阳离子聚合活性与其取代基供电子性的强弱密切相关。乙烯无侧基，双键电子云密度低，难以进行阳离子聚合；丙烯上的甲基是给电子基，双键电子云密度有所增长，但一个甲基的给电子不强，聚合活性不大，产物为低分子量油状物；异丁烯有两个给电子的 α - 甲基，使双键电子云密度增加很多，易受阳离子进攻，聚合生成高分子量聚合物。实际上，异丁烯是 α - 烯烃中为数不多、最重要的阳离子聚合单体，而且也只能通过阳离子聚合才能获得聚合物，所以常利用异丁烯这一特性来鉴别引发机理。

同理，对于苯乙烯类单体，由于苯环上取代基的给电子性大小不同，而导致它们的聚合活性大小顺序为

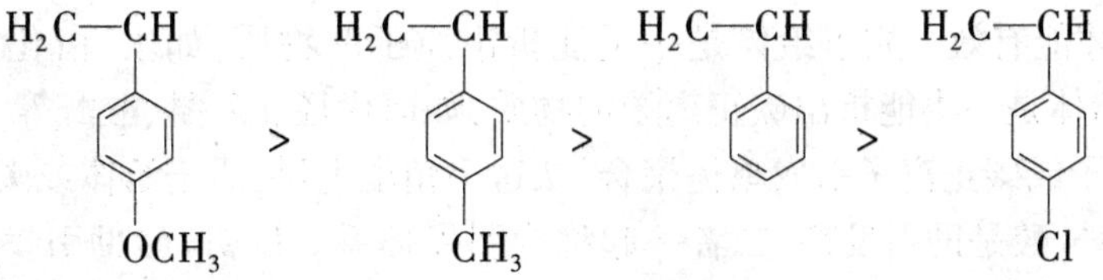

乙烯基烷基醚也是一类常见的阳离子聚合乙烯基单体。烷氧基上氧原子的孤对电子能与双键形成 p—π 共轭，使双键电子云密度大大增加，结果使乙烯基醚的阳离子聚合活性很高，而且只能进行阳离子聚合。当乙烯基烷基醚单体的烷氧基 —OR 中 R 为芳基时，氧原子上的孤对电子也可和苯环共轭而减弱了它对双键的给电子性，结果使乙烯基芳基醚的阳离子聚合活性显著下降。

苯乙烯、丁二烯、异戊二烯等共轭烯烃，由于 π—π 共轭能使阳离子稳定，因此可以进行阳离子聚合，但它们的活性远不及乙烯基烷基醚和异丁烯。这样，共轭烯烃在工业上很少通过阳离子聚合来生产聚合物。

（二）阳离子聚合机理

1. 链引发反应

阳离子聚合的引发剂通常是缺电子的亲电试剂，它可以是一个单一的正离子（碳正离子或质子），也可以在引发聚合前由几种物质反应产生正离子引发活性种，此时称其为引发体系更为贴切。阳离子引发剂种类主要有以下几类。

（1）质子酸。

质子酸诸如 H_2SO_4、H_3PO_4 和 $HClO_4$ 等无机强酸和 CF_3SO_3H、CF_3COOH、CCl_3COOH 等有机强酸,可直接提供质子引发活性种进攻烯烃单体而引发聚合:

$$H^+ A^- + CH_2=\overset{\displaystyle R}{\underset{\displaystyle R'}{C}} \longrightarrow CH_3-\overset{\displaystyle R}{\underset{\displaystyle R'}{\overset{+}{C}}}A^-$$

质子酸引发活性的强弱取决于其提供质子的能力和阴离子的亲核性。卤化氢(HA)类,如 HI、HBr 和 HCl 等都不能使任何烯烃单体聚合。原因是虽然它们提供质子的能力较强,但相应的酸根阴离子 A^- 的亲核性太大,容易形成 C—A 共价键而终止聚合:

$$H^+ A^- + CH_2=\overset{\displaystyle R}{\underset{\displaystyle R'}{C}} \longrightarrow CH_3-\overset{\displaystyle R}{\underset{\displaystyle R'}{\overset{+}{C}}}A^- \longrightarrow CH_3-\overset{\displaystyle R}{\underset{\displaystyle R'}{C}}-A$$

由于氧的电负性较大,含氧酸如 $HClO_4$、H_2SO_4 等的酸根阴离子亲核性较弱,可以引发烯类单体聚合,但一般得到的聚合物分子量不会太大,因此不常使用,只用于合成一些低聚物,作为汽油、润滑油、表面活性剂等使用。

（2）Lewis 酸。

这类引发剂包括 $AlCl_3$、BF_3、$SnCl_4$、$SnCl_2$、$ZnCl_2$ 和 $TiCl_4$ 等金属卤化物,以及 $RAlCl_2$、R_2AlCl 等有机金属化合物,其中以铝、硼、钛、锡的卤化物应用最广。Lewis 酸引发阳离子聚合时,可在高收率下获得较高分子量的聚合物,因此从工业上看,它们是阳离子聚合的主要引发剂。

Lewis 酸引发时,常需要在质子给体(又称质子源)或碳正离子给体(又称碳正离子源)的存在下才能有效。质子给体是一类能析出质子的物质,如水、卤化氢、醇、有机酸等;碳正离子给体是一类能析出碳正离子的物质,如卤代烃、酯、醚、酸酐等。它们与 Lewis 酸反应产生质子或碳正离子引发单体聚合,从这个角度上讲,质子给体或碳正离子给体是引发剂,而 Lewis 酸是助引发剂,二者一起称为引发体系。Lewis 酸助引发剂有时也被称为活化剂。目前有些教科书对引发剂和助引发剂的定义与以上所用的概念相反,注意不要混淆。

以 BF_3 和 H_2O 引发体系为例,质子给体引发剂与 Lewis 酸助引发剂的引发过程可表示如下:

$$BF_3 + CH_2 \rightleftharpoons H^+[BF_3OH]^-$$

$$H^+[BF_2OH]^- + CH_2=\overset{\displaystyle CH_3}{\underset{\displaystyle CH_3}{C}} \longrightarrow CH_3-\overset{\displaystyle CH_3}{\underset{\displaystyle CH_3}{\overset{+}{C}}}[BF_3OH]^-$$

已有实验证实上述引发过程,即小心干燥聚合体系(反应器、单体和溶剂等),单用 BF_3 不能引发异丁烯聚合,但加入微量水后,聚合则迅速进行。

但必须注意,作为引发剂的质子(给体如水、醇、酸等)的用量必须严格控制,过量会使聚合变慢甚至无法进行,并导致分子量下降。究其原因,一是使 Lewis 酸毒化失活,以水为例:

$$BF_3 + H_2O \rightleftharpoons H^+[BF_3OH]^- \overset{H_2O}{\rightleftharpoons} [H_3O]^+[BF_3OH]^-$$

生成的氧鎓离子活性太低,不能引发单体聚合;二是导致转移性链终止。也就是说,水既是引发剂又是阻聚剂,因此对于多数阳离子聚合,引发剂与共引发剂有一最佳比例,此时聚合速率最快。例如 $SnCl_4/H_2O$ 在 CCl_4 中引发的苯乙烯聚合,当 $[SnCl_4] \approx 0.12$ mol/L、$[H_2O] \approx 4.7 \times 10^{-4}$ mol/L 时聚合最快。可见作为引发剂水的用量不需太高,一般小于 10^{-3} mol/L,这与一般聚合体系中残留微量杂质水的浓度相当,即多数情况下,作为引发剂的 H_2O 并不需有意加入。

碳正离子给体,如叔丁基氯在 Lewis 酸 $AlCl_3$ 活化下,引发反应可表示如下:

$$AlCl_3 + (CH_3)_3CCl \rightleftharpoons (CH_3)_3C^+[AlCl_4]^-$$

$$(CH_3)_3C^+[AlCl_4]^- + CH_2{=}CH \longrightarrow (CH_3)_3C{-}CH_2{-}\overset{+}{C}H[AlCl_4]^-$$

当酯作为碳正离子给体时,产生碳正离子引发活性种的反应式为

$$AlCl_3 + R\overset{O}{\overset{\|}{C}}OR' \longrightarrow R'^+[RCOOAlCl_3]^-$$

引发剂/助引发剂引发体系的活性,决定于它提供质子或碳正离子的能力。对于 Lewis 酸助引发剂而言,Lewis 酸性越强,其活化能力越大,如不同 Lewis 酸对异丁烯聚合的引发活性大小顺序为

$$BF_3 > AlCl_3 > TiCl_4 > TiBr_4 > BCl_3 > BBr_3 > SnCl_4$$

对于质子给体引发剂,其活性随酸性增强而增大:

$$HCl > HAc > C_6H_5OH > CH_3OH$$

碳正离子给体引发剂的活性取决于其在 Lewis 酸活化下产生的碳正离子的稳定性。碳正离子的稳定性越大越易生成,引发活性种的浓度就越高,有利于引发。但稳定的碳正离子活性低,不易引发单体。兼顾二者考虑,$(CH_3)_3CCl$、$C_6H_5CH(CH_3)Cl$、$C_6H_5C(CH_3)_2Cl$、$CH_3COOC(CH_3)_2C_6H_5$ 等是比较合适而常用的碳正离子给体。

(3) 碳正离子盐。

一些碳正离子(如三苯甲基碳正离子 $(Ph)_3C^+$、环庚三烯碳正离子 $C_7H_7^+$)能与酸根 ClO_4^-、$SbCl_6^-$ 等成盐,由于这些碳正离子的正电荷可以在较大区域内离域分散而能稳定存在,它们在溶剂中能离解成正离子引发单体聚合。但由于这些正离子稳定性高而活性较小,只能用于乙烯基烷基醚、N – 乙烯基咔唑等活泼单体的阳离子聚合。

(4) 卤素卤素。

如 I_2 也可引发乙烯基醚、苯乙烯等的聚合,其引发反应被认为是通过碘与单体加成后再离子化:

$$I_2 + CH_2{=}\underset{OR}{\overset{|}{C}H} \longrightarrow ICH_2{-}\underset{OR}{\overset{|}{C}HI} \overset{I_2}{\longrightarrow} ICH_2{-}\underset{OR}{\overset{+}{\overset{|}{C}}}I_3^-$$

即 I_2 既是引发剂又是 Lewis 酸活化剂。其他卤素(如 Cl_2、Br_2 等)需在强 Lewis 酸(如 $AlEt_2Cl$)活化下才能产生正离子引发活性种,以 Cl_2 为例:

$$Cl_2 + AlEt_2Cl \longrightarrow Cl^+ [AlEt_2Cl_2]^-$$

(5) 阳离子光引发剂。

最重要的阳离子光引发剂是二芳基碘鎓盐($Ar_2I^+ Z^-$)和三芳基硫鎓盐($Ar_3S^+ Z^-$),式中 Z^- 是一些诸如 PF_6^-、AsF_6^-、SbF_6^- 等超强酸的酸根阴离子。这两类鎓盐受光照时,产生超强酸引发阳离子聚合反应,以二苯碘鎓盐为例:

$$Ar_2I^+ Z^- \xrightarrow{h\nu} ArI^+ Z^- + Ar^*$$

$$Ar_2I^+ Z^- + RH \longrightarrow ArI + R^* + H^+ Z^-$$

式中,RH 为一些含活泼氢的物质,可以是体系中的溶剂或微量杂质 H_2O,也可以是外加醇类化合物等。由于生成的超强酸 $H^+ Z^-$ 的酸性强,同时酸根阴离子 Z^- 亲核性小,不易发生链终止反应,从而引发活性很高。以上二类鎓盐可引发乙烯基醚、苯乙烯、环氧树脂预聚物等的阳离子聚合,在光固化涂料工业中得到广泛应用。

2. 链增长

引发反应所生成的碳正离子与单体不断加成进行链增长反应,以 BF_3/H_2O 引发异丁烯聚合为例:

这种加成反应也可以看成是通过单体不断地在碳正离子与其反离子所形成的离子对间的插入而进行的。阳离子聚合链增长反应活化能较低,为 20 ~ 25 kJ/mol,略低于自由基聚合增长活化能,因此增长反应速率很快。

不同于自由基聚合的单活性中心(自由基),阳离子聚合的链增长过程中经常存在两类活性中心:自由离子和离子对,而离子对又分紧密离子对和疏松离子对。因此,阳离子聚合实际上存在两种以上的活性中心,它们对聚合反应的影响非常复杂。不同形式的离子对具有不同的活性,而离子对的存在形式在很大程度上取决于反离子的性质和反应介质。

(1) 反离子效应。

链增长过程中,来自引发体系带负电荷的反离子的性质将会影响离子对的增长反应活性。反离子亲核性越强,离子对越紧密,链增长活性越小。亲核性太大时,将使链终止,得不到聚合物。反离子体积也有影响,体积大,离子对疏松,链增长活性大。但到目前为止,仍然难以用实验证实反离子效应,这是由于某一单体在带不同反离子的引发剂下聚合时,所测动力学数据(聚合速率和链增长速率常数)中既有离子对的贡献,又有自由离子的贡献,二者难以区分。

（2）溶剂效应。

在阳离子聚合中，阳离子增长链与反离子之间的结合可以是共价键、离子对乃至自由离子，彼此处于平衡之中。反应介质（溶剂）极性和溶剂化能力的不同，可改变自由离子与离子对的相对浓度以及离子对结合的松紧程度，从而影响聚合反应的速率和分子量。溶剂的极性和溶剂化能力越强，越有利于生成溶剂分离的离子对和自由离子，结果链增长速率增加。

一些碱性溶剂，如醇、乙醚、THF、N,N - 二甲基甲酰胺、吡啶等，虽然它们的极性和溶剂化能力都强，但由于它们带有给电子基团，可以与阳离子链增长活性中心结合，反而会使自由离子或离子对的活性降低导致聚合速率下降，同时这类溶剂往往和引发剂（如 Lewis 酸）发生反应而使后者毒化，因此不适用于阳离子聚合。溶剂对链增长过程中的立体化学也有影响，将在后面讨论。

某些单体在进行阳离子聚合的链增长过程中，还伴随着链增长活性中心的异构化反应，其结果是在聚合物链上产生与单体结构不同的结构单元。异构化反应实际上是由于增长链碳正离子活性中心通过分子内的 H^- 或 R^- 的转移而发生分子内重排引起的，重排的驱动力是生成热力学更稳定的阳离子。这种伴随增长链活性中心重排的聚合称为异构化聚合。

3. 链转移和链终止

多种反应可使阳离子聚合的增长链失活，若动力学链被终止则是链终止；若增长链终止的同时，又再生出具引发活性的离子对，则是链转移。

（1）链转移反应。

① 向单体链转移。在阳离子聚合过程中，向单体的链转移是最主要且难以避免的链转移反应，其常见的方式是通过增长链阳离子的 β - 质子转移到单体分子上：

$$\text{~~CH}_2\text{—C}^+[\text{BF}_3\text{OH}]^- \; (\text{with two } CH_3) \; + \; CH_2=C \; (\text{with two } CH_3) \longrightarrow$$

$$CH_3\text{—C}^+[\text{BF}_3\text{OH}]^- \; (\text{with two } CH_3) \; + \; \text{~~CH}=C \; (\text{with two } CH_3) \quad 或 \quad \text{~~CH}_2\text{—C}= (\text{with two } CH_3)$$

另一种向单体链转移的方式是增长链阳离子从单体转移一个氢负离子：

$$\text{~~CH}_2\text{—C}^+[\text{BF}_3\text{OH}]^- \; (\text{with two } CH_3) \; + \; CH_2=C \; (\text{with two } CH_3) \longrightarrow$$

$$\text{~~CH}_2\text{—CH} \; (\text{with } CH_3) \; + \; CH_2=C\text{—CH}_2 \; (\text{with } CH_3)[\text{BF}_3\text{OH}]^-$$

这种转移方式在活泼单体的阳离子聚合中较难发生，主要发生在丙烯、1 - 丁烯等不活泼的 α - 烯烃的阳离子聚合中。由于再生的是一个烯丙基碳正离子，再引发活性低，实际上发生的是烯丙基终止反应。因此丙烯、1 - 丁烯等进行阳离子聚合时，单体转化率低，且只能得到油状低聚物。

在阳离子聚合中,极易发生向单体的链转移反应,其链转移常数 C_M 为 $10^{-2} \sim 10^{-4}$,比一般自由基聚合的($10^{-4} \sim 10^{-5}$)高得多,因此阳离子聚合产物的分子量一般较自由基聚合的要低。链转移与链增长是一对竞争反应,降低温度、提高反应介质的极性,有利于链增长反应,从而可提高产物分子量,这也是阳离子聚合需在低温、极性溶剂下进行的原因。

② 向反离子链转移。增长链阳离子上的 β - 氢也可以质子形式向反离子转移,这种转移方式又称自发终止:

$$\sim\!\!\sim\!\!CH_2\!-\!\overset{\displaystyle CH_3}{\underset{\displaystyle CH_3}{\overset{+}{C}}}[BF_3OH]^- \longrightarrow \sim\!\!\sim\!\!CH_2\!-\!\overset{\displaystyle CH_2}{\underset{\displaystyle CH_3}{C}} + H^+[BF_3OH]^-$$

③ 向溶剂链转移。如向芳烃溶剂的链转移反应:

$$\sim\!\!\sim\!\!CH_2\!-\!\overset{\displaystyle CH_3}{\underset{\displaystyle CH_3}{\overset{+}{C}}}[BF_3OH]^- + \bigcirc\!\!-\!X \longrightarrow \sim\!\!\sim\!\!CH_2\!-\!\overset{\displaystyle CH_3}{\underset{\displaystyle CH_3}{C}}\!-\!\bigcirc\!\!-\!X + H^+[BF_3OH]^-$$

④ 向大分子链转移。在苯乙烯以及衍生物的阳离子聚合中,可通过分子内亲核芳香取代机理发生链转移:

$$\sim\!\!\sim\!\!CH_2\!-\!\underset{\displaystyle \bigcirc}{CH}\!-\!CH_2\!-\!\underset{\displaystyle \bigcirc}{CH}B \longrightarrow \sim\!\!\sim\!\!CH_2\!-\!\underset{\displaystyle \bigcirc}{CH}\!-\!CH_2\!-\!\underset{\displaystyle H}{\overset{\displaystyle \bigcirc}{C}}\!\!-\!\bigcirc \quad +H^+B^-$$

α - 烯烃(如丙烯)的阳离子聚合中,增长链仲碳阳离子可以夺取聚合物链上的叔碳氢而向大分子链转移:

$$\sim\!\!\sim\!\!CH_2\!-\!\overset{\displaystyle CH_3}{\underset{\displaystyle H}{\overset{+}{C}}} \quad + \quad \sim\!\!\sim\!\!CH_2\!-\!\overset{\displaystyle H}{\underset{\displaystyle CH_3\sim\!\!\sim}{C}} \longrightarrow$$

$$\sim\!\!\sim\!\!CH_2\!-\!CH_2\!-\!CH_3 \quad + \quad \sim\!\!\sim\!\!CH_2\!-\!\underset{\displaystyle CH_3}{\overset{\displaystyle +}{C}}\!\!\sim\!\!\sim$$

(2) 链终止反应。

① 与反离子结合。用质子酸引发时,增长链阳离子与酸根反离子结合成键终止,例如在三氟乙酸引发苯乙烯的聚合中,便发生这种链终止反应:

$$\sim\!\!\sim\!\!CH_2\!-\!\overset{+}{\underset{\displaystyle \bigcirc}{CH}}[OCOCF_3]^- \longrightarrow \sim\!\!\sim\!\!CH_2\!-\!\underset{\displaystyle \bigcirc}{CH}\!-\!OCOCF_3$$

用 Lewis 酸引发时,一般是增长链阳离子与反离子中一部分阴离子碎片结合而终止,

如 BF_3 引发异丁烯聚合时：

$$\text{~~~CH}_2-\overset{\overset{\displaystyle CH_3}{|}}{\underset{\underset{\displaystyle CH_3}{|}}{C}}{}^+[BF_3OH]^- \longrightarrow \text{~~~CH}_2-\overset{\overset{\displaystyle CH_3}{|}}{\underset{\underset{\displaystyle CH_3}{|}}{C}}-OH + BF_3$$

即增长链阳离子与反离子中的 OH— 结合终止。但用 BCl_3 代替 BF_3 时,终止反应变为

$$\text{~~~CH}_2-\overset{\overset{\displaystyle CH_3}{|}}{\underset{\underset{\displaystyle CH_3}{|}}{C}}{}^+[BCl_3OH]^- \longrightarrow \text{~~~CH}_2-\overset{\overset{\displaystyle CH_3}{|}}{\underset{\underset{\displaystyle CH_3}{|}}{C}}-Cl + BCl_2OH$$

此时增长链阳离子与反离子中的 Cl^- 而不是 OH^- 结合终止。造成以上差别的原因在于以下键强大小顺序：$B—F > B—O > B—Cl$。

当使用烷基卤化物／烷基铝引发体系时,可与反离子中的烷基负离子结合即烷基化终止：

$$\text{~~~CH}_2-\overset{\overset{\displaystyle CH_3}{|}}{\underset{\underset{\displaystyle CH_3}{|}}{C}}{}^+[(CH_3CH_2)_2AlCl]^- \longrightarrow \text{~~~CH}_2-\overset{\overset{\displaystyle CH_3}{|}}{\underset{\underset{\displaystyle CH_3}{|}}{C}}-CH_2CH_3 + (CH_3CH_2)_2AlCl$$

或与反离子中烷基的氢负离子结合即氢化终止：

$$\text{~~~CH}_2-\overset{\overset{\displaystyle CH_3}{|}}{\underset{\underset{\displaystyle CH_3}{|}}{C}}{}^+[(CH_3CH_2)_2AlCl]^- \longrightarrow \text{~~~CH}_2-\overset{\overset{\displaystyle CH_3}{|}}{\underset{\underset{\displaystyle CH_3}{|}}{C}}-H + CH_2{=}CH_2 + (CH_3CH_2)_2AlCl$$

当烷基铝的烷基上有 β - 氢原子时,这种终止方式占优势。

　　② 与亲核性杂质的链终止。在聚合体系中,若存在一些亲核性杂质,如水、醇、酸、酐、酯、醚等,它们虽然可以作为质子或碳正离子源在 Lewis 酸活化下引发阳离子聚合。但它们的含量过高时,还会导致转移性链终止反应,以水为例：

$$\text{~~~CH}_2-\overset{\overset{\displaystyle CH_3}{|}}{\underset{\underset{\displaystyle CH_3}{|}}{C}}{}^+[BF_3OH]^- + H_2O \longrightarrow \text{~~~CH}_2-\overset{\overset{\displaystyle CH_3}{|}}{\underset{\underset{\displaystyle CH_3}{|}}{C}}-OH + H^+[BF_3OH]^-$$

$$\Big\downarrow {\scriptstyle H_2O}$$

$$[H_3O]^+[BF_3OH]^-$$
（无引发活性）

即水可与链转移再生出的质子反应,生成无引发活性的氧鎓离子,此时过量的水实际上起到链终止剂的作用。

　　氨或有机胺也是阳离子聚合的终止剂,它们与增长链阳离子生成稳定无引发活性的季铵盐正离子：

$$\text{~~~}M_n^+B^- +: NR_3 \longrightarrow \text{~~~}M_n\overset{+}{N}R_3B^-$$

(三) 阳离子聚合动力学

1. 动力学方程

由于阳离子聚合的链引发涉及引发剂和助引发剂间的复杂化学反应,又存在多种链增长活性中心,影响因素复杂。因此,阳离子聚合反应动力学比自由基聚合的要复杂得多,研究起来相当困难,至今还没有一套广泛适用的动力学方程,只能在特定的实验条件(主要是引发、终止方式),借用自由基聚合的稳态假设,建立近似的动力学方程。

如采用质子酸引发剂(HA)／助引发剂(C)的引发体系,链终止方式为与反离子结合的单分子终止,此时阳离子聚合基元反应及相应速率方程可用通式表示如下:

链增长

$$M_n^+ (CA)^- + M \xrightarrow{k_p} M_{n+1}^+ (CA)^-$$

以$[M^+]$表示所有链增长活性中心的总浓度,则

$$R_p = r_p[M^+][M] \tag{10.1}$$

链终止

$$M_{n+1}^+ (CA)^- \xrightarrow{k_t} M_{n+1}^+ CA$$

$$R_t = k_t[M^+]$$

假设反应达到稳态,$[M^+]$保持不变,则$R_i = R_t$,因此:

$$[M^+] = Kk_i[HA][C][M]^2 \tag{10.2}$$

把式(10.3)代入式(10.2)得阳离子聚合动力学方程:

$$R_p = \frac{Kr_i r_p}{r_t}[HA][C][M]^2 \tag{10.3}$$

式(10.3)表明,阳离子聚合速率对引发剂和共引发剂浓度均呈一级反应,对单体浓度呈二级反应。

一种特殊的情况是共引发剂过量或其浓度远远大于引发剂浓度,此时$r_i = k_i[HA][M]$,阳离子聚合动力学方程则变为

$$R_p = \frac{r_i r_p}{r_t}[HA][M]^2 \tag{10.4}$$

无链转移反应时,动力学链长ν等于平均聚合度:

$$\nu = \bar{X}_n = \frac{R_p}{R_t} = \frac{r_p[M]}{r_t} \tag{10.5}$$

即聚合度与引发剂、助引发剂浓度无关,与单体浓度成正比。

当存在链转移反应时,且以向单体链转移为主时:

$$\bar{X}_n = \frac{R_p}{R_t + R_{tr,M}} = \frac{r_p[M^+][M]}{r_t[M^+] + r_{tr,M}[M^+][M]} = \frac{r_p[M]}{r_t + r_{tr,M}[M]} \tag{10.6}$$

或

$$\frac{1}{\bar{X}_n} = \frac{r_t}{r_p[M]} + C_M$$

式中,C_M为向单体链转移常数,$C_M = k_{tr,M}/k_p$。若向单体链转移速率远远大于链终止速率,即$R_{tr,M} \gg R_t$,则

$$\bar{X}_n = \frac{R_p}{R_t + R_{tr,M}} \approx \frac{R_p}{R_{tr,M}} = \frac{1}{C_M} \tag{10.7}$$

同样,当向溶剂或转移剂(S)的链转移速率很大时:

$$\bar{X}_n = \frac{R_p}{R_{tr,S}} = \frac{r_p[M]}{r_{tr,S}[S]} = \frac{[M]}{C_S[S]} \tag{10.8}$$

式中,C_S 为溶剂或转移剂的链转移常数。

从上述一组阳离子聚合动力学方程式中,可以看到它和自由基聚合的动力学行为不一样。主要差别在于:① 阳离子聚合反应速率与引发剂浓度的一次方成正比,而自由基聚合速率则与引发剂浓度的平方根成正比;② 阳离子聚合反应的动力学链长(无链转移时的平均聚合度)仅与单体浓度成正比,而与引发剂浓度或聚合速率无关,而自由基聚合反应中的动力学链长则与引发剂浓度或聚合速率成反比。

要注意的是,理论上推导的阳离子聚合动力学方程与实验结果往往有出入,最重要的原因是阳离子聚合的引发速率很快,稳态条件不存在,另增长活性中心的性质也不确定。

2. 温度对聚合速率及聚合物分子量的影响

由阳离子聚合动力学方程式(10.3)和式(10.5)可以得出聚合反应速率活化能 E_R 和平均聚合度的活化能 $E_{\bar{X}_n}$ 为

$$E_R = E_i + E_p - E_t \tag{10.9}$$

$$E_{\bar{X}_n} = E_p - E_t \tag{10.10}$$

式中,E_i、E_p、E_t 分别为链引发、链增长和链终止阶段的活化能。若在阳离子聚合中,链转移是导致大分子生成的主要反应时,式(10.10)中的 E_t 应用链转移活化能 E_{tr} 来代替:

$$E_{\bar{X}_n} = E_p - E_{tr} \tag{10.11}$$

由于阳离子聚合的链增长活化能较小,而链引发活化能和链终止活化能一般较链增长活化能大,所以聚合速率活化能较小,E_R 值一般在 $-20 \sim +40$ kJ/mol 之间。大多数情况下,$E_R < 0$,则往往出现聚合温度降低,聚合速率反而加快的反常现象。但由于 E_R 绝对值较自由基聚合速率活化能(约为 84 kJ/mol)要小得多,因此从聚合速率对温度的依赖性而言,阳离子聚合要远远小于自由基聚合。

由于链终止或链转移活化能总是比链增长活化能大,从式(10.10)或式(10.11)可知,平均聚合度活化能 $E_{\bar{X}_n}$ 总是负值,所以温度升高,链终止或链转移加快,分子量下降,这是阳离子聚合多在低温下进行的原因。

温度对聚合度的影响有时表现得较为复杂。温度降低,聚合度上升。但在不同的温度范围内,聚合度与温度的依赖关系不同,在 -100 ℃ 以下时为向单体链转移,而在 -100 ℃ 以上时为向溶剂链转移。不同链转移的活化能不一样,则聚合度对温度的依赖程度也不同。

三、阴离子聚合

(一) 阴离子聚合单体

阴离子聚合单体除某些含杂原子的环状单体外,主要是带吸电子取代基的 α - 烯烃和共轭烯烃。前一类单体的阴离子聚合属开环聚合;后两类单体根据它们的聚合活性分为以下四组。

A 组(高活性)：

$$H_2C=C\begin{matrix}CN\\|\\CN\end{matrix}$$ 偏二氰乙烯　　$$H_2C=C\begin{matrix}CN\\|\\COOC_2H_5\end{matrix}$$ α – 氰基丙烯酸乙酯　　$$H_2C=C\begin{matrix}H\\|\\NO_2\end{matrix}$$ 硝基乙烯

B 组(较高活性)：

$$H_2C=CH\\|\\CN$$ 丙烯腈　　$$H_2C=C\begin{matrix}CN\\|\\CH_3\end{matrix}$$ 甲基丙烯腈　　$$H_2C=CH\\|\\C=O\\|\\CH_3$$ 甲基丙烯酮

C 组(中活性)：

$$H_2C=CH\\|\\COOCH_3$$ 丙烯酸甲酯　　$$H_2C=C\begin{matrix}CH_3\\|\\COOCH_3\end{matrix}$$ 甲基丙烯酸甲酯

D 组(低活性)：

$$H_2C=CH$$ 苯乙烯　　$$H_2C=C\\|\\CH_3$$ 甲基苯乙烯　　$$H_2C=CH-CH=CH_2$$ 丁二烯　　$$H_2C=C\begin{matrix}CH_3\\|\end{matrix}-CH=CH_2$$ 异戊二烯

以上单体的阴离子聚合活性顺序,实际上与单体取代基吸电子性的强弱顺序是一致的。下面将讨论到,高活性单体用很弱的引发剂就可被引发,而低活性单体只有用强引发剂才能被引发。

(二)阴离子聚合机理

1. 链引发反应

按引发机理不同,可将阴离子聚合的引发反应分为两大类:电子转移引发和亲核加成引发。前者所用引发剂是可提供电子的物质;后者则采用能提供阴离子的阴离子型或中性亲核试剂作为引发剂。

(1) 电子转移引发。

碱金属原子将其外层价电子转移给单体或其他物质,生成阴离子聚合活性种,因此称为电子转移引发剂。根据电子转移的方式不同,又分为电子直接转移引发和电子间接转移引发。

　　① 电子直接转移引发。碱金属 Li、Na、K 等将外层价电子直接转移给单体,生成单体自由基阴离子,它不稳定,立刻双基偶合成可进行双向链增长反应的双阴离子活性中心:

$$Na + H_2C=CH \longrightarrow {}^{\bullet}CH_2-CH^- \ Na^+$$

$$2\,{}^{\bullet}CH_2-CH^- \ Na^+ \longrightarrow Na^{+\,-}CH-CH_2-CH_2-CH^- \ Na^+$$

　　由于碱金属的价电子非常活泼,很容易失去转移给单体,所以碱金属的引发活性很高。但碱金属一般不溶于单体或溶剂,是非均相引发体系,引发剂利用率不高,导致引发反应较慢。一般可将金属分散成小颗粒或在反应器内壁上涂成薄层(金属镜)来增加金属的表面积,以提高引发速率。

　　② 电子间接转移引发。

　　在极性溶剂如 THF 中,碱金属与多环芳烃反应形成带有颜色的可溶性复合物,最常见的如萘钠复合物,它能引发单体进行阴离子聚合。其机理是金属钠把电子转移给萘,生成萘的自由基阴离子复合物,它再将电子转移给单体,形成单体自由基阴离子,并立刻偶合成双阴离子活性中心:

$$Na + \text{(naphthalene)} \xrightarrow{\ THF\ } \left[\text{(naphthalene)}\right]^- Na^+ \ (\text{绿色})$$

$$\left[\text{(naphthalene)}\right]^- Na^+ + H_2C=CH \longrightarrow {}^{\bullet}CH_2-CH^- Na^+ \ + \ \text{(naphthalene)}$$

$$2\,{}^{\bullet}CH_2-CH^- Na^+ \longrightarrow Na^{+\,-}CH-CH_2-CH_2-CH^- Na^+$$

　　在整个过程中,萘相当于中间媒介,将电子从钠转移给单体苯乙烯,即是一种间接的电子转移引发。由于萘钠复合物溶于溶剂,可以和单体均相混合,这就克服了单用碱金属因非均相而效率低的局限性。

　　(2) 亲核加成引发。相应的引发剂是一些能提供碳负离子、烷氧阴离子和氮阴离子等引发活性中心的阴离子型亲核试剂或中性分子亲核试剂,常用的品种如下。

　　① 碱金属烷基化合物。碱金属烷基化合物包括烷基钠、烷基钾、烷基锂等,其中最常用的是烷基锂如正丁基锂,其引发活性很强,引发能力与上面介绍的碱金属相当。由于正丁基锂制备容易(可通过金属锂与 n - 氯丁烷在己烷或庚烷介质中直接反应获得),且可溶于多种极性和非极性溶剂,所以在理论研究和实际中应用较多。它对苯乙烯的引发作用可表示为

$$C_4H_9^-Li^+ + H_2C\!\!=\!\!CH \longrightarrow C_4H_9-CH_2-CH^- Li^+$$

需要指出的是,由于 Li 具有一定的电负性,正丁基锂中的 C—Li 键被认为部分是离子键,部分是共价键。在醚类极性溶剂中离子键是主要的,且以未缔合的 C_4H_9Li 形式存在;而在烃类或非极性溶剂中共价键占优势,并按缔合状态 $(C_4H_9Li)_6$ 形式存在。正丁基锂未缔合的形式较缔合的形式活泼得多,因而引发活性要高。

在非极性溶剂中,缔合与解离子处于动态平衡,使引发反应的级数出现分数。如在苯中,正丁基锂通过下列解离平衡进行引发:

$$(n-C_4H_9Li)_6 \xrightleftharpoons{\text{苯}} 6n-C_4H_9Li$$

$$n-C_4H_9Li + M \xrightleftharpoons{k_i} n-C_4H_9M^- Li^+$$

因此,$R_i \propto [(n-C_4H_9Li)_6]^{1/6}$。可以预料,在苯中加入少量 THF,就能使上述平衡向右移动,促使丁基锂解离,因而引发聚合速率成倍提高。

② 金属胺。这类化合物提供氮阴离子引发聚合,代表性的化合物是氨基钾,在强极性介质液氨中,它几乎离解成 NH_2^- 自由离子,引发聚合:

$$KNH_2 \xrightleftharpoons{\text{苯}} NH_2^- + K^+$$

$$NH_2^- + H_2C\!\!=\!\!CH \longrightarrow NH_2-CH_2-CH^-$$

③ 含烷氧阴离子化合物。如 ROK、RONa、ROLi 等,解离出烷氧阴离子引发聚合,如乙醇钠:

$$C_2H_5O^- Na^+ + H_2C\!\!=\!\!CH \longrightarrow C_2H_5O-CH_2-CH^- Na^+$$
$$\qquad\qquad\qquad\qquad |\qquad\qquad\qquad\qquad\qquad\quad |$$
$$\qquad\qquad\qquad\qquad CN\qquad\qquad\qquad\qquad\qquad CN$$

④ 中性分子亲核试剂。R_3P(膦)、R_3N、吡啶、ROH、H_2O 等中性亲核试剂,都有未共用电子对,为 Lewis 碱,可以通过亲核加成机理引发阴离子聚合,但它们的引发活性较低,只能用于活泼单体的聚合,如活性很高的 α - 氰基丙烯酸乙酯遇水可以被引发聚合:

$$H_2C\!\!=\!\!C\begin{smallmatrix}CN\\|\\\\|\\COOC_2H_5\end{smallmatrix} + H_2O \longrightarrow \quad O^+\!\!-\!\!O^+\!\!-CH_2-C^-\begin{smallmatrix}CN\\|\\\\|\\COOC_2H_5\end{smallmatrix}$$

在确定阴离子聚合的单体/引发剂组合时,必须考虑它们之间的活性匹配,即强碱性高活性引发剂能引发各种活性的单体,而弱碱性低活性引发剂只能引发高活性的单体。

2. 链增长反应

经链引发反应产生的阴离子活性中心不断与单体加成进行链增长,如丁基锂引发苯乙烯阴离子聚合的链增长反应如下:

$$C_4H_9CH_2CH^- \, Li^+ + H_2C{=}CH \longrightarrow C_4H_9CH_2CHCH_2CH^- \, Li^+ \xrightarrow[]{\text{单体}} \cdots \longrightarrow$$

$$C_4H_9CH_2CH{\Big[}CH_2CH{\Big]}_n CH_2CH^- \, Li^+$$

和阳离子聚合一样,阴离子聚合的链增长活性中心也是自由离子和松紧程度不一的离子对,它们处于动态平衡中:

$$\sim\sim\sim M^- \, B^+ \underset{}{\overset{K}{\rightleftharpoons}} \sim\sim\sim M^- + B^+$$

溶剂和反离子的性质都会对上述平衡产生影响,从而显著改变链增长速率。溶剂的极性增强,上述平衡向右移动,体系中自由离子的相对浓度增加,同时离子对的结合变松,二者都使链增长速率加快。

反离子(一般为碱金属离子)的影响较为复杂,在高极性溶剂和低极性溶剂中的影响方向正好相反。在高极性溶剂中,溶剂化作用对活性中心离子形态起着决定性作用,金属离子越小,越易溶剂化,平衡向右移动,自由离子浓度增加,链增长变快。但在低极性溶剂中,溶剂化作用十分微弱以至离子对的离解可以忽略,增长活性中心主要是离子对,此时增长链碳负离子与反离子之间的库仑力对活性中心离子对的存在形态起决定性作用。金属离子越小,它与碳负离子的库仑力增强,离子对结合越紧密而使活性减小,增长速率反而下降。

烷基锂 RLi 引发剂在非极性溶剂中会发生缔合现象,这种缔合现象在链增长过程中也会出现,增长活性链可缔合成二聚体:

$$2\sim\sim\sim CH_2CH^- \, Li^+ \longrightarrow \sim\sim\sim CH_2CH{\cdots}CHCH_2\sim\sim\sim$$

其结果使链增长活性中心的活性下降。而在极性溶剂中,则不发生上述缔合反应。用黏度法和光散射法已证明上述二聚体的存在:在单体 100% 转化后,加水终止聚合,所得聚合物的分子量是终止前的二分之一。

与阳离子聚合类似,阴离子聚合过程中也可能发生活性链的异构现象,导致异构化聚合。典型的例子如以叔丁醇钠引发丙烯酰胺聚合时,得不到聚丙烯酰胺,而是 β - 氨基丙酸,也就是聚酰胺 - 3:

$$n H_2C{=}CH \xrightarrow{\ NaOC_4H_9\ } {\Big[}CH_2CH_2\overset{\overset{\displaystyle O}{\|}}{C}NH{\Big]}_n$$
$$\underset{CONH_2}{|}$$

异构化聚合过程可表示如下:

$$C_4H_9O^- + H_2C\!\!=\!\!CH \longrightarrow C_4H_9O\!-\!CH_2CH^- \xrightarrow{\text{H}^+\text{转移}}$$
$$\qquad\qquad\qquad | \qquad\qquad\qquad\qquad\qquad |$$
$$\qquad\qquad\quad CONH_2 \qquad\qquad\qquad\quad CONH_2$$

$$\qquad\qquad\qquad\qquad\qquad\qquad O$$
$$\qquad\qquad\qquad\qquad\qquad\qquad \|$$
$$C_4H_9O\!-\!CH_2CH_2CNH^- \xrightarrow{\ H_2C=CHCONH_2\ } C_4H_9O\!-\!CH_2CH_2CNH\!-\!CH_2CH^-$$
$$\qquad\qquad\qquad\qquad\qquad\qquad\qquad\qquad\qquad\qquad\qquad\qquad |$$
$$\qquad\qquad\qquad\qquad\qquad\qquad\qquad\qquad\qquad\qquad\qquad\quad CONH_2$$

$$\qquad\qquad O \qquad\qquad\quad O \qquad\qquad\qquad\qquad\qquad O$$
$$\qquad\qquad \| \qquad\qquad\quad \| \qquad\qquad\qquad\qquad\qquad \|$$
$$C_4H_9O\!-\!CH_2CH_2CNH\!-\!CH_2CH_2CNH \cdots\cdots \longrightarrow \left[\!CH_2CH_2CNH\!\right]_n$$

在聚合过程中,得到的碳负离子通过 H^+ 转移不断地发生分子内重排,成为较稳定的酰胺负离子。

3. 链转移和链终止

与自由基聚合、阳离子聚合相比,阴离子聚合难以发生链转移和链终止反应。其原因是:① 活性链带有相同电荷,由于静电排斥作用,不能发生双基终止反应;② 活性链碳负离子的反离子常为金属离子,而不是离子团,它一般不能从其中夺取某个原子或 H^+ 而终止;③ 向单体链转移需要通过活化能很高的脱去 H^- 反应,通常也不易发生:

$$\sim\!\sim\!CH_2CH^-\,B^+ + H_2C\!\!=\!\!CH \xrightarrow{\ \text{难}\ } \sim\!\sim\!CH\!\!=\!\!CH + CH_3CH^-\,B^+$$
$$\qquad\quad | \qquad\qquad\quad | \qquad\qquad\qquad\quad | \qquad\qquad |$$
$$\qquad\quad R \qquad\qquad\quad R \qquad\qquad\qquad\quad R \qquad\qquad R$$

因此,大多数阴离子聚合反应,尤其是非极性烯烃类单体(如苯乙烯、丁二烯等)的阴离子聚合,如果体系无杂质存在,是没有链转移和链终止反应的。链增长反应通常从一开始到单体耗尽为止,形成所谓"活"的聚合物,相应聚合被称为活性聚合。

当体系中存在杂质或人为加入终止剂时,阴离子聚合则发生链终止反应,例如 O_2 或 CO_2 与增长的碳负离子反应:

$$\sim\!\sim\!CH_2CH^-\,B^+ + O_2 \longrightarrow \sim\!\sim\!CH_2CHOO^-\,B^+$$
$$\qquad\quad | \qquad\qquad\qquad\qquad\qquad\qquad\quad |$$
$$\qquad\quad R \qquad\qquad\qquad\qquad\qquad\qquad\quad R$$

$$\sim\!\sim\!CH_2CH^-\,B^+ + CO_2 \longrightarrow \sim\!\sim\!CH_2CHOO^-\,B^+$$
$$\qquad\quad | \qquad\qquad\qquad\qquad\qquad\qquad\quad |$$
$$\qquad\quad R \qquad\qquad\qquad\qquad\qquad\qquad\quad R$$

生成的氧负离子或羧基负离子没有足够的碱性引发单体聚合,因此实际上是终止反应。水是一种活泼的链转移剂:

$$\sim\!\sim\!CH_2CH^-\,B^+ + H_2O \longrightarrow \sim\!\sim\!CH_2CH_2 + HO^-\,B^+$$
$$\qquad\quad | \qquad\qquad\qquad\qquad\qquad\qquad\qquad |$$
$$\qquad\quad R \qquad\qquad\qquad\qquad\qquad\qquad\qquad R$$

羟基负离子通常没有足够的亲核性,不能再引发聚合反应,因而使动力学链终止,即实际上是链终止反应。

极性单体如甲基丙烯酸甲酯、丙烯腈等,其极性侧基容易与增长的碳负离子反应使聚合终止,如在甲基丙烯酸阴离子聚合中,增长链会与单体的羰基亲核取代而失活:

$$\sim\sim\text{CH}_2\!-\!\overset{\overset{\displaystyle\text{CH}_3}{|}}{\underset{\underset{\displaystyle\text{COOCH}_3}{|}}{\text{C}^-}}\,\text{Li}^+ + \text{H}_2\text{C}\!=\!\overset{\overset{\displaystyle\text{CH}_3}{|}}{\underset{\underset{\displaystyle\text{COOCH}_3}{|}}{\text{C}}} \quad\longrightarrow$$

$$\sim\sim\text{CH}_2\!-\!\overset{\overset{\displaystyle\text{CH}_3}{|}}{\underset{\underset{\displaystyle\text{COOCH}_3}{|}}{\text{C}}}\!-\!\overset{\overset{\displaystyle\text{O}}{\|}}{\text{C}}\!-\!\overset{\overset{\displaystyle\text{CH}_3}{|}}{\text{C}}\!=\!\text{CH}_3 + \text{CH}_3\text{O}^-\,\text{Li}^+$$

由于微量 H_2O、O_2、CO_2 等都能使阴离子聚合反应终止,因此阴离子聚合须在高真空或惰性气氛、试剂和反应器都非常洁净的条件下进行。

(三) 阴离子聚合动力学

1. 聚合速率

大多数非极性烯烃类单体的阴离子聚合是没有链转移和链终止反应的,且使用极性溶剂时,链引发相对于链增长要快,因此聚合速率可用链增长速率表示:

$$R_p = r_p[M^-][M] \tag{10.12}$$

式中,$[M^-]$ 为增长链阴离子活性中心的总浓度。阴离子聚合的链增长实际上包括自由离子和离子对两种活性中心的增长,所以增长速率的表达式应为

$$R_p = r_p^-[P^-][M] + r_p^\mp[P^-B^+][M] \tag{10.13}$$

式中,r_p^- 和 $r_p^\mp$ 分别为自由离子和离子对的链增长速率常数;$[P^-]$ 和 $[P^-B^+]$ 分别为自由离子和离子对的浓度。而在式(10.13)中未将两种不同的活性中心加以区分,用 $[M^-]$ 表示两种增长活性中心(自由离子和离子对)的总浓度。此时,速率常数 r_p 值实际上是表观速率常数 r_p^{app},这样式(10.13)应改写成

$$R_p = r_p^{app}[M^-][M] \tag{10.14}$$

比较式(10.13)和式(10.14)得到

$$r_p^{app} = \frac{r_p[P^-] + r_p^\mp[P^-B^+]}{[M^-]} \tag{10.15}$$

离子对和自由离子的浓度取决于解离平衡常数 K:

$$K = \frac{[P^-] + [B^+]}{[P^-B^+]} \tag{10.16}$$

如果不外加离子,则 $[P^-] = [B^+]$,代入式(10.16)得

$$[P^-] = (K[P^-B^+])^{1/2} \tag{10.17}$$

大部分情况下,解离程度非常小(即 K 很小),离子对浓度接近于增长链活性中心总浓度 $[M^-]$,式(10.17)可简化成

$$[P^-] = (K[M^-])^{1/2} \tag{10.18}$$

则离子对的浓度相应地可用下式表示:

$$[P^-B^+] = [M^-] - (K[M^-])^{1/2} \tag{10.19}$$

综合式(10.17)、式(10.18)和式(4.22)得

$$r_p^{app} = r_p^\mp + \frac{(r_p^- - r_p^\mp)K^{1/2}}{[M^-]^{1/2}} \tag{10.20}$$

通过实验测得聚合速率,再根据式(10.16)可求得 r_p^{app}。在一些文献或书籍中,除非特别指出是自由离子或离子对的速率常数,否则所列举的都是表观速率常数 r_p^{app},用它也可以说明离子聚合的某种倾向,如溶剂或温度对反应速率的影响等。

知道 r_p^{app} 后,自由离子和离子对的速率常数则可根据式(10.20)求得。方法是用 r_p^{app} 对 $[M^-]^{-1/2}$($[M^-]$ 实际上等于引发剂浓度)作图得一条直线,其截距为 $r_p^{\mp}$,斜率为 $(r_p^- - r_p^{\mp})K^{1/2}$。由电导法测得平衡常数 K 后,可再求出 r^-。

2. 温度对链增长速率的影响

温度对阴离子聚合链增长反应的影响复杂,既影响自由离子与离子对的相对浓度,又影响它们各自的链增长速率常数。温度对链增长速率常数 r_p^- 和 $r_p^{\mp}$ 的影响同对所有速率常数一样,提高温度使 r_p^- 和 $r_p^{\mp}$ 同时增加,这对链增长反应是有利的。但由于离子对的离解是在溶剂的溶剂化作用下实现的,该过程的活化能为负值,因此离解平衡常数 K 随温度升高反而降低,自由离子的相对浓度也随之下降,这对链增长反应又是不利的。可见,温度对链增长反应速率影响具有二重性。通过链增长速率对温度的依赖关系实验可测得链增长反应的表观活化能,其值一般是较小的正值,表明总的效果还是聚合速率随温度的升高而有所增加。

在不同极性的溶剂中,聚合速率对温度的依赖程度不一样。在强极性溶剂中,溶剂化作用较强,K 值随温度变化也较大,温度对 K 值的影响几乎与对 r_p^- 和 $r_p^{\mp}$ 的影响相互抵消,因此表观活化能就较低,此时聚合速率对温度的变化就不敏感。而在弱极性溶剂中,溶剂化作用较弱,温度对 K 的影响小,温度对 K 值的影响不能与对 r_p^- 和 $r_p^{\mp}$ 的影响相互抵消,因此表观活化能相对较大,聚合速率对温度依赖性有所加强。例如钠引发苯乙烯阴离子聚合时的表观活化能,在溶剂化能力弱的二氧六环中为 37 kJ/mol,而在溶剂化能力强的四氢呋喃中仅为 4.2 kJ/mol。

[小历史]

人类生活与高分子密切相关,食物中的蛋白质和淀粉就是高分子。远在几千年以前,人类就使用棉、麻、丝、毛等天然高分子作为织物材料,使用竹木石料作为建筑材料。纤维造纸、皮革鞣制、油漆应用等是天然高分子早期的化学加工。直至 20 世纪 20 ~ 30 年代,还只有少数几种合成材料,而目前高分子材料的体积产量已经远超过钢铁和金属,在材料结构中,已与金属材料、无机材料并列,不可或缺。日常生活和各个科学技术部门也离不开高分子材料。

1838 年曾进行过氯乙烯、苯乙烯的聚合,但真正工业化还是在 20 世纪 90 年以后。19 世纪中叶,天然高分子的化学改性开始发展,如天然橡胶的硫化(1839 年)、硝化纤维赛璐珞的出现(1868 年)、粘胶纤维的生产(1893 ~ 1898 年)。20 世纪初期,开始出现了第一种合成树脂和塑料 —— 酚醛塑料,1909 年工业化。第一次世界大战期间,出现了丁钠橡胶。20 世纪 20 年代,醇酸树脂、醋酸纤维、脲醛树脂也相继投入生产。

19 世纪,还没有高分子的名称,也不知道高分子的结构,连分子量的测定方法都未建立。19 世纪和 20 世纪之交,初步确定天然橡胶由异戊二烯构成、纤维素和淀粉由葡萄糖残体构成,但还不知道共价结合,疑是胶体。1890 ~ 1919 年,埃米尔·菲舍尔(Emil

Fischer)通过蛋白质的研究,开始涉及聚合物的结构,对以后高分子概念的建立起了重要作用。直至 1920 年,Staudinger 才提出聚苯乙烯、橡胶、聚甲醛等都是共价结合的大分子,先后经历了 10 年,才于 1929 年确立了大分子假说;加上他对高分子其他方面的贡献,因而获得了诺贝尔奖。

20 世纪 30 ~ 40 年代是高分子化学和工业开始兴起的时代,两者相互促进。从 20 世纪 20 年代末期开始,Carothers 着手系统研究合成聚酯和聚酰胺的缩聚反应,1935 年研制成功尼龙 – 66,并于 1938 年实现了工业化。30 年代,还工业化了一批经自由基聚合而成的烯类加聚物,如聚氯乙烯(1927 ~ 1937 年)、聚醋酸乙烯酯(1936 年)、聚甲基丙烯酸甲酯(1927 ~ 1931 年)、聚苯乙烯(1934 ~ 1937 年)、高压聚乙烯(1939 年)等。自由基聚合的成功已经突破了经典有机化学的范围。缩聚和自由基聚合奠定了早期高分子化学学科发展的基础。

在缩聚和自由基聚合等基本原理指导下,20 世纪 40 年代,高分子工业以更快的速率发展,相继开发了丁苯橡胶、丁腈橡胶、氟树脂、ABS 树脂等,属于阳离子聚合的丁基橡胶也在这一时期生产。同时发展了乳液聚合和共聚合的基本理论,逐步改变了完全依靠条件摸索的技艺时代。陆续工业化的缩聚物有不饱和聚酯、有机硅、聚氨酯、环氧树脂等。由于原料问题,1940 年开发成功的涤纶树脂,到 1950 年才工业化。聚丙烯腈纤维也在解决了溶剂问题以后,才于 1948 ~ 1950 年投产。

高分子溶液理论和分子量测定推动了高分子化学的发展。Flory 因在高分子领域中多方面的贡献,于 1974 年获得了诺贝尔奖。物理和物理化学中的许多表征技术,如核磁共振、红外光谱、X 衍射、光散射等,对高分子结构的剖析和确定起了重要作用。

20 世纪 50 ~ 60 年代,出现了许多新的聚合方法和聚合物品种,高分子化学和工业发展得更快,规模也更大。

1953 ~ 1954 年,Ziegler、Natta 等发明了有机金属引发体系,合成了高密度聚乙烯和等规聚丙烯,开拓了高分子合成的新领域,因而获得了诺贝尔奖。几乎同时,Szwarc 对阴离子聚合和活性高分子的研制做出了贡献。这些为 60 年代以后聚烯烃、顺丁橡胶、异戊橡胶、乙丙橡胶以及 SBS(苯乙烯—丁二烯—苯乙烯)嵌段共聚物的大规模发展提供了理论基础。

继 20 世纪 50 年代末期聚甲醛、聚碳酸酯出现以后,60 年代还开发了聚砜、聚苯醚、聚酰亚胺等工程塑料,许多耐高温和高强度的合成材料也层出不穷,这给缩聚反应开辟了新的方向。可以说,60 年代是聚烯烃、合成橡胶、工程塑料,以及离子聚合、配位聚合、溶液聚合大发展的时期,与以前开发的聚合物品种、聚合方法一起,形成了合成高分子全面繁荣的局面。

20 世纪 70 ~ 90 年代,高分子化学学科更趋成熟,进入了新的时期。新聚合方法、新型聚合物,以及新的结构、性能和用途不断涌现。除了原有聚合物以更大规模、更加高效地工业生产以外,更重视新合成技术的应用以及高性能、功能、特种聚合物的研制开发。高性能涉及超强、耐高温、耐烧蚀、耐油、低温柔性等,相关的聚合物有芳杂环聚合物、液晶高分子、梯形聚合物等。聚合物在纳米材料中也占有重要的地位。此外,还开发了一些新型结构聚合物,如星形和树枝状聚合物、新型接枝和嵌段共聚物、无机 – 有机杂化聚合物等。

[小启发]

功能高分子除继续延伸原有的反应功能和分离功能外,更重视光电功能和生物功能的研究和开发。光电功能高分子(如杂化聚合物 —— 陶瓷材料) 在半导体器件、光电池、传感器、质子电导膜中起着重要作用。在生物医药领域中,生物功能高分子除了本身是医用高分子外,还涉及药物控制释放和酶的固载,胶束、胶囊、微球、水凝胶、生物相溶界面等都成了新的研究内容。

高分子科学推动了化工、材料等相关行业的发展,也丰富了化学、化工、材料诸学科。在高分子学科的形成过程中,也离不开其他学科的基础和相关行业的推动。高分子化学还逐渐与生物学科相互渗透。目前几乎 50% 以上的化工、化学工作者,以及材料、轻纺乃至机械等行业的众多工程师都在从事聚合物的研究开发工作。

高分子化学已经不再是有机化学、物理化学等某一传统化学学科的分支,而是整个化学学科和物理、工程、生物乃至药物等许多学科基础的交叉和综合,今后还会进一步丰富和完善。高分子科学在其他科学技术领域中的影响越来越大,实际上已经步入核心科学。

[小研究]

阳离子聚合实际应用的例子很少,这一方面是因为适合于阳离子聚合的单体种类少;另一方面其聚合条件苛刻,如需在低温、高纯有机溶剂中进行,这限制了它在工业上的应用。聚异丁烯和丁基橡胶是工业上用阳离子聚合的典型产品。

异丁烯的主要来源是石油加工产物裂化气体中提出的 C_4 馏分。Lewis 酸是异丁烯阳离子聚合常用引发剂,不同 Lewis 酸,引发活性不同。如在 - 80 ℃ 下,用 BF_3/H_2O 引发聚合时,异丁烯瞬间(几秒钟) 聚合完全,转化率接近 100%;而用 $TiCl_4/H_2O$ 引发聚合时,反应要 12 h 才渐完全。引发体系中水的来源一般是单体异丁烯本身所含极微量杂质水,有时也需有意识地吹入湿空气或湿氮气。

温度是影响异丁烯阳离子聚合产物分子量的主要因素。在 0 ~ - 40 ℃ 下聚合,得到的是低分子量(M_n < 5 万) 油状或半固体状低聚物,可用作润滑剂、增黏剂、增塑剂等;在 - 100 ℃ 以下聚合时,则可得到高分子量聚异丁烯($M_n = 5 \times 10^4 ~ 10^6$),它是橡胶状固体,可用作黏合剂、管道衬里及塑料改性剂等。

聚异丁烯虽然有一定的弹性,但由于它的分子中没有可供硫化交联的双键,因此不能直接作为弹性体(橡胶) 使用。

工业上以 CH_3Cl 为溶剂,同时也作为碳正离子源引发剂,$AlCl_3$ 作为助引发剂,在 - 100 ℃ 下聚合,聚合几乎瞬间完成,产物丁基橡胶以细粉状从 CH_3Cl 中沉淀下来。丁基橡胶的主要特点是气密性好,比天然橡胶强 4 ~ 10 倍,所以主要用途是做内胎、探空气球及其他气密性材料。由于大量侧甲基的存在,影响了高分子链的柔顺性,故其弹性较其他类橡胶低,而不宜制造外胎。

[习题]

10.1 高分子的构型和构象有什么不同？等规聚丙烯晶体中的螺旋链属于构型范畴还是构象范畴？如果聚丙烯的规整度不高，能否通过单键内旋转来改变构象而提高其规整度？为什么？

10.2 试从分子结构分析比较下列各组聚合物的柔顺性的大小。

(1) 聚乙烯;聚丙烯;聚丙烯腈。

(2) 聚氯乙烯;1,4 – 聚 – 2 – 氯丁二烯;1,4 – 聚丁二烯。

(3) 聚苯;聚苯醚;聚环氧戊烷。

(4) 聚氯乙烯;聚偏二氯乙烯。

10.3 结晶或无定型对高聚物的性能有何影响？

10.4 在橡胶下悬一砝码,保持外界不变,升温时会发生什么现象？

10.5 高分子的弹性有哪些特征？

第十一章　材料物理基础实验

第一节　无机材料性能实验

一、玻璃材料性能实验

(一) 玻璃配合料均匀度的测定

1. 实验目的

玻璃配合料调和的质量,即混合后的均匀程度对于指导生产起着一定的作用。均匀度是衡量混合质量的尺度,同时也可以作为鉴定玻璃液质量,甚至玻璃成品质量的手段之一。对于各种混料机、搅拌机的鉴定,更少不了均匀度这一概念,均匀度高的混料机为厂家所欢迎,所以学会均匀度的测定有一定的实际意义。配合料的均匀度一般用滴定法和电导法进行测定,本实验采用电导法,其目的是了解测定玻璃配合料均匀度的原理,掌握测定玻璃配合料均匀度的方法,测定玻璃配合料的均匀度。

2. 实验原理

配合料中的碱、芒硝等化合物,能在水中完全溶解并电离。其离子由于电场的影响,会产生移动而传递电子,具有导电性能。配合料混合的均匀程度不同,其成分亦有所波动,从而导致导电能力有差异,故可采用电导率仪来测定这种导电性能。

3. 实验仪器及用品

DDS – 11A 型电导率仪;天平;100 mL 量筒;蒸馏水;100 mL 烧杯若干个。

4. 实验步骤

(1) 试样质量按测玻璃密度的沉降法测定试样质量后分析误差,可推算出配合料均匀度。

(2) 取样位置混合机内各部位、各不同深度、各料罐同时取试样 2 支。

(3) 试样支数测定值与正值的接近程度取决于试样支数,当然越多越好。试样支数至少为 20 支。

(4) 准确称量称取 29 试样,分散在 100 mL 蒸馏水中,经搅拌(不加热) 而充分溶解,随即测定。

(5) 采用 DDS – 11A 型电导率仪来测定这种导电能力。该仪器以两片电极浸入溶液,测定两极间的电阻 R,以电导率表示。

即由欧姆定律:

$$R = \rho \frac{L}{A}$$

令 $k = \dfrac{1}{\rho}$ 与 $\theta = \dfrac{L}{A}$,则

$$k = \frac{\theta}{R}$$

式中,ρ 为电阻率;L 为两极间的距离;A 为电极面积;θ 为电极常数。

注意:蒸馏水取自同一容器中,温度大体相同。

5. 实验结果与分析

一般采用的有限次测定试样的标准离差,如下式所示:

$$S = \sqrt{\frac{1}{n-1}\sum_{i=1}^{n}(X_i - \bar{X})^2} \tag{11.1}$$

式中,S 为标准离差测定值;n 为试样支数;X_i 为任一试样的测定值。

进一步算出相对离差 C_v 为

$$C_v = \left(\frac{S}{\bar{X}}\right) \times 100\% \tag{11.2}$$

则均匀度 H_S 为

$$H_S = 100\% - C_v \tag{11.3}$$

(二)玻璃析晶性能的测定

玻璃中出现晶体的现象称为析晶,又称为玻璃化,在玻璃工业中常称为失透析晶性能,是玻璃的重要性质之一。它与玻璃的生产过程(熔制、成型、热处理等)有着极为密切的关系,对玻璃的产量和质量有较大的影响。在透明玻璃生产中,玻璃的析晶是一种绝不允许出现的缺陷,它会降低玻璃的力学性能、热稳定性、透光度和光学均匀性。

在胶体着色玻璃、乳浊玻璃和微晶玻璃等的生产中,使玻璃体内部结晶,而且要控制晶体的生成,使晶体数量和晶体颗粒的大小达到一定的要求才能满足制品质量的要求。

1. 实验目的

(1)用梯温炉法测定某组成玻璃的析晶性能。

(2)掌握梯温炉法测定玻璃析晶温度的原理和测试技术。

(3)了解玻璃析晶的原因及工艺意义。

2. 实验原理

一般玻璃析晶,是在黏度为 $10 \sim 10^5$ Pa·s 的温度范围(该玻璃系统液相线温度以下)内进行的。析晶主要决定于晶核形成速率、晶核生长速率以及熔体的黏度,同时与玻璃液在该温度下的保温时间有关。晶核形成速率是指在一定温度下在单位时间内单位容积中所形成的晶核数目(个/min)。晶体生长速率是指在单位时间内晶体增长的直线长度(μm/min)。晶核形成的最大速率和晶核长大的最大速率分别在两个不同的温度范围内出现,只有在两者都有较大速率的温度下最易析晶。测定玻璃析晶性能就是指测定玻璃的析晶温度范围的上限和下限以及在该温度范围内玻璃的析晶程度,即玻璃析晶是发生在最大晶核形成速率和最大晶体生长速率之间两速率曲线重叠部分所对应的温度范围内,也就是通常所说的玻璃析晶温度范围。

测定玻璃析晶性能的方法除梯温炉法外还有淬冷法、热分析法等。热分析法包括差热分析仪法和高温显微镜法两种。本实验利用梯温炉法来测定玻璃的析晶温度。梯温炉

法又称强制结晶法,操作简便,测试精度可以满足科研和生产的一般需要,因此得到广泛应用。在梯温炉中,由于炉中心部分的温度最高,两边的温度有规律地降低,因此总有一个温度范围是玻璃的结晶化合物的结晶温度。当试样在炉内恒温一定时间后,晶相和玻璃相之间就可能建立热平衡而出现析晶,这时将试样取出并迅速冷却,用眼睛或在显微镜下观察析晶程度就可确定玻璃表面出现结晶化合物的临界温度。即析晶上、下限温度。根据所测玻璃析晶温度范围,制订合理的成型与热加工制度,就可以避免产生析晶,得到透明、理想的玻璃,或者通过控制结晶,得到符合要求的微晶玻璃。

3. 实验仪器及用品

梯温析晶测定仪 1 台;金相显微镜或偏光显微镜;电位差计 1 台;铂铑热电偶 2 支;瓷舟(或铂金舟)若干;玻璃条或淬火后的玻璃碎块。

4. 试样要求与制备

(1)用来测定析晶能力的玻璃应无缺陷(如气泡、砂子等)。

(2)对于板状或棒状的待测玻璃,可把试样截成长 190 mm、宽 5 mm 的条。如为块状或球状样品,可淬火后敲成小块。

(3)把试样洗净、烘干,把瓷舟内表面刷净烘干。

5. 实验步骤

(1)先接好线路,再检查一遍接好的线路,通电升温,待炉管中心温度达到(1 150 ± 2)℃ 时,保持稳定。

(2)将试样均匀地放在瓷舟中,然后把装有试样的瓷舟慢慢地从炉口推入中心(即最高温度处),使瓷舟的端头正好处于测温热电偶的下方。

(3)同时在炉管中心放入长度为 50 cm 的铂铑 – 铂热电偶,使热端放在炉心最高温度处,等温度稳定时,先测出炉管中心的最高点的温度,然后将热电偶向外移动 1 cm,停留一定时间,等温度稳定后读数,再每隔 1 cm 测温一次。测得炉中央至炉口各点的温度后,将测得的各点温度值在直角坐标纸上(比例为 1∶1)画“温度 – 炉长”曲线,即梯温曲线。

(4)试样在炉中保温一定时间(3 ~ 6 h)后,将瓷舟迅速取出,当瓷舟内的玻璃表面呈微红色时,迅速观察玻璃表面的结晶情况。在高温段,晶体消失处为析晶上限;在低温段,晶体不生长处为析晶下限。观察时,用铅笔在瓷舟边做出析晶上、下限的标记,或者将瓷舟冷却至室温,在金相显微镜或偏光显微镜下观察玻璃表面的结晶情况。

(5)将瓷舟与梯温曲线相对照,根据在瓷舟做出的析晶上、下限标记的位置,查出所对应的温度值,即为玻璃的析晶上、下限温度。

6. 实验结果与分析

(1)数据记录。

① 试样牌号、试样成分、试样来源、取样日期等;② 梯温炉中心的温度、保温时间、测定日期和时间、操作者姓名等。

(2)数据处理。

① 根据炉中温度分布情况绘制梯温曲线;② 定出析晶上、下限温度;③ 在同一炉中,用同一种玻璃试样重复试验的两次析晶温度测试值,要求相差准确度在 10 ℃ 以内。否则再取一组试样重做,最后,由两次或两次以上的测试值算出平均析晶温度。

二、陶瓷光学性能的测定

各种物体对于投射在它上面的光,发生选择性反射和选择性吸收的作用。不同物体对各种不同波长的光的反射、吸收及透过的程度不同,反射方向也不同,就产生了各种不同物体有不同颜色(不同的白度)、不同的光泽度及不同的透光度。

光线照射在瓷片试样上,可以发生镜面反射与漫反射、镜面透射与漫透射。漫反射决定了陶瓷器表面的白度,镜面反射决定了陶瓷器表面的光泽度,镜面透射决定了陶瓷器的透光度。

(一) 白度的测定

白度是瓷器和乳浊釉基本的物理性能之一,通过测量,可以估计白色瓷坯或乳浊釉的质量,有很大意义。

1. 实验目的

(1) 了解白度的概念。

(2) 了解造成白度测量误差的原因和影响白度的因素。

(3) 掌握白度的测定原理及测定方法。

2. 实验原理

在日用陶瓷器白度测定方法规定的条件下,测定照射光逐一经过主波长为 620 μm、520 μm、420 μm 三片滤光片滤光后,试样对标准白板的相对漫反射率,按规定的公式计算,所得的结果为日用陶瓷器的白度。

光线束从 45° 角度投射在试样上,而在法线方向由硒光电池接收试样漫反射的光通量,试样越白,光电池接收的光通量就越大,输出的光电流也越大,试样的白度与硒光电池输出的光电流成直线关系。

陶瓷产品的釉层一般是厚度为 0.1 mm、有一定的色彩并混有少许晶体和气孔的玻璃。釉与坯的反应层一般无清晰、平整的界面,往往是釉层与坯体交混在一起的模糊层,反应层之下则为气孔、晶体和多种玻璃相互组成的坯体,它通常也有一定的色彩。

设想釉上表面是平整的,一束平行光投射到釉面上,接收器接收的光将由以下几个部分组成:釉上表面反射的光;釉层散射的光;经釉层两次吸收在反应层漫反射的光;透入坯体引起的散射光。各部分光作用在接收器上的相对强度为:上表面反射光约占 7%,反应层漫反射约占 75%,其余为 18%。

不同型号的仪器,其光源(强度及其光谱分布)、滤色片、投射和接收方式、接收器以及数据处理等在设计上是有差异的。用不同型号的仪器来测定陶瓷产品的白度,即使对同一样品的同一部位进行测量,想获得相同(允许误差 1%)结果,可能性也是很小的。例如假定两台白度测定仪所有其他条件完全相同,只是一台光线垂直入射,45° 反射(接收),另一台光线 45° 入射,垂直反射(接收)。这样单就釉的上表面反射这一因素来估算,就可能使两台机器的结果相差 0.5% 以上。

可见陶瓷产品釉面光学性质复杂,是使不同型号仪器测试结果相差较大的一个重要原因。

3. 实验仪器及用品

WSD – Ⅲ 型白度计。

4. 实验步骤

（1）初次测量前的准备工作。

① 开机。液晶显示"please waiting……"，仪器面板上的七个红色发光二极管闪烁约 10 s，然后仪器发出蜂鸣声，自动进入调零状态。

② 设定标准值。从随机附件中找到标准白板，在标准白板证书上，找到相对应 D_{65} 光源 10° 视场 0/d 条件下的 XYZ 三刺激值的数据。按动"编辑"键，仪器进入输入编辑状态。按"下页"键，仪器的液晶显示器出现已记入的原标准三刺激值。其中 X 的十位值正在闪烁，提示可以在此位设定新数。按动"+"键或"−"键，使数值加或减。按下"−"键，使闪烁的数位向右移或向左移。逐一把标准白板上相应的 XYZ 的数据都输入到仪器内。

③ 设定输出格式。按"下页"键，设定用户需要输出的参数值。仪器显示可测定到的所有参数，参数右边显示"□"为输出该参数，显示"■"为不输出该参数。可按"+"键或"−"键改变设定。

④ 设定测量模式。按"下页"键，选择测量模式为"reflective"反射测量模式。

⑤ 设定比较色差方式。按"下页"键，设定比较色差方式为"sample"，即两个试样方式。

⑥ 记入编辑信息。设定完毕后，按"下页"键再检查一遍，无误后，按"编辑"键使设定的信息记入仪器内，仪器自动转到测量操作状态。

（2）试样测量操作方法。

① 开机。液晶显示"please waiting……"，仪器面板上的七个红色发光二极管闪烁约 10 s，然后仪器发出蜂鸣声，自动进入调零状态。

② 调零操作。当仪器液晶显示器显示"adjust zero"字样，右侧的符号"■ ■ ■ ■"闪烁，并且调零指示灯"调零"灯亮时，可以进行调零操作。左手把试样台轻轻压下，用右手将调零用的黑筒放在测试台上，对准光孔压住，按"执行"键调零，仪器开始调零。当仪器发出蜂鸣声，提示调零结束，进入调白状态。

③ 调白操作。调零结束后，当仪器显示"standard"字样，右侧的符号"mmmm"闪烁，同时"标准"灯亮时，提示可以校对标准（调白）操作。这时把黑筒取下，放上标准白板，对准光孔压住，按"执行"键，仪器开始调白。当仪器发出蜂鸣声，提示调白结束，进入允许测量状态。

④ 测量样品。调白结束后，仪器显示"sample"字样，右侧的符号"■ ■ ■ ■"闪烁，同时"样品"灯亮时，提示可以进行样品测量。将准备好的目标样品放到测试台上，对准光孔压住，直接按"执行"键即可测定其白度值。当按下"执行"键后，液晶显示器右边显示"1"，表明进行第一次测量，当仪器发出蜂鸣声时，指示测试结束，提示调白结束，进入允许测量状态。显示器又恢复到等待测量状态。如果再次按下"执行"键后，则仪器再次进行测量，显示的测量次数为"2"，以此类推，最多可测 9 次。其测定的结果将与上几次测试结果做算术平均值运算，直到按下"显示"键显示测定结果。这个测定结果为所测定次数的总平均数。连续按"显示"键可以显示所有各组数值，按"打印"键可以直接打印出显示的测量结果。

⑤ 多个待测样品。测量白度时，只需按下"复位"键，仪器显示"sample"字样，同时

"样品"灯亮时,按"执行"键,所测定的数据即为新样品的白度值。其后再重复以上步骤,即可测定多个样品。

⑥ 仪器使用完毕。取出被测样品,清理测试压孔,关闭电源,登记使用记录。

5. 实验结果与分析

白度测定记录见表11.1。

表 11.1 白度测定记录表

试样名称		测定人		测定日期	
试样处理					
编号	白度值1	白度值2	白度值3	白度值4	备注

6. 注意事项

(1) 要求试样测试处必须清洁、平整、光滑,无彩饰、无裂纹及其他伤痕。

(2) 制备标准白板的优级氧化镁,必须保存于密闭的玻璃器皿中,使用过的氧化镁粉不得回收再用。

(3) 白度低于50者习惯上不称白而称灰,不属于本实验范围。

(二) 光泽度的测定

釉面的光泽度是评定制品外观质量的一个重要指标,它是釉面对可见光反射能力的表征。釉面光泽度主要取决于釉层折射率和釉面平滑度。当釉的折射率高且釉面光滑时,光线以镜面反射为主,光泽度就高;反之,以漫反射为主,光泽度就差。釉的组成、表面张力、黏度以及工艺制度是影响釉层折射率和釉面平滑度的主要因素。

1. 实验目的

(1) 了解光泽度的定义。

(2) 了解影响光泽度的因素和提高釉面光泽度的措施。

(3) 掌握光泽度的测定原理及测定方法。

2. 实验原理

光泽是物体表面的一种性能。受光照射时,瓷器釉表面状态不同,导致镜面反射的强弱不同,从而导致光泽度不同。测定瓷器釉表面的光泽度一般采用光电光泽计,即用硒光电池测量照射在釉表面镜面反射方向的反光量,并规定折射率 $N_b = 1.567$ 的黑色玻璃的反光量为100%,即把黑色玻璃镜面反射极小的反光量作为100%(实际上黑色玻璃的镜面反射反光量 < 1%)。将被测瓷片的反光能力与此黑色玻璃的反光能力相比较,得到的数据即为该瓷器的光泽度。由于瓷器釉表面的反光能力比黑色玻璃强,所以瓷器釉表面的光泽度往往大于100%。

3. 实验仪器及用品

SS - 92 型光电光泽计。

4. 实验步骤

(1) 样品制备。① 样品表面应平整、光滑,无彩饰;② 被测试样表面应大于 50 mm × 36 mm(椭圆);③ 测试范围:0% ~ 120%,准确度4%。

（2）打开电源,整机预热 30 min。

（3）将随机附带的标准板擦拭干净。

（4）校正。严格使读数器调零,并将黑玻璃置于测头下,反复校正,即调幅钮上下拨动时,指针正确指"0"或标准黑玻璃值不变时为止。

（5）将测头置于试样表面,此时读数器所示值为试样的光泽度值。读取数值后,对其他测量部位测量。测试后,将选择开关置于"0"位上。

（6）换另一块试样,按照上述方法测量其光泽度值。

5. 实验结果与分析

光泽度测定记录见表 11.2。

表 11.2　　光泽度测定记录

试样名称		测定人		测定日期	
试样处理					
编号	试样面积/mm²		光泽度		备注

6. 注意事项

（1）要求试样测试处必须清洁、平整、光滑,无彩饰、无裂纹及其他伤痕。

（2）测定光泽度的标准板,每年至少应校正一次,如达不到规定的参数值,则应换用新的标准板。

（3）光泽计的透镜和标准板上的灰尘只能用镜头纸或洁净的软纸轻揩,以防擦毛损伤,影响读数。

（三）透光度的测定

透光性是透明的氧化物陶瓷、工艺瓷、单相氧化物陶瓷的重要质量指标。测定陶瓷材料的透光性对科研和生产都十分重要。

1. 实验目的

（1）了解透光度的概念。

（2）了解影响透光度的因素。

（3）掌握透光度的测定原理及测定方法。

2. 实验原理

测定瓷器的透光度一般采用光电透光度仪。由变压器和稳压电源供给灯泡（4 V/3 W）,电流使灯泡发出一定强度的光,通过透镜变为平行光,此平行光经光栅垂直照射到硒光电池上,产生光电流 I_0,由检流计检定。当此平行光垂直照射到试样上,透过试样的光再射到硒光电池上产生光电流 I,由检流计检定。透过试样的光产生的光电流 I 与入射光产生的光电流 I_0 之比即为瓷器的相对透光度。

3. 实验仪器及用品

77C - 1 型透光度仪（成套）。

4. 实验步骤

（1）接通电源。

把仪器后面的电源插头插入 220 V 交流电源插座上，按下右边按键开关，指示灯亮。

（2）检流计校零。

接通电源之后，先打开检流计电源开关，此时检流计光点发亮，光点应正对标尺零位，否则需旋动检流计下方旋钮调整。

（3）调满度 100。

选择量程开关为 ×10 挡，把满度调整旋钮逆时针旋到头时，按下光源开关，然后旋动满度调整旋钮，调整仪器读数，使检流计光点指在标尺为 100 的地方。

（4）测定相对透光度。

拉动仪器右侧拉钮，抽出试样盒，将待测试样放入光样，关进试样盒，即可在检流计上读取相对透光度值。当检流计标尺读数小于 10 时，应把开关再按下，即调到 ×1 挡，再取读数，×1 挡的满度值等于 ×10 挡满度值的 1/10。

5. 实验结果与分析

透光度测定记录见表 11.3。

表 11.3　透光度测定记录表

试样名称		测定人		测定日期	
试样处理					
编号	试样厚度		相对透光度	备注	

6. 注意事项

（1）要求试样测试处必须清洁、平整、光滑，无彩饰、无裂纹及其他伤痕。

（2）测透光度试样为长方形（20 mm × 25 mm）或圆形（声 20 mm），厚度为 2 mm、1.5 mm、1 mm、0.5 mm。四种不同规格的薄片应从同一部位切取，要求平整、光洁，研磨后烘干，加工方法可参照反光显微镜磨光片方法进行，也可用同一试片边磨边测，由厚到薄，但一定要烘干，精确测量厚度。

第二节　无机材料科学基础实验

一、晶体模型的观察与分析

（一）晶体的对称性

1. 实验目的

（1）通过晶体模型了解晶体对称的概念及对称操作。

（2）掌握在模型上寻找对称要素（对称面、对称中心、对称轴、倒转轴）的基本方法，确定晶体模型对称型及所属晶族晶系。

2. 实验原理

晶体的对称是由晶体内部的格子构造决定,因而晶体的对称有其自身的特点,遵守"晶体对称定律"。在晶体中可能存在的对称要素有对称面 P、对称中心 C、旋转对称轴 L^n、反伸轴 L_i^n 等。

在结晶多面体中,可以有一个对称要素存在,也可以有若干个对称要素组合在一起共同存在。对称要素的组合不是任意的,它服从对称要素组合定理。按照对称要素组合,将自然界中晶体外形归纳出 32 种对称型,晶体是一种几何多面体,其棱、面、角有一定的排列规律,对称要素的位置与晶面、晶棱及顶角也相应地具有几何上的关系。利用这些关系就可以在晶体模型上寻找对称要素。

(1) 对称面 P。

晶体中一个假想的平面把晶体分为两个相等的部分,且这两部分互成镜像反映,这个假想的平面即为对称面。在一个晶体上,可以没有对称面,也可以有一个或几个对称面。在找对称面时,模型不要转动,以免同一对称面重复出现。

下面的平面可能是对称面:① 通过晶棱的平面;② 垂直平分晶棱的平面;③ 垂直平分晶面的平面;④ 平分顶角的平面。

(2) 旋转对称轴 L^n。

对称轴是通过晶体中心的一个假想直线,将晶体围绕其直线旋转,晶体上等同的部分做有规律的重合。每隔一定的角度(基转角 a),相同的棱、面、角重复出现。

$$n = \frac{360}{a} \tag{11.4}$$

晶体中对称轴的数目可以为零,也可以为一个或数个。当某一对称轴可以是几种轴次时,应取最高轴次。

在晶体中,如下位置的假想直线可能是对称轴:① 通过晶棱中点的直线;② 通过晶面中点的直线;③ 通过顶点的直线;④ 通过晶面中点和通过顶点的直线。在分析 L^n 时,应从 $n = 6、4、3、2$ 的顺序分析。

(3) 对称中心 C。

在一个晶体中,可能没有对称中心,也可能有一个对称中心,不可能存在几个对称中心。

确定晶体是否有对称中心时,可将晶体放于桌面,看晶体上是否有一个晶面与桌面相接触的晶面大小相等、形状相同,并且相互反向平行。把晶体如此重复数次,如果晶体上每一个晶面都有这种情形,说明晶体有对称中心,否则无对称中心(即观察所有晶面是否为两两平行且同形等大,如果是,就有对称中心,否则无对称中心)。

3. 实验仪器及用品

实验室用各种理想晶体的模型。

4. 实验步骤

挑选若干种晶体模型,按下列步骤进行观察与分析。

(1) 在晶体模型上找出全部对称要素,写出对称型符号。

(2) 根据对称特点,确定其晶族、晶系。

(3) 将分析结果填入表11.4。

表 11.4 对称符号对应的晶系

对称符号	晶系
$L^3 3L^2 3PC$	
$L^2 PC$	
$L_i^6 3L^2 3P$	
$3L^4 L^3 6L^2$	
$4L^3 3L^2 3PC$	
$3L^2 3PC$	
$L^2 2P$	
$L^4 4L^2 5PC$	

5. 实验结果与分析

(1) 简述晶体中的宏观对称要素及晶族、晶系的划分。

(2) 填写实验记录表。

(3) 简述实验中的体会、收获。

(二) 聚形分析和双晶观察

1. 实验目的

(1) 认识常见聚形,了解聚合规律。

(2) 学会聚形分析的基本方法。

(3) 认识几种常见双晶。

2. 实验原理

聚合规律、双晶要素及双晶规律。

3. 实验仪器及用品

晶体模型:常见聚形 7 个(每晶系 1 个),常见双晶 5 ~ 7 个。

4. 实验步骤

(1) 认识及分析聚形。

① 聚形定义。两个或两个以上单形的聚合称为聚形。

② 聚形分析步骤。a. 分别找出各聚形的全部对称要素,确定其对称型,并根据对称型的特点确定其所属晶族、晶系。b. 观察聚形上有几种不同的晶面,据此确定该聚形是由几个单形组成的(形状相同、大小相等的一组晶面为一个单形,有几种晶面即有几种单形)。c. 分别数出聚形上各单形所包括的晶面数目。d. 确定各单形的名称。根据每个单形的晶面数目、晶面间相对位置及晶面与对称要素的关系,并与其所属对称型中的单形相比较,确定出单形的名称,并将晶面数目写于单形名称后的括号之中。e. 同一单形的晶面若不能直接相交,则可想象延长相交(设想其他单形的晶面均不存在)。再据晶面的分布及相交后形成的形态定出单形名称。确定单形名称时,要注意单形在各晶系中的分布,以防定错。

(2) 认识常见双晶。

第一,双晶定义。两个或两个以上同种晶体按一定的对称规律形成的规则连生,称为双晶。相邻两个个体的相应的面、棱、角并非完全平行,但可借助对称操作 —— 反映、旋转反伸,使两个个体彼此重合或平行。

第二,认识几种常见双晶。① 接触双晶。a. 简单双晶。石膏燕尾双晶、锡石膝状双晶。b. 聚片双晶。斜长石聚片双晶。c. 环状双晶。金红石轮式双晶、白铅矿三连晶。② 穿插双晶。正长石双晶、萤石双晶、十字石双晶。

5. 实验结果与分析

晶体模型分析结果记录见表 11.5。

表 11.5　晶体模型分析结果记录

模型号	对称要素				对称型	晶系	晶族	单形	
	P	L^n	C	L_i^n				数目	名称

二、黏土阳离子交换容量的测定

(一) 实验目的

掌握测定黏土阳离子交换容量的方法,熟悉鉴定黏土矿物组成的一种方法。对某种硅酸盐矿物的阳离子交换容量进行测定,对实验结果进行处理,写出实验报告。

(二) 实验原理

分散在水溶液中的黏土胶粒带有电荷,不仅可以吸附反电荷离子,而且可以在不破坏黏土本身结构的情况下,同溶液中的其他离子进行交换。黏土进行离子交换的能力(即交换容量,以"mmol/100 g 干黏土"表示),随着矿物的不同而异。

表 11.6　不同矿物阳离子交换容量毫克当量

矿物	高岭石	蒙脱石	伊利石
阳离子交换容量/ $(mmol \cdot (100 \ g)^{-1}$ 干黏土$)$	3 ~ 15	80 ~ 150	10 ~ 40

所以,测得离子交换容量,可以作为鉴定黏土矿物组成的辅助方法。测定离子交换容量的方法很多,本实验采用钡黏土法。首先,以 $BaCl_2$ 溶液冲洗黏土,再用已知浓度的稀 H_2SO_4 置换出被黏土吸附的 Ba^{2+},生成 H_2SO_4 沉淀,后用已知浓度的 NaOH 溶液滴定过剩的稀硫酸,以 NaOH 消耗量计算黏土的交换容量。

(三) 实验仪器及用品

试剂与仪器如下。

(1) 黏土矿物试样。

(2) $BaCl_2$ 溶液(1 mol/L)。

(3) H_2SO_4 溶液(0.05 mol/L)。

(4) NaOH 溶液(0.05 mol/L)。

(5) 酚酞溶液。

(6) 离心试管。

(7) 离心分离机。

(8) 滴定管。

(9) 锥形瓶。

(10) 烧杯。

(11) 分析天平。

(12) 移液管。

(四) 实验步骤

(1) 准确称取黏土矿物试样(0.5 ~ 0.3 g)三份(做三个平行试验),分别置于已知质量的干燥离心试管中,加 10 mL BaCl₂ 溶液充分搅动(约 1 min),然后离心分离,并吸出上面的澄清溶液,如此,重复操作两次,加蒸馏水洗涤两次。

(2) 小心地吸净上层清液,然后将离心管与湿土样在分析天平中称量,算出湿度校正项。

(3) 在称量后的土样中准确地加入 14 mL(分两次加 H_2SO_4 溶液充分搅拌,放置数分钟,然后离心) 离心后将上层酸液合并入一干烧杯中,用移液管准确吸出 10 mL 置于锥形瓶中,滴加酚酞指示剂三滴,用 NaOH 溶液进行滴定,滴定至摇动 30 s 红色不褪为止。记下 NaOH 溶液的用量。

(4) 吸取 10 mL 未经交换的 H_2SO_4 溶液,用相同的 NaOH 溶液进行滴定,记下所消耗的 NaOH 溶液的体积。

(五) 实验结果与分析

按下式计算黏土的交换容量,并判断其属于哪类黏土。

$$W = \left[\frac{14 \times NV_1 - (14 + L) \times NV_2}{10 \times m} \right] \times 100$$

式中,W 为黏土的交换容量,mmol/100 g 干黏土;N 为 NaOH 溶液浓度;V_1 为滴定 10 mL 未经交换的 H_2SO_4 溶液所需的 NaOH 溶液的体积;V_2 为滴定 10 mL 交换后的 H_2SO_4 溶液所需的 NaOH 溶液的体积;m 为土样质量,g;L 为湿度校正项。

实验报告的内容及具体要求主要包括实验预习、实验记录和实验报告三部分。

三、激光粒度法测量粉体粒度分布实验

粒度分布通常是指某一粒径范围的颗粒在整个粉体中占的比例。可用简单的表格、绘图和函数形式表示颗粒群粒径的分布状态。颗粒的粒度、粒度分布及形状性能显著影响粉末及其产品的性质和用途。

(一) 实验目的

(1) 了解激光粒度法测量粉体粒度分布的原理和方法。

(2) 测定 TiO_2 超微粉体的质量中位径 d_{50} 粒度累积分布曲线和频率分布曲线。

(二) 实验原理

激光粒度分析技术是近 20 年来发展起来的一项新技术,已广泛应用于亚微米颗粒粒度的测试中。基于夫琅禾费衍射原理,当采用平行单色激光束直接照射于待测颗粒时,由于大颗粒的光衍射角度较小,而小颗粒的光衍射角较大,因此通过被测颗粒群之后的衍射光场的强度与分布信号将有所差异,采用同心多元光电探测器测量不同散射角下的散射光强度,然后根据夫琅禾费衍射理论计算出粒度分布。

(三) 实验仪器及用品

(1) 仪器设备。JL – 1155 型激光粒度分布测试仪;超声波清洗器。

(2) 试剂。去离子水;十二烷基苯磺酸;乙烯醚混合表面活性剂。

(四) 实验步骤

(1) 样品准备。将 0.1 ~ 0.29 被测粉放入 100 mL 烧杯中,加入约 50 mL 去离子水,滴入 1 滴混合表面活性剂,将烧杯放入超声波清洗器中。

(2) 打开电脑,进入 Windows 后再打开仪器的主机电源,预热 15 min。点击桌面快捷方式"粒度测试",输入密码进入测试菜单。

(3) 加水、开循环泵,再关泵、放水,充分洗涤测试池 3 ~ 5 次。

(4) 倒入 1/2 ~ 2/3 测试池深度的蒸馏水,按下循环系统开关,充分排除气泡。

(5) 按"1" 键输入样品名称、编号等项目内容,每次回车。重复循环按"0""1" 键,直至按"0" 键显示零点至正常状态,按"2" 键显示为"空白正常请加粉测试" 时,开主机上超声波电源待测。

(6) 预先将被测粉溶液用超声波清洗器均匀分散 3 min,然后将分散后的待测液倒入测试池内。

(7) 循环 15 ~ 60 s,按"Z" 键进行自动挡测试,测试浓度应控制在 50% ~ 80% 之间,否则加水稀释或再添加待测液直至浓度在此范围内。

(8) 自动测试后,根据所测粒度选择相应挡位进行精确测试。"B" 键为标准程序测试(测粗粉),"V" 键为微粉程序测试,"C" 键为超微粉程序测试,反复测量至测定值稳定。

(9) 按"D" 键保存测试数据,并输入保存位置及文件名(d:\ * * * *)。保存数据后按"E" 键退出。

(10) 进入存盘显示或存盘打印,观测测试曲线或打印测试结果。

(11) 关超声波,排水反复清洗直至测试池水干净(至少 3 遍)。再次测试可重复上述步骤。

(12) 关闭测试仪,再关闭电脑,做好清洁卫生并认真填写使用登记表。

(13) 测试参数解释。① 浓度。最大值为 100,测试时控制在 50 ~ 80 之间,如粉细,此值可小些。② 表面积／体积。将粉体视为球体时的计算数据,如是非球体,此值应乘以一个修正系数。当未输入物体密度时的单位为 cm^2/cm^3。③ 累积 10% ~ 97% 粒径。相应粒度以下的粉体的体积(或质量) 分数相应为 10% ~ 97%。④ 标准粉程序(B)。主要测试较粗的粉,分 66 级。⑤ 粒径。视为球体的直径,单位为 μm。⑥ 体积(质量) 区间分布比(%)。为相邻两粒级之间的体积分布比(相当于频度)。由于体积乘以密度为质量,所以质量分布与体积分布相同。⑦ 体积累积分布(%)。相当于某粒径以下的粉体的总体积(相当于相应粒径的筛子的筛下物)。⑧ 体积累积分布曲线。横轴为粒径的对数坐标,单位为 μm,纵坐标为体积分数。上曲线为累积分布,下曲线为区间分布。

注:测试池内无水时,不能打开超声波和循环泵。

第三节　无机材料现代分析测试技术实验

一、X 射线衍射仪原理及物相分析

(一) 实验目的

(1) 了解衍射仪的结构和工作原理。

(2) 掌握 X 射线定性相分析的基本原理和方法。

(3) 测绘一个单相矿物和一个混合物的衍射图,并根据衍射数据作出物相鉴定。

(4) 熟悉 JCPDS 卡片及其检索方法。

(5) 根据衍射图谱或数据,学会单物相鉴定方法。

(6) 根据衍射图谱或数据,学会混合物相定性鉴定方法。

(二) 实验原理

1. 衍射仪的结构和原理

衍射仪是进行 X 射线分析的重要设备,主要由高压控制系统、测角仪、记录仪和水冷却系统组成。新型的衍射仪还带有条件输入和数据处理系统。

2. X 射线发生器

X 射线发生器主要由高压控制系统和 X 射线管组成,它是产生 X 射线的装置,由 X 射线管发射出的 X 射线包括连续 X 射线光谱和特征 X 射线光谱,连续 X 射线光谱主要用于判断晶体的对称性和进行晶体定向的劳埃法,特征 X 射线用于进行晶体结构研究的旋转单体法和进行物相鉴定的粉末法。测角仪是衍射仪的重要部分,主要由索拉光栅、发散狭缝、接收狭缝、防散射狭缝、散射器等组成。

3. 物相分析的原理

根据晶体对 X 射线的衍射特征 —— 衍射线的方向及强度来鉴定结晶物质的物相的方法,即为 X 射线物相分析法。

每一种结晶物质都有各自独特的化学组成和晶体结构。没有任何两种物质,它们的晶胞大小、质点种类及其在晶胞中的排列方式是完全一致的。当X射线被晶体衍射时,每一种结晶物质都有自己独特的衍射花样,它们的特征可以用各个反射面网的间距 d 和反射线的相对强度 I/I_0 来表征。其中面网间距 d 与晶胞的形状和大小有关,相对强度则与质点的种类及其在晶胞中的位置有关。所以任何一种结晶物质的衍射数据 d 和 I/I_0 是其晶体结构的必然反映,因而可以根据它们来鉴别结晶物质的物相。

(1) 标准物质的粉末衍射卡片。

标准物质的 X 射线衍射数据是 X 射线物相鉴定的基础。为此,人们将世界上的成千上万种结晶物质进行衍射或照相,将它们的衍射花样收集起来。由于底片和衍射图都难以保存,并且由于每个人的实验的条件不同(如所使用的 X 射线波长不同),衍射花样的形态也有所不同,难以进行比较。通常国际上统一将这些衍射花样经过计算,换算成衍射线的面网间距 d 值和强度 I,制成卡片进行保存。

目前这套卡片由"国际粉末衍射标准联合会"(Joint Committee on Powder Diffraction Standards,JCPDS)与美国材料试验协会(ASTM)、美国结晶学协会(ACA)、英国物理研究所(IP)、美国全国腐蚀工程师协会(NACE)等十个专业协会联合编纂,称 JCPDS 卡片。是目前最为完备的 X 射线粉末衍射数据。至 1985 年出版了 46 000 张卡片,并且在不断补充。此外一些专门的部门或组织也出版了一些用于特定领域的 X 射线粉末衍射的数据集。

(2)JCPDS 卡片的索引。

要从成千上万张卡片中查对物相是十分困难的,必须建立一个有效的索引。JCPDS 包括检索手册和卡片集两大部分。在检索手册中共有以下四种按不同方法编排的索引。

① 哈氏(Hanawalt)索引。哈氏索引是一种按 d 值编排的数字索引,是鉴定未知相时主要使用的索引。在哈氏索引中,第一种物相的数据占一行,成为一个项。由每个物质的 8 条最强线的 d 值和相对强度、化学式、卡片号、显微检索号组成。8 条强线的构成是:首先在 $2\theta < 90°$ 的线中选 3 条最强线,d_1、d_2、d_3,下标 1、2、3 表示强度降低的顺序。然后在这 3 条最强线之外,再选出 5 条最强线,按相对强度由大到小的顺序其对应的 d 值依次为 d_4、d_5、d_6、d_7、d_8,它们按如下 3 种排列。

$$d_1、d_2、d_3、d_4、d_5、d_6、d_7、d_8$$
$$d_2、d_3、d_1、d_4、d_5、d_6、d_7、d_8$$
$$d_3、d_1、d_2、d_4、d_5、d_6、d_7、d_8$$

即前 3 条轮番做循环置换,后 5 条线 d 值的顺序始终不变。这样每种物相在索引中会出现 3 次以提高被检索的机会。

在索引中,每条线的相对强度写在其 d 值的右下角。在此,原来百分制的相对强度值用四舍五入的办法转换成十级制。其中 10 用"X"来代表。

各个项在索引中的编排次序,由列在每个项的第一、第二两个 d 值来决定。首先根据第一个 d 值的大小,把从用 999.99 到 1.00 的 d 值分成 51 个区间,这就是所谓的哈氏组。各个项就按本身的第一个 d 值归入相应的组。属于同一个组的所有各个项的排列的先后则以第二个 d 值的大小为准,按 d 值由大到小的顺序排列。当有两个或若干个项,它们的第二个 d 值彼此相同时,则按第一个 d 值由大到小排列。若第一个 d 值也相同时,则由第三个 d 值的大小来确定。

② 芬克(Fink)索引。芬克索引也是一种按 d 值编排的数字索引。它主要是为强度失真的衍射花样和具有择优取向的衍射花样设计的,在鉴定未知的混合物相时,它比使用哈氏索引来得方便。

③ 戴维(Davey - KWlC)索引。戴维索引是以物质的单质或化合物的英文名称,按英文字母顺序排列而成的索引。

④ 矿物名称索引。按矿物英文名称的字母顺序排列。

在整个索引书中,无机化合物(包括单质)及有机化合物是分开编排的。

（3）多晶混合物相定性分析原理。

晶体对 X 射线的衍射效应是取决于它的晶体结构,不同种类的晶体将给出不同的衍射花样。假如一个样品内包含了几种不同的物相,则各个物相仍然保持各自特征且衍射花样不变。而整个样品的衍射花样则相当于它们的叠合。除非两物相衍射线刚好重叠在一起,二者之间一般不会产生干扰。这就为鉴别这些混合物样品中和各个物相提供了可能,关键是如何将这几套衍射线分开,这也是多相分析的难点所在。

（三）实验仪器及用品

日本岛津 X 射线 5A 粉末衍射仪、实验样品、衍射图谱、JCPDS 卡片及索引。

（四）实验步骤

X 射线衍射实验方法包括样品制备、实验参数选择和样品测试、物相分析等。

1. 样品制备

在衍射仪法中,样品制作上的差异对衍射结果所产生的影响,要比照相法中大得多。制备符合要求的样品,是衍射仪实验技术中重要的一环,通常制成平板状样。衍射仪均附有表面平整光滑的玻璃或铝质的样品板,板上开有窗孔,样品放入其中进行测定。

（1）粉晶样品的制备。

①将被测试样在玛瑙研钵中研成 $10~\mu m$ 左右的细粉;②将适量研磨好的细粉填入凹槽,并用平整光滑的玻璃板将其压紧;③将槽外或高出样品板面的多余粉末刮去,重新将样品压平,使样品表面与样品板面一样平齐光滑。

（2）特殊样品的制备。

对于金属、陶瓷、玻璃等一些不易研成粉末的样品,可先将其锯成窗孔大小,磨平一面,再用橡皮泥或石蜡将其固定在窗孔内。对于片状、纤维状或薄膜样品也可取窗孔大小直接嵌固在窗孔内,但固定在窗孔内的样品其平整表面必须与样品板平齐,并对着入射 X 射线。

2. 测量方式和实验参数选择

（1）测量方式。

衍射测量方式有连续扫描法和步进扫描法。

连续扫描法是由脉冲平均电路混合成电流起伏,然后用长图记录仪描绘成相对强度随 2 s 变化的分布曲线。

步进扫描法是由定标器定时或定数测量,并由数据处理系统显示或打印,或由绘图仪描绘成强度随 2 s 变化的分布曲线。

不论是哪一种测量方式,快速扫描的情况下都能相当迅速地给出全部衍射花样,它适合于物质的预检,特别适用于对物质进行鉴定或定性估计。对衍射花样局部做非常慢的扫描,适合于精细区分衍射花样的细节和进行定量的测量。例如,混合物相的定量分析、精确的晶面间距测定、晶粒尺寸和点阵畸变的研究等。

（2）实验参数选择。

①狭缝。狭缝的大小对衍射强度和分辨率都有影响。大狭缝可得较大的衍射强度。但降低分辨率,小狭缝提高分辨率但损失强度,一般如需要提高强度时宜选取大狭缝,需要高分辨率时宜选小狭缝,尤其是接收狭缝对分辨率影响更大。每台衍射仪都配有

各种狭缝以供选用。

② 量程。量程是指记录纸满刻度时的计数(率)强度。增大量程可表现为 X 射线记录强度的衰减,不改变衍射峰的位置及宽度,并使背底和峰形平滑,但却能掩盖弱峰使分辨率降低,一般分析测量中量程选择应适当。当测量结晶不良的物质或主要想探测分辨弱峰时,宜选用小量程。当测量结晶良好的物质或主要想探测强峰时,量程可以适当大些,但以能使弱峰显示强峰不超出记录纸满标为限。

③ 时间常数和预置时间。连续扫描测量中采用时间常数,时间常数大,脉冲响应慢,对脉冲电流具有较大的平整作用,不易辨出电流随时间变化的细节,因而,强度线形相对光滑,峰形变宽,高度下降,峰形移向扫描方向;时间常数过大,还会引起线形不对称,使一条线形的后半部分拉宽;反之,时间常数小,能如实绘出计数脉冲到达速率的统计变化,易于分辨出电流时间变化的细节,使弱峰易于分辨,衍射线形和衍射强度更加真实。计数率仪均配有多种可供选择的时间常数。步进扫描中采用预置时间来表示定标器一步之内的计数时间,起着与时间常数类似的作用,也有多种可供选择的方式。

④ 扫描速率和步宽。连续扫描中采用的扫描速率是指计数器转动的角速率。慢速扫描可使计数器在某衍射角度范围内停留的时间更长,接收的脉冲数目更多,使衍射数据更加可靠。但需要花费较长的时间,对于精细的测量应采用慢扫描,物相的预检或常规定性分析可采用快扫描,在实际应用中可根据测量需要选用不同的扫描速率。步进扫描中用步宽来表示计数管每步扫描的角度,有多种方式表示扫描速率。

⑤ 走纸速率和角放大。连续扫描中的走纸速率起着与扫描速率相反的作用,快走纸速率可使衍射峰分得更开,提高测量准确度。一般精细的分析工作可用较快速的走纸,常规的分析可使走纸速率适当放慢些。步进扫描中用角放大来代替纸速,大的角放大倍数可使衍射峰拉得更开。

3. 样品测量

(1)开机前的准备和检查。

将制备好的试样插入衍射仪样品台,盖上顶盖,关闭好防护罩。合上水泵电源,使冷却水流通。检查 X 射线管窗口应关闭,管电流、管电压表指示最小位置。接通总电源,打开稳压电源。

(2)开机操作。

开启衍射仪总电源,启动循环水泵。待数分钟后,打开计算机 X 射线衍射仪应用软件,缓慢升高电压和电流至需要值(通常设定电压为 35 kV,电流为20 mA)。设置适当的衍射条件(扫描速率为4(°)/min,最高扫描角度为65°)。打开记录仪和X 射线管窗口,使计数管在设定条件下扫描。

(3)停机操作。

测量完毕,可将样品测试数据存入磁盘,打印出待分析试样衍射曲线和 d 值、2θ、强度、衍射峰宽度等数据供分析鉴定。关闭 X 射线管窗口和记录仪电源。利用快慢旋转使测角仪计数管恢复至初始状态。缓慢、顺序降低管电流电压至最小值,关闭 X 射线管电源,取出试样。15 min 后关闭循环水泵电源,关闭衍射仪总电源。

4. 单物相鉴定实验方法

(1)获得衍射图后,测量衍射峰的 2θ,计算出晶面间距 d。并测量第 1 条衍射线的峰高,以最高的峰的强度作为100,计算出每条衍射峰的相对强度 I/I_1。

(2) 根据待测相的衍射数据,得出3条强线的晶面间距值 d_1、d_2、d_3(最好还应当适当地估计它们的误差)。

(3) 根据 d_1 值,在数值索引中检索适当 d 组。

(4) 在该组内,根据 d_2 和 d_3 在 JCPDS 卡片集中找出与 d_1、d_2、d_3 值符合较好的一些卡片。

(5) 若无适合的卡片,改变 d_1、d_2、d_3 顺序,再按(2) ~ (4) 方法进行查找。

(6) 把待测相的所有衍射线的 d 值和 I/I_1 与卡片的数据进行对比,最后获得与实验数据基本吻合的卡片,卡片上所示物质即为待测相。

5. 多相混合分析方法

多相混合物的衍射图谱鉴定较困难,根据混合物相的具体情况分别对待,将不同物相的衍射线分开,以便较快而准确地分析鉴定。

(1) 多相分析中若混合物是已知的,则可通过 X 射线衍射分析方法进行验证。

(2) 若多相混合物是未知且含量相近,则可从每个物相的3条强线考虑。

第一,从样品的衍射花样中选择5条相对强度最大的线,显然,在这5条线中至少有3条是肯定属于同一个物相的。若在此5条线中取3条进行组合,则共可得出十组不同的组合。其中至少有一组,其3条线都是属于同一个物相的。当逐组地将每一组数据与哈氏索引中前3条线的数据进行对比,其中必有一组数据与索引中的某一组数据基本相符,初步确定物相 A。

第二,找到物相 A 的相应衍射数据表,如果鉴定无误,则表中所列的数据必定可为实验数据所包含。至此,便已经鉴定出了一个物相。

第三,将这部分能核对上的数据,也就是属于第一个物相的数据,从整个实验数据中扣除。

第四,在所剩下的数据中再找出3条相对强度较强的线,用哈氏索引进行比较,找到相对应的物相 B,并将剩余的衍射线与物相 B 的衍射数据进行对比,以最后确定物相 B。

假若样品是三相混合物,那么,开始时应选出7条最强线,并在此7条线中取3条进行组合,则在其中总会存在这样一组数据,它的3条线都是属于同一物相的。对该物相做出鉴定之后,把属于该物相的数据从整个实验数据中除开,其后的工作便成为一个鉴定两相混合物的工作了。

假如样品是更多相的混合物时,鉴定的原理仍然不变,只是在最初需要选取更多的线以供进行组合之用。

在多相混合物的鉴定中一般用芬克索引更方便些。

(3) 若多相混合物中各种物相的含量相差较大,则可按单相鉴定方法进行。因为物相的含量与其衍射强度成正比,这样占比大的那种物相,它的一组射线强度就明显要强。那么,就可以根据3条强线定出量多的那种物相,并将属于该物相的数据从整个数据中剔除。然后,再从剩余的数据中,找出3条强线定出含量较多的第二相。其他依次进行。这样鉴定必须是各种物相间含量相差大,否则,准确性也会有问题。

(4) 若多相混合物中各种物相的含量相近,可将样品进行一定的处理,将一个样品变成两个或两个以上的样品,使每个样品中有一种物相含量大。这样当把处理后的各个样品分析作 X 射线衍射分析,其分析的数据就可按(3) 的方法进行鉴定。

样品的处理方法有磁选法、重力法、浮选,以及酸、碱处理等。

(5) 若多相混合物的衍射花样中存在一些常见物相且具有特征衍射线,应重视特征线,可根据这些特征性强线把某些物相定出,剩余的衍射线就相对简单了。

(6) 与其他方法(如光学显微分析、电子显微分析、化学分析等) 配合。

(五) 注意事项

1. 制样中应注意的问题

(1) 样品粉末的粗细。

样品的粗细对衍射峰的强度有很大的影响。要使样品晶粒的平均粒径在 5 μm 左右,以保证有足够的晶粒参与衍射。并避免晶粒粗大、晶体的结晶完整,亚结构大,或镶嵌块相互平行,使其反射能力降低,造成衰减作用,从而影响衍射强度。

(2) 样品的择优取向。

具有片状或柱状完全解理的样品物质,其粉末一般都呈细片状,在制作样品的过程中易于形成择优取向,形成定向排列,从而引起各衍射峰之间的相对强度发生明显变化,有的甚至是成倍地变化。对于此类物质,要想完全避免样品中粉末的择优取向,往往是难以做到的。不过,对粉末进行长时间(例如达半小时) 地研磨,使之尽量细碎;制样时尽量轻压,或采用上述 NBS 的装样方法;必要时还可在样品粉末中掺和等体积的细粒硅胶。这些措施都能有助于减少择优取向。

2. 实验参数的选择

根据研究工作的需要选用不同的测量方式和选择不同的实验参数,记录的衍射图谱不同,因此在衍射图谱上必须标明主要的实验参数条件。

3. 物相鉴定中应注意的问题

实验所得出的衍射数据,往往与标准卡片或表上所列的衍射数据并不完全一致,通常只能是基本一致或相对地符合。尽管两者所研究的样品确实是同一种物相,但也会出现这种情况。因而,在数据对比时应注意下列几点,可以有助于做出正确的判断。

(1) d 的数据比 I/I_1 数据重要。即实验数据与标准数据两者的 d 值必须很接近,一般要求其相对误差在 ±1% 以内。I/I_1 值容许有较大的误差。这是因为面网间距 d 值是由晶体结构决定的,它是不会随实验条件的不同而改变的,只是在实验和测量过程中可能产生微小的误差。然而,I/I_1 值却会随实验条件(如靶的不同、制样方法的不同等) 不同产生较大的变化。

(2) 强线比弱线重要,特别要重视 d 值大的强线。这是因为强线稳定也较易测得精确;而弱线强度低而不易察觉,判断准确位置也困难,有时还容易缺失。

(3) 若实测的衍射数据较卡片中的少几个弱线的衍射数据,不影响物相的鉴定;若实测的衍射数据较卡片中多几个弱线的衍射数据,说明有杂质混入;若多几个强线的衍射,说明该样品不是单物相,而是多晶混合物。

4. 对于多晶混合物衍射图谱分析鉴定时应注意的问题

(1) 低角度线的数据比高角度线的数据重要。这是因为,对于不同晶体来说,低角度线的 d 值相一致重叠的机会很少,而对于高角度线(即 d 值小的线),不同晶体间相互重叠的机会增多,当使用波长较长的 X 射线时,将会使得一些 d 值较小的线不再出现,但低角度线总是存在。样品过细或结晶较差的,会导致高角度线的缺失,所以在对比衍射数据时,应较多地注重低角度线,即 d 值大的线。

(2) 应重视矿物的特征线。矿物的特征线即不与其他物相重叠的固有衍射线,在衍射图谱中,这种特征线的出现就标志着混合物中存在着某种物相。有些结构相似的物相,例如某些黏土矿物,以及许多多型晶体,它们的粉晶衍射数据相互间往往大同小异,只有当某几根线同时存在时,才能肯定它是某个物相。这些线就是所谓的特征线。对于这些物相的鉴定,必须充分重视特征线。

(3) 在前面所提到的鉴定过程,也就是查表的具体手续,仅仅是从原理上来讲述的,而在实际鉴定过程中往往并不完全遵循。通常总是尽可能地先利用其他分析、鉴定手段,初步确定出样品可能是什么物相,将它局限于一定的范围内,从而即可直接查名称索引,找出有关的可能物相的卡片或表格来进行对比鉴定,而不一定要查数据索引。这样可以简化手续,而且也减少盲目性,使所得出的结果更为可靠。同时,在最后做出鉴定时,还必须考虑到样品的其他特征,如形态、物理性质以及有关化学成分的分析数据等,以便做出正确的判断。

(六) 实验结果与分析

(1) 每 6 人 1 组制备一个样品,并对其进行衍射分析,做出衍射图谱。

(2) 通过查找索引,对照 JCPDS 卡片,每人独立完成 2 种单物相鉴定。

(3) 通过查找索引,对照 JCPDS 卡片,每人独立完成 2 种多晶混合物相鉴定。

二、扫描电镜结构、原理及分析方法

(一) 实验目的

(1) 了解扫描电镜的基本结构和工作原理。

(2) 通过实际样品观察与分析,明确扫描电镜的用途。

(二) 实验原理

扫描电子显微镜(以下简称扫描电镜) 是利用细聚电子束在样品表面逐点扫描,与样品相互作用产生各种物理信号,这些信号经检测器接收、放大并转换成调制信号,最后在荧光屏上显示反映样品表面各种特征的图像。扫描电镜具有景深大、图像立体感强、放大倍数范围大且连续可调、分辨率高、样品室空间大且样品制备简单等特点,是进行样品表面研究的有效工具。

扫描电镜所需的加速电压比透射电镜要低得多,一般为 1 ~ 30 kV,实验时可根据被分析样品的性质适当地选择,最常用的加速电压在 20 kV 左右。扫描电镜的图像放大倍数在一定范围内(几十倍到几十万倍) 可以实现连续调整。放大倍数等于荧光屏上显示的图像横向长度与电子束在样品上横向扫描的实际长度之比。扫描电镜的电子光学系统与透射电镜有所不同,其作用仅仅是为了提供扫描电子束,作为使样品产生各种物理信号的激发源。扫描电镜最常使用的是二次电子信号和背散射电子信号,前者用于显示表面形貌衬度,后者用于显示原子序数衬度。

扫描电镜的基本结构可分为六大部分:电子光学系统、扫描系统、信号检测放大系统、图像显示和记录系统、真空系统、电源及控制系统。

（三）实验步骤

1. 样品制备

扫描电镜的优点之一是样品制备简单,对于新鲜的金属断口样品不需要做任何处理,可直接进行观察。但在有些情况下需对样品进行必要的处理。

（1）样品表面附着有灰尘和油污,可用有机溶剂(乙醇或丙酮)在超声波清洗器中清洗。

（2）样品表面锈蚀或严重氧化,采用化学清洗或电解的方法处理。清洗时可能会失去一些表面形貌特征的细节,操作过程中应该注意。

（3）对于不导电的样品,观察前需在表面喷镀一层导电金属或碳,镀膜厚度控制在 $5 \sim 10$ nm。

2. 表面形貌衬度观察

二次电子信号来自样品表面层 $5 \sim 10$ nm,信号的强度对样品微区表面相对于入射束的取向非常敏感。随着样品表面相对于入射束的倾角增大,二次电子的产率增多。二次电子像适合于显示表面形貌衬度。

二次电子像的分辨率较高,一般在 $3 \sim 6$ nm。其分辨率的高低主要取决于束斑直径,而实际上真正达到的分辨率与样品本身的性质、制备方法以及电镜的操作条件(如高压、扫描速率、光强度、工作距离、样品的倾斜角)等因素有关。在最理想的状态下,目前可达到的最佳分辨率为 1 nm。

利用试样或构件断口的二次电子像所显示的表面形貌特征,可以获得有关裂纹的起源、裂纹扩展的途径以及断裂方式等信息,根据断口的微观形貌特征可以分析裂纹萌生的原因、裂纹的扩展途径以及断裂机制。

表面形貌衬度还可用于显示表面外延生长层(如氧化膜、镀膜、磷化膜等)的结晶形态。这类样品一般不需进行任何处理,可直接观察。

3. 原子序数衬度观察

原子序数衬度是利用对样品表层微区原子序数或化学成分变化敏感的物理信号,如背散射电子、吸收电子等作为调制信号而形成的一种能反映微区化学成分差别的像衬度。实验证明,在实验条件相同的情况下,背散射电子信号的强度随原子序数增大而增大。在样品表层平均原子序数较大的区域,产生的背散射信号强度较高,背散射电子像中相应的区域显示较亮的衬度;而样品表层平均原子序数较小的区域则显示较暗的衬度。由此可见,背散射电子像中不同区域衬度的差别,实际上反映了样品相应不同区域平均原子序数的差异,据此可定性分析样品微区的化学成分分布。吸收电子像显示的原子序数衬度与背散射电子像相反,平均原子序数较大的区域图像衬度较暗,平均原子序数较小的区域显示较亮的图像衬度。原子序数衬度适合于研究钢与合金的共晶组织,以及各种界面附近的元素扩散。

（四）实验结果与分析

（1）简述扫描电镜的基本结构及特点。

（2）说明扫描电镜表面形貌衬度和原子序数衬度的应用。

第四节 无机材料综合设计性实验

一、陶瓷制备工艺综合性实验

综合性实验是根据选题的需要,将各个孤立的实验,通过课题内容的需求,有机地贯穿起来,成为一体。它也可称为设计性实验或研究性实验。本实验可以指定一种无机非金属材料(可以是现有材料,也可是拟研制的新材料)或自选的一种感兴趣的材料为对象,让读者自己设计材料的成分与性质,制订制备(试验)工艺制度(技术路线),自己动手制备材料,确定要测试的性能和性能测试方法。

(一)实验目的

(1)了解陶瓷泥浆稀释注浆成型原理,获得注浆成型的工艺数据。

(2)通过陶瓷坯体烧结实验,在一定温度下,坯体开始收缩,并随着烧结时间的延长,坯体有不同的收缩,了解烧结时坯体的变化过程。测定烧结速率常数和某一烧结温度下的烧结活化能。

(3)了解和掌握泥浆稀释注浆成型和坯体干燥烧结的操作过程。

(4)通过实验提高综合运用知识的能力,掌握自我设计、操作控制实验过程的基本技能。

(二)实验仪器及用品

① 旋转黏度计;② 电动搅拌机;③ 影像式烧结点测定仪或高温显微镜电炉(1 300 ℃以上);④ 箱式电阻炉;⑤ 温度控制器;⑥ 读数显微镜;⑦ 高铝球磨罐、高铝球;⑧ 陶瓷泥浆(含水50%)、糊精或甲基纤维素、氧化铝;⑨ 注浆成型石膏模具。

(三)实验原理

选择原料确定配方时既要考虑产品性能,还要考虑工艺性能及经济指标。各地文献资料所载成功的经验配方固有参考价值,但无论如何,不能照搬。因黏土、瓷土、瓷石均为混合物,长石、石英常含不同的杂质,同时各地原有母岩的形成方法、风化程度不同,其理化工艺性能不尽相同或完全不同,所以选用原料制订配方只能通过实验来决定。

制订坯料配方的方法通常是根据产品性能要求,选用原料,确定配方及成型方法。例如制造日用瓷则必须选用烧后呈白色的原料,包括黏土原料,并要求产品有一定强度;制造化学瓷则要求有好的化学稳定性;制造地砖则必须有高的耐磨性和低的吸水性;制造电瓷则需有高的机电性能;制造热电偶保护管必须能耐高温、抗热震并有高的传热性,制造火花塞则要求有大的高温电阻、高的耐冲击强度及低的热膨胀系数。

坯料配方试验方法一般有三轴图法、孤立变量法、示性分析法和综合变量法。坯料的化学性质和烧结温度,对釉料的性能要求和釉料所用原料的化学成分、工艺性能等是釉料配方的依据。釉层附着在坯体上,釉层的酸碱性质、热膨胀系数和成熟温度必须与坯体相适应。

(四)实验步骤

结合基础课和专业课的多种理论知识,构建实验框架,选择实验内容和方案,并设计实验目的和结果。

（1）选择实验所需原料，进行配方计算。找到最佳实验设计方案，进行实验。

（2）实验过程。首先用球磨机制备陶瓷坯体粉料，用石膏模进行注浆成型，并用实验所提供的高温电炉对成型的坯体进行高温烧结，同时用耐火度测定仪对坯体的烧结性能进行测定。最后对陶瓷试样进行性能测试。

（3）实验数据处理。综合实验所测得数据，结合实验仪器的误差、读数带来的误差、系统的误差对实验数据进行处理，从而了解坯体的烧结工艺和基本原理，加深对所学知识的进一步了解。

在综合性实验和设计性实验中都要体现科学实验设计的理念：实验方案选择最优化原则；测量方法选择误差最小原则；测量仪器选择误差均分原则；测量条件选择最有利原则。

（五）实验结果及分析

实验完毕，应用专门的实验报告本，根据预习和实验中的现象、数据记录等，及时而认真地写出实验报告。

（1）有针对性地进一步查阅资料、文献充实理论与课题。

（2）将实验得到的数据进行归纳、整理与分类并进行处理与分析和讨论，找出规律性，得出结论或用数理统计方法建立关系式或经验公式。如果认为某些数据不可靠，可补做若干实验或采用平行验证实验，对比后决定数据取舍。

（3）根据拟题方案及课题要求写出总结性实验报告。

一般来说，报告内容包括立题依据、原理、原料化学组成、配方、制备工艺、工艺制度、测试方法及有关数据、常规与微观特性检验的数据、图片或图表、试制经过及结论，并提出存在的问题。

如果是论文或科研课题，要对某一专题研究的深度提出观点、论点，尽可能按科研论文要求写出论文。在论文最后应按发表论文的要求列出参考文献。

二、普通硅酸盐水泥工艺综合实验

水泥综合性实验课题的内容以普通硅酸盐水泥材料制备（研制）为主。以加深读者对专业知识的理解和掌握，培养读者实际动手能力为主要原则来确定。在此原则基础上，考虑课题的灵活性，使课题多样化。它可以是教师命的题；教学方面有关理论探讨的课题；生产中待解决的实际课题；也可以根据读者创造性，自选的感兴趣的课题。

（一）实验目的

（1）应用"无机材料科学基础"课程中所学的基本理论，结合硅酸盐水泥工艺的相关知识，设计普通硅酸盐水泥的组成。

（2）在实验室条件下烧成水泥试样。

（3）在实验室完成水泥试样的物理、化学性能测试。

（4）对水泥试样的质量进行评定。

（二）实验原理

选用天然矿物原料及工业废渣或化学试剂作为原料，各种原料根据需要进行烘干、破碎、粉磨等前期处理,处理过的原材料要用桶或塑料袋等封存,并编号贴上标签。各种原材料一般都需做化学全分析,需要时还应做些物理性质检验。固体燃料要做工业分析、水分与热值分析。

为便于固相反应－液相扩展以获得优质熟料,可将生料制成料饼。料饼可在压力机上一定压力下用圆试模加压成型;料球可在成球盘上成球或用人工成球,制成的料饼或料球均应干燥后再入炉煅烧,以免在高温炉内炸裂。

通过高温电炉煅烧,将所得熟料按所设计的水泥品种,根据有关标准进行试验,以确定水泥品种和标号、适宜的添加物(如石膏和混合材料等)掺量和粉磨细度等。如是硅酸盐水泥熟料,则除了可单掺适量石膏制成Ⅰ型硅酸盐水泥外,还可通过掺加混合材料的类别与数量不同,制成Ⅱ型硅酸盐水泥、普通硅酸盐水泥、矿渣硅酸盐水泥、火山灰质硅酸盐水泥、粉煤灰硅酸盐水泥、复合硅酸盐水泥和石灰石硅酸盐水泥等。硫铝酸盐熟料则可通过调节外掺石膏数量制成膨胀硫铝酸盐水泥、自应力硫铝酸盐水泥或快硬硫铝酸盐水泥。同一种熟料可根据不同的需求研制同系列不同品种的水泥。

(三)实验仪器及用品

硅钼棒高温电炉;热电偶;坩埚或耐火匣钵;吹风装置或电风扇;长柄钳子;石棉手套、防护眼镜或面具;干燥器或料筒。

石灰石;黏土;铁粉;辅助原料;石膏;混合材料:粒化高炉矿渣、火山灰质混合材、粉煤灰等;燃料。

(四)实验步骤

1. 原材料的准备

(1)主要原料的分析检验。

可选用天然矿物原料及工业废渣或化学试剂做原料。① 将需要的主要原料备齐。② 对所备齐的原料进行采样与制样,进行 CaO、SiO_2、Al_2O_3、Fe_2O_3、MgO 和烧矢量等分析。要求分析者提出分析报告单做原始凭证。③ 对某些原料做易碎性和易磨性实验,做强度、粒度、比表面积等物性检验。

(2)主要原料的加工处理与保存。

天然矿物原料及工业废渣需进行加工处理。一些经上述物性检验(粒度、比表面积等)不合格的原料也要进行加工处理。① 石灰石。选取化学成分符合要求的石灰石,用实验室常用的小颚式破碎机、小球磨机进行破碎与粉磨至要求的细度。② 黏土。选取化学成分符合要求的黏土。如果水分大时,应烘干,然后用小颚式破碎机、小球磨机破碎并粉磨至要求的细度。③ 铁粉。选取符合要求的铁粉,检查细度,如不符合要求则要进行粉碎。

上述主要原料经加工处理后,要用桶或塑料袋等密封保存。如果缺乏所选用天然矿物原料及工业废渣的加工处理数据,还应进行原料易磨性(易磨系数)的测定。

(3)石膏与混合材料的制备。

① 石膏。首先对石膏进行化学成分分析,填写化验报告单原做始凭证。然后检查细度,如不符合要求要进行加工处理。② 混合材料。混合材料有粒状高温炉渣、粉煤灰、火山灰等。在化学成分分析后,若细度不符合要求应进行加工处理。石膏与混合材料加工

处理后,要用桶或塑料袋等密封保存。

(4) 燃料分析。

气、液体燃料(如油类、煤气) 或固体燃料(如焦炭、煤粉等) 都须了解其性质与质量。如用焦炭、煤,要做工业分析、水分与热值分析。

上述混合材料与燃料的分析结果均应提供报告单。

2. 合格生料的制备

(1) 配料计算。

① 根据实验要求确定实验组数与生料量;② 确定生料率值;③ 以各原料的化验报告单作为依据进行配料计算。

(2) 配制生料。

① 按配料称量各种原料,放在研钵中研磨。如果量大,则置入球磨罐中充分混磨,直至全部通过0.080 mm 的方孔筛。② 将混磨好的粉料加入5% ~ 7% 的水,放入成型模具中,置于压力机机座上以 30 ~ 35 MPa 的压力压制成块,压块厚度一般不大于 25 mm。③ 将块状试样在105 ~ 110 ℃ 下缓慢烘干。

(3) 生料质量的检验。

① 生料碳酸钙含量的测定;② 生料化学全分析;③ 生料细度,表面积测定。

3. 试烧(生料易烧性测定)

(1) 试烧所需仪器、设备及器具。

① 电炉。试烧用电炉有硅碳棒电炉与硅钼棒电炉,根据最高烧成温度决定使用哪一种。若试烧的温度较高则选用后一种。高温炉容易损坏,在实验中要求学会硅碳棒或硅钼棒电炉的安装技术,如炉膛的装配、万用表使用、硅碳(钼) 棒电阻的测量及连接方式(并、串联等)、电阻值的计算等。此外,应掌握与电炉相配套的仪表(如电流表、电压表、电位差计、变压器) 的使用方法及接线方式等。有时控制仪表均装在控制箱内,要学会使用与维修。温度测量的精度是实验结果是否可靠的影响因素之一。为此,要用标准热电偶在一定条件下对测温用热电偶进行标定。

② 试烧用坩埚的选择。坩埚在试烧过程中不能与熟料起化学反应,因此要根据生料成分、所确定的最高煅烧温度及范围来选用坩埚。若烧成温度为 1 500 ℃ 以上,则选用铂坩埚;若烧成温度为1 350 ~ 1 480 ℃,则选用刚玉坩埚;若烧成温度在 1 350 ℃ 以下,则选用高铝坩埚。也可用耐火材料做的匣钵来放置试烧的块料。如在试烧过程中起反应时,可将反应处的局部熟料弃除。

③ 辅助设备及器具。为了给熟料冷却,炉子降温,需要吹风装置或电风扇。此外,还需要取熟料用的长柄钳子、石棉手套、干燥器等。

(2) 试烧。

① 将生料块放进坩埚或匣钵中,按预定的烧成温度制度进行试烧。试烧结束后,戴上石棉手套和护目镜,用坩埚钳从电炉中拖出匣钵或坩埚,稍冷后取出试样,置于空气中自然冷却并观察熟料的色泽等。

② 将冷却至室温的熟料试块砸碎磨细(要求全部通过 0.080 mm 的筛),装在编号的样品袋中,置于干燥器内。取一部分样品,用甘油乙醇法测定游离氧化钙,以分析水泥熟料的煅烧程度。

③如果游离氧化钙含量高,易烧性不好,就应按上述步骤反复进行试烧(生料易烧性测定),直到满意为止。

4. 水泥熟料的煅烧(熟料的制备)

根据试烧(生料易烧性实验)的结果,对生料及烧成制度等进行调整。

(1)首先根据各原料成分及生料化验分析单提供的数据,进行熟料率值的修改、熟料矿物组成的再设计与再计算。此外,为获得优质、高产、低能耗的熟料,还要考虑以下几个问题。

①熟料的矿物组成与生料化学成分的关系。

②熟料反应机制和动力学有关理论知识的联系。

③固相反应的活化能与活化方式及固相反应扩散系数等的联系。

④熟料形成时液相烧结与相平衡的关系。

⑤熟料易烧性和易磨性试验效果与联系。

⑥少量矿化剂与助熔剂的加入作用与效果。

⑦熟料煅烧的热工制度对其熟料质量的影响。

⑧熟料的冷却速率及其对熟料质量的影响等。

(2)按调整后的参数,配制新的生料。

(3)将生料块放进坩埚或匣钵中,按预定的烧成温度制度进行煅烧。煅烧结束后,戴上石棉手套和护目镜,用坩埚钳从电炉中拖出匣钵或坩埚,稍冷后取出试样,立即用风扇吹风冷却(在气温较低时在空气中冷却),并观察熟料的色泽等。

(4)将冷却至室温的熟料试块砸碎磨细,装在编号的样品袋中,置于干燥器内。

5. 水泥熟料性能试验

将制备好的熟料做如下实验。

(1)熟料成分全分析并提供分析报告单。

(2)根据化验单上的数据进行熟料矿物组成等计算以检查配料方案是否达到预期效果。

(3)取部分熟料做岩相检验。

(4)熟料游离氧化钙的测定。

(5)熟料中氧化镁的测定。

(6)熟料易烧性试验。

(7)细度测定。

(8)掺适量石膏于熟料中,磨细至要求的细度后,要做全套物理检验,即熟料标准稠度、凝结时间和安定性及强度检验以及确定熟料标号。

(五)实验结果及分析

(1)有针对性地进一步查阅资料、文献以充实理论与课题。

(2)将实验得到的数据进行归纳、整理与分类并进行数据处理与分析,找出规律性,得出结论。如果认为某些数据不可靠可补做若干平行验证试验,对比后决定数据取舍。

(3)根据拟题方案及课题要求写出总结性实验报告。

一般来说,报告内容包括所制备(研制)水泥的特点、国内外水泥生产的现状、课题的目的和意义、原理、原料化学组成、配料计算结果、制备工艺、技术路线、工艺制度、测试方法及有关数据、常规与微观特性检验的数据、图片或图表、试制经过及结论,并提出存在的问题。

[习题]

11.1 玻璃体为什么会析晶?

11.2 梯温炉法测定玻璃析晶温度的原理是什么?

11.3 影响玻璃析晶温度测定结果的因素是什么? 如何防止?

11.4 测定玻璃析晶性能的方法有几种? 对于析晶速率很快的玻璃应采用哪种测定方法较好?

11.5 为什么白度测定结果与目测结果顺序不一致? 如何统一起来?

11.6 如何计算白度才合理?

11.7 如何准确地测定白度、光泽度、透光度? 造成不准确的因素是什么?

11.8 什么是晶体的对称?

11.9 各晶族、晶系的晶体具有什么特点?

11.10 黏土产生阳离子交换的原因是什么?

11.11 在实验中为什么要进行湿度校正?

11.12 H^+ 为阳离子交换序首位,为什么不直接用 H_2SO_4 制成 H^+?

11.13 由粒度分布曲线如何判断试样的分布情况?

11.14 影响激光粒度法测量粉体粒度分布试验结果的因素有哪些? 各因素如何影响试验结果?

11.15 为什么不同对称型的单形不能聚合在一个晶体上?

11.16 当单形与其他单形相聚成聚形时,单形互相切割而使单形的晶面形状有所改变,能否以变化后的形状来确定单形的名称?

参 考 文 献

[1] 关振铎,张中太,焦金生.无机材料物理性能[M].北京:清华大学出版社,2000.

[2] 陈騑騢.材料物理性能[M].北京:机械工业出版社,2006.

[3] 王瑞生.无机非金属材料实验教程[M].北京:冶金工业出版社,2004.

[4] 周永强,吴泽,孙国忠.无机非金属材料专业实验[M].哈尔滨:哈尔滨工业大学出版社,2002.

[5] 于伯龄,姜胶东.实用热分析[M].北京:纺织工业出版社,1990.

[6] 蔡正千.热分析[M].北京:高等教育出版社,1993.

[7] 曹茂盛,关长斌,徐甲强.纳米材料导论[M].哈尔滨:哈尔滨工业大学出版社,2002.

[8] 王国梅,万发荣.材料物理[M].武汉:武汉理工大学出版社,2004.

[9] 房晓勇,刘竞业,杨会静.固体物理学[M].哈尔滨:哈尔滨工业大学出版社,2004.

[10] 赵品,谢辅洲,孙振国.材料科学基础教程[M].哈尔滨:哈尔滨工业大学出版社,2004.

[11] 谢希文,过梅丽.材料科学基础[M].北京:北京航空航天大学出版社,1999.

[12] 徐恒钧.材料科学基础[M].北京:北京工业大学出版社,2001.

[13] 李俊寿.新材料概论[M].北京:国防工业出版社,2004.

[14] 冯端.金属物理学[M].北京:科学出版社,1987.

[15] 杨尚林,张宇,桂太龙.材料物理导论[M].哈尔滨:哈尔滨工业大学出版社,2004.

[16] 束德林.工程材料力学性能[M].北京:机械工业出版社,2003.

[17] 束德林.金属力学性能[M].北京:机械工业出版社,1997.

[18] 韦德骏.材料力学性能与应力测试[M].长沙:湖南大学出版社,1997.

[19] 王吉会.材料力学性能[M].天津:天津大学出版社,2006.

[20] 王从曾.材料性能学[M].北京:北京工业大学出版社,2001.

[21] 邱成军,王元化,王义杰.材料物理性能[M].哈尔滨:哈尔滨工业大学出版社,2003.

[22] 田莳.材料物理性能[M].北京:北京航空航天大学出版社,2001.

[23] 方俊鑫,殷之文.电介质物理学[M].北京:科学出版社,1989.

[24] 孙目珍.电介质物理基础[M].广州:华南理工大学出版社,2002.

[25] 郑冀.材料物理性能[M].天津:天津大学出版社,2008.

[26] 贾德昌,宋桂明.无机非金属材料性能[M].北京:科学出版社,2008.

[27] 熊兆贤.材料物理导论[M].2版.北京:科学出版社,2007.

[28] 吴其胜,蔡安兰,杨亚群.材料物理性能[M].上海:华东理工大学出版社,2006.

[29] 赵新兵,凌国平,钱国栋.材料的性能[M].北京:高等教育出版社,2006.

[30] 郝立新,潘炯玺.高分子化学与物理教程[M].北京:化学工业出版社,1997.

[31] 倪尔瑚.电介质测量[M].北京:科学出版社,1981.

[32] 彭小芹.无机材料性能学基础[M].重庆:重庆大学出版社,2020.

[33] 凌国平.材料的性能[M].杭州:浙江大学出版社,2020.

[34] 郑建军.材料性能学基础实验教程[M].北京:冶金工业出版社,2019.

[35] 李桂杰,朱慧灵.材料物理性能[M].徐州:中国矿业大学出版社,2018.

[36] 刘勇,陈国钦.材料物理性能[M].北京:北京航空航天大学出版社,2015.

[37] 罗永勤,高云琴.无机非金属材料实验[M].北京:冶金工业出版社,2018.

[38] 孟永德.无机非金属材料综合实验[M].广州:暨南大学出版社,2018.

[39] 蒋鸿辉,邓义群,杨辉,等.材料化学和无机非金属材料实验教程[M].北京:冶金工业出版社,2018.

[40] 石棋,付江盛.无机非金属陶瓷材料实验[M].南昌:江西高校出版社,2018.

[41] 习锟,叶军,刘思斌,等.Fe^(2+/3+)-NDMA对反相乳液中丙烯酰胺聚合反应作用研究[J].化工管理,2021(33):55-57.

[42] 赵新通,肖小路,申海燕,等.SBS聚合反应偶联效率的研究[J].橡胶工业,2021,68(10):745-750.

[43] 焦其帅,陈玉红,黄永茂.几种无机纳米纤维材料的研究进展[J].煤炭与化工,2021,44(8):120-122,131.

[44] 朴星宇,梁永恒.基于PLC的间歇式聚合反应器自动控制系统设计[J].科学技术创新,2021(22):7-8.

[45] 张双虎.无机材料制备:从"火攻"到"水淹"[N].中国科学报,2021-06-28(1).

[46] 朱秀梅,刘凯,王裕森,等.不同维度无机材料填充对ABS性能的影响[J].工程塑料应用,2021,49(6):137-143,152.

[47] 蒋兴加.丁苯橡胶聚合反应控制系统设计[J].电工技术,2021(10):37-38,42.

[48] 张玉迪,于浩,徐新宇.无机材料改性聚酰亚胺复合材料的研究进展[J].合成树脂及塑料,2021,38(3):71-76.

[49] 刘云鹏,盛伟繁,吴忠华.同步辐射及其在无机材料中的应用进展[J].无机材料学报,2021,36(9):901-918.